LES SCIENTIFIQUES

Jean-Jacques Salomon

LES SCIENTIFIQUES

Entre pouvoir et savoir

Albin Michel

DU MÊME AUTEUR

Organisations scientifiques internationales, catalogue et introduction, Paris, OCDE, 1965, et *Supplément*, 1966 (édition française et anglaise).

Science et politique, Paris, Seuil, 1970, réédition Paris, Economica, 1989 (traduction anglaise, Londres-Cambridge (Mass.), MIT Press-MacMilan, 1971 ; traduction espagnole, Mexico-Madrid-Buenos Aires, Siglo Veintuno, 1974).

Le Système de la recherche (sous la direction de), Paris, OCDE, vol. I, 1972 ; vol. II, 1973 ; vol. III, 1974, édition française et anglaise.

Prométhée empêtré – La résistance au changement technique, Paris, Pergamon, 1982 ; réédition Anthropos/Economica, 1984.

Les Enjeux du changement technologique (avec Geneviève Schméder), Paris, Economica, 1986.

Le Gaulois, le cow-boy et le samouraï – La politique française de la technologie, Paris, Economica, 1986.

L'Écrivain public et l'ordinateur – Mirages du développement (avec André Lebeau), Paris, Hachette, 1988 (traduction anglaise, Lynne Rienner, New York/Boulder, 1993).

Science, guerre et paix et version anglaise *Science, War and Peace* (sous la direction de), Paris, Economica, 1989.

Le Destin technologique, Paris, Balland, 1992, réédition Gallimard, « Folio », 1994 (traduction tchèque, Prague, Philosophia, Jako Svou 77, 1997).

La Quête incertaine – Science, technologie et développement (sous la direction de, avec Francisco Sagasti et Céline Sachs-Jeantet), Paris, Economica, 1994 (version anglaise originale, Tokyo, UNU Press, 1994 ; traduction espagnole, Mexico, Fundo de Cultura Economica, 1995).

Le Risque technologique et la démocratie (sous la direction de), La Documentation française, Paris, 1994.

Le Scientifique et le guerrier, Paris, Belin/Débats, 2001.

Survivre à la science – Une certaine idée du futur, Paris, Albin Michel, 1999 (traduction portugaise, Lisbonne, Instituto Piaget, 2003 ; grecque, Athènes, Boukoumanis, 2003).

Introduction

« ... je ne trouvais pas juste que le monde sache tout de la façon dont vivent le médecin, la prostituée, le marin, l'assassin, la comtesse, le Romain antique, le conspirateur et le Polynésien, et rien de celle dont nous vivons, nous qui transmutons la matière. »

Primo LEVI [1]

Aucune profession n'a aujourd'hui plus d'influence sur le destin du monde que celle de scientifique, et pourtant depuis le travail pionnier mais dépassé de Warren Hagstrom et celui de Daniel Kevles concentré sur les membres d'une seule discipline, il n'existe aucune analyse approfondie de cette catégorie professionnelle en tant que telle [2]. Non pas que les monographies, biographies, études de toutes sortes n'aient depuis proliféré en histoire et en sociologie des sciences, mais chacun des auteurs ne s'est jamais attaqué qu'à un aspect, qu'à une dimension particulière de l'évolution et du fonctionnement de l'institution scientifique, et ce n'est pas diminuer ni sous-estimer l'importance de leurs travaux que d'en mentionner cette limite. Tout au contraire, on a beaucoup appris grâce à eux sur le comportement, les parcours, les stratégies d'un grand nombre de chercheurs, autant que sur la genèse, le développement et

1. Primo LEVI, *Le Système périodique*, Paris, Albin Michel, 1987, p. 240.
2. Warren O. HAGSTROM, *The Scientific Community*, New York, Basic Books, 1965 ; Daniel J. KEVLES, *Les Physiciens : histoire de la profession qui a changé le monde* (1978), Paris, Anthropos, 1999 ; voir aussi, sur le parcours de formation et la carrière des physiciens, Gérald HOLTON, « Des modèles permettant de comprendre le développement de la recherche », *L'Imagination scientifique*, Paris, Gallimard, 1981, chap. VIII.

le fonctionnement de la plupart des disciplines scientifiques d'hier et d'aujourd'hui, et je ne me priverai pas de dire tout ce que je leur dois. Mais aucune perspective d'ensemble – ni historique ni sociologique, à plus forte raison psychologique, politique et éthique – n'a été jusqu'à présent tentée.

Cet essai ne prétend assurément pas combler une telle lacune au regard, par exemple, d'une enquête sociologique quantitative et systématique (dont ce n'est pas du tout l'objet, et je ne suis pas sociologue), ni davantage à celui du traitement de tous les problèmes que l'institution scientifique peut affronter et simultanément poser aux sociétés contemporaines. Mon propos est à la fois plus modeste et plus ambitieux en ce qu'il s'attache à décrire, à éclairer et, d'une certaine façon, à expliquer *l'évolution et la nature des différents rôles* qu'exercent les scientifiques dans nos sociétés, rôles à la fois déterminants et contradictoires, délibérés et inconscients, utiles et féconds assurément, mais aussi dangereux, sinon criminels, qui en tout cas ne ressemblent plus en rien à l'image convenue, aux idées reçues ni surtout à l'idéologie que l'institution scientifique a pu véhiculer et développer dans l'héritage du positivisme caractéristique du XIXe siècle.

Tel est bien le changement majeur que l'institution scientifique a connu : hier elle était vécue comme une société idéale, aujourd'hui elle l'est comme une élite professionnelle, et c'est dans les yeux du pouvoir – l'État, l'armée ou l'industrie – qu'elle se découvre tout aussi peu détachée des contingences, des pressions et des engagements politiques ou économiques que n'importe quel autre groupe professionnel. Du même coup, cette relation de dépendance et les problèmes d'ordre éthique soulevés par certains développements scientifiques entraînent dans le public malaise, méfiance, suspicion : le scientifique doit apprendre à rendre des comptes non seulement devant ses pairs, mais aussi devant la société. Ce qui n'empêche pas certains, tout au contraire, de continuer à proclamer leur autonomie, leur neutralité et leur innocence comme aux premiers jours de la révolution scientifique du XVIIe siècle, conformément aux principes formulés en 1662 par la Charte de la Royal Society : assurer « le perfectionnement de la connaissance des choses naturelles et de tous les arts utiles [...] *sans se mêler de Théologie, Métaphysique, Morale, Politique.* »

Plus l'institution a directement affecté le cours du monde, multiplié les découvertes comme les nouveautés techniques, contribué au mieux-être et à l'élévation du niveau et des conditions de vie, et simultanément nourri l'explosion démographique, les conflits, les guerres et les massacres qui sont aussi au cœur de l'histoire, plus l'image que le scientifique offrait et avait de lui-même a changé. Morale et politique, sinon théologie et métaphysique, ont envahi de part en part l'institution au point d'intervenir de plus en plus sur son organisation, ses orientations, ses enjeux et la manière dont ses protagonistes se définissent par rapport aux problèmes qu'ils affrontent et font affronter à la société : quoi qu'ils en aient, « ils s'en mêlent ». C'est de la nature de ces changements et de leurs implications politiques et morales qu'il est question dans ce livre.

Cette évolution de l'institution scientifique s'est accélérée à partir du milieu du xixᵉ siècle en fonction des progrès de l'industrialisation et du rapprochement croissant entre le savoir théorique et les techniques : l'âge scientifique de la technique, qui définit ce qu'est la technologie au sens contemporain du terme, est aussi celui qui associe de plus en plus étroitement les laboratoires aux entreprises industrielles et militaires[1]. Les rôles nouveaux joués par les scientifiques – en tant que chercheurs, gestion-naires, industriels, commerçants, consultants, gourous, experts, stratèges, guerriers, espions, mercenaires ou trafiquants – interdisent désormais de parler, comme on le faisait encore naguère, non seulement de la neutralité de la science « bonne pour le bien comme pour le mal », mais de l'innocence du chercheur dans sa confrontation aux mystères de la nature : en tant que producteur d'un pur savoir (apparemment), il se proclame entièrement étranger à ses répercussions et quand il dit : « Je n'ai rien à voir avec les conséquences de ce que je fais », c'est pour en fait maintenir en lui ce qui est récusé, à savoir qu'il y est effectivement pour quelque chose.

La professionnalisation et l'industrialisation de la science ont tout changé, qui sont aussi allées de pair avec la dépendance croissante de l'entreprise scientifique à l'égard des intérêts militaires et mercantiles : il y a comme un *clivage* de la personnalité du scientifique, qui revient à prétendre que sa main gauche ignore ce que fait sa main droite. Il ne s'agit pas d'un refoulement, car refoulement signifie inconscience ; le comportement est parfaitement conscient, et le refoulé subsiste sous la forme de la non-acceptation. La dénégation est négation de la négation,

---

1. Voir Jean-Jacques SALOMON, « Naissance de la technologie », *Le Destin technologique*, Paris, Balland, 1992 ; rééd. Gallimard, coll. « Folio », 1994, chap. iii ; voir aussi André LEBEAU, *L'Engrenage de la technique : essai sur une menace planétaire*, Paris, Gallimard, 2005.

elle est de l'ordre érotique, puisqu'elle permet de maintenir le prestige, l'aura de la profession sur le mode de la sublimation, et surtout le plaisir tiré du travail de la recherche : « Ici, dit génialement Freud, l'intellectuel se sépare de l'affectif. »

Malgré les légendes, le modèle de ces rôles n'est ni celui de Frankenstein ou de Faust qui court traditionnellement dans la littérature et la science-fiction comme une menace virtuelle – le pacte avec le diable – ni davantage celui de Dr Jekyll et Mr. Hyde qui signale des comportements divergents successifs – un dédoublement de la personnalité. C'est en réalité celui de comportements *simultanément* voués, délibérément ou inconsciemment, à des conséquences contradictoires, dont les protagonistes n'entendent pas assumer la responsabilité soit en masquant ou se cachant la leur, soit en la reportant sur les autres : c'est le modèle même de la *dénégation*, à laquelle Freud a consacré un court texte, de quatre à cinq pages, d'une extrême subtilité[1]. En deux mots, ces comportements reviennent à une sorte de parade et de leurre « séparant l'intellect de l'affectif », dont la dimension est proprement de l'ordre du mythe ou de l'idéologie, consistant à dire : voilà ce que je ne suis pas, pour en fait désigner ce que je suis – une façon de présenter ce qu'on est sur le mode de ne l'être pas.

Il est difficile, même impossible, de ne pas voir un dévoiement dans ces liaisons dangereuses avec des institutions et des valeurs qui ne sont pas celles dont se réclamait encore le scientifique au début du XXᵉ siècle. Mais ce dévoiement est manifestement aujourd'hui la voie privilégiée, presque exclusive, naturelle en tout cas et habituelle, en somme institutionnalisée, qu'emprunte la très grande majorité des scientifiques, comme si la dénégation faisait désormais intrinsèquement partie de leur vocation. C'est qu'on ne peut ni ignorer ni esquiver la question posée par le philosophe Jan Patočka à propos des « savants atomistes » : « Pourquoi l'homme qui détient le maximum de force dont il soit possible de disposer, devrait-il se sentir en péril ? [...] Nous qui sommes l'efflorescence la plus raffinée de la *ratio* présente, nous nous trouvons comme tels dans une situation où nous mettons en péril l'existence même de l'existence[2]. »

---

1. Sigmund FREUD, *Verneinung*, in *Gesammelte Werke* [GW], XIV, p. 11-15. Il existe un commentaire remarquable de ce texte par Jean Hyppolite, introduit et commenté à son tour par Jacques Lacan, dans la revue *La Psychanalyse*, nº 1, Paris, PUF, 1956, p. 17-48.

2. Jan PATOČKA, « L'époque technique et le sacrifice », Études phénoménologiques,

Le système militaro-industriel gouverne à présent la plupart des activités de recherche, les subordonnant aux impératifs de l'argent et de la défense. D'où les dérives, dont la multiplication est rendue possible – et plus notoire – par l'augmentation même de la population des chercheurs, l'intense compétition à laquelle ils se livrent et la médiatisation à laquelle ils se prêtent. Au reste, le traitement comptable des activités de recherche, ce qu'on appelle en termes de statistiques la recherche-développement (R&D), est un signe supplémentaire que la pratique de la science est conçue par la société comme une production parmi d'autres, soumise toujours davantage comme n'importe quelle autre aux pressions du marché ou des instances politiques, non plus vraiment comme la poursuite exclusive des fruits rationnels de la connaissance[1]. D'un côté, la recherche scientifique est étroitement dépendante du soutien des pouvoirs publics et relève en ce sens d'une part de contrôle social, puisque au moins dans les régimes démocratiques le contribuable est appelé à la financer ; d'un autre côté, une grande partie des activités de recherche-développement est dans les mains du secteur privé, dont les laboratoires ne sont pas nécessairement tenus par les mêmes obligations légales et peuvent donc s'engager dans des recherches d'où les laboratoires publics sont exclus (par exemple, aux États-Unis, les recherches sur les cellules embryonnaires humaines).

Mais aujourd'hui, les fraudes ne mettent pas seulement en cause l'ethos de la science : on l'a bien vu avec le pseudo-succès du clonage des cellules souches embryonnaires humaines par le Dr Hwang Woo-suk, que les médias ont bien hâtivement présenté comme « le pape du clonage », bien entendu « nobélisable » dans l'année. C'est une nation entière, la Corée du Sud, qui s'est trouvée bafouée dans ses ambitions non seulement de gloire, mais aussi (surtout ?) de revenus liés aux promesses d'applications théra-peutiques. On ne peut pas davantage ignorer les avis d'experts sensibles aux chèques de l'industrie (en particulier pharmaceutique) ou aux pressions des

---

t. II, n° 3, 1986, p. 122. Premier porte parole avec Vaclav Havel de la Charte 77 pour les droits et les libertés civiques, Patočka (1907-1977) est mort dans une cellule de Prague à la suite d'un long interrogatoire : il est le symbole des martyrs de la dissidence. Sur son rôle durant et après le printemps de Prague et le sens de ses conceptions philosophiques, voir A. LAIGNIEL-LAVASTINE, *Jan Patočka : L'Esprit de la dissidence*, Paris, Le bien commun, Éditions Michalon, 1998.

1. Voir Benoît GODIN, *La Science sous observation : cent ans de mesures sur les scienti-fiques, 1906-2006*, Montréal, Presses de l'Université Laval, 2005.

instances politiques. Par exemple, plusieurs rapports sur le réchauffement du climat et sur des problèmes de santé transmis récemment à la Maison Blanche par l'Académie américaine des sciences en sont revenus corrigés, avec des passages censurés ou dont le sens a été inversé, par des instituts de recherche proches de l'industrie du pétrole ou de l'extrême droite religieuse (notamment les Luntz Research Companies). Ce n'est plus seulement l'intégrité de l'institution qui est ici en cause, mais le fonctionnement même de la démocratie.[1]

Dans ce contexte, il m'a paru indispensable de retracer l'histoire et l'évolution de l'eugénisme en rappelant très précisément le rôle qu'y ont joué les scientifiques américains lors de la stérilisation des « inaptes », à plus forte raison celui de tant de scientifiques allemands dans l'extermination des malades mentaux (et autres) sous le régime nazi. Pour parler comme Hannah Arendt, ce n'était pas *anodin*, et surtout il ne s'agissait pas, au contraire de ce que certains ont fait ou laissé croire, de scientifiques « dévoyés » : ils étaient en réalité des chercheurs tout à fait *ordinaires*, de bons et loyaux serviteurs de l'institution scientifique tout comme Eichmann, suivant Hannah Arendt, s'est montré un bon et loyal fonctionnaire parfaitement ordinaire – en somme, ils illustraient eux aussi *la banalité du mal* quand le pouvoir de la science coïncide avec les intérêts de domination d'un groupe, d'un peuple ou d'une nation.

Insister sur cette histoire n'est pas oiseux : c'est mettre en garde sur la capacité de résurgence d'une idéologie à laquelle les moyens de la science, depuis les développements de la biologie moléculaire, à plus forte raison demain avec les nanotechnologies, promettent de donner une légitimité nouvelle – et tellement plus efficace. Ce qui, hier, n'était que de l'ordre de l'idéologie peut effectivement être demain la technologie de sélection du « troupeau humain » dans le meilleur des mondes de la biocratie. Que le fantasme réapparaisse, à la faveur des promesses de l'ingénierie génétique et du clonage thérapeutique, non plus dans la contrainte mais sous forme

---

1. Un rapport d'une commission de la Chambre des représentants a pu résumer en 2003 ces pratiques sous la présidence de George Bush Jr dans ces termes : « Au cours des deux dernières années, l'administration a ignoré, manipulé, contesté, supprimé et dicté des analyses scientifiques pour mettre en œuvre un agenda dommageable à l'environnement et remettre en question les mesures de protection prises sous l'administration précédente. » Voir en particulier Paul EHRLICH et Anne EHRLICH, « A Culture out of Step », *One with Nineveh*, Washington, Island Press, 2005, l'ensemble du chapitre VIII, p. 237-263.

de choix apparemment individuels, non plus dans et grâce à un régime totalitaire mais dans le cadre de nos démocraties libérales, ne change rien au sérieux des menaces de dérives et d'abus dont il est fatalement porteur.

La référence stratégique et économique définit l'horizon sous lequel ce qui, hier, était vécu comme relevant exclusivement des œuvres de l'esprit et par là même dotée des valeurs morales les plus élevées, apparaît en fait contaminé par des intérêts et des valeurs très étrangers à l'idéologie qui a nourri l'essor de la profession. En 2005, on n'a pas seulement célébré l'année *mirabilis* des cinq grands textes d'Einstein dont trois ont changé, avec toute la physique, notre vision du temps, de l'espace et du monde, on a aussi rendu hommage à la figure qu'il incarnait d'une conception et d'une pratique de la science qui appartiennent à un monde définitivement révolu : un monde dans lequel la religiosité de la science n'était pas entretenue ni exploitée comme une marchandise parmi d'autres. Et plus les scientifiques ont tourné le dos à l'image dépassée du *savant*, plus ils sont devenus les agents et la source d'une production soumise aux impératifs de la défense ou de l'argent, plus ils affrontent et ne cesseront pas d'affronter des problèmes d'ordre éthique leur imposant de se demander, entre instinct de plaisir et instinct de mort, quels sont à la fois le sens de ce qu'ils font, leur conscience, leur responsabilité et leur devoir.

Ce livre prétend d'autant moins rendre compte de toute la communauté scientifique que celle-ci n'existe qu'en tant qu'Idée de la raison. Et dans cette communauté de façade, il n'y a aujourd'hui qu'une infime partie de ce que nous appelons « recherche fondamentale » qui ne soit pas associée, d'une manière ou d'une autre, à des projets intéressant la défense ou l'industrie : *toutes les autres* formes d'activités de recherche se plient à des objectifs où la connaissance en tant que telle n'est plus envisagée que comme un moyen et conduit à des dérives qui interdisent de dénier la responsabilité que les scientifiques y assument. Cependant, je n'entends pas oublier la minorité de ceux qui, au contraire, par vertu, pur plaisir de la recherche, inconscience ou esprit de révolte, se défendent de toute compromission avec les pouvoirs, qu'ils soient politiques ou économiques. L'écart entre l'idéal et la réalité est devenu tel qu'on peut se demander si l'institution scientifique n'est pas celle qui, aujourd'hui, se prête le plus aux manifestations internes de contestation et de dissidence. De fait, le modèle qu'Einstein a offert, si exceptionnel qu'il fût dans ses manifestations sans concession de liberté intellectuelle, de pacifisme, d'antimilitarisme, d'internationalisme et d'indépendance absolue à l'égard de toute forme de pouvoir et d'allégeance nationale, n'a pas perdu pour certains sa valeur de référence et de repère. On verra que je ne tiens pas pour dérisoire la nostalgie de ce modèle.

Cela demeure vrai des sciences de l'homme comme des sciences de la nature : dans l'immense population des scientifiques professionnalisés, il y aura toujours des individus inscrits dans de petites communautés hautement spécialisées, qui préféreront à la tentation d'une carrière lucrative et proche du pouvoir le parcours discret et incertain d'une recherche savante, animée en physique, par exemple, par l'espoir de réconcilier la relativité et la mécanique quantique ou d'accéder à la maîtrise de la théorie des cordes et des arcanes de l'au-delà du cosmos, tout comme il y aura toujours de grands spécialistes de l'archéologie, du sanscrit, de la linguistique ou de l'histoire passant leur vie dans les archives, les fouilles et les bibliothèques, que rien ne détournera de leur obsession et du plaisir de savoir, de connaître et de comprendre. Ce livre montre aussi que les valeurs dont la science s'est réclamée à l'aube de la démarche expérimentale, du temps où elle était intrinsèquement associée à et solidaire de la philosophie – au nom du vrai, du beau, du bien –, seront toujours présentes, si lointainement enfouies qu'elles soient, aurait dit Roland Barthes, dans l'inconscient de nos mythologies, comme l'expression emblématique des pouvoirs de la connaissance.

La plupart des scientifiques dépendent effectivement aujourd'hui des institutions industrielles et militaires qui subventionnent leurs travaux et en conditionnent l'orientation : quoi qu'ils en aient, c'est de cette *communauté du déni* que nous avons toute raison de nous soucier. En décrivant les changements de paradigmes sociaux et les problèmes nouveaux qui en ont résulté pour l'image que donnent et se donnent les scientifiques, ce livre entend mettre en lumière les rôles ambigus, en fait équivoques, qui sont les leurs, et dont l'analyse relève inévitablement de plusieurs approches, disciplines, horizons et perspectives. Non pas que le scientifique se présente sous plusieurs vêtements comme s'il se travestissait, mais celui dont il se revêt renvoie à plusieurs images, apparences, manifestations différentes plus ou moins réconciliables – et plutôt moins que plus – qui exigent de s'appuyer sur la culture propre à chacune des disciplines traitant de l'institution et de la rationalité scientifiques. D'où l'ordonnance de ce livre, qui va de l'histoire à l'éthique, en passant par la sociologie, l'économie et la politique, pour reconstituer, derrière le même habit, l'image, le comportement, l'inconscient et l'art multiples d'un acteur souvent de génie, qui évolue sur la scène shakespearienne du monde en jouant tant de rôles à la fois que nous ne savons plus si c'est pour un documentaire, un drame ou une tragédie. La première partie retrace la naissance et le développement de cette profession éminemment vouée au savoir et à son extension : c'est une sorte de radiographie de son mode d'être et de fonctionnement. La deuxième partie analyse la manière dont la grande majorité des scientifiques, de plus en plus engagés à servir d'autres fins que le savoir, s'expose et expose l'humanité à des problèmes sans précédent : un film se déroule, qui les montre aux prises avec le refus – le déni – des responsabilités qu'ils assument.

Pourtant, derrière les compromissions auxquelles la profession s'est livrée ou a succombé, il faut aujourd'hui s'interroger sur l'avenir de l'institution que menace la chute brutale, depuis quelques années, en Europe comme aux États-Unis et en Russie, du recrutement des étudiants en sciences : un rapport présenté à Bruxelles parle d'un manque à gagner de sept cent mille chercheurs pour l'Europe ; de même le Comité de la politique scientifique et le Comité de l'éducation de l'Organisation de coopération et de développement économiques (OCDE) ont commandé une étude, dont les premiers résultats confirment le net déclin dans l'étude des sciences de la nature et de la technologie [1]. Suffit-il de répondre que cela tient à la difficulté des études scientifiques, à l'attrait de métiers mieux rétribués que la pratique universitaire de la recherche (en particulier tous ceux que multiplient médias et services liés aux technologies de l'information), à l'obsession des gains du court terme qui parcourt toute l'économie capitaliste actuelle, ou encore à la contestation dont certains développements scientifiques sont devenus l'objet, pour identifier toutes les voies qui permettraient de remonter la pente ? En fait, comme l'a souligné sir Michael Atiyah dans l'allocution qu'il a prononcée à la fin de son mandat de président de la Royal Society, la question de savoir à quelles conditions la grande majorité des scientifiques peuvent retrouver le

---

1. Voir le rapport final de la commission présidée par le professeur José Maria Gago (ancien ministre de la Science du Portugal), *Research and Technology Development in Information Society Technologies*, janvier 2005 ; et, pour l'OCDE, *Developing Human Resources in Science and Technology : Report of Progress and Plans for Further Work*, 24 octobre 2005.

prestige et l'honneur perdus par l'équivoque des rôles qu'ils exercent dans nos sociétés est l'un des enjeux qui conditionnent l'avenir de l'institution[1]. C'est aussi l'enjeu majeur de ce livre : y a-t-il encore place pour une science « citoyenne » ?

---

1. Sir Michael ATIYAH, *Royal Society News*, n° 8, 30 novembre 1995, discours reproduit dans Gérard TOULOUSE, *Regards sur l'éthique des sciences*, Paris, Hachette Littérature, 1998, p. 187-189. Grand mathématicien, professeur à Oxford et à Cambridge, il a obtenu la médaille Fields en 1966 (la récompense alors la plus prestigieuse dans ce domaine) et le prix Abel en 2004, l'équivalent désormais par son montant du prix Nobel en mathématiques, décerné par l'Académie norvégienne des sciences et des lettres.

PREMIÈRE PARTIE

Naissance et développement
d'une profession

I.

L'aube des laboratoires

Dans la première édition du Littré, le mot *scientifique* n'est entendu que comme adjectif, et Littré considère que mieux vaudrait dire « sciential » ou « scientiaire » pour caractériser ce qui est défini comme scientifique. Le *faire* qui s'attache à la science pour définir celui ou celle qui la fait est un nom commun qui n'a pas encore droit de cité. C'est seulement dans le *Supplément* de 1882 que Littré ajoute un deuxième sens « pour parler des personnes, celle qui s'attache aux choses des sciences ». *S'attacher* n'est pas exactement *faire*, et l'exemple qu'il donne, celui de la Mère Angélique cité par Racine, ne correspond pas à l'idée que nous pouvons nous faire aujourd'hui du scientifique.

À la même époque, ce serait plutôt Blaise Pascal, très proche des jansénistes, au reste sous l'influence religieuse de la Mère Angélique, abbesse de Port-Royal, qui méritait d'être déjà défini comme scientifique : il *faisait* incontestablement la science en écrivant à seize ans un *Essai sur les coniques*, en inventant à dix-huit ans une machine arithmétique ancêtre des calculatrices et donc des ordinateurs, et en se livrant à de nombreux travaux expérimentaux, notamment sur la pression atmosphérique et l'équilibre des liquides ; il fut le créateur avec Pierre de Fermat (1601-1665) du calcul des probabilités.

LES PRÉCURSEURS DU SCIENTIFIQUE

La science est aussi ancienne que l'humanité, et en ce sens il y eut très tôt, cela va soi, des hommes ou des femmes pour se soucier d'étudier, de connaître, de comprendre les phénomènes naturels et d'agir sur eux.

Ils furent pendant longtemps des philosophes avant de se ranger dans la catégorie des *savants*. Mais le scientifique au sens contemporain du terme n'apparaît vraiment que dans le sillage des développements de la science moderne, et ce n'est pas un hasard si le mot lui-même, le substantif *scientifique*, ne s'est répandu qu'à partir de la fin du XIXᵉ siècle.

Les courants scientifiques des différentes civilisations de l'Antiquité, a-t-on dit, sont autant de fleuves qui se jettent dans l'océan de cette science « moderne » – des fleuves dont les sources vont de l'Asie, de la Mésopotamie, de l'Égypte et du « miracle grec » aux traditions judéo-chrétienne, arabe et scolastique. Mais la science telle que les scientifiques la pratiquent aujourd'hui – dont ils incarnent la profession – est une institution relativement récente : elle remonte au XVIIᵉ siècle, c'est-à-dire à l'essor de la science expérimentale dont le héros fondateur fut Galilée. « Sur cette très vieille question du mouvement, nous proposons une science toute nouvelle. » Par cette déclaration solennelle, Galilée introduit ses théories au début de la troisième journée des *Discours*, et de fait il y a là le point de départ de la physique mécaniste qui démontre entre autres choses, au contraire d'Aristote, que sur un plan horizontal le mouvement d'un corps n'est arrêté que s'il y a une résistance : penser que tous les corps pèsent, même les gaz, penser la nature comme mathématique ou la terre comme tournant autour du soleil va à l'encontre de ce que nous apprennent les sens et l'expérience. Ce moment dans l'histoire de la pensée scientifique constitue une étape si différente de toutes celles qui ont précédé qu'on peut y voir une « révolution intellectuelle » sans précédent.

Pour les Anciens, la science est la contemplation de réalités qui vont au-delà du monde sensible. Les philosophes-savants de l'époque ne travaillent pas dans un laboratoire où ils éprouvent par la manipulation et l'expérimentation leur conception du réel. Non pas qu'ils en ignorent l'usage, mais ils n'en ont pas besoin ou n'en veulent pas dans leur poursuite du savoir : la science est alors essentiellement de l'ordre de la théorie (ce qui ne veut pas dire que le regard sur la nature ne se traduise pas par des observations, des descriptions, des connaissances et des théories importantes et valides). Et dès l'Antiquité, le monde du savoir entretient des liens avec l'organisation sociale : cette science qui consiste à contempler est le propre des hommes « libres », qui font œuvre libérale, par opposition à la technique, aux arts et aux métiers « serviles », qui sont le propre des artisans. Développant le thème de l'historien des sciences Alexandre Koyré sur la technique des Grecs, monde de l'*à-peu-près* auquel ne s'applique ni exacte mesure ni calcul précis, Jean-Pierre Vernant a montré comment et pourquoi l'écart « entre une science, s'inspirant d'un idéal logique, et une *empeiria*, réduite aux tâtonnements de l'observation, n'a pas pu être comblé par la pensée grecque [1] ». Mais si le démarrage du progrès technique supposait l'élaboration de nouvelles structures mentales, les transformations dans l'ordre politique, social et économique n'ont pas moins été indispensables – de Rome et du Moyen Âge jusqu'à la Renaissance – pour imposer le mode d'action systématique des mathématiques appliquées à la matière et à la nature.

Un double mouvement a mené sur la voie de la science moderne : l'abandon de la méthode d'autorité revenant à s'appuyer sur les livres des maîtres de la tradition (ainsi la scolastique héritée d'Aristote) et le recours à la méthode expérimentale liée à une conception de la nature qu'on fait « parler à travers le langage des mathématiques ». D'un côté, on se libère de la fausse science, celle des alchimistes qui s'appuie sur des effets « étonnants » dont on ne peut pas rendre compte (les *thaumata*, produits de thaumaturges, sorciers ou magiciens) ; d'un autre, on associe les mathématiques à l'expérimentation pour rompre avec les évidences subjectives du monde sensible : la lunette astronomique et le calcul mathématique permettent de montrer et de démontrer que ce n'est pas le Soleil qui tourne autour de la Terre, mais l'inverse.

SCIENCES DE LA NATURE ET SCIENCES SOCIALES

Cette révolution intellectuelle qui réalise la jonction entre la contemplation (la théorie) et l'expérience (l'expérimentation) fonde du même coup l'objectivité et l'efficacité de la science moderne par le calcul et la mesure. À la différence de la science antique, elle peut agir directement sur les phénomènes naturels, les prévoir, les manipuler et les assujettir à des fins humaines : « savoir c'est pouvoir », suivant la formule programmatique de Francis Bacon. Elle est liée, elle aussi, à une forme particulière d'or-

---

1. Jean-Pierre VERNANT, « Remarques sur les formes et les limites de la pensée technique chez les Grecs », *Mythe et pensée chez les Grecs*, Paris, Maspero, « Petite collection Maspero », t. II, 1965, p. 56.

ganisation sociale, à des institutions et à des comportements nouveaux :
c'est le moment où, avec l'essor de la bourgeoisie, artisans et ingénieurs se
rapprochent des théoriciens, l'art et la technique des arts libéraux, et ce n'est
pas un hasard si ce rapprochement a d'abord lieu dans l'Italie des grands
bourgeois enrichis, comme les Médicis, et tous leurs puissants rivaux.
Le savoir-faire du technicien sera désormais de plus en plus étroitement
associé au mode théorique de penser et d'agir du savant[1].

De ce lien qui s'établit entre la fonction d'artisan et celle de savant, qui
prépare en même temps le lien des idées entre les arts et la science, Léonard
de Vinci pressent d'autant mieux l'avenir qu'il voit lui aussi dans la mécanique « le paradis des mathématiques ». La technique, travail jusqu'alors
abandonné aux classes « serviles », devient un indispensable complément
de la science spéculative jusque-là réservée aux classes « libérales ». Et le
modèle contemporain du scientifique pourra être tout à la fois théoricien
et expérimentateur, du côté de la paillasse et du tableau noir, entre l'abstraction des équations et le tour de main du technicien. Ou encore, pour
les sciences de l'homme et les humanités, entre l'analyse, le commentaire
des textes, la réflexion sur le sens ou l'histoire des mots, et les enquêtes sur
le terrain, certaines expérimentations et le recours aux équations et aux
statistiques.

Ce livre se consacre essentiellement aux représentants des sciences de
la nature. Non certes pour ignorer ceux des sciences de l'homme et de
la société, mais parce que les premiers soulèvent certains problèmes qui
ne sont pas spécifiquement ceux des seconds. Les sciences de l'homme
et de la société appartiennent assurément, par bien des aspects (communautés, certaines méthodes et valeurs), à l'institution scientifique au sens
contemporain du terme, mais elles s'en distinguent aussi par d'autres
paramètres qui débordent le cadre de ce livre (par exemple, l'impossibilité
d'expérimenter dans les mêmes conditions, ou la nature des résultats de
la recherche qui ont un caractère moins opérationnel). Pour un *scientist*,
l'adhésion à un système de croyances ou de valeurs est (en principe) sans
relation avec l'exercice de sa discipline et surtout sans influence sur l'objet

---

1. R. LENOBLE, « Origines de la pensée scientifique moderne », *Histoire de la science*,
Paris, Gallimard, coll. « Encyclopédie de la Pléiade », 1957, p. 369-534, qui montre remarquablement comment cette « modification en profondeur de la mentalité scientifique » a
été une modification « de la mentalité tout court ».

qu'il étudie : comme me l'a dit un jour mon ami André Lebeau, il n'y a pas de rapport entre les contributions de Cauchy ou de Galois à l'histoire des mathématiques et le fait que le premier ait été ultraconservateur ou le second gauchiste. De plus, l'astronome qui étudie le ciel ne change rien au cours des comètes.

En revanche, le *social scientist* ne peut jamais s'affranchir du système de valeurs ou de croyances auxquelles il se réfère ou même adhère, au point parfois de confondre l'objet de sa discipline et ses options personnelles ; de plus, il affecte l'objet qu'il étudie tout comme il est affecté par lui. Comme nombre d'anthropologues, Claude Lévi-Strauss en a illustré toutes les contradictions, jusqu'à suggérer dans *Tristes Tropiques* que le chercheur finit par se croire plus détaché des sociétés exotiques qu'il étudie que de la société à laquelle il appartient. Mais, à la différence des corps célestes qu'étudie l'astrophysicien, les cultures indigènes qui fournissent aux anthropologues leurs documents tendent à disparaître et leurs documents avec eux : les corps célestes sont toujours là, les traces des cultures disparues ou en voie de disparition doivent être reconstruites au péril d'un dédoublement où l'imagination du chercheur peut l'emporter sur celle de l'objet qu'il a investi.

Il n'empêche, si ce ne sont pas les mêmes sciences, elles aspirent à la même scientificité, tout en n'y accédant pas dans la même mesure. Comme disait Raymond Aron préfaçant *Le Savant et le Politique* de Max Weber, le combat de la vérité sur ce terrain est toujours plus douteux que sur celui des sciences de la nature, mais les règles constitutives de la communauté des sciences sociales la retiennent de céder à la mythologie comme à la propagande. Et encore il ne suffit pas de s'y plier pour que la vérité fasse l'objet d'un consensus, alors qu'une formule mathématique fonctionne ou ne fonctionne pas, et qu'à récuser la relativité au nom de la pureté aryenne ou au nom de l'orthodoxie prolétarienne on s'exclut tout simplement du cours de la science.

Les beaux jours de l'économie marxiste ont conduit certains à dénoncer pendant longtemps la paupérisation croissante des ouvriers en France alors que, sous leurs yeux, à plus forte raison dans des statistiques irréfutables, le niveau de vie général ne cessait pas de s'améliorer et la course à la consommation de s'accélérer. Et quels que soient leurs progrès dans le sens de la mathématisation, les prévisions de l'économie, qui passe pour la plus « scientifique » des sciences sociales, ne sont d'aucune façon assimilables à celles de la physique. Comme Keynes l'a souligné dans sa postface à la *Théorie générale*, l'incertitude caractérise le contexte dans lequel sont prises les décisions, notamment les décisions économiques, et l'action en ce domaine doit se fonder sur une illusion de rationalité, ce qui ne l'empêche pas de se donner statistiquement des événements comme éventuellement probables [1].

LE LABORATOIRE, LIEU DE TRAVAIL

À la différence du philosophe-savant d'hier, la plupart des scientifiques mettent très exactement la main à la pâte, préparent des « manips », expérimentent, calculent et mesurent en soumettant la théorie à l'épreuve des faits et les faits à l'épreuve de la théorie. Pierre et Marie Curie ont dû remuer des tonnes de minerais d'uranium afin d'en extraire du radium. De même, Irène et Frédéric Joliot-Curie, bombardant de rayons alpha des feuilles de métal (aluminium, bore ou magnésium), ont été surpris de constater qu'ils obtenaient des noyaux radioactifs se désintégrant en émettant des électrons positifs. Cette découverte de la radioactivité artificielle, qui leur vaudra le prix Nobel de chimie, révélait au monde scientifique la possibilité d'utiliser des isotopes radioactifs produits artificiellement pour la recherche médicale.

Elle annonçait aussi, comme Frédéric Joliot-Curie le suggérait dans la conclusion de sa conférence donnée lors de la réception du prix Nobel, le 12 décembre 1935 à Stockholm, la possibilité d'une réaction en chaîne menant à des explosifs d'un type nouveau : « Nous sommes en droit de penser que les chercheurs, construisant ou brisant les atomes à volonté, sauront réaliser des transmutations à caractère explosif, véritables réactions

---

1. Pour Keynes, l'économie est avant tout une science morale qui traite d'introspection et de valeurs. Grand lecteur de Newton, il insiste fortement dans une lettre sur ce qui la distingue de la physique et de l'astronomie en évoquant l'image célèbre de la pomme, qui aurait mis Newton sur la voie de l'attraction universelle : « J'aurais pu ajouter que l'économie traite des motivations, des anticipations, des incertitudes psychologiques. [...] C'est comme si la chute de la pomme vers le sol dépendait des motivations de la pomme, de ce que cela vaut ou non le coup de tomber au sol, et de ce que le sol veuille bien que la pomme tombe, et des calculs erronés effectués par la pomme quant à la distance qui la sépare du centre de la terre » (lettre à Harrod du 16 juillet 1938, citée par Gilles DOSTALER, *Keynes et ses combats*, Paris, Albin Michel, 2005, p. 137).

chimiques à chaînes. Si de telles transformations arrivent à se propager dans la matière, on peut concevoir l'énorme libération d'énergie utilisable... » Trois ans plus tard, les expériences menées à Berlin par Otto Hahn et Fritz Strassman, à l'initiative de Lise Meitner, démontrent que le noyau d'uranium peut être brisé par l'action d'un neutron avec libération d'énergie et de neutrons supplémentaires : ce phénomène de fission donne le point de départ tout à la fois à la course à l'armement atomique et à la maîtrise de l'énergie nucléaire.

Les expériences sont réalisées dans un lieu institutionnel privilégié, *le laboratoire*, où en somme les chercheurs travaillent dans, de et pour la science plutôt qu'ils ne se bornent à spéculer (*laboratoire* : le mot vient du latin *laborare*, « travailler »). Et ils n'y travaillent pas seuls : ils sont entourés de collègues, de techniciens, de « laborantins » qui les aident à mettre au point expériences, machines, systèmes, modèles ou pipettes. Le laboratoire est un *collaboratoire*, comme disent les Québécois, pour insister non sans raison sur le fait que le scientifique est rarement seul en tête à tête avec le problème qu'il étudie, que tout au contraire la poursuite de ses travaux dépend d'instruments et d'équipements tout autant que de collaborateurs et d'institutions proches ou éloignées, concitoyens ou étrangers, dont le commerce, les commentaires et les critiques nourrissent et contrôlent le progrès de ses idées. Pendant longtemps, en fait – jusqu'au tout début du XXᵉ siècle –, quel que fût le coût des expériences, celui-ci n'était pas tel qu'il fût hors de portée d'un chercheur privé. C'est ainsi que Maurice de Broglie, grand spécialiste des rayons X, a pu encore entretenir dans les années 1920-1930 un laboratoire renommé de physique dans son hôtel particulier de la rue Lord-Byron, avec des assistants tels que Jean Trillat et Louis Leprince-Ringuet.

Les expériences sont rendues publiques pour être discutées, répétées et donc validées, de sorte que le produit premier de la recherche est toujours une *information*, pendant longtemps du papier soumis à des revues spécialisées, aujourd'hui passant de plus en plus par les messages et fichiers électroniques d'Internet. Les premiers pas du système Internet ont été soutenus par l'Agence des projets de recherche avancée du Pentagone. La légende veut qu'Arpanet (Advanced Research Projects Agency Network) eût pour objectif de permettre l'échange de données entre différentes unités militaires, quel que fût le contexte stratégique, y compris sous le coup de bombardements nucléaires, mais l'on ne voit pas comment l'équipement électronique aurait résisté aux effets des impulsions électromagnétiques que provoque toute explosion nucléaire. La vérité est autre, qui attribue la première source du réseau Internet non pas à des Américains, mais à Donald Davies, un physicien nucléaire anglais (d'où sans doute la confusion avec l'idée de la protection des communications en cas de guerre atomique, mais Davies n'a jamais travaillé aux armements) : c'est à ce proche d'Alan Turing qu'on doit l'invention des réseaux maillés qui constitue, avec celles de la distribution par paquets et du serveur dédié, le point de départ du Web. Et plutôt que des raisons d'ordre stratégique, ce sont des motivations d'ordre économique qui ont conduit à connecter les ordinateurs entre eux, notamment en assignant à chaque élément de donnée une adresse permettant de se retrouver dans le maillage : les finances limitées allouées à la recherche en Grande-Bretagne contraignaient de mutualiser les ressources[1].

Après être passé des mains du département de la Défense à celles de la National Science Foundation, le système a été gratuitement mis à la disposition des scientifiques, et c'est encore un chercheur britannique, Tim Berners-Lee, alors employé du CERN (Organisation européenne pour la recherche nucléaire) à Genève, qui a mis au point en 1993 le langage informatique universel (HTLM, Hyper-Text Markup Language) et le protocole de transmission (HTTP, Hyper-Text Tranfer Protocol) permettant, quels que soient la langue, l'ordinateur et le réseau, de rendre rapide et bon marché le partage des données scientifiques à l'intention de tous les chercheurs de cette organisation internationale. C'est donc par et pour la science, et conformément à ses valeurs, que « la toile » a été lancée : le premier navigateur, Mosaic, a été distribué gratuitement. Deux ans plus tard, Netscape Navigator et Internet Explorer de Microsoft se battaient pour la conquête d'un marché planétaire, Microsoft occupant en fait une position dominante après avoir fourni gratuitement son logiciel lors de

---

1. Je dois toutes ces précisions sur l'histoire « non légendaire » du Web à Pascal Froissart, maître de conférences à l'Université de Paris-VIII, grand spécialiste et historien des technologies de l'information, pour qui en somme « Internet est une création européenne dont l'histoire, d'abord écrite par des Américains, est devenue américaine – en fait, comme toute histoire d'une innovation technique, un entrelacs de déterminations techniques, politiques, financières, voire personnelles et touristiques, où les contributions de chaque pays doivent être replacées par rapport à celles des autres. » Voir Tim BERNERS-LEE, *Origins and Future of the World Wide Web*, Londres, Texere Publishing, 1999.

l'installation quasi universelle de Windows : les temps du partage gratuit du savoir au nom des valeurs de libre communication de la science étaient déjà révolus. Aucune information, serait-elle scientifique, ne peut échapper à l'environnement qui en fait une marchandise.

Le laboratoire est le *lieu du travail* de la recherche, qui se traduit par des occupations diverses, conditionnées par la nature des objets soumis à enquête et donc par la spécialisation des disciplines et des instruments qui permettent d'en rendre compte : il faut des télescopes pour étudier le ciel, des machines pour analyser la matière et le mouvement, des tubes, des réactifs et surtout la balance de précision pour faire progresser la chimie, des microscopes pour étudier les phénomènes vivants, etc. Telle est la fonction nouvelle dont Francis Bacon a décrit dans son utopie de *La Nouvelle Atlantide* (1627) tous les développements à venir : c'est le récit d'un voyage imaginaire dans une île du Pacifique, qui introduit à une société et même à une civilisation nouvelles, entièrement façonnées et conditionnées par la pratique d'une science efficace se traduisant par des résultats et des applications utiles, et dont les praticiens exercent déjà tous les rôles que les scientifiques auront l'occasion d'assumer de nos jours : chercheurs, vulgarisateurs, administrateurs, entrepreneurs, commerçants, attachés à l'étranger, conseillers du pouvoir, planificateurs, militaires, espions. « Savoir c'est pouvoir », dit Bacon dans une formule qui va caractériser la prodigieuse capacité d'intervention de la science expérimentale sur la nature, le monde, les hommes et simultanément, à partir des moyens considérablement accrus par la révolution industrielle, rencontrer ses limites et soulever, comme on le verra, des problèmes qui mettent en question de nos jours la rationalité même qui l'inspire : le rôle nouveau qu'exerceront les scientifiques débouchera sur une relation nouvelle entre savoir et pouvoir.

Aussi faut-il bien se demander si le métier même de scientifique est différent des autres et en quoi. Pour répondre à cette question, il convient de prendre en compte une constellation de critères, mais aussi d'événements – historiques, sociologiques, économiques, politiques – qui éclairent à la fois une rupture, une évolution et une permanence dans les rôles multiples et différents que les scientifiques peuvent exercer aujourd'hui. Les héritiers des philosophes-savants et des savants-philosophes d'hier sont assurément des professionnels engagés dans un métier qui répond aux caractéristiques de tous les métiers inscrits dans et conditionnés par le système industriel.

En même temps, il n'y a pas de modèle exclusif de cette profession, qui peut prendre autant de formes (et de motivations) qu'il y a de modalités de la recherche scientifique, de la recherche fondamentale au développement en passant par les recherches appliquées et orientées. Parmi les scientifiques, il y en a beaucoup, gestionnaires, techniciens, administrateurs, dont l'activité n'a rien à voir avec la recherche proprement dite. Et quand il s'agit de recherche fondamentale, certains invoquent un rapport à des valeurs spécifiques, mais tous doivent se plier à une exigence constante d'évaluation, la *publication*, qui n'existe dans aucun autre métier. On trouve en fait toutes les nuances entre la science envisagée comme foyer de valeurs exclusives et la réalité des pratiques, des comportements et des servitudes dont témoigne la division du travail au sein du système contemporain de la recherche.

Histoire et culture

Plutôt que de parler de scientifiques, on les a appelés « savants » jusqu'au premier tiers du xxᵉ siècle en français comme dans toutes les langues du continent européen. L'adjectif « scientifique » (« qui sait beaucoup, qui est versé dans les sciences ») a donné le nom qui désigne les personnes « versées, dit Littré, soit dans l'érudition soit dans les sciences ». La distinction, d'ailleurs, entre les érudits et les savants était peu tranchée, les érudits étant plutôt du côté de ce qu'on appelle aujourd'hui les humanités et les savants du côté des sciences de la nature. Ces sciences n'étaient pas séparées de la philosophie, leur système de références était encore commun au point qu'en anglais on parlait plus volontiers des *natural philosophers* (les « philosophes de la nature ») que des savants.

Le mot *scientist* apparaît pour la première fois en 1840 dans un ouvrage du logicien Whewell, *Philosophy of the Inductive Sciences*, mais il lui faudra quelque temps encore en Angleterre ou aux États-Unis (et plus encore sur le continent européen dans sa traduction en « scientifique ») pour s'imposer aux dépens de celui de *savant*. En 1873, dans un livre précurseur de la sociologie des sciences, *Histoire des sciences et des savants depuis deux siècles*, Alexandre de Candolle ignore encore le mot de *scientist* au point d'écrire que la langue anglaise est plus pauvre que le français ou l'allemand « puisque l'expression *learned* (érudit) ayant été jugée incommode comme substantif, les auteurs se sont servis quelquefois du mot français *savant* introduit tel quel en anglais : *a great savant.* » Il constate ainsi qu'il est « bizarre » d'être contraint à utiliser des périphrases pour désigner les « hommes qui font des recherches en vue d'idées nouvelles et de découvertes », car les chercheurs « ne constituent qu'une petite partie des savants, c'est-à-dire des gens qui savent ». Même le *Dictionnaire* de l'Académie française ignorera encore en 1935 le substantif « scientifique ». Le savant c'est d'abord celui qui détient un savoir *(learned)* : le mot qualifie un *état* et non pas une *fonction.*

La nouveauté du mot *scientifique* et sa difficulté à être reconnu sont les signes d'un véritable remaniement culturel, aux termes duquel la philosophie cesse d'être pour la science un point de repère, un complément ou une médiation, l'adoption et la diffusion du mot lui-même sanctionnant *le passage de l'état à la fonction.* Autrement dit, c'est l'affirmation sociale de la science non pas seulement comme activité pratique, mais encore comme travail et bientôt comme métier. Dans les pays communistes, on parlait des chercheurs comme des « travailleurs scientifiques » pour bien souligner qu'ils sont du côté non des activités libérales, mais de la production comme une profession salariée, donc prolétaire, parmi d'autres.

C'est à partir du milieu du XIXᵉ siècle que le scientifique est voué à se démarquer de plus en plus des humanités, avant tout de la philosophie. Le système de références qui était commun se divise, renvoie à des occupations et à des milieux différents, se nourrit d'informations dont les critères, les canaux de communication et les destinataires ne sont plus les mêmes. Revues et sociétés scientifiques n'ont plus rien à voir avec leurs homologues de la philosophie : la communauté des scientifiques publie des articles et des commentaires dont le style et le format même se différencient de ceux des littéraires ; elle s'exprime dans un langage auquel seuls, de plus en plus, les spécialistes auront accès ; et ceux-ci, pour obtenir la reconnaissance de leurs travaux, s'adresseront non plus aux intellectuels en général, mais à leurs *pairs*, leurs collègues « égaux » en titres, compétence, publications scientifiques reconnus et donc légitimés sur le plan national et international.

Séparés des autres communautés intellectuelles à la fois par la complexité et l'ésotérisme croissants de leurs pratiques, de leurs expériences et de leurs publications, les scientifiques vont bientôt être séparés les uns des autres par la spécialisation non moins croissante des disciplines. Le temps du philosophe qui est en même temps spécialiste de la physique, de la chimie ou de la biologie, héritier, acteur et diffuseur d'une culture une et commune, qui peut tout aussi bien publier ses conceptions du monde ou sa philosophie de la connaissance que contribuer efficacement au progrès même de la science – le temps des *Philosophical Transactions* que publie la Royal Society, ou encore celui des collaborateurs de l'*Encyclopédie* – appartient à un monde révolu dès la fin du XIXe siècle. Il y aura certes des scientifiques auteurs d'essais philosophiques et partie prenante dans leurs débats, mais il n'y aura plus de philosophes acteurs de la science en train de se faire.

DE LA VOCATION AU MÉTIER

L'idéologie de la science trouve sa source dans la récusation de la *fonction* au seul bénéfice de l'*état*. Ainsi pour certains la recherche fondamentale est-elle exclusivement de l'ordre des idées, et « le service de la vérité » revient, malgré la fonction, à invoquer l'état en se réclamant d'une vocation plutôt que d'un métier. On dirait qu'une mission particulière, à la fois morale et esthétique, désigne la science comme un foyer de valeurs propres par opposition aux servitudes et à l'aliénation d'une vulgaire profession. Et même si tous les chercheurs aujourd'hui sont d'une manière ou d'une autre salariés – boursiers, universitaires, fonctionnaires, employés ou contractuels – et se consacrent dans leur grande majorité à des recherches appliquées plutôt que fondamentales, cette dimension *idéelle* de l'activité scientifique sera toujours présente dans l'image qu'ils donnent ou se donnent d'eux-mêmes et dans le discours qu'ils peuvent tenir sur la nature spécifique de leur profession. De là aussi, chez certains, une arrogance que leur accès aux arcanes d'une discipline parfaitement hermétique au commun des mortels tend à assimiler au pouvoir dont disposaient les prêtres des religions de l'Antiquité.

En se distinguant à la fois de l'érudit et du professeur, le chercheur se rapproche pourtant du producteur, et c'est bien cette fonction nouvelle que la terminologie a pendant longtemps récusée. La résistance de toutes les langues européennes, hors l'anglais, à reconnaître droit de cité au substantif *scientifique* est bien le signe que le divorce entre philosophie et science, fût-il accompli par consentement mutuel, n'a pas perdu son apparence de scandale culturel. En même temps, on peut dire que le système de la culture a gardé en souvenir, comme une répétition analytique de l'enfance, l'idéologie de la science en tant que foyer de valeurs spécifiques.

Heureux sort, disait Fichte, que celui du savant, « d'être destiné par sa vocation particulière à faire ce qu'on devrait déjà faire en raison de sa vocation générale, en tant qu'homme » : en cherchant la vérité, il réalise la destination même du genre humain dont il est « le pédagogue » et « l'éducateur »[1]. Bien entendu Fichte pensait encore au philosophe comme savant plutôt qu'au scientifique. Mais la mission morale et esthétique qu'il lui assignait – « rendre témoignage à la vérité » – n'est jamais absente aujourd'hui du discours de et sur la science. De ce point de vue, le scientifique n'apparaît pas très différent de l'artiste : ainsi, sous les traits admirables de la recherche « désintéressée », son activité ne se veut-elle pas de l'ordre d'une production parmi d'autres, mais de l'ordre de la création. De plus, à la différence de l'artiste, ce qu'il *fait* débouche sur l'« utilité » manifeste de résultats.

Telle est l'idéologie : la pratique de la science – quand il y va de la recherche fondamentale – a d'autant plus valeur d'exemple sur le plan esthétique et moral qu'elle rend les plus grands services à l'humanité. C'est par là, au reste, que l'activité scientifique renoue, bien qu'elle soit devenue un métier et compte désormais comme un facteur de production, avec un thème cher à l'Antiquité, celui d'un service à la fois gratuit et d'un prix inestimable. La science n'est plus la philosophie, mais il y a dans cette idée de la science quelque chose de la philosophie au sens où, pour Socrate, elle s'opposait à l'activité des sophistes : puisque Socrate ne vend pas comme ceux-ci ses leçons, ce qu'il enseigne est sans prix (voir les *Mémorables* de Xénophon).

Envisagée comme une activité qui n'a d'autre fin que la poursuite et l'extension du savoir – et la satisfaction du chercheur d'y contribuer dans le plaisir de la découverte –, la science peut passer pour une entreprise dont les services ne sont pas comptabilisables faute d'avoir « un juste prix » : connaître, comprendre, ajouter une portion de savoir à notre connaissance et à notre compréhension de la nature est avant tout de l'ordre de l'esprit plutôt que de l'utile. Comme pour l'enseignement de Socrate, l'idée d'un « bien intellectuel » à atteindre dont la valeur n'a pas de juste prix demeure

---

1. Johann Gottlieb FICHTE, *La Destination du savant* (1794), Paris, Vrin, 1969, p. 77.

présente – et le demeurera toujours, il faut y insister – dans la démarche aussi bien que dans l'image du scientifique se consacrant à une recherche fondamentale.

L'institution aura beau être, comme on le verra, de plus en plus professionnalisée, industrialisée, soumise à toutes les contraintes du système industriel – organisation, programmation, planification, évaluation, productivité, rentabilité – le service de la science demeure et demeurera d'abord pour certains une aventure de l'esprit. Nul plus que le scientifique ne peut s'appliquer la chance et le bonheur dont parle Stendhal : « faire de sa passion son métier ». Cette aventure intellectuel a d'autant plus valeur d'exemple sur le plan esthétique et éthique qu'elle débouche sur un bien sans prix : la publication d'une découverte, produit donc avant tout de l'esprit, offert gratuitement au monde entier et voué comme de surcroît à rendre les plus grands services à l'humanité.

2.

Du village à la grande ville scientifique

On ne peut évidemment pas s'en tenir à cette vision de la science comme une activité exclusivement définie par la vocation du chercheur et/ou par la poursuite du savoir conçue comme une finalité en soi. D'autant moins qu'il faut prendre en compte les trois étapes qui ont marqué, transformé, modernisé l'institution scientifique du XVIIᵉ siècle au nôtre : l'institutionnalisation, la professionnalisation et l'industrialisation de la recherche scientifique. Des étapes historiquement successives, où l'on verra l'institution se déplacer en quelque sorte du village à la grande ville et même à la grande agglomération scientifique, avec chaque fois de nouvelles répercussions économiques, sociales et politiques. Le propre des pays en voie de développement, qui ont accédé récemment à l'indépendance, est précisément qu'ils n'ont pas vécu ces étapes comme successives : la professionnalisation a commencé avant l'institutionnalisation, de sorte qu'ils ont produit des chercheurs (dans les universités des pays industrialisés) sans disposer chez eux d'institutions scientifiques adéquates ni surtout de structures industrielles capables d'en tirer parti.

L'ÉTAPE DE L'INSTITUTIONNALISATION

Cette étape a été étroitement liée à la démarche scientifique, en ce sens que le caractère expérimental de la science moderne a déterminé la création même des académies et des sociétés scientifiques. Pour expérimenter, présenter protocoles et résultats, les valider ou les récuser, il faut un *lieu* d'échanges et de débats où les expériences peuvent être répétées, vérifiées et publiées pour être ensuite soumises à la critique et évaluées par les spécialistes sur le plan tant national qu'international. L'institutionnalisation de la science a commencé – en dehors des universités aux mains de la scolastique enseignant un rapport au savoir sans contact avec la réalité – par ces villages que sont les académies, dont la commune vocation est la reconnaissance du travail expérimental comme méthode d'enquête.

Les premières académies naissent en Italie (l'Accademia dei Lincei en 1603, puis l'Accademia del Cimento) sous la protection de princes qui les dotent de cabinets d'histoire naturelle et de jardins, où effectivement les liens entre la fonction d'artisan et celle de savant commencent à se nouer autour de l'expérimentation [1]. Mais il s'agit encore de très petites assemblées, proches de sociétés secrètes et dont l'influence s'éteint avec la mort de leurs protecteurs. Ainsi l'Accademia dei Lincei, créée en 1603 par le prince Federico Cesi, ne survécut pas à son fondateur ; mais, sortie de son sommeil en 1745, elle devint sous ce nom en 1945 l'Académie nationale des sciences italienne. Avec la Royal Society établie en 1662 par Charte de la reine Elizabeth et l'Académie royale des sciences créée à Paris en 1666 à l'initiative de Colbert, l'institution s'installe désormais dans la durée sous le patronage direct du pouvoir politique. Elle définit un lieu conçu d'emblée pour accueillir des instruments et des travaux de laboratoire, et les membres s'accordent pour mener leurs travaux en se pliant à des normes communes (objectivité des procédures, démonstrations, preuves et publicité des résultats au-delà des frontières nationales, etc.).

Rien ne décrit mieux que la Charte de la Royal Society la profession de foi des académies et en même temps la nature des engagements qui caractérisent le travail du scientifique. Il s'agit d'abord de progresser à la fois dans la *connaissance* de la nature et dans la *maîtrise* de toutes les techniques, autrement dit l'approche théorique va de pair avec la visée de résultats pratiques, le perfectionnement de la théorie comme celui des techniques étant lié à la méthode expérimentale : la science est pouvoir d'une action utile aux intérêts de l'humanité. Mais, de plus, il s'agit de s'affranchir de tout ce qui n'est pas le propre de cette démarche scientifique,

---

1. Le prince Federico Cesi en la fondant déclara que l'Accademia dei Lincei devait permettre non seulement de « connaître les choses et la sagesse, de vivre ensemble dans la justice et la piété, mais aussi de les distribuer aux hommes, oralement et par écrit, *sans leur causer aucun dommage* » (*Lynciographum*, Rome, Accademia dei Lincei, 2001, 3 *[je souligne]*).

en s'interdisant de « se mêler » (*not meddling through*, dit l'original anglais) de ce qui est et doit demeurer extérieur à son territoire d'enquête, d'analyse et de réflexion, et en tournant résolument le dos à tout l'héritage de l'enseignement aristotélicien (grammaire, rhétorique, logique).

La rupture est consommée d'abord sur le plan de la culture : la démarche et le discours scientifiques n'ont plus rien à voir avec la philosophie. Elle l'est ensuite sur le plan institutionnel : la science se constitue en proclamant d'entrée de jeu sa volonté d'indépendance et, plus encore, d'autonomie par rapport aux pouvoirs qui peuvent interférer sur sa démarche, qu'ils soient religieux, politique ou même économique. Le discours et le propos philosophiques, mais aussi la morale et la politique ne doivent pas être son affaire. On verra plus loin jusqu'à quel point l'institution a pu se mettre à l'abri des interférences du pouvoir religieux ou des pressions d'ordre politique et économique. Et combien, de nos jours, elle parvient peu à se soustraire à ces pressions.

D'UNE INSTITUTION À L'AUTRE

Dès le départ, en tout cas, l'institution est liée statutairement à l'État, encore que les formes et la nature de l'appui qu'il lui accorde varient selon les pays. Dans le cas de la Royal Society, par exemple, le soutien très officiel de la reine est de pure forme, et pendant longtemps l'institution vivra des seules cotisations de ses membres qui n'auront ni pensions ni subventions (jusqu'en 1742, un revenu annuel de 232 livres !). Seuls deux emplois seront appointés, celui de secrétaire et celui d'expérimentateur. Le premier nommé au poste de secrétaire, Robert Hooke, ne sera pas seulement chargé de préparer les expériences effectuées durant les séances, il jouera aussi le rôle d'une sorte d'officier de liaison, au courant de ce qui se fait en Angleterre, mais aussi à l'étranger à la faveur d'une immense correspondance (l'échange de lettres tient lieu alors de revues scientifiques nourries par les correspondants individuels et les institutions semblables appartenant à plusieurs pays européens).

Le statut de l'Académie des sciences française (royale jusqu'à la Révolution) est et demeurera tout différent, puisque la protection royale attribue des pensions à ses membres et que les instruments destinés aux expériences sont à la charge du Trésor royal (12 000 livres par an). L'astronome Cassini, que l'on fait venir d'Italie pour créer l'Observatoire de Paris, aura une pension annuelle de 9 000 livres ; le physicien et astronome Huygens venu des Pays-Bas, à qui l'on doit en particulier la théorie du pendule qu'il utilisa comme régulateur du mouvement des horloges et des montres, aura une pension de 6 000 livres, alors que les pensions attribuées aux membres français iront de 1 200 à 2 000 livres. On voit que la science nouvelle est d'emblée internationale au sens où la publicité et la discussion critique des expériences supposent la coopération des spécialistes au-delà des frontières nationales, et où, du même coup, les rivalités et les concurrences entre nations entraînent d'entrée de jeu la chasse aux cerveaux que l'on fait venir à prix d'or.

L'institution française est sous la dépendance étroite du pouvoir, toujours menacée d'avoir à se soumettre à ses pressions. Ainsi, après la mort de Colbert, Louvois déclare-t-il que « la recherche curieuse, ce qui n'est que pure curiosité ou qui est pour ainsi dire un amusement » doit céder la place « à la recherche utile, celle qui peut avoir rapport au service du roi et de l'État ». Déjà perce la contestation de la recherche fondamentale, dont les applications ne peuvent être qu'à long terme (s'il y en eut avant le XIXᵉ siècle !) et qui, de ce fait même, « n'amuse » que les spécialistes, au profit des recherches appliquées décidées par l'État. L'idée du « pilotage de la recherche par l'aval » – en fonction des besoins économiques et stratégiques de l'État – est présente dès l'origine de l'institution, bien avant que les recherches appliquées et l'essor des techno-sciences n'aient prolongé ses capacités théoriques en résultats tangibles immédiatement voués au service de l'industrie ou de l'armée.

Assurément plus indépendante, la Royal Society ne cherchera pas moins que l'Académie des sciences à se légitimer par les services rendus à l'État. Dès le départ, en effet, la frontière entre ce qui est de l'ordre du savoir et ce qui est de l'ordre du politique s'est montrée inévitablement peu étanche. C'est que la science expérimentale, à la différence de la science antique, a besoin pour se développer du soutien du pouvoir politique – sous forme de patronage, certes, mais aussi et surtout de subsides – et, réciproquement, comme elle se proclame utile et promet des résultats applicables, le pouvoir politique a toute raison de s'intéresser à ses travaux jusqu'à tendre à les orienter.

C'est ainsi que, sur la recommandation de Newton, un Acte spécial de la reine garantit une forte récompense à qui résoudrait le problème du calcul des longitudes. Déjà le gouvernement hollandais avait cherché à persuader Galilée d'appliquer ses talents à la solution de ce problème. Philippe III d'Espagne offrit à son tour une récompense, et le régent Philippe d'Orléans établit en 1716 un prix de 100 000 livres. La solution du problème ne pouvait pas être indifférente au pouvoir politique : la maîtrise des océans, donc le contrôle des commerces et les conquêtes impériales dépendaient de la mise au point d'une méthode rigoureuse. Il n'est pas inutile de rappeler que, quels qu'aient été les efforts des savants qui se sont attaqués au problème, la solution est venue – mais près d'un demi-siècle plus tard – d'un brillant et obstiné horloger, John Harrison (1693-1776), qui mit au point un chronomètre échappant aux vicissitudes de la navigation (il fallut plusieurs années pour faire reconnaître son succès, que l'*establishment* scientifique eut du mal à digérer, et il n'obtint d'ailleurs qu'une partie de la récompense promise) [1].

L'institution en tout cas favorise « l'émergence du rôle du scientifique comme chercheur [2] », elle est le lieu d'une science qui se fait, se transmet, héberge des domaines en train de naître et des « disciplines inchoatives » qui n'ont pas encore de statut (par exemple, la biologie avant la lettre) : « Elle répond comme les dieux du culte et les autels, à une certaine croyance – non dans les dieux, mais dans les pouvoirs de la science, dans la valeur du projet d'exercice de la rationalité scientifique [3]. » L'institutionnalisation ne signifie pas encore la professionnalisation, même si les membres de l'Académie royale en France sont pensionnés : ce ne sont pas encore des salariés ; à l'époque, de plus, les académiciens ne sont pas tous des scientifiques ou des chercheurs (la Royal Society sera longtemps composée aussi de personnages influents et « distingués », hommes d'État et d'Église, officiers supérieurs ou lettrés) ; et il s'agit d'une élite très restreinte, dont l'activité marginale, mais déjà prestigieuse, n'est pas socialement intégrée.

---

1. Voir Dava SOBEL, *Longitude*, Paris, Lattès, 1996 ; rééd. Le Seuil, coll. « Points Sciences », 1998.

2. Joseph BEN-DAVID, *The Scientist's Role in Society*, Englewood Cliffs, Prentice-Hall, 1971.

3. Claire SALOMON-BAYET, *L'Institution de la science et l'expérience du vivant : méthode et expérience à l'Académie royale des sciences (1666-1793)*, Paris, Flammarion, 1978, p. 439 et Roger HAHN, *L'Anatomie d'une institution scientifique. L'Académie royale des sciences, 1666-1803* [1971], Paris, Éditions des archives contemporaines, 1993. Voir compte-rendu par Stéphane TIRARD, « Le grand livre du siècle », *La Recherche*, « 400 ans de science », n° 400, septembre 2006, p. 60.

Mais la science instituée en tant que corps, par rapport à d'autres corps tels que l'Église, l'armée, la justice, voit reconnaître par la société la légitimité de son activité, dont l'intérêt réside d'abord dans ses propres fins. L'institution est régie, bien plus que par des liens professionnels, par un accord sur les règles du jeu – ces normes qui ordonnent la conduite de l'activité de recherche d'une manière différente, au moins idéalement, de celle des autres activités : vérité, objectivité, critique, refus de l'argument d'autorité, démonstration, publicité, coopération internationale. Il ne s'agit encore que de villages, dont les habitants sont peu nombreux, et qui n'attirent l'intérêt de la société qu'à la faveur du soutien de l'aristocratie et de la bourgeoisie éclairée, mais ces villages se multiplient en Europe (1700 en Prusse, 1726 en Russie, etc.) pour constituer un réseau d'institutions et de spécialistes qui contribuent ensemble, par delà les frontières et les rivalités nationales, au « perfectionnement de la connaissance des choses naturelles ».

L'ÉTAPE DE LA PROFESSIONNALISATION

L'étape précédente a déplacé la science en train de se faire hors des universités, où l'on enseignait une science dépassée, vers ces villages scientifiques que sont les académies. L'étape qui s'ouvre à partir du XIXe siècle réinscrit la nouvelle science dans le cadre des universités qui se développent et se multiplient en fonction à la fois des nouvelles disciplines et des besoins croissants du système industriel en compétences diversifiées. Le processus de professionnalisation fait de l'université le foyer de la formation des scientifiques : elle en a besoin en tant que professeurs, assistants et techniciens, elle prépare les étudiants à la recherche et répand ses diplômés hors du cadre universitaire dans toutes les structures de l'économie[1].

C'est en France, assurément, qu'on a vu poindre les premiers pas de la professionnalisation des scientifiques : après les membres pensionnés de l'Académie royale, mais qui ne l'étaient pas en tant qu'individus exerçant

---

1. *Professionnalisation* : ce mot est en français un néologisme ignoré par le Littré, et que le Robert reconnaît en donnant précisément comme exemple « la professionnalisation de la recherche » par une citation extraite de la revue *La Recherche* datée de... 1973. Auparavant, on trouvait *profession, professionnel, professionnalisme*, mais la chose existait sans le processus.

un métier, l'École polytechnique a été le théâtre de la percée. Créée par la Révolution française sur l'héritage de l'École du génie de Mézières, l'École polytechnique est la première institution d'enseignement donnant une formation technique méthodique aux élèves ingénieurs, mais aussi la première qui fasse entrer le laboratoire de recherche dans l'enseignement supérieur [1]. Pour la première fois, non seulement un établissement d'enseignement supérieur est en même temps un centre de recherche, mais encore les professeurs qu'il accueille sont appointés comme tels : ainsi Monge, Fourier, Berthollet, Chaptal, et tant d'autres dans les générations de scientifiques renommés qui suivirent, sont-ils des fonctionnaires salariés de l'État.

L'innovation de Polytechnique ne dura pas et surtout n'essaima pas en France. L'École redevint très vite, dès le dernier tiers du XIXᵉ siècle, un lieu où l'on enseignait le contenu plutôt que la méthode de la science, la science faite plutôt que la science en train de se faire. Sa vocation d'école militaire formant des officiers du génie l'emporta sur la fonction de la recherche, et cela jusqu'au lendemain de la Seconde Guerre mondiale : dans la mutation que la physique a connue au début du XXᵉ siècle, les X n'ont joué aucun rôle à l'exception de Poincaré. Le nombre des polytechniciens pourvus d'un doctorat était encore après les années 1960 extrêmement limité, les élèves devenant dans leur grande majorité soit des officiers du génie et des spécialistes de l'armement, soit des ingénieurs ou des administrateurs appliquant des connaissances plutôt que cherchant à les faire progresser.

Leur avenir est toujours dans les Grands Corps ou dans les écoles d'application, et la « botte » produit des hauts fonctionnaires qui font carrière dans et par les cabinets ministériels. Le paradoxe est que l'École polytechnique accueillait les meilleurs mathématiciens du monde, professeurs et étudiants, mais ces talents formés *par* la science ne l'étaient pas en grande majorité *à* la science. Les grandes écoles accaparent les meilleurs étudiants en sciences qui ne se destinent pas à devenir des scientifiques, alors que les autres étudiants s'orientent vers les universités qui ont le monopole de l'accès aux carrières d'enseignants. La seule exception fut l'École normale supérieure de la rue d'Ulm, longtemps seul point de contact entre les meilleurs étudiants en science et les meilleurs scientifiques.

---

1. Voir Terry SHINN, *L'École polytechnique, 1794-1914*, éd. traduit du ms. anglais par M. de Launay, Paris, Presses de la Fondation nationale des sciences politiques, 1980.

C'est seulement après la Seconde Guerre mondiale que Polytechnique redeviendra un foyer de chercheurs en physique et en mathématiques appliquées engagés dans la théorie, l'industrie et la défense[1].

L'UNIVERSITÉ AU SERVICE DE LA SCIENCE

C'est en Allemagne que l'innovation a été aussitôt reprise et surtout diffusée, grâce d'ailleurs à un ancien élève de l'École polytechnique, Justus von Liebig (1803-1873), chimiste de génie, qui développa à l'Université de Giessen la méthode d'enseignement au laboratoire et réussit à convaincre d'autres universités à l'adopter en l'étendant à d'autres disciplines : « Il faut disposer d'une institution, écrivait-il, où les étudiants pourront être instruits dans l'art de la chimie, c'est-à-dire se familiariser avec les opérations d'analyse chimique et s'exercer à utiliser des instruments. » La professionnalisation du scientifique passe alors par un système nouveau de *formation* qui est en même temps une *pratique*, l'une et l'autre débouchant sur des compétences reconnues, en particulier par le doctorat, qui pourront être exercées soit à l'université, soit dans l'industrie, soit encore dans les arsenaux.

La généralisation de l'innovation en Allemagne a été favorisée par la décentralisation de l'autorité publique et par la compétition entre institutions universitaires. Dans le sillage des expériences multipliées par Liebig, la grande réforme introduite par Guillaume de Humboldt transformera la fonction des universités, qui deviendront le lieu par excellence de l'avancement de la connaissance en modifiant à la fois les conditions de travail de l'enseignant et celles de l'étudiant : « L'un et l'autre, dit-il, doivent être conjointement au service de la science. » L'université selon Humboldt doit enseigner et transmettre, avec le contenu de la science, la méthode et la pratique de la recherche : il s'agit non seulement de *connaître* la science, mais encore de la *faire*. L'abandon du cours magistral pour le laboratoire et le séminaire, dont l'École polytechnique avait été pionnière sans lendemain au XIXᵉ siècle, sera généralisé en Allemagne, et bientôt

---

1. Bruno BELHOSTE (dir.) *et al.*, *La France des X : deux siècles d'histoire*, en particulier les contributions de A. Dahan-Dalmedico et de D. Pestre, Paris, Economica, 1995.

en Angleterre, dans la plupart des pays européens et dans les grandes universités privées des États-Unis : Harvard, MIT, Berkeley, Stanford.

Mais pas en France, ce qui s'explique par un ensemble de facteurs dont les effets continuent malheureusement à peser jusqu'à aujourd'hui sur notre système de recherche. Il y a d'abord le cloisonnement non seulement entre les institutions universitaires, mais aussi entre la théorie et la pratique (les instituts universitaires de « science pure » d'un côté, et les écoles d'ingénieurs de l'autre). Il y a ensuite la centralisation du système d'éducation : la loi de 1808 créant l'Université de France regroupait toutes les institutions d'enseignement supérieur sous l'autorité d'une administration unique. Depuis, il a fallu attendre 1968 pour voir la première réforme importante introduite dans l'université, mais l'autonomie des institutions alors revendiquée et proclamée par la loi n'a pu être réalisée, malgré les nombreuse tentatives de réformes qui ont suivi.

Raymond Aron pouvait encore écrire en 1968, qu'il « n'y a pas d'Université en France faute d'universités ». On a créé depuis plusieurs universités, mais la contrainte de l'enseignement de masse interdit à plusieurs d'entre elles d'assumer la fonction et les programmes de recherche à l'échelle de ce qui se fait dans d'autres pays. Il y a, bien entendu, en dehors de Paris, de « grandes » universités dont la création est bien antérieure à 1968 : ainsi Montpellier, Strasbourg, Grenoble, Toulouse, qui toutes doivent leur essor post-guerre mondiale à une coopération étroite entre des scientifiques grands entrepreneurs et les milieux politiques et industriels locaux. L'objectif de la démocratisation interdit le *numerus clausus* à l'entrée des universités, sauf dans les facultés de médecine et même dans certaines universités, comme Paris-X Dauphine, qui exigent, à l'encontre de la loi, des baccalauréats avec une mention égale ou supérieure à B. On a tourné la loi en désignant Dauphine comme... une Grande École, comme dans Mérimée le poisson introuvable du vendredi incite à baptiser carpe le lapin. (La démocratie à la française a toujours des exceptions, surtout quand il y va de la sélection des élites.) Le baccalauréat est demeuré depuis le Moyen Âge le premier grade universitaire, il ouvre donc automatiquement l'accès à l'enseignement supérieur et encombre fatalement les premiers cycles d'étudiants, dont un grand nombre ne sont pas faits pour cela. Le système universitaire français tend ainsi à devenir un réseau d'écoles professionnelles supérieures où la fonction « recherche » est une fois de plus sacrifiée à la formation de masse.

Il a *toujours* fallu créer en France des institutions péri-universitaires pour relever les défis d'une université peu préparée, sinon peu accueillante, à la recherche : déjà le Collège de France sous François Ier, l'École pratique des hautes études au XIXe siècle, dès 1936 le Centre national de la recherche scientifique (CNRS), et depuis la fin de la Seconde Guerre mondiale tant d'autres institutions à vocation finalisée, tels le Commissariat à l'énergie atomique (CEA), l'Institut national de la santé et de la recherche médicale (INSERM) ou l'Institut national de recherche en informatique et en automatique (INRIA). Ce n'est pas un hasard si Pasteur a tenu à ce que l'Institut qui porte son nom fût et demeurât une institution privée. Et plus récemment encore, la création en 2005 de l'Agence nationale de la recherche est un exemple supplémentaire de la nécessité – les institutions, en l'occurrence le CNRS, ne pouvant s'adapter aux développements et aux besoins nouveaux tant de la science que de l'économie – d'une institution nouvelle pour réorienter le financement du système de la recherche.

Le facteur le moins favorable à l'extension de la recherche dans l'université française tient au rôle que jouent les concours de recrutement des lycées et des collèges : par définition, ce n'est pas la capacité à mener des travaux scientifiques qui qualifie ici les candidats, mais la maîtrise d'un savoir déjà existant. Or, la structure même des programmes d'enseignement supérieur demeure conditionnée par les programmes imposés pour la préparation de ces concours. Il y a donc une double subordination qui demeure, quelles qu'aient été les réformes introduites depuis 1968 : subordination de l'enseignement aux besoins de la formation aux lycées et aux collèges ; subordination de la recherche aux contraintes d'une institution débordée par l'enseignement de masse.

Et si la professionnalisation de la science suppose non seulement un système de formation qui est une pratique, mais encore l'ouverture aux spécialisations qui en résultent, compte tenu de la diversification de plus en plus grande des disciplines scientifiques, on est loin du compte en France : il n'a pas fallu moins que leurs prix Nobel pour qu'André Lwoff eût une chaire à la Sorbonne, et Jacques Monod, puis François Jacob, au Collège de France ; ou que Yves Chauvin, correspondant de l'Académie des sciences, en devienne membre à part entière en novembre 2005 après avoir été... en octobre lauréat du prix Nobel de chimie.

L'évolution contemporaine de la science, qui se spécialise de plus en plus en sous-disciplines et implique une coopération étroite entre des formations et des disciplines très différentes – par exemple, pour les nanotechnologies, l'association des sciences cognitives à la biologie, à l'informatique et à la robotique –, exige des structures souples capables de s'adapter aux « tournants » qu'entraîne la recherche en les reconnaissant rapidement dans la nomenclature des cours et des diplômes. La préparation aux concours de recrutement des professeurs de l'enseignement du second degré, qui mobilise chaque année les meilleurs professeurs et étudiants pour des épreuves très éloignées de l'activité de recherche, ne s'y prête d'aucune façon. C'est si vrai que bien des normaliens ont renoncé à se présenter au concours d'agrégation du second degré – alors que c'est la vocation première de l'École – pour préparer un doctorat.

L'ESSOR DES SCIENCES APPLIQUÉES

Le processus de professionnalisation, amorcé entre 1800 et 1860, s'est accéléré en fonction des développements conjoints de la science et de l'industrie. Rien de plus révélateur à cet égard que le tableau de l'évolution des *fellows*, les membres de la Royal Society, depuis la fin du XIXe siècle jusqu'au milieu du siècle suivant. En 1881, on y trouvait encore 39 officiers supérieurs de la marine ou de l'armée, 14 membres du clergé, 120 amateurs ou personnalités distinguées (tels Darwin et Joule !) pour 134 universitaires et 62 scientifiques engagés dans des recherches appliquées. Dès 1914, le nombre des officiers supérieurs tombe à 12, les membres du clergé à 4, les amateurs et personnalités distinguées à 40 pour 289 universitaires et 79 représentants des sciences appliquées. Près d'un demi-siècle plus tard, il n'y a plus un seul membre du clergé, les officiers supérieurs ne sont plus que 5 pour 348 universitaires et 134 représentants des sciences appliquées. Les amateurs et les membres du clergé ne sont pas les seules victimes de ce traitement chirurgical : y passent aussi tous ceux qui ne sont pas directement engagés dans les sciences de la nature.

La professionnalisation de la science dans les pays anglo-saxons entraîne en même temps une nette séparation entre les *scientists*, représentants des sciences de la nature (les *hard sciences*, sciences dures ou inhumaines, suivant une formule ironique ou arrogante venant du milieu des physiciens), et les *social scientists*, représentants des *soft sciences*, sciences douces ou molles des sciences de l'homme et de la société. Enfin, alors que la

Royal Society comprenait 55 médecins en 1881, elle n'en comprend plus que 11 en 1914 et 6 en 1953 : c'est que les disciplines se sont spécialisées au point que les médecins en tant que tels, non pourvus d'un doctorat spécifiquement scientifique, n'y ont plus leur place et se retrouvent en nombre plus honorable dans leur propre Académie[1].

Mais la grande nouveauté est que le scientifique professionnel depuis la seconde moitié du XIXe siècle ne se cantonne plus au milieu universitaire : l'essor de la chimie et de l'électricité industrielles appelle un nombre toujours plus grand de chercheurs, ingénieurs et techniciens formés à l'université et dans les écoles d'ingénieurs aux méthodes et aux domaines les plus avancés. De 1914 à 1953, l'accroissement des représentants des sciences appliquées dans la Royal Society (70 %, trois fois plus que le taux d'augmentation des universitaires) tient à la fois au développement de l'industrialisation et aux deux guerres mondiales. C'est ainsi que le processus de professionnalisation tout à la fois *inscrit* le scientifique au cœur du système universitaire et le *déplace* dans les laboratoires du système industriel et militaire. Bientôt le nombre de scientifiques travaillant hors de l'université aux recherches menées par l'industrie ou par les arsenaux l'emportera, et de beaucoup, sur celui des universitaires. On parlera toujours de la science et des scientifiques comme s'ils relevaient tous de la recherche fondamentale, de ses normes et de son idéologie – la science « pure et désintéressée » –, alors que la grande majorité des scientifiques se retrouvera dès la fin de la Seconde Guerre mondiale dans les secteurs de l'industrie et de la défense.

L'ÉTAPE DE L'INDUSTRIALISATION

La révolution industrielle à ses débuts n'a pas été liée à la science, et l'évolution qui rapprocha dans l'industrie la technique de la science a été très lente. En fait, si l'on songe au développement des instruments scientifiques en optique ou en chronométrie, la science a été plus long-temps débitrice à l'égard de la technique que la technique à l'égard de la science. L'usage des locomotives à vapeur s'est répandu sans que les

---

1. Voir D. S. L. CARDWELL, *The Organisation of Science in England : Retrospect*, Londres, Heinemann, 1957.

constructeurs se soient préoccupés d'en mettre au point la théorie. Watt a l'idée de la machine à vapeur en 1765, celle-ci est perfectionnée en 1802 et les premières locomotives datent de 1825, mais le fameux mémoire de Carnot sur la puissance motrice du feu, qui date de 1824, passe à l'époque complètement inaperçu jusqu'à la formulation par Clausius de la deuxième loi de la thermodynamique, soit quelque dix ans après ! Les fondements théoriques de la thermodynamique ont suivi de plus d'un siècle le démarrage de la machine à vapeur.

C'est encore en Allemagne que la recherche industrielle a commencé de se développer, et une fois de plus grâce à l'influence et au modèle de Liebig. Entre 1852 et 1862, l'industrie de la teinture s'appuiera sur les sciences appliquées, qui tirent parti de la révolution toute fraîche de la chimie organique. L'aniline et tous les colorants dérivés de la nouvelle chimie entraînent l'industrie à subventionner des laboratoires de plus en plus grands. Banquiers et industriels se lancent, comme des paris sur l'avenir, dans la création de ces laboratoires directement rattachés aux entreprises ou dans le soutien de bureaux d'études travaillant sous contrat. La tâche des chercheurs n'y est pas tant de faire avancer la science que de convertir les découvertes et les connaissances disponibles les plus avancées en innovations et en applications techniques destinées au marché. Déjà, c'est là l'émergence des start-up liées à l'exploitation d'une découverte ou d'un domaine nouveau, dont les chercheurs, transformés en entrepreneurs, lancent les innovations sur le marché et en Bourse en s'associant à des juristes et à des financiers.

De cet essor des sciences appliquées, aucun exemple n'est plus étonnant ni aucun modèle d'organisation et d'activités plus légendairement efficace que celui du laboratoire créé par Edison à Menlo Park, près de New York. Un modèle d'autant plus surprenant que son créateur n'avait rien d'un scientifique : autodidacte et bricoleur de génie, détestant les mathématiques et les mathématiciens, mais grand lecteur de l'expérimentateur Faraday et inventeur d'une créativité incessante, il a déposé plus de mille brevets qui ont assuré, entre autres, le succès du télégraphe, du téléphone, du gramophone et de l'électricité industrielle. Le « magicien de Menlo Park » a su associer à des scientifiques au sens d'aujourd'hui, mathématiciens, physiciens et chimistes formés à l'université, des techniciens, dessinateurs, anciens horlogers, verriers et mécaniciens capables de construire n'importe quelle forme d'instrument et de machine. Comme

Liebig, mais sans formation universitaire, il a été l'un des premiers chefs d'orchestre de la recherche industrielle fondée à la fois sur la théorie et la pratique.

Dans le dernier tiers du XIXe siècle, la recherche industrielle n'a pas seulement été rendue possible grâce au corps de scientifiques professionnellement formés et disponibles – une offre, un réservoir de ces compétences déjà suffisamment important –, il fallait encore qu'il y eût des industriels eux-mêmes pourvus d'assez de connaissances (ou d'intuitions) scientifiques pour savoir qu'ils pouvaient en tirer parti. Autant dire que la réforme des structures universitaires, leur adaptation aux nouveaux développements de la science et la création de nouvelles universités et écoles d'ingénieurs ont joué un rôle décisif dans l'essor de la recherche industrielle. De plus, un développement conjoint de la recherche scientifique et de la technologie capable de se concentrer sur des problèmes précis et de les résoudre dans des délais raisonnables était nécessaire. La science de la fin du XIXe siècle est suffisamment mûre, la réforme des structures universitaires suffisamment implantée et les techniciens formés à la science déjà suffisamment nombreux pour être en mesure de contribuer directement au développement industriel.

Recherche industrialisée et technologie

Cette étape de la recherche industrielle n'est d'ailleurs pas le dernier mot de l'évolution. Nous en sommes aujourd'hui à *l'industrialisation de la recherche scientifique elle-même*. C'est, en effet, dans la seconde moitié du XXe siècle qu'on a vu les laboratoires industriels, ceux des institutions publiques comme ceux du secteur privé, dépendre de plus en plus des pratiques de gestion propres à l'industrie. L'industrialisation de la science, toujours plus exigeante en capitaux *(capital intensive)*, s'appuie sur des équipes, des instruments, des laboratoires dont le coût d'investissement est tel qu'on entend leur appliquer des méthodes d'organisation et de gestion elles-mêmes scientifiques (ou prétendument telles). Les « grands programmes » lancés à l'initiative de l'État dans les domaines nucléaire, spatial, informatique, biotechnologique, renvoient à des modes de gestion industrielle qui n'ont assurément plus rien à voir avec la pratique des amateurs dans les débuts de la révolution scientifique du XVIIe siècle ni même avec celle des savants les plus engagés dans des recherches appliquées au XIXe siècle.

La recherche industrialisée se fonde sur l'essor et la gestion des *techno-sciences*, formule à tout va qui veut rendre compte de l'ensemble des disciplines, fondamentales et appliquées, où l'intervention des scientifiques en tant que tels est associée à celle des ingénieurs et des techniciens pour la solution de problèmes intéressant des grands réseaux ou systèmes dont l'exploitation est aux mains de l'État, de l'industrie ou de l'armée (par exemple, l'énergie nucléaire, les réseaux de communication et de multimédias, les systèmes de transport, les 3 C propres à la gestion électronique des armées sur le champ de bataille – commandement, contrôle, communication). Ici il faut bien noter que la technique au sens traditionnel du mot renvoie à des fonctions et à des territoires qui n'ont plus rien à voir avec ceux dont elle a pu témoigner depuis l'origine même de l'humanité, ni même avec les pratiques traditionnelles des artisans d'hier. L'outil naguère artisanal dans sa fonction comme dans sa conception est désormais de part en part à la fois effet et cause d'une démarche, de matériaux et d'une vision qui en font un objet proprement scientifique.

Le mot « technique » ne correspond plus à ce dont la modernité investit le terme « technologie » qui, quelle que soit sa source angliciste, apporte un *plus* et rend compte d'un tout *autre* contexte[1]. La langue anglaise, qui ignore le substantif « technique » et parle des « arts techniques » au sens de l'artisanat ou des arts et métiers, prête tout autant que la nôtre des sens multiples au mot « technologie ». Au sens originel, il s'agit bien d'un discours sur la technique ou d'une science qui a pour objet la technique. En fait, le mot peut désigner des objets matériels, des outils, des dispositifs simples (levier, marteau, charrue, etc.) et des systèmes complexes (une usine, un réseau de chemins de fer, d'ordinateurs, de satellites, etc.).

Entre les outils et les systèmes, il n'y a d'ailleurs pas de frontière très nette : les outils simples ou composés peuvent être des parties de systèmes plus larges (roues et ailes d'un avion, bielles et manivelles d'une machine, etc.), et il existe des systèmes plus complexes que d'autres, si complexes qu'on parle aujourd'hui de « technologies avancées » *(high tech)* ou de produits et d'industries « intensifs en technologies » pour désigner ceux dont la conception et la production dépendent d'un effort important de

---

1. Voir J.-J. SALOMON, *Le Destin technologique, op. cit.*, chap. III.

recherche-développement (R&D) et d'un personnel scientifique hautement spécialisé. Mais le mot peut aussi désigner des objets immatériels,
des idées, des connaissances, des symboles, bref un savoir, notamment
dans le cas des sciences de l'information où les algorithmes des logiciels
nourrissent le fonctionnement même des ordinateurs.

C'est ce sens encore que l'on retient lorsqu'on parle du Massachusetts
Institute of Technology ou du California Institute of Technology, c'est-à-
dire de lieux – prolongements et métamorphoses des lieux d'origine dont
témoignaient les académies – où l'on enseigne, transmet, renouvelle et
crée un savoir sur la manière de produire des dispositifs et des systèmes qui
associent la science et le savoir-faire du technicien, les coups de main de
l'artisan, la pratique de l'ingénieur et les théories du savant. Autrement dit,
la technologie est *beaucoup plus* que les outils, les artefacts, les machines
et les procédés, c'est la technique qui passe par la science et l'entretient
à son tour – ce qui fonde les techno-sciences dans le cadre d'activités
de recherche qui ne sont pas moins industrialisées que tout le système
industriel. Nul n'incarne mieux ce que représente la technologie au sens
contemporain du terme que John von Neumann (1903-1957), tout à la fois
ingénieur chimiste, docteur en mathématiques, concepteur des premiers
logiciels et ordinateurs, engagé dans la mise au point des systèmes de
missiles et de bombes nucléaires, et créateur avec Oskar Morgenstern (1902-
1977) de la théorie économique des jeux : c'est le modèle même du techno-
logue, ou du scientifique contemporain immergé dans le monde technique,
économique, politique et stratégique, dont il pense les problèmes en termes
de systèmes liés à sa maîtrise des techno-sciences sur le plan théorique
comme sur le plan pratique.

La recherche industrielle apparaît étrangère aux valeurs de ceux des
scientifiques qui considèrent que seule est « science » celle qui traite de
questions fondamentales dans un cadre universitaire ou péri-universitaire.
Et de fait, si l'on s'en tient aux normes – l'ethos – qu'ils revendiquent,
l'industrie produit des connaissances qui ne sont pas nécessairement
rendues publiques ; elle se concentre sur des problèmes techniques locaux
plutôt que sur une compréhension des phénomènes de portée générale.
Les scientifiques qui travaillent dans cet environnement répondent à des
commandes et à des instructions pour atteindre des objectifs pratiques
plutôt qu'ils ne contribuent à la poursuite du savoir ; et ce qui intéresse
leurs employeurs dans leur créativité, c'est leur capacité et leur expertise

à résoudre les problèmes en vue d'innovations à faire triompher sur le marché[1].

S'en tenir à une vison aussi idéologiquement tranchée de ce qu'est la science, c'est méconnaître l'évolution qui a déplacé la pratique de la science des laboratoires universitaires vers les laboratoires industriels. De fait, il faut toujours rappeler que la grande majorité des scientifiques se trouve aujourd'hui hors de l'environnement universitaire, dans les laboratoires industriels et ceux des arsenaux, pour comprendre l'évolution du système de la recherche, tout autant que celle des rôles nouveaux qu'exercent les scientifiques dans la société. De plus, nombre d'entreprises industrielles sont tenues de mener des recherches qui ne sont pas moins fondamentales que celles de bien des instituts universitaires, donnant lieu d'ailleurs à des prix Nobel (ainsi, en 1956 William Shockley et John Bardeen pour leur découverte du transistor dans les laboratoires Bell, ou en 1987 Karl Alex Müller et J. Georg Bednorz pour leur découverte de la supraconductivité à haute température dans le laboratoire IBM de Zurich).

C'est encore dans ce laboratoire IBM que Gerd Binning et Heinrich Rohrer inventèrent en 1981 le microscope à effet tunnel, le STM *(scanning tunnelling microscope)*, qui leur valut rapidement le prix Nobel : le principe, exclu par la mécanique classique, permet non seulement de voir les atomes réputés inaccessibles depuis l'Antiquité, mais encore de les mouvoir, de les déplacer un à un sur une surface ; il concerne les matériaux conducteurs et semi-conducteurs et est à la source de l'essor des nanosciences.

Cet exemple illustre combien la formule « techno-sciences » est en fait inadéquate pour rendre compte des liens nouveaux noués entre science pure et science appliquée : elle donne l'idée d'une sorte de composite entre technique et science, tantôt d'une conception purement instrumentale du savoir scientifique, tantôt d'une filiation strictement linéaire entre les développements techniques et leur source théorique. Rien n'est plus inexact : il faut un modèle théorique (quantique) pour interpréter les mesures effectuées par le STM, autrement dit la technologie relève d'une conception générale dans et par laquelle ses usages prennent un sens rationnel. Le STM n'est pas la « matérialisation » ou la technicisation d'une science, mais un instrument technique (une pointe métallique à travers

---

1. Voir John ZYMAN, *Real Science : what it is and what it means*, Cambridge-New York, Cambridge University Press, 2000, p. 77-79.

laquelle passe un courant) dont les usages sont rendus possibles, parce qu'interprétables, par la théorie, c'est-à-dire la mécanique quantique.

Mais, réciproquement, la recherche universitaire n'est pas moins tenue, fût-ce pour des recherches fondamentales, de mener des expériences, des « manips » qui relèvent de recherches appliquées associant étroitement la maîtrise de la théorie à celle de la technologie : c'est le cas des recherches sur la structure de la matière (physique des particules ou hautes énergies) dans les grands accélérateurs, par exemple au CERN de Genève. Les travaux qui y sont menés supposent une machinerie, des équipements, des appareils expérimentaux de très grande taille, tels que les chambres à bulle, et bien entendu une très nombreuse équipe de scientifiques, d'ingénieurs et de techniciens venant de plusieurs pays pour concevoir, préparer et mener à bien les expériences[1]. Le va-et-vient constant, la « fertilisation croisée » entre la théorie et la pratique, entre « manip » et spéculation, entre science et technologie incitent à voir dans la recherche scientifique contemporaine un processus dont les différents éléments sont autant de chaînons d'un système continu et rétroactif et dont les lieux de prédilection ne se restreignent ni à l'université ni à l'industrie.

Effacement des cloisonnements disciplinaires, mobilité des chercheurs d'un environnement à l'autre, l'intrication des fonctions *ne change pas* la vocation d'interprétation théorique généralisante, qui caractérise celle de la science, ni le recours au tour de main et à l'astuce inventive spécifiquement orientée, qui caractérise celle de la technologie. En somme, les techno-sciences *n'existent pas* : il y a toujours la science d'un côté et la technologie de l'autre, au sens où l'on ne peut pas les confondre l'une avec l'autre, leur système de références demeurant différent – bien que l'une et l'autre soient de plus en plus souvent étroitement associées et imbriquées dans la mise en œuvre d'un même programme ou la quête de solutions à des questions tantôt théoriques tantôt pratiques, tirant parti, s'alimentant et progressant l'une de l'autre dans un mouvement d'échanges constants et réciproques.

---

1. Armin Hermann *et al.*, *History of CERN*, Amsterdam-Oxford, North-Holland, vol. I, 1987 et vol. II, 1990 ; voir aussi Maurice Jacob (qui en dirigea les études théoriques), *Au cœur de la matière*, Paris, Odile Jacob, 2001.

LE TEMPS DE LOISIR DE LA RECHERCHE

Ni les motivations des chercheurs, ni les procédures sur lesquelles ils s'appuient, ni les objectifs qu'ils se donnent ne suffisent désormais à distinguer la pratique universitaire de la pratique industrielle. La question du *lieu* se prolonge en question du *temps* pour souligner combien cette opposition apparaît artificielle : pour la même recherche, il peut y avoir des étapes fondamentales et des étapes appliquées, celles-ci visant une question locale et particulière, celles-là un enjeu plus général, principe ou extension de l'applicabilité d'une technique. Dans la carrière d'un chercheur, il peut y avoir des moments voués à la solution d'une question d'ordre fondamental et d'autres à des recherches de caractère appliqué qui n'impliquent pas moins de travaux théoriques et originaux : ces catégories attribuent aux activités de R&D un caractère séquentiel qui n'existe que rarement dans la réalité, et la progression peut se faire dans les deux sens.

Le parcours de Pasteur est à cet égard aussi exemplaire que révélateur. Les dix premières années de ses recherches ont été consacrées à l'étude de la forme cristalline de l'acide tartrique et paratartrique. À partir de cette étape tout à fait fondamentale, la découverte de la dissymétrie moléculaire à l'origine de la stéréo-chimie lui donna la conviction que les phénomènes de fermentation sont des processus vivants, ce qui le mit sur la voie de l'origine microbienne de la maladie et l'entraîna dans des recherches appliquées qui, toutes, répondaient alors à une demande sociale (le ver à soie, la vigne, le lait, les moutons, la rage). De la compréhension des mécanismes de la contagion à la mise au point des premiers vaccins, ces étapes ne comportèrent pas moins de difficultés d'ordre fondamentalement théorique que des enjeux constamment économiques et sociaux[1].

Ce qui finalement distingue les différentes formes de recherche, ce n'est pas tant l'environnement qui accueille le scientifique que *le temps de loisir intellectuel* dont celui-ci bénéficie, c'est-à-dire l'absence de pression en vue de résultats imposés, rapides et prévisibles[2]. L'activité de recherche

---

1. Voir Louis PASTEUR et Jacobus Henricus VAN'T HOFF, *Sur la dissymétrie moléculaire*, Introduction de J. Jacques, Conclusion de Cl. Salomon-Bayet, Paris, Christian Bourgois, 1986.

2. Voir Jean-Jacques SALOMON, *Le Système de la recherche : étude comparative de*

est désormais définie (et déterminée) par les conditions de travail de
l'institution qui l'accueille et où elle se voit assignée une mission à plus
ou moins long terme. En ce sens, l'université est en principe l'institution
qui ménage le plus grand degré de loisir et de liberté : en principe, car les
charges d'enseignement et d'administration peuvent souvent y être telles
qu'elles compromettent sérieusement le temps dévolu à la recherche. Parce
que c'est souvent en étant très précisément déchargé de ces fonctions que
l'universitaire est à même de se consacrer « à plein temps » à des activités
de recherche, la nécessité s'est fait sentir de créer des institutions péri-
universitaires, telles que le CNRS en France ou l'Association Max-Planck
en Allemagne, où les fonctions d'enseignement ne sont pas prioritaires. Il
n'est pas du tout établi que cette formule soit la plus satisfaisante : ce dont
témoignent les meilleures universités pour la formation des étudiants, c'est
précisément un encadrement qui ait une expérience réelle et constante
de la recherche. Le chercheur qui ne transmet pas par l'enseignement le
progrès de ses connaissances est un « manque à gagner » dans le système
universitaire. Mais un laboratoire industriel et même un laboratoire public
orienté sur des applications peuvent tout aussi bien abriter des unités
dont les activités se développent dans les mêmes conditions de liberté
et de loisir intellectuel que dans les institutions universitaires. Ainsi la
première synthèse d'un enzyme a-t-elle été réalisée simultanément en 1969
dans un laboratoire industriel (Merck) et dans un laboratoire universitaire
(Rockefeller University).

Derek de Solla Price s'est plu à exagérer avec humour l'opposition
entre le scientifique et l'ingénieur ou le technicien en soutenant que « le
premier veut écrire et non pas lire, alors que le second veut lire et non
pas écrire ». Mais, d'une part, ce n'est pas tout à fait exact : le scientifique
doit absorber une formidable quantité de publications pour se tenir au
courant, et l'ingénieur ne se prive pas de publier des articles dans des
revues techniques, ne serait-ce que pour diffuser la bonne parole de son
entreprise ou la nature et l'intérêt de ses brevets. D'autre part, comme l'un
et l'autre concourent à la mise au point de systèmes et de réseaux, il est
de plus en plus difficile de reconnaître ce que le succès de ces entreprises
doit à l'un plutôt qu'à l'autre. Il y a une rencontre constante entre le

l'organisation et du financement de la recherche fondamentale, Paris, OCDE, 1972, vol. I,
Introduction générale.

travail scientifique et le travail technique : ici, utilisation et importation de concepts scientifiques et, là, transfert et manipulation d'instruments et de solutions techniques.

Dans nombre de domaines, c'est le même homme qui peut tout à la fois assumer des fonctions d'ordre théorique et des fonctions d'ordre pratique. Le CEA, institution à vocation finalisée, vouée à la mise en œuvre de centrales nucléaires comme à celle de l'armement atomique, comprend plusieurs unités dont les activités sont exclusivement d'ordre théorique. Il est impossible, par exemple, de dissocier le rôle qu'y joua Jules Horowitz de 1970 à 1986 à la tête de la recherche fondamentale des fonctions qu'il exerça dans la mise en œuvre et le renouvellement du parc électronucléaire français. Après être passé par l'Institut Niels-Bohr de Copenhague, il s'est investi dans la physique des réacteurs, discipline nouvelle dont il fut le créateur en France, et on lui doit la création de grands laboratoires européens tels l'Institut Laue-Langevin (ILL) et la Source européenne de rayonnement synchroton (ESRF) à Grenoble, aussi bien que de laboratoires nationaux, le Grand Accélérateur national à ions lourds (GANIL) à Caen, le Tokamak supraconducteur (TORE-SUPRA) à Cadarache, le laboratoire Léon-Brillouin (LLB) et le Service hospitalier Frédéric-Joliot (SHFJ) à Saclay[1]. L'évolution des recherches dans certains domaines transforme le scientifique en homme orchestre à la fois de la réflexion la plus fondamentale et des solutions à donner aux problèmes posés par la mise en route d'un instrument ou d'un système technique.

À quoi s'ajoute la dimension proprement économique et organisationnelle de certaines grandes entreprises scientifiques. La technologie est devenue l'empire de ce que Thomas Hugues a appelé les « constructeurs de systèmes », cette coalition de scientifiques, d'ingénieurs, de gestionnaires et de financiers engagés dans le lancement et la gestion des grands réseaux techno-économiques – électricité, automobile, lignes de l'aviation civile, satellites de communication, puits de pétrole, raffineries et pompes à essence, chaînes de tourisme ou systèmes d'armes – où les qualités de l'esprit d'entreprise et celles de la recherche et de la gestion interviennent conjointement. En ce sens, dans l'histoire du pétrole ou de l'énergie nucléaire en France, le rôle d'un Pierre Guillaumat « constructeur de

---

1. Voir *L'Œuvre de Jules Horowitz*, textes rassemblés par L. Arnaudet, R. Deloche et L. Procope, CEA, 1999, 2 vol., « Les grandes figures du CEA ».

systèmes » aura été aussi essentiel que celui des saint-simoniens dans l'histoire des réseaux français de chemin de fer au XIXe siècle. On voit d'autant mieux à la lumière de ces exemples que la technologie ne se limite jamais à ses ingrédients ni à ses intervenants proprement techniques : le processus social dont elle témoigne implique d'autres compétences, talents, disciplines et institutions.

La technologie au sens contemporain du terme n'est pas plus l'équivalence ni même la redondance de la technique qu'un accélérateur de particules n'est le prolongement du moteur à vapeur ou le système GPS celui de la mappemonde : nous sommes dans un tout autre système technique. Ce ne sont plus des « outils prolongeant la main », liés au savoir faire et à l'empirisme, comme Alfred Espinas définissait la technique, mais des constructions de systèmes fondées simultanément sur la science, l'expérimentation, l'industrie, la finance et des procédures de gestion. Ce sens de la technologie a été pressenti dès 1727 par Joseph Beckman, qui en plaça l'enseignement parmi les « sciences camérales », c'est-à-dire l'économie politique destinée à la formation des fonctionnaires chargés d'administrer les guildes, les corporations, les métiers et les manufactures de l'époque.

En 1777, Beckman publie à Göttingen une *Introduction à la technologie* où il a très nettement conscience de la rupture qu'il opère par rapport au premier sens du mot, discours sur les techniques ou inventaire encyclopédique des arts et des métiers : « Je me suis risqué à utiliser le terme de technologie au lieu de celui d'histoire des arts, en usage depuis un certain temps et qui est au moins aussi incorrect que le terme d'histoire naturelle pour désigner les sciences naturelles. C'est le récit des inventions, de leur progrès et de la fortune d'un art et d'un métier qui peut être appelé histoire des arts. La technologie, qui explique complètement, méthodiquement et distinctement tous les travaux avec leurs conséquences et leurs raisons est *bien davantage*[1]. » Avec l'industrialisation, l'usage du mot correspondra de plus en plus à un âge des techniques où il devient impossible de distinguer celles-ci des sources scientifiques dans lesquelles elles puisent et des pratiques industrielles dans lesquelles elles s'incarnent et se développent : l'éclairage des raisons, des procédures et des conséquences au sens

---

1. *Amleitung zur Technologie*, Préface, 1777. Voir Jacques GUILLERME et Jan SEBESTIK, *Les Commencements de la technologie*, Thalès, tome 12, PUF, 1968 *(je souligne)*.

de Beckman désigne la technologie comme un processus éminemment social [1].

La géographie des lieux de recherche change avec leurs structures associant dans la même visée recherche fondamentale et recherches appliquées : ils ont nom Route 128 à Boston, Silicon Valley en Californie, Vallée de la Bièvre autour de Saclay ou Parc technologique international de Sophia-Antipolis près de Nice. Ils s'organisent autour des start-up de légende installées à l'origine dans des garages (Apple, Microsoft) comme dans les grands ensembles de laboratoires orientés sur les programmes des entreprises multinationales, sur les priorités stratégiques des États ou sur les recherches menées en coopération dans le cadre européen (CERN sur la structure de la matière, ESA – European Space Agency – sur l'espace, EMBO – European Molecular Biology Organization – sur la biologie moléculaire, etc.). Le déplacement du village vers la grande ville et même vers la grande agglomération scientifique consacre le passage de la recherche artisanale, puis industrielle, à la recherche elle-même *industrialisée*, étroitement inscrite dans les processus économiques, organisationnels et sociaux du capitalisme industriel.

Passage aussi de l'université conçue comme foyer de réflexion et de formation isolé des pressions du monde à ce que le président de l'Université de Berkeley, Clark Kerr, a appelé la *multiversité*, dont la diversité des fonctions de recherche, de services et de réponses aux demandes économiques, politiques et stratégiques métamorphose la vocation en même temps que l'organisation [2]. Passage aussi de l'amateur savant et du scientifique universitaire au chercheur professionnel, que « l'industrie du savoir » transforme en employé et en producteur parmi d'autres, et dont les travaux sont certes plus proches de sacrifier à l'impératif de la productivité qu'à l'exigence platonicienne de la vérité. Mais l'idéologie – et la réalité quand il y va de théorie fondamentale – de la recherche « pure », désintéressée, obéissant à ses propres normes et n'ayant en vue que l'extension du savoir, perdure comme la nostalgie des temps idylliques où la science, pure spéculation, n'avait rapport qu'au monde des idées.

---

1. Voir J.-J. SALOMON, *Le Destin technologique, op. cit.*
2. Clark KERR, *The Uses of the University*, New York, Harper Torchbooks, 1966.

3.

Le parcours du combattant

Nostalgie du monde des idées ou référence inévitable : la science est *à la fois* une œuvre de l'esprit et une institution sociale, sous tel angle un système de concepts et de théories, sous tel autre une construction et une production de phénomènes sociaux. La difficulté que rencontre l'étude de la science, de l'institution ou de l'activité scientifique n'est pas différente quand il s'agit des scientifiques en tant qu'individus. Elle tient au fait qu'on est inexorablement confronté à deux dimensions à la fois liées et séparées : d'un côté le contenu cognitif de la science, ses aspects intellectuels, ses trajectoires et ses manifestations sur le strict plan des idées, et de l'autre son fonctionnement, ses modes de production, ses déterminations et ses répercussions sur le plan social.

LA GUERRE DES DEUX-ROSES

Ces deux dimensions expliquent qu'il y ait deux approches d'autant plus difficiles à concilier qu'elles renvoient à des disciplines universitaires souvent vécues comme antagonistes : l'épistémologie, approche « internaliste », porte sur les processus cognitifs, concepts et théories, alors que la sociologie des sciences, approche « externaliste », s'attache à l'activité en tant que phénomène social. Il est difficile de jeter un pont entre les deux approches, puisque chacune vise en fait un objet différent — et souvent jusqu'à mettre en question la légitimité de l'autre. On ne parle plus de la même chose, et pourtant il s'agit bien de la même chose, et chacune dans ses limites en rend compte utilement, quoi qu'en aient les sociologues de la science qui continuent à jeter l'anathème sur les convictions et les méthodes des historiens de la science – et réciproquement.

Ceux-là en viennent à ignorer voire à récuser la dimension propre qui définit le territoire d'intérêt de l'autre : ainsi y a-t-il une sociologie qui entend réduire la production des concepts à un processus social, où seule compte la stratégie des acteurs dans leur quête de reconnaissance, comme il y a des épistémologues pour considérer que l'émergence et le cheminement des idées échappent entièrement au contexte social. Le « programme fort » de l'école sociologique d'Édimbourg revient ainsi à traiter les produits de la science comme le résultat d'un strict processus social de fabrication : les faits fabriqués ne sont pas autre chose que des propositions ; la science n'est qu'un discours ou une fiction parmi d'autres, capable néanmoins d'exercer un « effet de vérité » à partir de caractéristiques textuelles qui se négocient entre spécialistes ; au bout de quoi elle n'est plus qu'une affaire de stratégies, d'alliances, de pouvoir, dont l'interprétation relève au mieux d'une sémiologie. Et le discours d'un chaman n'est pas très différent de celui d'un scientifique : la scientificité de l'un ne l'emporte pas sur la cohérence magique de l'autre.

Il y a certes des cas où le contexte économique, social et politique peut éclairer la genèse des découvertes : cela va de soi pour certaines recherches menées pendant la guerre, où par exemple la conception et le développement de la bombe atomique, des radars et des premiers ordinateurs ont dépendu de la solution de nombreux problèmes de caractère fondamental. Le contexte peut éclairer cette genèse, il n'en *explique* pas pour autant les voies. Inversement, quels que soient l'environnement matériel ou institutionnel et les circonstances extérieures à l'ombre desquelles le scientifique poursuit sa recherche, ses interrogations, ses intuitions et ses vérifications, il est difficile – et stupide – de rapporter, à plus forte raison de réduire au contexte social l'explication des sources ou des mécanismes cognitifs d'où ont pu germer la construction et l'imagination de certaines théories ou découvertes.

De fait, il n'y eut aucun *autre* rapport que leur relation aux chercheurs avec lesquels ils discutaient du problème auquel ils réfléchissaient ou s'attaquaient ni *aucune influence*, perceptible ou identifiable, du contexte historique dans lequel ils vivaient et travaillaient, si l'on songe aux auteurs des plus grandes découvertes de la physique contemporaine, tous prix Nobel : celle, notamment, du quantum d'action par Max Planck (1858-

1947) à la source de la révolution de la mécanique quantique, la théorie de la relativité d'Albert Einstein (1879-1955), les équations de Paul Dirac (1902-1984) annonçant des années à l'avance l'existence de l'électron positif, l'intuition de Louis de Broglie (1892-1987) à l'origine de la mécanique ondulatoire, ou encore la percée de l'électrodynamique quantique grâce à Richard Feynman (1918-1988) et à Julian Schwinger (1918-1994).

Aucune sociologie ne peut rendre compte de manière satisfaisante du processus intellectuel qui fait de la découverte scientifique un *objet épistémologique* irréductible à ses composants sociaux. Même Marx, qui insistait tant sur les facteurs sociaux à l'œuvre dans toute production, a souligné que les connaissances scientifiques, par opposition aux inventions techniques, ont une gratuité qui les assimile à celle des forces disponibles dans la nature : « Il en est de la science comme des forces naturelles. Les lois des déviations de l'aiguille aimantée dans le cercle d'action d'un courant électrique, et de la production du magnétisme dans le fer autour duquel un courant électrique circule, une fois découvertes, ne coûtent pas un liard[1]. » Il en va ici de la science comme de l'art, le cheminement de la créativité ne s'explique jamais par le seul contexte social : le *Guernica* de Picasso peut toujours s'éclairer par le contexte social et les conditions dans lesquelles, espagnol, républicain, aux bords alors du communisme, le peintre a réagi au bombardement des civils par les escadrilles nazies, mais cela ne suffit pas du tout à expliquer ce qui fait de ce tableau un Picasso. Le même événement a d'ailleurs donné lieu à d'autres œuvres d'art portant le même titre, le *Guernica* de Picasso n'a pas d'équivalent. Aucune explication par le conditionnement, disait André Malraux, ne rend compte des arcanes du style d'un artiste et de sa spécificité. Ni davantage des arcanes de la découverte par le scientifique.

Le débat est sans fin, engageant des controverses où chacun des deux camps, peut-on dire, joue à la guerre des Deux-Roses — avec des consé-quences heureusement moins dramatiques, mais sans qu'un mariage y mette fin comme pour le conflit opposant la maison de Lancaster à celle d'York. Et le débat importe moins, quels que soient les travaux souvent très intéressants auxquels il a donné lieu ces dernières années, que la conclusion qu'on peut et doit en tirer : pour comprendre la science,

---

1. Karl MARX, *Le Capital*, Paris, Gallimard, coll. « Bibliothèque de la Pléiade », livre I, XV (II), p. 911.

la recherche scientifique et ses protagonistes, les *deux* approches sont tout simplement indispensables sous peine de manquer les spécificités de l'aventure intellectuelle qui fonde le fonctionnement et les progrès de l'institution[1]. Comme Bachelard l'a dit il y a longtemps, « objectivité rationnelle, objectivité technique, objectivité sociale sont désormais trois caractères de la culture scientifique fortement liés. Si l'on oublie un seul de ces caractères, on entre dans le domaine de l'utopie[2]. »

De ce point de vue, les critères d'ordre sociologique permettent évidemment d'éclairer le décor, le processus de formation, les modes d'accès et de fonctionnement, les fonctions de communication et de régulation, le comportement et les stratégies des acteurs, tout autant que l'environnement économique caractéristique de l'institution et de la profession : c'est là que se jouent, en effet, avec toutes les ressources de son ingénuité et de sa créativité, la carrière, la réputation et la réussite – ou l'échec – d'un chercheur. Ainsi l'étude anthropologique menée par Bruno Latour dans le laboratoire de Roger Guillemin (né en 1924), prix Nobel pour ses travaux sur les hormones du cerveau, montre-t-elle bien comment la construction des faits scientifiques – la création de l'ordre à partir du désordre – est liée à une floraison de facteurs sociaux, de la gestion du matériel à celle du personnel, de la constante production de documents au renforcement du capital de crédibilité, des efforts menés pour obtenir ou renouveler des subventions aux stratégies de carrière des chercheurs : « Le laboratoire est le lieu de travail de l'ensemble des forces productives qui rendent la construction possible[3]. » Mais il est parfaitement inexact d'avancer que le conditionnement des facteurs sociaux explique du même coup tout le cheminement d'une découverte.

---

1. Exemples des deux conceptions extrêmes : pour la sociologie, David BLOOR, *Sociologie de la logique : les limites de l'épistémologie*, trad. franç. D. Ebnöther, Paris, Pandore ; et pour l'épistémologie, Gerald J. HOLTON, *L'Imagination scientifique*, Paris, Gallimard, 1981. Plus récemment, Terry SHINN et Pascal RAGOUET se sont souciés de dépasser « la guerre des sciences » en défendant la possibilité d'un troisième scénario, dit « transversaliste », dans *Controverse sur la science : pour une sociologie transversaliste de l'activité scientifique*, Paris, Raisons d'agir, 2005.

2. Gaston BACHELARD, *L'Activité rationaliste de la physique contemporaine*, Paris, PUF, 1951, p. 10.

3. Bruno LATOUR et Stève WOOLGAR, *La Vie de laboratoire*, Paris, La Découverte, 1996.

Comme pour toute profession, le scientifique appartient à un groupe – une communauté de spécialistes – qui se définit par rapport à d'autres, à partir de règles propres et dans lequel on entre en se pliant à certains rites d'initiation. On peut être d'un tempérament scientifique qui se manifeste très tôt (par exemple, Blaise Pascal, Richard Feynman) ou tardivement (ce fut le cas de Louis de Broglie qui, parti pour une carrière d'historien, bifurqua vers trente ans en direction de la physique théorique), mais on ne naît pas scientifique, on le *devient* dans un processus d'apprentissage, de formation et de qualification qui peut prendre des années – qui ne doit toutefois pas en prendre trop sous peine de compromettre l'élan et la créativité de la jeunesse.

Il y a, bien entendu, les cas de mathématiciens dont la précocité est légendaire : Évariste Galois (1811-1832) écrit un mémoire qui fonde la théorie des groupes à la veille d'un duel où il meurt à l'âge de vingt et un ans ; Norbert Wiener (1894-1964), père de la cybernétique et pionnier des sciences cognitives, s'inscrit à l'université à l'âge de treize ans, est docteur à dix-huit ans et professeur au MIT à vingt-cinq ans ; Jean-Pierre Serre, après avoir reçu la médaille Fields en 1954, homologue à l'époque du prix Nobel en mathématiques, est professeur au Collège de France à l'âge de trente ans. Il est rare qu'un chercheur dans d'autres disciplines soit titularisé à cet âge. Mis à part les cas d'extrême précocité, les disciplines scientifiques se sont à ce point spécialisées et complexifiées qu'il faut du temps, de la préparation du doctorat aux études post-doctorales, pour maîtriser l'acquis d'une discipline et l'actualité des problèmes auxquels elle achoppe. Et les cas de raccourcis dans le parcours des diplômes et de la carrière sont devenus d'autant plus exceptionnels.

L'appartenance à la communauté est la condition non seulement de l'exercice du métier, mais encore du progrès des connaissances dans le déroulement de sa pratique. C'est tout le discours de Thomas Kuhn : si les sciences de la nature sont cumulatives, capables de progrès et de renouvellements radicaux, c'est parce que l'apprentissage et la formation y dépendent non pas de manuels ou d'essais exposant les tentatives d'une communauté dans le passé, comme en histoire ou en sciences sociales, mais des efforts les plus contemporains sur lesquels travaillent les chercheurs[1]. Les manuels actuels en biologie ou en physique n'obligent pas à lire

---

1. Thomas KUHN, *La Structure des révolutions scientifiques*, Paris, Flammarion, 1999.

Newton, Harvey, Faraday ou Lavoisier, ils introduisent à une pratique qui est celle de toute une communauté aux prises avec des difficultés et des questions plongées dans le présent, quelle que soit l'antériorité des énigmes auxquelles les chercheurs ont pu s'affronter dans le passé.

Quand la science connaît un changement radical, une révolution au sens de la gravitation avec Newton, des quanta avec Planck ou de la relativité avec Einstein, un paradigme nouveau est adopté (souvent non sans résistances prenant beaucoup de temps – une génération) qui conduit toute la communauté à renoncer aux livres et aux articles fondés sur le paradigme précédent. « Il n'y a rien dans la formation du scientifique, dit Kuhn, qui soit l'équivalent du musée artistique ou de la bibliothèque des classiques. » La formule de Whitehead est encore plus lapidaire : « Une science qui hésite à oublier ses fondateurs est perdue[1]. »

Le propre des auteurs classiques, dans les humanités comme en sciences sociales, est qu'on peut les lire et les relire constamment en en tirant des idées fraîches et nouvelles pour faire avancer une discipline. Et il n'est pas possible de les ignorer en se formant à ce domaine. C'est fort rare dans les sciences de la nature, encore qu'il existe des problèmes non résolus en mathématiques qui peuvent trouver leur solution des siècles après avoir été posés comme des défis : ainsi du grand théorème de Fermat, dont celui-ci avait écrit en 1637 qu'il en avait fait la démonstration, mais qu'il n'avait pas eu assez de place pour la noter. Des générations de mathématiciens s'y sont attaquées jusqu'à ce que, en 1994, Andrew Wiles en ait proposé la solution reconnue par tous ses pairs comme la bonne. Mais, ainsi que l'a dit sans fard Peter B. Medawar, prix Nobel de médecine et de physiologie, la plupart des scientifiques sont tout simplement insensibles à l'histoire de la science : celle-ci « les ennuie à mourir », et « beaucoup de chercheurs très remarquables (je classe James Watson parmi eux) pensent que manifester un quelconque intérêt est un signe flagrant d'échec ou d'insuffisance *(sic)*[2] ».

L'entrée dans la communauté implique une série d'épreuves et d'examens, et comme dans toutes les professions « closes » qui se préservent des autres (clergé, droit, médecine, etc.), les « gardiens du Seuil » – présidents

---

1. A. N. WHITEHEAD, *The Aims of Education*, The Macmillan Co., New York, 1929, p. 162.

2. Peter B. MEDAWAR, « Lucky Jim », in James WATSON, *La Double Hélice* (1968), Paris, Pluriel, 1984, p. 262.

de commission, chefs de département, directeurs de thèse, membres des jurys – en contrôlent l'accès pour garantir à la fois la qualité de l'adoubement et la transmission du flambeau – parfois jusqu'à l'excès, c'est-à-dire la reproduction du mandarinat et, plus fâcheusement, une fermeture dogmatique à des domaines nouveaux : Marcellin Berthelot (1827-1907), par exemple, assurément grand chimiste, qui exerça d'importantes fonctions non seulement universitaires, mais aussi politiques (il fut deux fois ministre), a bloqué l'ouverture de l'université française à la notion d'atomes, à laquelle il s'est montré très réticent. La spécialisation, la complexification et la professionnalisation de la science expliquent que l'institution ne fasse plus aucune place à l'amateur, fût-il doué. Le cours de la science est désormais directement tributaire du parcours professionnel des scientifiques.

La qualification standard, après le premier niveau (licence) et le deuxième (maîtrise), est le doctorat ou le PhD comme récompense d'un travail accompli de recherche (la formule anglo-saxonne « PhD » est évidemment une réminiscence du curriculum et du socle de la culture antique : même pour les sciences « dures », c'est un doctorat *en* philosophie – non pas nécessairement *de* philosophie). Les doctorats existent depuis les premières universités du Moyen Âge, soutenus en théologie, philosophie, logique ou médecine, mais c'est seulement à partir des débuts du XIXe siècle qu'ils se sont imposés, au reste très lentement, dans les sciences de la nature. Le doctorat de médecine est aujourd'hui un diplôme de fin d'années d'études qui autorise, après la prestation du serment d'Hippocrate, la pratique de la médecine ; il ne doit pas être confondu avec le doctorat ès sciences qu'un médecin peut soutenir par la suite, d'autant moins qu'il peut très bien n'avoir aucun lien avec une activité de recherche. Le doctorat ès sciences est une innovation allemande de plus : les aspirants scientifiques se cherchaient un maître entre Heidelberg et Göttingen pour mener sous son inspiration et sa direction de quoi poser et résoudre un problème et obtenir du même coup reconnaissance et statut de chercheur par la communauté.

Le succès de la recherche se traduit par la rédaction et la soutenance de la thèse, dont la structure est généralement la même : c'est un travail censé avant tout être original, où l'on commence par poser le problème, puis l'on retrace et évalue les travaux précédents auxquels il a donné lieu, l'on décrit et justifie la ou les méthodes utilisées pour s'y attaquer, elles-mêmes éventuellement originales, et l'on présente la solution, les solutions ou l'impossibilité d'une solution. Aux États-Unis, qui produisent désormais des dizaines de milliers de PhD par an, le premier doctorat est apparu en 1861 à l'Université de Yale, et sur les 244 doctorats scientifiques soutenus en 1914, 23 l'étaient seulement en physique. En Angleterre, le PhD n'a pas conquis droit de cité avant la Première Guerre mondiale, et il est encore de bon ton à Cambridge de se lancer dans une carrière de chercheur avec le seul *Master* en faisant mine de se passer du doctorat (mais pas des années de probation qui y mènent).

En France en 2003, un peu moins de 10 000 doctorats ont été soutenus. Sur 8 400 docteurs dont on a étudié la répartition disciplinaire, 45 % sont rattachés aux sciences humaines et sociales, le même pourcentage aux sciences de la matière et moins de 15 % aux sciences de la vie. Viennent ensuite les sciences pour l'ingénieur (14 %), suivies de la chimie et des mathématiques (environ 10 %). La recherche médicale représente une faible part des doctorats (4 %). Le taux moyen de soutenance est de 53 % (études interrompues, thèses non abouties), deux fois plus élevé dans les sciences « dures » que dans les sciences « douces ». En 2002, un peu plus de 40 % des doctorats ont été obtenus par des femmes, leur part variant de 57 % en biologie fondamentale à 20 % en mathématiques et en sciences pour l'ingénieur.

La durée moyenne de préparation d'un doctorat est de 4,3 ans (sensible-ment plus élevée en sciences humaines et sociales, 5,3 ans et l'âge moyen à la soutenance est supérieur à trente et un ans ; il est le plus élevé (trente-sept ans) en sciences humaines et le plus faible en chimie (vingt-huit ans). Cet âge moyen est nettement plus élevé par rapport à la durée théorique du cursus (8 ans) : il s'explique, d'un côté, par le fait que la population des docteurs est hétérogène, avec des profils de parcours différents les uns des autres, et, d'un autre, parce que le temps de la préparation et de la rédaction de la thèse en sciences humaines et sociales est inévitablement toujours plus long qu'en sciences de la nature [1].

La présence des femmes est en France proche de la parité en sciences humaines et sociales, avec une proportion sensiblement plus élevée parmi les docteurs en sciences humaines (53 %) que parmi ceux des sciences sociales (45 %). Ce qui ne veut pas dire que leur accès au sommet de l'enseignement supérieur – le titre de professeur des universités – soit à

---

1. *Indicateurs des sciences et des techniques*, OST, Paris, Economica, 2004, p. 68-71.

parité avec celui des hommes. Les plus récentes statistiques montrent que les femmes ne représentent en France que le quart de la force de travail scientifique et technique, une proportion qui se retrouve au Danemark et en Belgique, mais qui est nettement inférieure en Allemagne et en Autriche, alors qu'en Espagne et dans les nouveaux pays membres de l'Union européenne (Estonie, Pologne, Slovaquie) elles en représentent le tiers et sont proches de la parité en Lettonie et en Lituanie. On doit regretter que fassent sévèrement défaut les comparaisons des données concernant la proportion de femmes en Europe par disciplines et niveaux de carrière et de responsabilité, mais il est clair que dans le domaine des activités de recherche elles sont sous-représentées par rapport à leur nombre dans l'ensemble des domaines professionnels. Les batailles sur le thème de la discrimination par genres en science, qui ont donné lieu aux États-Unis à une ample littérature (et à des cours, des programmes de recherche et des postes d'enseignants spécifiquement consacrés à ce thème), n'ont fait que commencer en Europe.

SERVITUDE ET GRANDEUR DE LA PUBLICATION

La plupart des professions exigent aujourd'hui la préparation et la sanction d'un diplôme : ce n'est donc pas par là que la profession de scientifique se distingue des autres. Ni par les formes apparemment spécifiques de relation sociale qu'entraîne la recherche scientifique, puisque la plupart des professions, libérales et non libérales, ne passent pas moins désormais par l'organisation de rencontres, de séminaires et de conférences, ne serait-ce que pour le recyclage des compétences et le développement généralisé des capacités de gestion. Mais c'est bien la nécessité de la publication et du recyclage qui caractérise la science comme la *seule* profession dont les membres soient tenus de continuer, pendant toute leur carrière, à faire la preuve constante de leurs talents et de leurs compétences. Si la discipline et l'obéissance, avec l'honneur et la gloire, définissaient selon Vigny à la fois la servitude et la grandeur du soldat, la publication et la publicité des résultats caractérisent celles du scientifique, qui se confronte à la concurrence intense de ses collègues engagés sur les mêmes thèmes de recherche et aspire par définition à être le premier à les publier pour l'honneur et la gloire.

Le style de l'article scientifique dans les sciences de la nature répond d'ailleurs à un genre particulier, variable en fait suivant les revues et leurs disciplines, mais qui se doit toujours d'en résumer le contenu avec concision (l'*abstract*), d'en montrer sans rhétorique l'enjeu, de renvoyer explicitement et précisément aux auteurs qui se sont déjà exprimés sur le sujet, de s'appuyer sur des démonstrations quantifiées (équations, diagrammes, modélisations, etc.), d'en présenter et éventuellement d'en discuter les résultats, enfin de remercier ceux qui en ont critiqué les différentes ébauches et de mentionner les instances qui ont contribué au financement de la recherche à la source de l'article.

James Watson a décrit avec quelle minutie ses collègues, Maurice Wilkins, Francis Crick et lui ont mis au point la rédaction pour *Nature* de leur découverte de la structure de l'ADN en double hélice. L'article a été revu, corrigé, réduit, soumis pour commentaires à plusieurs collègues avant d'être envoyé à *Nature* – neuf cents mots qui commençaient ainsi : « Nous proposons une structure pour le sel de l'acide désoxyribonucléique (ADN). Cette structure présente des nouvelles caractéristiques qui sont d'un intérêt biologique considérable. » Francis Crick insista pour conclure l'article par une phrase concise et d'une remarquable anticipation afin de souligner les implications de la découverte : « Il ne nous a pas échappé que l'agencement spécifique par paires que nous avons proposé suggère immédiatement un mécanisme possible de transcription pour le matériel génétique. » C'était en effet annoncer les répercussions considérables de cette « transcription » point de départ de toute l'ingénierie génétique, du décryptage du génome aux organismes génétiquement modifiés. L'article passe assurément pour un modèle du genre, et ses auteurs n'ont pas hésité à dire à la dactylo qui l'a tapé, la sœur de Watson, qu'en y sacrifiant un samedi après-midi « elle participait à l'événement le plus célèbre de la biologie depuis Darwin [1] ».

Le genre de l'article scientifique est si spécifique, au demeurant, qu'il a conduit un écrivain comme Georges Perec, soucieux tout à la fois de fréquenter les disciplines les plus diverses et de se jouer des formes littéraires les plus variées, de le parodier dans un livre en trompe-l'œil dont on ne

---

1. J. WATSON, *La Double Hélice, op. cit.*, p. 223-225. La « publication princeps », en date du 25 avril 1953, apparaît en annexe dans cette édition, p. 233-237. Watson est alors âgé de vingt-cinq ans ; il sera prix Nobel en 1962.

sait trop s'il s'agit d'un pastiche, d'une charge ou d'une caricature, et dont l'ensemble est assurément hilarant : on y trouve une série d'articles en anglais et en français qui ont toute l'apparence de la scientificité, sous les dehors d'une écriture et d'une présentation en harmonie parfaite avec les exigences de ce genre littéraire. Et l'humour y atteint un tel point de sérieux que ces textes pourraient servir d'illustration pédagogiquement très convaincante à bien des jeunes chercheurs [1].

Le médecin et l'avocat ont tout intérêt à démontrer leurs qualités professionnelles auprès de leurs clients (et le curé auprès de ses ouailles), mais une fois qu'ils ont acquis le droit d'entrée dans la profession, ils l'exercent sans plus avoir à se soumettre au contrôle de leurs pairs – à moins de dérive ou de scandale. Quand il s'agit de recherche fondamentale, ce que produit le scientifique n'est jamais que de l'information – imprimée ou électronique – destinée à ceux qui sont en mesure de la comprendre : ce ne sont pas des clients, mais des *pairs*. Comme l'a souligné John Zyman, le scientifique exerce une profession qui dépend essentiellement du progrès de connaissances *rendues publiques* et par suite de l'évaluation par ses pairs [2]. Leur avis décide de la continuité de sa pratique, puisque c'est en fonction de ses publications et de la réputation qu'elles assurent que l'université, l'industrie et/ou l'État lui accorderont les subventions ou les contrats indispensables à la poursuite de ses recherches.

Les mathématiques « pures » sont l'exception, qui n'ont besoin que du tableau noir ou du papier blanc et certes aussi, comme l'a dit Jean-Pierre Serre avec humour, d'une corbeille à papier pour y jeter tous les brouillons d'équations et d'algorithmes – encore que certains ne se passent plus désormais du temps loué aux méga-ordinateurs. En fait, une grande partie des travaux des mathématiciens s'appuie aussi sur des réseaux d'ordinateurs personnels connectés par Internet. Dans toutes les autres disciplines, la recherche coûte cher en collaborateurs et en personnel d'appui, en instruments et en expériences, et d'autant plus si la recherche est organisée

---

1. Voir Georges Perec, *Cantatrix sopranica L. et autres écrits scientifiques*, Paris, Le Seuil, 1991. En particulier, la liste des auteurs et références bibliographiques du premier article en anglais, consacré à un cas d'expérimentation neurophysiologique (les réactions de la cantatrice soumise à un jet de tomates), est un modèle absolument irrésistible.
2. John Zyman, *Public Knowledge : The Social Dimension of Science*, Cambridge University Press, 1968.

autour de grands équipements tels les accélérateurs de particules. Le gigantisme des centres et des équipements de recherche, la *Big Science* décrite par Derek de Solla Price, n'est plus monopolisé par la physique : les percées de la biologie moléculaire ont conduit à la création de laboratoires où les chercheurs venus de plusieurs disciplines travaillent en équipe et où des dizaines de machines fonctionnent en parallèle, par exemple dans les centres de séquençage pour la recherche génomique et post-génomique.

Si le scientifique se doit de publier pour montrer qu'il continue à « être dans le coup », c'est que le *crédit de prestige* qu'il obtient par ses publications décide des *crédits matériels* et du soutien institutionnel qui conditionnent la poursuite de sa carrière en tant que chercheur. *Publish or perish* suivant le dicton américain : « tu publies ou tu crèves », qui peut conduire tout à la fois à un excès d'articles en circulation sans écho ni portée et à l'état coupable ou dépressif des chercheurs publiant des articles soit méconnus, soit médiocres, ou qui ne publient plus. L'article ne dit rien des conditions psychologiques ou sociales dans lesquelles la recherche a été menée, ce qui a entraîné Peter B. Medawar, prix Nobel de médecine, à demander si « l'habituel article scientifique, conforme aux normes, n'est pas en fait une fraude, puisqu'il offre une description rationnelle de la manière dont une découverte devait ou pouvait avoir être faite et non pas comment elle a été effectivement réalisée. Tous les tournants erronés, les fautes, les erreurs ou les jugements sont en fait éliminés [1]. »

La pression sociale est telle que cette exigence de publication est souvent source de véritables névroses. Les « bonnes » revues, où il importe de publier, sont celles qui ont non seulement une audience internationale, mais encore une solide réputation fondée sur des évaluateurs spécialisés (les *referees*), auxquels les éditeurs peuvent faire confiance et qui demeurent anonymes. Or, la qualité des évaluations est non moins fonction de la confiance que les *referees* peuvent accorder au contenu des articles aussi bien qu'à leurs auteurs : juger de l'intérêt d'un article n'implique pas, en effet, de refaire les expériences ni même tous les calculs qui ont débouché sur la démonstration originale qui en justifie la publication – il y faudrait plus de temps et d'argent que n'en pourraient assumer les revues internationales

---

1. Peter B. MEDAWAR, « Is the Scientific Paper a Fraud ? », *The Listener*, 12 septembre 1963.

les plus riches. Pour éviter les conflits d'intérêts – des sources de financement pesant directement ou indirectement sur le contenu des articles –, certaines revues exigent aujourd'hui de leurs auteurs, notamment *Nature*, une déclaration écrite excluant une telle collusion.

L'augmentation du nombre de chercheurs dans les disciplines et sous-disciplines, la pression de la concurrence et de la compétition, l'urgence qu'il y a du même coup à publier rapidement, font que les revues, dont les avis importent à l'intérieur d'une communauté de spécialistes, sont en fait submergées et ont des difficultés à la fois à tenir le rythme et à éviter l'article médiocre ou, pis, fraudeur. Il n'est donc pas étonnant que le jugement des pairs, fût-ce dans les « meilleures » revues, fasse exagérément confiance à des auteurs déjà connus ou laisse passer des textes qui « ne tiendront pas la route », soit parce qu'ils ne sont pas scientifiquement solides, soit parce qu'ils sont l'œuvre carrément malhonnête de fraudeurs. La grandeur et la servitude de la publication ont leurs limites tout simplement humaines, tout autant qu'organisationnelles, dans l'impossibilité de faire face à la pression du *publish or perish* par des évaluations scientifiquement absolument rigoureuses : le jugement des pairs demeure une affaire de jugement, donc susceptible d'erreur et de manipulation.

Il y a certes encore beaucoup de chercheurs heureux, qui « produisent » dans et par la passion de leur métier, se renouvellent, animent et dirigent des étudiants futurs chercheurs, travaillent seuls ou en équipe, collaborent à des programmes qui exigent la coopération étroite de plusieurs chercheurs ou de plusieurs équipes – et qui trouvent ou découvrent de quoi nourrir longtemps des articles de réputation internationale, publiés dans les meilleures revues spécialisées, après avoir été évalués confidentiellement par des spécialistes du même domaine sur le plan international comme sur le plan national. Il y a aussi des chercheurs moins heureux, et des dysfonctionnements de l'institution, comme en connaissent toutes les institutions, qui dans ce cas se traduisent la plupart du temps par des dérives et des malhonnêtetés liées précisément à l'enjeu des publications. Toutefois, résultats fabriqués ou falsifiés, les exemples de fraude ne résistent pas plus au temps qu'aux vérifications empiriques.

La fraude peut aussi avoir pour source une farce ou une volonté de provocation, ce qui a été le cas de l'article publié en 1996 par le physicien Alan Sokal dans une revue de sciences sociales apparemment sérieuse, *Social Text* : « Transgresser les frontières – vers une transformation herméneutique de la gravitation quantique [1] ». Aucun scientifique n'aurait pu lire cet article sans éclater de rire, car tout en s'attaquant en apparence à la théorie de la relativité, il présentait une série d'énoncés absurdes en appuyant ses pseudo-démonstrations sur des auteurs français, ô combien renommés en sciences sociales, Gilles Deleuze, Jacques Derrida, Jacques Lacan, Jean-François Lyotard, etc. Les citations de ces auteurs se présentaient comme des emprunts et des métaphores scientifiques si parfaitement hors du champ de la physique qu'elles en étaient comiques (certaines assurément en elles-mêmes). Mais, réciproquement, l'offensive des physiciens avait une posture de revendication agressivement scientiste : elle s'en prenait certes d'abord à la vogue des « études culturelles » aux États-Unis, revenant à professer que toutes les connaissances et points de vue se valent, de sorte que la science n'est qu'un récit ou qu'une croyance parmi d'autres. Mais, au-delà de cette critique fondée du relativisme, la dénonciation des dérives d'écriture et de concepts dans les sciences sociales revenait à mettre en question la légitimité même des recherches menées dans ce domaine. En somme, un canular auquel la rédaction de la revue n'aurait pas dû se laisser prendre et qui, une fois révélé, déchaîna ce qu'on a appelé bien abusivement « la guerre des sciences ».

Cette confrontation entre sciences « dures » et sciences « molles »fit très naturellement moins de victimes que la guerre picrocholine dont a parlé Rabelais. Après avoir nourri le monde universitaire de polémiques passionnées pendant des mois, elle ne pouvait que tourner court, chacun restant ferme dans ses tranchées. Jamais en tout cas la grande presse, se faisant l'écho de ces controverses, n'avait abordé avec tant d'excitation des problèmes d'ordre épistémologique. L'enjeu avait certes plus de poids que les brioches de la guerre brillamment gagnée par Gargantua, mais la confrontation s'en est tenue à un dialogue de sourds, avec des deux côtés quelque mauvaise foi. Car le débat mit en lumière, du côté des sciences sociales, l'absence de vigilance ou même l'abus dans le maniement et l'emprunt de certains concepts scientifiques et, du côté des sciences de la nature, la prétention à donner des leçons de scientificité dans des domaines où leurs représentants ne sont pas plus compétents que des

---

1. Voir Alan SOKAL et J. BRICMONT, *Impostures intellectuelles*, Paris, Odile Jacob, 1997 ; et la réplique, B. JOURDANT (dir.), *Impostures scientifiques*, Paris, La Découverte/Alliage, 1998.

profanes. D'autant qu'il était facile de rappeler que, pour nombre de scientifiques et parmi les plus grands, l'usage de métaphores et d'emprunts littéraires dans leurs débats épistémologiques allait de soi, tout autant que la référence inévitable de leurs conceptions scientifiques à des enjeux d'ordre philosophique (par exemple, les relations d'indétermination de Heisenberg ont donné lieu chez Niels Bohr et Robert Oppenheimer à des extrapolations sur le thème de la liberté). Mais pourquoi pas ?

Entre vraie et fausse science

Le crâne de l'homme fossile de Piltdown a longtemps laissé perplexes les paléontologistes avant de se révéler une imposture. Autre embrouille : au début du XXe siècle, un distingué physicien de la faculté des sciences de Nancy, René Blondlot, annonçait la découverte des rayons N, à laquelle plusieurs membres de l'Académie des sciences donnaient aussitôt leur soutien pour des raisons de pur chauvinisme (celle des rayons X par Roentgen étant allemande !). L'étude de ces pseudo-radiations – dites « vitales » parce qu'émises par les organismes animaux et même les tissus végétaux – conduisit à une foule de phénomènes inattendus découverts en plusieurs mois : autant de fausses découvertes et d'expériences fumeuses qu'on doit attribuer, comme l'a dit Jean Rostand, à la « soif de trouver du nouveau » plutôt qu'à une réelle mystification [1].

Plus contemporaine, l'affaire de « la mémoire de l'eau » est un autre exemple d'une annonce de découverte que les expériences menées par la suite n'ont jamais pu confirmer ; elle a eu d'autant plus de retentissement qu'elle a fait la une des journaux (« Une découverte française pourrait bouleverser les fondements de la physique », a titré *Le Monde* du 19 juin 1988). C'est qu'elle promettait d'apporter une démonstration scientifique de l'efficacité des médicaments homéopathiques, dont on ne sait toujours pas comment ils agissent, mais dont les médecins homéopathes et les patients ainsi traités sont trop nombreux à s'en dire satisfaits pour que le procès qui leur est fait au nom du rationalisme « pur et dur » soit concluant. Cela mérite qu'on s'y arrête quelque peu.

---

1. Voir Jean Rostand, « Science fausse et fausses sciences » (1958), reproduit dans *Confidences d'un biologiste*, Paris, Presses Pocket, 1987.

L'affaire a été lancée par le docteur Jacques Benveniste, directeur de recherche à l'INSERM, auteur incontesté de la découverte d'une molécule qui joue un rôle important dans les mécanismes immunitaires (le PAF-acether). Lorsqu'il a publié en juin 1988 dans la revue britannique *Nature* un article sur « la dégranulation de basophiles humains provoquée par de hautes dilutions d'un antisérum », il suggérait ainsi l'idée que, soumis à de hautes dilutions comme dans le cas de l'homéopathie, ces basophiles conserveraient leur capacité d'agir, de sorte que l'eau elle-même pourrait « garder la mémoire » d'une substance qui s'y trouvait diluée depuis toujours. L'article avait été accepté par le directeur de la revue, John Maddox, sous réserve que Benveniste se soumît à une expérience dont les conditions, il faut bien le dire, n'avaient rien à voir avec les pratiques habituelles de l'éva-luation d'un laboratoire : un protocole d'expérimentation devait être mis en place, en présence de spécialistes, du directeur de la revue et d'un magi-cien américain, James Randi. En fait, un piège d'opération médiatique.

Cette mise en scène peu orthodoxe n'a pas conduit à confirmer les résultats de Benveniste, et la revue *Nature* publia aussitôt un rectificatif dénonçant l'hypothèse de la mémoire de l'eau, mais du même coup cela déclencha un tapage médiatique qui fit passer Benveniste aux yeux de certains pour une victime de ce que l'on appelle à tort le « syndrome Galilée », celui du chercheur incompris et rejeté dont les thèses seront reconnues et acceptées plus tard avec amende honorable par la commu-nauté scientifique : à tort, car dans le cas de Galilée, comme on le verra plus loin, ce fut l'Église, plutôt que les scientifiques, qui eut à faire amende honorable.

Benveniste poursuivit ses travaux dans la même direction, en affirmant un peu plus tard que la mémoire d'une molécule non seulement se transmet dans l'eau, mais encore qu'elle peut être codée et dupliquée et donc se transmettre par la télématique des ordinateurs jusqu'à rendre possible dans l'avenir une thérapie sous Internet. Aucun des résultats dont il s'est prévalu, dans des travaux qui l'ont associé aux laboratoires Boiron, spécialistes de la pharmacopée homéopathique, n'a pu être répété ni à plus forte raison confirmé, et il est mort en laissant l'image contradictoire d'un chercheur, Janus à double face, auteur non pas tant d'une fraude délibérée que d'expériences obstinément mal interprétées : auprès de ceux qui l'ont contesté comme ayant fait fausse route, faute d'un « esprit plus critique dans l'interprétation de ses résultats », et auprès de ceux qui partageaient et continuent de partager ses idées comme l'auteur méconnu d'une démarche capable de démontrer enfin scientifiquement les voies d'action de l'homéopathie. Avec des expériences non reproductibles, l'affaire Benveniste laisse un débat ouvert comme tout ce qui touche à l'efficacité des médecines non pastoriennes. Il est vrai que le poids de la rationalité scientifique conduit de plus en plus à faire croire que toutes les maladies sont ou seront guérissables par les voies de la physico-chimie, et il n'est pas du tout établi que d'autres voies ne soient pas légitimes ni surtout efficaces. Il est vain, en somme, de dénoncer comme pratiques de charlatans des thérapies qui reviennent plus à soulager qu'à guérir – et qui soulagent effectivement – et dont on ne peut démontrer, quand elles vont jusqu'à guérir, si, pourquoi et comment un placebo n'aurait pas eu le même effet.

LA MULTIPLICATION DES FRAUDES

Plus fâcheux et plus courant, le cas des patrons ou des directeurs d'instituts signant en première ligne des articles sur des recherches auxquelles ils n'ont d'aucune façon contribué n'est pas très différent d'une fraude – cette pratique est encore plus fréquente dans les articles de médecine. Comme leurs noms sont alors cités en référence, l'accumulation de citations peut leur assurer, suivant « l'effet saint Matthieu » si bien décrit par Robert Merton – « celui qui possède aura d'autant plus et celui qui ne possède pas d'autant moins » – une visibilité plus grande et souvent une réputation aussi injustifiée que prolongée. Le risque existe évidemment que, parmi les collaborateurs co-auteurs du patron, se trouve un chercheur qui fabrique de toutes pièces un résultat (ou un canular) et disqualifie du même coup celui qui, signant en tête, en est alors tenu pour responsable : la mésaventure est arrivée à un professeur de la faculté de médecine de l'Université Harvard, auteur, à l'âge de cinquante ans, de quelque six cents publications dont ses collègues n'ont pas manqué de se dire qu'il n'était pour rien dans la plupart d'entre elles.

D'une telle malhonnêteté, ce sont les jeunes chercheurs préparant une thèse qui peuvent être les victimes. Leur statut de « thésards » dépendant de l'humeur et des ambitions du patron les place dans ce *no man's land* inconfortable de leur carrière où ils sont, souvent au-delà de la trentaine, à la fois du côté de l'adolescence qui n'est pas encore entrée dans la vie professionnelle et du côté de l'âge adulte qui n'a pas encore les titres pour compter parmi les initiés. Et le patron peut s'emparer et s'enorgueillir de leurs trouvailles comme si c'étaient les siennes.

La multiplication et la médiatisation des fraudes tiennent en grande partie à l'accroissement de la population des chercheurs et à l'intense compétition à laquelle ils doivent se livrer : en somme, une lutte pour la vie. Rendant compte précisément du livre de Watson, *La Double Hélice*, le sociologue Robert Merton notait que ces « éléments de compétition, de lutte et de récompense ont fait des droits de propriété scientifique une partie intégrante, encore qu'ambiguë, de la pratique et de l'éthique de la science. Car si les progrès de la science étaient la seule motivation institutionnelle des scientifiques, la notion même de propriété scientifique n'aurait guère de sens. Qu'importe de savoir qui fait progresser nos connaissances pourvu qu'elles progressent ? Pourtant cela fait un certain temps déjà que cette question des droits projette une ombre sur les mœurs de la science [1]. »

La Double Hélice est le récit sans fard des moyens souvent peu loyaux que James Watson a utilisés pour précéder Linus Pauling dans la découverte de la structure de l'ADN en double hélice. Il n'a pas hésité à s'emparer des lettres que Pauling écrivait de Californie à son fils pour connaître les progrès accomplis ou les obstacles rencontrés par Pauling dans sa propre recherche ; ni à minimiser l'importance de la contribution de Rosalind Franklin, pourtant essentielle, à la découverte, sans parler du mépris avec lequel il l'a traitée en tant que scientifique « femme [2] ».

L'ombre projetée sur les mœurs de la science, pour reprendre la formule de Merton, ne tient pas ici à une fraude, mais à des données peu honnê-

---

1. Robert MERTON, *New York Times Book Review*, 25 juin 1968, traduit dans J. WATSON, *La Double Hélice, op. cit.*, p. 269.

2. Rosalind Franklin est morte à l'âge de trente-sept ans d'un cancer, en 1958. Sans ses travaux d'analyse aux rayons X, l'équipe de Cambridge n'aurait pas été sur la voie de la découverte. Encore en vie, elle aurait eu sinon plus de droits, du moins autant que les lauréats de 1962 à être prix Nobel. Le fait est que Crick et Watson surtout ont eu un comportement à son égard indigne, c'est-à-dire ignoble. Dans l'épilogue de son livre, Watson a fourni un effort tardif pour se racheter en « comprenant, avec des années de retard, quelles luttes une femme intelligente doit soutenir pour être acceptée d'un monde scientifique qui ne considère souvent les femmes que comme une diversion à des préoccupations sérieuses *(sic)* » (*La Double Hélice, op. cit.*, p. 229).

tement empruntées à autrui et à un comportement d'une ambition telle que tout semblait permis pour accéder le plus vite possible au prix Nobel. Le livre de Watson a fait l'objet de commentaires plus ou moins critiques et certains très admiratifs, où tantôt l'on s'ébahit, tantôt l'on se réjouit de voir ainsi vendue la mèche sur les mœurs « à la Dallas » de l'institution scientifique. Ceux de son collègue Robert L. Sinsheimer ont été aussi horrifiés que féroces, comme si l'institution donnait lieu désormais aux sanglants règlements de compte des conjurations florentines du XVᵉ siècle : « C'est un monde d'envie et d'intolérance, un monde de mépris. On y assassine les individus, collectivement et individuellement, directement et indirectement. Le pire est que Watson croit que le reste de l'humanité – à part les idiots – vit dans le même univers[1]. »

Il suffit d'ailleurs de se reporter à des articles très récents pour voir combien l'intégrité tant revendiquée de l'institution est loin de correspondre désormais à la réalité. C'est *Nature* – la revue scientifique qui fait le plus autorité sur le plan international – qui rapporte les résultats d'un sondage mené auprès de trois mille chercheurs des National Institutes of Health aux États-Unis (les réponses étant anonymes). Un tiers d'entre eux ont reconnu avoir adopté, depuis trois ans, des comportements contrevenant à la déontologie. De la pure falsification des données à l'utilisation non autorisée d'informations confidentielles ou à l'utilisation d'une idée d'autrui sans en avoir obtenu la permission, ces turpitudes apparemment assumées jettent une lumière pour le moins troublante sur l'ethos des laboratoires. Raymond de Vries, du Centre de bioéthique de l'Université de Minneapolis qui a mis en route ce sondage et en a analysé les résultats, constate que « si l'on s'est concentré jusqu'alors sur des cas médiatiques d'inconduite, les chercheurs ne peuvent plus se permettre d'ignorer une plus grande diversité de comportements sujets à caution[2] ».

---

1. Robert L. SINSHEIMER, article publié dans *Science and Engineering*, septembre 1968, traduit dans J. WATSON, *La Double Hélice*, op. cit., p. 275-276.
2. *Nature*, 9 juin 2005 ; voir aussi *Le Monde*, 10 juin 2005.

La constance du jardinier

La même revue a révélé les conflits d'intérêts auxquels s'exposent, sans trop y voir d'inconvénients, les « experts » médicaux chargés de formuler les règles de bonne prescription des médicaments. Les liens que certains de ces experts entretiennent avec l'industrie pharmaceutique sont tels qu'on peut parler de véritable collusion. Sur un total de 685 auteurs impliqués dans plus de 300 textes de recommandations, 35 % parmi ceux qui ont effectué une déclaration admettent affronter un conflit d'intérêts lié aux rémunérations accordées par des laboratoires (pour le soutien d'un programme de recherche, pour des conférences, ou parce qu'ils possédaient des actions de l'entreprise concernée). Les organismes émettant des recommandations se défendent en expliquant que l'existence d'un lien avec l'industrie n'implique pas que l'avis de l'expert soit biaisé. *Nature* conclut néanmoins que « si l'influence exercée par l'argent de l'industrie est inconsciente, elle n'en est pas moins puissante [1] ».

Plus grave encore, cet autre cas de dérive – l'éthique de la recherche tout à fait détournée, sinon récusée, par la subordination du laboratoire universitaire aux intérêts exclusifs de l'industrie – désigne un changement aussi radical que révélateur des mœurs de l'institution scientifique. C'est la conclusion à laquelle est arrivée Margaret Somerville, professeur de droit, spécialiste d'éthique biomédicale, à l'Université McGill de Montréal [2]. Le cas dont elle traite est « l'affaire Olivieri », du nom d'une femme médecin-chercheur à l'Hôpital des enfants malades de l'Université de Toronto, Nancy Olivieri, qui avait signé un contrat de recherche contenant des clauses de confidentialité avec Apotex Inc., une importante firme pharmaceutique. Spécialiste des maladies héréditaires du sang, le docteur Olivieri

---

1. *Nature*, 20 octobre 2005.
2. Professeur de droit à la faculté de droit et à la faculté de médecine de l'université McGill de Montréal, fondatrice du Centre pour la médecine, l'éthique et le droit de cette université, Margaret Somerville est une autorité incontestée au Canada en matière d'éthique biomédicale ; elle a une réputation internationale dont la compétence s'est précisément exercée sur le terrain des enjeux de valeurs liés aux développements les plus récents des recherches biomédicales. Elle est l'auteur, entre autres, de *The Ethical Canary : Science, Society and the Human Spirit*, Toronto, Vicking/Penguin, 2000, et de *The Case against Euthanasia and Physician Assisted Suicide*, McGill Queens University Press, 2002.

avait recruté des patients volontaires comme sujets de recherche pour les essais cliniques d'un médicament, le défériprone, mis au point par la firme Apotex. Constatant que le traitement avait de moins en moins d'effets, et surtout qu'il comportait des risques sérieux, elle s'est vu interdire d'en prévenir ses patients et d'en alerter ses collègues : son contrat donnait à l'entreprise le droit de contrôler toute communication pendant plusieurs années.

Le docteur Olivieri ne s'est pas retenue d'alerter patients, collègues et autorités de son hôpital sur les dangers de ces expérimentations, et là ont commencé aussitôt ses ennuis. On lui a retiré la direction de son laboratoire à la suite d'un rapport préparé par une commission de l'hôpital, qui contestait les données de ses mises en garde. La décision fut ensuite remise en cause par un rapport de l'Association des professeurs d'université. Cela ne suffit pas : la contre-attaque d'Apotex a été menée avec le témoignage d'un ancien assistant du docteur Olivieri, le docteur Koren, dont on a vite appris non seulement que ses démonstrations étaient truquées, mais surtout qu'il était l'auteur des lettres anonymes la dénonçant à la presse et à ses collègues – la justice démontra qu'il en était l'auteur par l'ADN contenu sur les enveloppes (en les léchant pour les fermer, il avait laissé une signature incontestable). Et, finalement, un nouveau rapport, préparé cette fois par le Collège des médecins et chirurgiens de l'Ontario, a rendu entièrement justice au docteur Olivieri en soulignant qu'elle « avait honoré des normes raisonnables de soins » en refusant de se plier aux clauses de confidentialité de son contrat.

L'affaire ne s'est pas arrêtée là. Dans la même période, le président de l'université a mené campagne auprès du gouvernement canadien en faveur des médicaments génériques : un projet de loi renforçant la protection des brevets en menaçait la production. Il est allé jusqu'à écrire au Premier ministre que toute action dans ce sens pouvait compromettre la construction du nouveau centre de recherche biomédicale dont rêvait l'université, le bâtiment et le centre devant être financés grâce à des donations, « les plus importantes dont l'université aurait jamais bénéficié ». Celles-ci devaient être généreusement allouées par les entreprises pharmaceutiques se consacrant aux médicaments génériques – dont Apotex. Ici encore, le professeur Somerville a eu beau jeu de dénoncer le conflit d'intérêts auquel s'exposaient le président de l'université et l'université elle-même en défendant la cause de ces entreprises, alors que le docteur Olivieri, son employée, était

directement en procès avec l'une d'elles. Le président de l'université admit
d'ailleurs, par la suite, que sa démarche n'avait pas été « appropriée ».

Margaret Somerville a présenté l'histoire de cette affaire comme une
tragédie grecque en plusieurs actes, où les commentaires du chœur
dénoncent la succession des étapes qui ont conduit à corrompre délibérément certaines des valeurs fondamentales dont se réclame l'institution
académique – au prix d'une recherche clinique se détournant du serment
d'Hippocrate, qui exige avant tout de ne pas nuire aux patients[1]. Et de
renvoyer au dernier roman de John Le Carré, *La Constance du jardinier*,
dont le thème, certes lié à une œuvre de fiction, ne manque pas d'évoquer
certains aspects de l'affaire Olivieri. La conclusion en est moins dramatique,
les patients canadiens sont consentants, tandis que ceux du roman sont
de malheureux Africains tout simplement abusés (victimes du sida, on
leur fait essayer un vaccin contre la tuberculose en leur laissant croire
qu'il va les guérir, alors que certains en meurent), et l'enquête menée
contre l'entreprise pharmaceutique se termine par des assassinats. Mais
c'est illustrer de la même manière l'état d'aliénation et de corruption
dans lequel l'université et ses chercheurs peuvent se laisser piéger par des
contrats abusifs imposant la confidentialité des pratiques et des résultats.

Dans ses conclusions, Somerville énumère tous les principes que
devraient absolument appliquer les institutions universitaires dans la
négociation de leurs contrats avec des entreprises privées, sous peine de
s'exposer à des conflits d'intérêts insurmontables : pour commencer, il est
impératif de refuser toute clause de confidentialité au cas où, précisément,
les recherches auraient des effets négatifs ou dangereux. Or, comme le
souligne le rapport du Collège des médecins et chirurgiens canadiens, « les
circonstances qui ont conduit à l'affaire Olivieri ne sont pas isolées, elles
illustrent un problème posé par un large système. Un principe de la plus
haute priorité est en jeu : à savoir que la protection des patients soumis à
des recherches dans les essais cliniques et l'intégrité du projet de recherche
sont plus importants que les intérêts des entreprises ». Il n'est pas évident,
à la suite de la diminution du financement public de la recherche universitaire dans la plupart des pays industrialisés, et donc de la dépendance
croissante de celle-ci à l'égard des soutiens industriels, que ce principe soit

1. Margaret SOMERVILLE, « A Postmodern Moral Tale : The Ethics of Research
Relationship », *Nature Review Drug Discovery*, n° 1, 2002, p. 316-320.

partout reconnu comme une priorité. « L'affaire Olivieri, conclut Margaret Somerville, est un sérieux signal d'alarme, qui montre qu'une analyse méticuleuse des liens entre la recherche universitaire et l'industrie s'impose pour que l'éthique et la science marchent de conserve, c'est-à-dire sans provoquer de dommages et, espérons-le, pour le bien de tous. »

LE DÉSIR DE CLONE HUMAIN

Manifestement, tout comme il y a des parents stériles en désir d'enfants par tous les moyens, il y a désormais des biologistes en désir de clone humain à tout prix. C'est bien la leçon que l'on peut tirer du cas le plus récent et le plus spectaculaire de fraude, celui du professeur coréen Hwang Woo-suk, vétérinaire biologiste : il a prétendu, dans des articles retenus par des revues aussi sérieuses que *Nature* et *Science* (la revue de l'American Association for the Advancement of Science) avoir réussi à cloner un chien et à obtenir par clonage les premières lignées de cellules souches embryonnaires humaines. L'annonce mondialement médiatisée a surtout provoqué quelque jalousie chez les biologistes qui rêvaient de précéder leur collègue coréen dans la course au clonage humain (bien entendu à des fins exclusivement thérapeutiques). Le clonage du chien a pu être une réalité, tout le reste n'était que fraude : après avoir demandé le retrait de son article publié dans *Science*, il a démissionné de ses fonctions de professeur à l'Université nationale de Séoul pour avoir été publiquement dénoncé par une commission scientifique de son université composée de neuf membres (en fait, depuis plusieurs mois, des étudiants coréens avaient mis en cause l'honnêteté de ses travaux et avaient été fustigés par les médias comme s'ils avaient commis un crime de haute trahison). On lui reproche non seulement d'avoir falsifié des données et des clichés photographiques, mais encore d'avoir utilisé des ovocytes, cellules sexuelles féminines, venant de ses assistantes, dont le consentement n'allait pas nécessairement de soi et qu'il aurait rétribuées.

Si un soupçon de plus est jeté sur le sérieux des évaluations faites par les revues scientifiques des articles qui leur sont adressés, il est clair que le retentissement accordé par les médias, d'abord en Corée, puis au total dans le monde entier, à ce qui passait pour un exploit de pionnier renvoie aux fantasmes que la communauté des biologistes a elle-même suscités en évoquant tout ce qu'on peut attendre du clonage humain sur le plan thérapeutique – une foison de miracles. Interrogé par *Le Monde*, Marc Peschanski, spécialiste français des cellules souches, directeur de recherche à l'INSERM, déclarait quelques jours avant le scandale, alors que les résultats de la commission chargée de vérifier le sérieux de ses travaux commençaient à circuler : « Je suis peut-être un grand naïf, mais je ne peux pas imaginer que Hwang Woo-suk, que je connais et dont j'ai visité le laboratoire, soit un véritable maître fraudeur. Je pense que c'est un scientifique qui, dans le domaine du clonage, a développé des technologies fonctionnelles à un niveau de sophistication extrême et dans un cadre pratiquement semi-industriel. Pour ma part, je suis persuadé que Hwang a bien eu les résultats sur le clonage qu'il a publiés en 2004 et que, à partir de là, il s'est vu porter le flambeau de la Corée jusqu'à Stockholm et au prix Nobel[1]. »

Propos effectivement d'une grande candeur... Le discrédit n'affecte pas seulement la solidité du jugement des pairs et des revues scientifiques, il concerne ceux de ses collègues qui croient bon de manifester ainsi leur esprit de solidarité jusqu'à l'absurde, car comme disait Georges Canguilhem, « se tromper est humain, persévérer dans l'erreur est diabolique[2]. » Plus gravement encore, c'est toute la communauté des biologistes, même ceux qui n'ont pas adhéré aux pseudo-percées du vétérinaire sud-coréen, qui se trouve désormais objet de suspicion et donc condamnée à être sur la défensive. Mais il y a un problème de plus, qu'Anne Fagot-Largeault, professeur au Collège de France, a très judicieusement relevé : si l'on s'est montré choqué par la fraude du professeur Hwang Woo-suk ou par l'exploitation des ovocytes de ses assistantes, on n'a rien trouvé à redire sur la nature même de ses travaux consacrés au clonage humain reproductif – que la loi en France tient pour un acte criminel et que prohibent aux États-Unis les institutions de recherche publiques. Le chœur des biologistes qui l'ont aveuglément défendu serait-il donc prêt à braver les tribunaux en l'imitant sur la voie du clonage reproductif[3] ?

---

1. Interview publiée dans *Le Monde*, 21 décembre 2005, p. 6.

2. Georges Canguilhem, toujours prêt, par excès d'honnêteté, à appliquer la formule à ses propres écrits, *Idéologie et rationalité dans l'histoire des sciences de la vie*, Paris, Vrin, 1988 ; rééd. 2000, Avant-propos, p. 9.

3. Anne FAGOT-LARGEAULT, « Les heurs et malheurs du clonage humain », conférence à l'École normale supérieure, Paris, 31 janvier 2006.

Ce qui n'empêche pas les laboratoires privés américains de s'y atteler, les fondations américaines de soutenir ces recherches en les délocalisant dans des pays étrangers et les cellules souches embryonnaires d'être importées par les laboratoires européens, dont les pays interdisent de mener des recherches sur les embryons congelés surnuméraires. Tel était le cas des laboratoires français jusqu'à la décision de février 2006 autorisant les recherches sur les cellules embryonnaires à des fins thérapeutiques : le moratoire imposé par le Parlement n'a pas résisté à l'argument de la concurrence internationale.

Dans les faits, il n'est pas du tout établi que le clonage des cellules embryonnaires humaines soit indispensable pour viser des innovations à des fins thérapeutiques, les mêmes résultats – si résultats il doit y avoir – pourraient être obtenus à partir de cellules totipotentes venant de sujets adultes (en particulier à partir des cellules du cordon ombilical) [1]. Et l'on est très loin encore de pouvoir appliquer ces cellules à des fins thérapeutiques. Mais deux groupes de pressions interviennent manifestement ici, dont on ne sait trop lequel des deux manipule le plus efficacement l'autre. D'un côté, il y a les associations de malades qui voient dans le clonage thérapeutique l'espoir de traitements miracles pour de graves affections génétiques jusqu'à présent incurables (notamment les maladies de Parkinson et d'Alzheimer). De l'autre, tous ces biologistes rêvent d'être les premiers à réussir le clonage humain à des fins thérapeutiques, tandis que certains ne se priveraient pas de parvenir à un clonage reproductif. Comme l'a dit en termes brutaux le généticien français Axel Kahn, ce projet d'une intervention par clonage du matériel génétique humain est actuellement « de l'ordre de la déraison : une des caractéristiques de ce champ de recherche, c'est qu'il rend fous tous les gens qui le touchent. Le clonage, c'est le triangle des Bermudes de la rationalité scientifique [2] ».

Du même coup la Corée du Sud, dont le ministère de la Science et de la Technologie avait alloué 40 millions de dollars au programme de recherche mené par leur héros national en manipulations génétiques, se sent trompée, en fait trahie et surtout humiliée. Du côté des politiques, le parti au pouvoir et l'opposition ont exprimé des « regrets », tout en

---

1. Voir Gregory Katz-Bénichou, « Bioéthique et cellules souches : sortir du dilemme », *Les Échos*, 8 juin 2006, p. 10-11.
2. Interview publiée dans *Libération*, 24 et 25 décembre 2005, p. 6.

espérant que les recherches en biotechnologie ne soient pas pour autant compromises. Rarement les passions nationales ont fait meilleur ménage avec les ambitions scientifiques et économiques, rarement la chute d'un fraudeur aura tant entaché non seulement l'institution scientifique, mais encore la fierté d'un pays qui se voyait déjà consacré comme centre mondial de la médecine régénératrice.

Quel que soit ce discrédit, on peut toujours se consoler en rappelant que le jugement des *referees* demeure une affaire humaine, non pas la réplication en laboratoire des expériences ou des démonstrations affichées par un article : les procédures actuelles excluent qu'une revue puisse empêcher la publication d'une fraude. S'il y a des escrocs dans la communauté des scientifiques, comme il y en a dans tous les groupes professionnels, leur escroquerie est néanmoins la seule qui soit *toujours* finalement dénoncée, déjouée et démantelée à court ou moyen terme : aucune fraude dans ce domaine ne peut survivre aux vérifications ni aux réplications expérimentales des spécialistes. Et certes il n'y a pas de raison que l'attraction qu'exercent la gloire, l'argent et le pouvoir soit moins grande ici que dans d'autres milieux.

Cependant, les conditions d'exercice de la recherche scientifique aujourd'hui dans le tohu-bohu d'ambitions concurrentes, la pression des pouvoirs publics et des intérêts commerciaux, du même coup les attentes que l'image magique de la science suscite dans l'opinion publique et que les scientifiques entretiennent eux-mêmes à force de mirages de promesses dans le domaine de la santé comme dans d'autres, menacent en effet d'accélérer et de multiplier les dérives. Dans la compétition que se livrent les chercheurs sur le plan national comme sur le plan international, les effets d'annonce – toujours prématurés – ont pour double vocation de mobiliser sans cesse plus de ressources et de convaincre un plus grand nombre d'esprits que la potion miracle ou la « grande » découverte est à portée de mains. Il demeure que, même si les hommes champions de la rationalité sont pris de folie, les faits ici sont définitivement têtus, *toujours* inévitablement confirmés ou infirmés par l'épreuve du contrôle de la théorie et de l'expérimentation.

4.

L'idéal de la cité scientifique

Tous ces dysfonctionnements n'empêchent pas « la République de la science », suivant la formule de Michael Polanyi, de fonctionner pour la très grande majorité de ses membres efficacement et rigoureusement. C'est qu'ils se plient au code non écrit des normes que les sociologues ont identifiées et soulignées abondamment (en particulier, chacun à sa manière, Robert Merton, Talcott Parsons, Bernard Barber, Raymond Boudon, Pierre Bourdieu) : foi dans la rationalité, objectivité, individualisme, universalité, scepticisme organisé, désintéressement, communalité – ce barbarisme, qui permet de se distinguer du communisme, désigne les liens de méthodes, d'échanges et de coopération qui font précisément que, par-delà les frontières nationales, les scientifiques partagent les mêmes valeurs. *Communalité*, c'est-à-dire fraternité intellectuelle, qui veut que tous ceux qui contribuent au progrès du savoir appartiennent à la même famille, quelles que soient leur race, leur religion, leur origine sociale ou leurs convictions personnelles portant sur d'autres domaines que la science.

UNE INSTITUTION AUTO-NORMÉE

On retrouve ici tout l'esprit des thèmes revendiqués dès son émergence par la science moderne, et pour commencer l'idée de l'*objectivité* de la démarche, qui ne cède ni aux préjugés ni aux émotions ni à plus forte raison aux idéologies, le *scepticisme organisé* et la ferme conviction que la science expérimentale rend compte *rationnellement* des choses et du même coup *universellement*. Cette foi dans la rationalité n'a jamais été mieux exprimée que dans la célèbre formule d'Einstein : « Dieu est raffiné, mais il n'est pas mal intentionné », par quoi il voulait dire que le Dieu qui à ses yeux créa la Nature et est lui-même la Nature (au sens de Spinoza), s'il est assurément complexe, subtil et difficile à comprendre, n'est néanmoins d'aucune façon arbitraire et ne saurait modifier les lois de la nature par humeur ou malignité.

C'est bien par là que la science moderne (européenne en ce sens) se distingue d'autres cultures scientifiques, notamment de la science chinoise traditionnelle. L'historien des sciences Joseph Needham a très concrètement illustré cette différence par un exemple aussi amusant que révélateur. Depuis Galilée, les lois de la nature valent pour le ciel comme pour la terre suivant les « ordres » d'un législateur rationnel (ce rôle de législateur étant tenu de nos jours par les régularités statistiques), alors que, pour la science chinoise traditionnelle, il n'y a pas d'autorité supérieure instituant un système de relations causales, mais une « coopération organique » qui définit une réalité cosmique. La loi n'a pas de représentation claire en dehors des affaires humaines, de sorte que l'intelligibilité du monde ne peut pas être garantie.

Needham cite le cas de l'Europe médiévale qui luttait contre la sorcelle-rie en intentant des procès aux coqs accusés d'avoir pondu des œufs ; ces coqs étaient condamnés à être brûlés vivants parce qu'ils avaient « trahi l'ordre divin ». La Chine taoïste, dit-il, n'aurait jamais imaginé de tels procès : ce type de phénomène était considéré comme autant de « réprimandes du ciel, d'infortunes célestes » (qui pouvaient mettre en danger la position de l'empereur ou des gouverneurs), non pas comme un détournement des lois de la nature, dont la constance est garantie par un législateur rationnel [1].

La science moderne est *auto-normée* par une série de principes ou de valeurs auxquels les scientifiques doivent se plier dans leur pratique de la recherche. *Individualisme* : la démarche scientifique implique le refus de se voir imposer la moindre opinion, à plus forte raison la vérité, par une autorité extérieure à celle de la science, de sorte que seuls le jugement, la conscience et l'esprit critique du chercheur en tant qu'individu sont en mesure de trancher – en droit et en fait – une question d'ordre scientifique. La revendication de la « liberté de la recherche » renvoie non pas à l'idée

---

1. Joseph NEEDHAM, *La Science chinoise et l'Occident (Le grand titrage)*, Paris, Le Seuil, 1969, p. 252-254.

d'une institution régie par l'arbitraire ou le caprice, mais tout au contraire à une organisation disciplinée par l'exigence de vérité que le chercheur partage avec tous ses pairs. Et cette exigence se prolonge en *désintéressement* au sens où la découverte scientifique est sans prix, hors marché, vouée à être diffusée gratuitement. Le scientifique ne saurait exploiter l'ignorance ou la crédulité de ses interlocuteurs profanes : il peut avoir la distraction du Dr Cosinus, il ne peut montrer la malhonnêteté du Dr Knock, le contrôle de la communauté évaluant et réévaluant ses propositions.

C'est d'ailleurs par là que la recherche fondamentale se différencie – au moins en principe – des recherches appliquées : les résultats de celles-ci s'adressent à des clients dans un circuit marchand, ils font l'objet de brevets, de licences ou de marques déposées, alors que ceux de la recherche fondamentale, au service du savoir, sont d'abord destinés à l'usage des chercheurs et, au-delà d'eux, à l'humanité tout entière comme un bien public. La condamnation de Galilée avait retenu Descartes de publier son traité de physique, mais c'est le même argument du « bien de l'humanité » qu'il a invoqué pour expliquer sa décision de publier le *Discours de la méthode* : il ne pouvait tenir cachées ses découvertes « sans pécher grandement contre la loi qui nous oblige à procurer autant qu'il est en nous le bien-être général de tous les hommes ». La conjonction des normes qui président à l'activité scientifique fait de la publication une véritable obligation morale.

Très souvent les chercheurs charlatans se caractérisent par le fait qu'ils gardent pour eux-mêmes le protocole de leurs expériences : ce fut le cas des « avions renifleurs » censés détecter à très haute altitude les sources de pétrole, dont le pseudo-inventeur, un baron italien pour le moins douteux, interdisait aux scientifiques de vérifier les appareils dont ils se servait. La candeur du polytechnicien, ancien ministre, qui subventionna grassement ses travaux, n'eut d'égale que la veulerie de ses collaborateurs, polytechniciens aussi, qui n'osèrent pas, en toute connaissance de cause, dénoncer la supercherie. Il n'a pas fallu moins que l'intervention de Jules Horowitz, génial physicien théoricien auquel le CEA doit une grande partie des principes de ses réacteurs, entre autres découvertes et applications, pour décider de « lever le voile » recouvrant dans les avions ces machines miracles – personne n'avait osé voir ce qui était derrière !

Le devoir de publication, on l'a vu, se traduit de plus en plus par une course effrénée dans la bataille des priorités – une « lutte pour la vie », a-t-on dit, au sens le plus darwinien du terme. Pourtant, nul n'a montré plus de désintéressement ni plus de modestie que Darwin lui-même. Il avait confié à Lyell sa théorie de l'évolution, mais ne se sentant pas prêt à la publier, il retarda le moment de la rendre publique deux ans avant que Wallace n'annonçât sa propre formulation de la théorie. Finalement, en 1885, devant la Linnean Society, la théorie de l'évolution fit l'objet d'une co-publication « au nom, déclara Lyell, des intérêts de la science », mais personne n'a jamais hésité par la suite à en attribuer la priorité exclusive à Darwin.

Si l'on se reporte une fois de plus à la manière dont James Watson a raconté la découverte de la structure en double hélice de l'ADN, on voit combien les mœurs de la cité scientifique ont changé au point de faire du désintéressement de Darwin un modèle bien démodé[1]. Watson s'y montre si désinvolte à l'égard de toutes les idées reçues sur la loyauté, le caractère désintéressé, les bons sentiments du savant aux prises avec sa passion exclusive de la recherche et le respect de ses collègues, qu'il offre de la pratique de la science une description plus proche de l'*Opéra de Quat' sous* que des thèmes idéalisés par Darwin ou Pasteur. C'était assurément mettre sur la place publique les conditions dans lesquelles la compétition que se livrent les chercheurs constitue aujourd'hui un combat sans merci, où tous les coups sont permis, jusqu'aux amitiés trahies, à l'espionnage et au détournement de documents.

Scepticisme organisé : en suspendant son jugement, en mettant en question l'opinion, en recourant à des critères empiriques et logiques, le scientifique se défend de céder aux idées reçues autant qu'aux dogmes. Il ne « s'en laisse pas conter », considérant tout ce qui n'est pas démontré comme soumis à réserve. En cela il obéit à un mandat à la fois méthodologique et institutionnel, où il est inévitablement confronté à des attitudes et à des croyances qui sont souvent à rebours de ses propres valeurs. Ce scepticisme menace les autorités qui entendent faire partager leurs convictions ou leurs dogmes, et plus elles sont autoritaires, plus elles entendent limiter l'exercice du jugement et de la critique.

Universalité : les résultats d'une expérience, si elle est réalisée exactement dans les mêmes conditions, doivent être les mêmes partout, et les faits expérimentaux ou les observations doivent confirmer partout, et de la

---

1. J. WATSON, *La Double Hélice, op. cit.*

même manière, ce que construit et prévoit la théorie. L'universalité sur le plan logique et cognitif se prolonge sur le plan des relations entre chercheurs, qui caractérisent ce que l'on a appelé « l'Internationale de la science » : les chercheurs dans un même domaine, quelles que soient les nations auxquelles ils appartiennent, se connaissent, se rencontrent et se fréquentent dans la durée à la faveur de réunions spécialisées, conférences, colloques et séminaires. Beaucoup d'entre eux se sont d'ailleurs formés à l'étranger pour la préparation du doctorat ou pour des études post-doctorales auprès des maîtres – les patrons – qui dirigent des instituts, dont la renommée est prestigieuse au sein de la communauté. Ainsi du laboratoire Cavendish à Cambridge, animé par Ernest Rutherford (1871-1937), ou de l'Institut que dirigea Niels Bohr (1885-1962) à Copenhague : les plus grands physiciens et chimistes du monde entier, entre les deux guerres et après la Seconde Guerre mondiale, se sentaient tenus de venir s'y former, faire le point, s'exposer les uns les autres à la présentation et à la critique des dernières percées. Leurs débats n'ont pas peu contribué aux progrès de la physique théorique.

L'EXODE DES CERVEAUX

Cet internationalisme – ce cosmopolitisme – détermine des familles d'esprit et des liens qui ignorent par définition la race, la religion, la nation et les convictions personnelles de leurs membres, de sorte qu'il n'existe pas – au moins du point de vue cognitif – de science « juive », « russe », « allemande » ou « américaine ». Il y a certes une organisation de la recherche propre à chaque pays, des structures et des modes de fonctionnement et de décision caractéristiques des différentes institutions nationales, et même des « écoles » scientifiques qui relèvent de traditions et d'héritages inscrits dans l'histoire institutionnelle de telle ou telle discipline (par exemple, l'école de mathématiques française, l'école russe dans le même domaine, ou les écoles de chimie en Allemagne et en Suisse). Rien de tout cela ne définit un état de la science qu'une nation peut prétendre incarner plutôt qu'une autre, et dont elle détiendrait le monopole intellectuel.

Leurs compétences et leurs qualifications une fois reconnues, les chercheurs sont tous égaux dans les réunions scientifiques, quelles que soient les hiérarchies de l'âge, des postes ou des fonctions. La formule d'Albert

Szent-Györgyi (1893-1986), prix Nobel de physiologie et de médecine, dit très explicitement ce qu'a d'élitiste l'appartenance à la tribu : « Newton est mon collègue, et Galilée. Un scientifique chinois est plus proche de moi que mon propre laitier[1]. » Quand un régime politique menace de peser sur la liberté de penser ou la liberté tout court, les collègues à l'étranger se battent pour que leurs institutions accueillent ceux qui souhaitent émigrer ou y sont contraints.

Ainsi l'arrivée à la veille de la Seconde Guerre mondiale des scientifiques européens, pour la grande majorité juifs, qui ont dû fuir le nazisme et le fascisme, a-t-elle joué un rôle déterminant non seulement dans l'effort de guerre (des bombes atomiques aux radars et aux ordinateurs), mais aussi dans l'essor exceptionnel que la recherche scientifique aux États-Unis a connu après le conflit. L'appoint des mathématiciens, physiciens et chimistes venus de Hongrie a été particulièrement fécond (Leo Szilard, Eugene Wigner, Edward Teller, John von Neumann, Theodor von Karman), mais aussi celui de tant d'autres venus d'Italie (Enrico Fermi, Emilio Segrè, Guido et Eugenio Fubini, Salvatore Luria, etc.) ou d'Allemagne : symboles mêmes des chercheurs fuyant la dictature, un bon nombre d'entre eux, passant du laboratoire aux couloirs des états-majors, du Congrès, de la Maison Blanche et des conseils d'administration, ont appris à intervenir directement dans les débats politiques liés aux enjeux stratégiques et ont exercé une influence déterminante sur l'évolution du complexe militaro-industriel des États-Unis.

Des dizaines de milliers de scientifiques que les totalitarismes et les régimes dictatoriaux du XXe siècle ont contraints à l'exil, la trajectoire de Szent-Györgyi n'est qu'un exemple, parmi tant d'autres, de ces sauts de puce qui scandent le passage de la formation à l'exil, de Budapest à Leyde, de Göttingen à Cambridge, retour à Budapest et finalement Woods Holes, Massachusetts, où il prit la direction d'un institut renommé. Ou encore ceux d'Einstein, héros le plus symbolique du nomadisme scientifique au XXe siècle, qui s'est lui-même défini comme « un bohémien sans racine aucune », de Zurich à Princeton en passant notamment par Ulm, Munich, Berlin, Prague, Göttingen, Leyde, Berkeley, sans parler des séjours de courte durée dans beaucoup d'autres villes pour des conférences et des distinctions de toutes sortes, dont les doctorats *honoris causa* récoltés à la pelle.

---

1. Dans *The Observer*, 24 novembre 1957.

C'est d'ailleurs ce qui explique que les moyens de faire obstacle au *brain drain*, l'exode des cerveaux, dont souffrent nombre de pays en développement, fassent défaut : il s'agit à la fois d'un phénomène de répulsion lié aux conditions locales restreignant la liberté de la recherche et d'un phénomène d'attraction illustré par des universités et des conditions de recherche nettement plus favorables à l'étranger. On voit là combien l'environnement politique peut décider du développement des activités de recherche dans un pays donné : une dictature peut contraindre les chercheurs à émigrer, mais tout autant l'absence de moyens et surtout d'un état d'esprit au sommet de l'État comme dans la population reconnaissant l'importance de ces activités. Il m'est arrivé de participer à des réunions organisées par l'Unesco sur la gestion des activités de recherche, par exemple à l'Université d'Ile-Ife, Nigeria, berceau de la civilisation du Bénin : les participants venaient de plusieurs pays d'Afrique, tous exerçant des fonctions administratives ou politiques dans leurs pays respectifs, sans avoir nécessairement la moindre expérience de la recherche, et le potentiel de recherche de plusieurs de ces pays était si dérisoire que parler de politique de la science dans ces conditions tenait très exactement du mirage. Certes, il y avait au sommet des bureaucrates chargés d'administrer la recherche, mais pas d'encadrement adéquat dans les universités, ni d'abonnements aux revues spécialisées, ni de moyens de mener des recherches sur les paillasses – une administration de la recherche sans laboratoires ni chercheurs. Tous ceux des scientifiques qui s'étaient formés à l'étranger n'avaient aucune raison d'en revenir pour constituer une école, former des compétences, transmettre le flambeau [1].

Le *brain drain* donne l'idée d'une traite des compétences scientifiques ou d'un aimant asséchant les talents de la « périphérie » au profit des pays du « centre ». Il y a une trentaine d'années, alors qu'on prenait à peine conscience de l'ampleur du phénomène, cela donnait lieu à des débats passionnés dans les enceintes internationales. Certains pays en développement réclamaient un dédommagement pour les pertes qu'ils subissaient, dédommagements plus ou moins calculés sur l'économie réalisée par les pays industrialisés grâce à l'appoint des spécialistes, dont ils n'avaient pas

1. Jean-Jacques SALOMON, « The Importance of Technological Management for Economic Development in Africa », *Technology Management*, vol. 5, n° 5, 1990, pp. 523-536.

eu à payer les premières années de formation. Le débat a tourné court parce
qu'on ne peut pas réglementer le mouvement migratoire des chercheurs
comme on contrôle le mouvement des capitaux, des produits ou des prix.
En fait, *il n'y a pas* d'autre contrôle possible que l'interdiction d'émigrer
propre aux régimes totalitaires. Quand il s'agit de recherche scientifique, les
situations d'attraction ne sont pas dissociables des situations de répulsion :
ce qui attire à l'étranger, c'est précisément ce qui fait défaut chez soi —
des conditions de travail excitantes, mais aussi l'esprit de tolérance, et
plus encore la reconnaissance et le traitement de l'institution scientifique
comme étant aussi importants que ceux de l'armée ou de la banque. Ce qui,
dans nombre de pays en développement, il faut bien le reconnaître et le
déplorer, n'est pas le cas : d'une part, le système moderne de connaissances
a quelque mal à trouver sa crédibilité dans des sociétés traditionnelles ;
d'autre part, les gens au pouvoir relèvent souvent de la « cleptocratie »,
dont les intérêts égoïstes sont parfaitement étrangers à l'investissement
à long terme qu'exige la poursuite de la formation et de la recherche
scientifiques et aux services que cette poursuite peut rendre à la société
dans son ensemble [1].

En fait, l'émigration intellectuelle est une très vieille histoire, qui ne
date pas du XXᵉ siècle. Platon offrant ses services au tyran de Syracuse,
Galilée offrant les siens à l'arsenal de Venise, Descartes se rendant en Suède
à l'invitation de la reine Christine, les frères Cassini attirés à prix d'or
par Louis XIV pour construire l'Observatoire de Paris et y développer les
recherches sur le ciel, les protestants français fuyant la Contre-Réforme
aux Pays-Bas, en Allemagne ou en Angleterre ou les aristocrates comme
Du Pont de Nemours fuyant aux États-Unis la Révolution française :
autant d'exemples, autant de raisons diverses pour lesquelles des scientifiques peuvent ou doivent choisir d'émigrer. Le phénomène a pris de
l'ampleur dans la seconde moitié du XXᵉ siècle à la fois parce qu'il y a
un degré plus intense d'internationalisation des échanges et parce que
les activités scientifiques et techniques jouent un rôle plus déterminant
dans les affaires du monde : les chercheurs sont devenus un enjeu dans
la compétition entre puissances rivales aussi important que les sources

---

1. Voir Jacques GAILLARD *et al.*, *Scientific Communities in the Developing World*, New
Delhi/Londres, Sage, 1997, dont les études de cas montrent fort bien pourquoi certains
pays « décollent » sur le plan scientifique et d'autre pas.

matérielles d'approvisionnement. Mais il suffit que les conditions de travail et d'emploi s'améliorent dans les universités et les laboratoires des pays qui souffraient de l'exode des cerveaux, à plus forte raison si l'expansion industrielle et la croissance économique s'y confirment, pour que les scientifiques formés à l'étranger retrouvent très naturellement le chemin de la « mère patrie » : c'est le cas actuellement de la Chine et de l'Inde.

SCIENCE ET DÉMOCRATIE

Les valeurs dont se réclame l'institution scientifique ont conduit à souligner leur correspondance avec celles qu'on associe généralement aux régimes démocratiques. De fait, ce sont des critères impersonnels qui doivent définir et reconnaître l'accomplissement des individus dans la cité scientifique au même titre que dans une démocratie, et non pas un statut fixé à l'avance par la naissance, l'argent, la race, les solidarités d'une caste ou d'une secte [1]. D'un côté, une démonstration scientifique n'a rien à voir avec une décision d'ordre démocratique : elle ne peut faire l'objet d'un vote majoritaire ni même d'un compromis, et par définition le contenu d'une publication ne peut renvoyer qu'à des critères d'excellence. De l'autre côté, l'idéal de la cité scientifique n'en fait pas pour autant une cité idéale dont les normes seraient honorées indépendamment du contexte social, économique et politique.

Ainsi l'esprit de communalité n'a-t-il pas résisté aux pulsions nationalistes, à plus forte raison aux situations de guerre. Déjà la guerre de 1870 avait donné lieu à une surenchère d'arguments entre Pasteur et Virschow qui n'avaient rien de scientifique. Ainsi du manifeste anti-français et anti-anglais signé en 1914 par 93 scientifiques allemands, dont Ehrlich, Haber, Ostwald, Planck et Wassermann : dans un élan de nationalisme auquel Einstein refusa de participer, on y récusait toute responsabilité dans le déclenchement de la guerre, justifiait la violation de la neutralité belge et réfutait les atrocités attribuées aux troupes du Kaiser. Du côté français, il n'y a pas eu moins de manifestations chauvines (Bergson imputant par exemple à Kant les idées qui ont conduit à l'impérialisme prussien !).

Au-delà des joutes nationalistes et idéologiques, l'intervention directe

---

1. Robert MERTON, *On Social Structure and Science*, University of Chicago Press, 1996.

de la science sur les champs de bataille à partir du xxᵉ siècle a évidemment
ébranlé l'image idéale de l'institution revendiquant neutralité et internationalisme « au dessus de la mêlée ». Ainsi le recours aux gaz asphyxiants
introduits dès la Première Guerre mondiale par Fritz Haber (1868-1934),
prix Nobel pour ses travaux sur la synthèse de l'ammoniac, a-t-il été
dénoncé par André Malraux comme « le premier négatif au bilan de la
science » : je reviendrai plus loin sur cette invention à propos de la science
associée au complexe militaro-industriel. Le programme Manhattan, qui
déboucha sur les bombes atomiques frappant Hiroshima et Nagasaki, puis
les surenchères de la guerre froide conditionnées par l'« équilibre de la
terreur », ont transformé certains laboratoires universitaires en filiales des
arsenaux, mobilisé sur place un grand nombre de chercheurs travaillant
pour la défense, métamorphosé certains d'entre eux en guerriers, en espions,
en marchands d'armes ou en représentants de commerce bien loin de
sacrifier au modèle idéal de l'Internationale de la science.

De ce point de vue, un régime totalitaire est évidemment le moins
favorable aux normes de l'institution scientifique, puisque le contrôle
politique et la centralisation du pouvoir tendent par nature à limiter la
liberté de penser et de publier. Au scepticisme organisé s'oppose alors un
dogmatisme organique. Mais la pratique de la science et d'une « bonne »
science peut néanmoins se développer sous des régimes totalitaires, dont
l'idéologie et l'esprit de parti ne peuvent empêcher certains des dirigeants
d'avoir conscience qu'elle rend de sérieux services à leur pays : Albert Speer
dans l'Allemagne nazie et Lavrenti Beria dans l'ex-Union soviétique étaient
de ceux-là. La contre-épreuve tient au progrès même des technologies qui
compromettent les règles du jeu totalitaire : il est certain que l'apparition
des machines à reprographier dans les instituts de recherche des pays
communistes a ruiné la politique de censure de leurs gouvernements,
contribuant à sonner les premiers glas de la fin des régimes. De même en
Chine, quels que soient les filtrages imposés à l'exploitation d'Internet (avec
l'aide de moteurs de recherche américains tels que Yahoo et Google), l'accès
à des sites interdits et surtout le dialogue entre internautes demeurent
toujours possibles, « hors contrôle », à ceux dont le savoir-faire permet de
déjouer la surveillance.

Ce qui ne veut pas dire que les démocraties soient à l'abri de poussées
de fièvre qui s'opposent à l'exercice du jugement et de la critique. On
l'a bien vu aux États-Unis durant la période de répression maccarthyste,

qui revenait à une chasse aux sorcières parmi les communistes, anciens communistes, sympathisants ou non-communistes soupçonnés de l'être, dont nombre de scientifiques et d'artistes ont fait les frais, c'est-à-dire se sont vus privés de leurs postes et de leurs fonctions. Plus récemment, les mesures imposées par le *Patriot Act* aux États-Unis, après les attentats du 11 Septembre, tendent à contrôler et à limiter la diffusion des informations portant même sur des recherches de caractère fondamental, surtout en biologie, et à exclure professeurs, chercheurs et étudiants venant de pays soupçonnés, à tort ou à raison, de cautionner les bandes terroristes d'Al-Qaida, privant du même coup les États-Unis de leur appoint habituel en étudiants et « post-doc » venant du tiers monde[1].

Reconnaissons que, dans le cas des démocraties, il s'agit toujours de situations d'exception, alors que par définition les rétentions de l'information et les restrictions imposées aux libertés sont la règle dans les pays totalitaires ou plus simplement soumis à des dictatures. Mais c'est assurément tourner le dos aux valeurs dont elles se réclament : les mesures d'exception menacent toujours de faire se ressembler ceux qui les défendent et ceux qui les combattent. L'essor de la science contemporaine comme pratique industrielle fondée non pas sur sa valeur de vérité, mais sur ses promesses d'application, fait tomber la double loyauté du scientifique à l'égard de la science et à l'égard de l'humanité sous la loi

---

1. Le National Science Board – le comité qui supervise les activités de la National Science Foundation – s'est plaint en 2005 de la chute brutale du nombre de docteurs en science et en ingénierie venant de l'étranger, en particulier des pays en développement : de 2000 à 2001, ceux-ci avaient augmenté de 24 à 38 % ; or, en une année, de 2001 à 2002, le nombre des visas temporaires pour des emplois dans des activités scientifiques a chu de 55 %. Le Board en a conclu, d'une part, que la demande internationale de personnel hautement qualifié, docteurs et chercheurs en science et en ingénierie, a augmenté au point de ne plus pouvoir satisfaire les besoins américains et, d'autre part, que la production interne de ce personnel aux États-Unis est désormais en déclin. (Le groupe hispanique, qui s'étend le plus rapidement aux États-Unis sur le plan démographique, montre en effet peu d'intérêt pour des carrières scientifiques, et les enfants de couches socio-économiques supérieures sont davantage intéressés par des emplois plus lucratifs dans d'autres secteurs que celui de la recherche.) En fait, la chute du nombre des travailleurs étrangers aux États-Unis est liée à la réduction du nombre des visas imposée depuis le 11 Septembre et, semble-t-il aussi, à une moindre attraction du pays en raison à la fois des mesures de sécurité imposées par le Patriot Act et de l'image moins favorable des États-Unis dans les pays en développement depuis la guerre contre l'Irak.

commune des loyautés nationales. Les temps ne sont plus où Leibniz pouvait dire dans une lettre au comte Golofkin du 16 janvier 1712 : « J'aimerais mieux de voir les sciences rendues florissantes chez les Russes que de les voir médiocrement cultivées en Allemagne[1]. » Tout comme le produit de la recherche fondamentale tend à devenir une marchandise parmi d'autres, le scientifique apparaît comme un élément stratégique dans la compétition internationale que les pays les plus riches entendent multiplier ou s'attirer à prix d'or. Ou encore comme prise de guerre : c'est à l'inventeur des V1 et V2, Wernher von Braun, que les États-Unis doivent le succès d'*Apollo* et des premiers pas sur la Lune. L'officier SS qu'il a été (*Hauptsturmführer* d'abord, puis promu au rang d'officier supérieur, *Sturmbannführer*), dont les talents se sont exercés au sein du camp de concentration de Dora, a d'autant plus intéressé les États-Unis qu'une partie de son équipe, après la guerre, a rejoint la Russie et une autre la France. Au lendemain du succès du *spoutnik*, l'influence qu'il exerça sur la NASA devint déterminante pour la conception de la fusée *Saturne*.

De même le désintéressement connaît-il des limites en raison, d'une part, du rapprochement entre la recherche fondamentale et les recherches appliquées et, d'autre part, de la compétition qui exacerbe une population de chercheurs de plus en plus nombreuse : dans les deux cas, l'enjeu est d'ordre commercial tant les espoirs placés dans les innovations rapidement exploitables corrompent l'ethos traditionnel du système. Le modèle du chercheur universitaire devenu consultant d'une entreprise privée et se pliant aux règles de confidentialité qu'elle impose n'a rien de nouveau ; il remonte à la naissance même de la chimie et de l'électricité industrielles. Ce qui est plus nouveau, c'est le poids croissant du financement des instituts universitaires par l'industrie (notamment pharmaceutique). La légitimité de la science conçue comme une fin en soi est de plus en plus recouverte par son traitement comme valeur d'échange, de sorte que le fruit de certaines recherches fondamentales devient lui-même une marchandise parmi d'autres.

Alors que les inventions techniques sont très légitimement brevetables, les produits de la recherche fondamentale étaient jusqu'à très récemment exclus comme par nature de la brevetabilité. Confier un droit exclusif sur

---

1. Leibniz, *Œuvres*, Foucher de Careil (éd.), tome VII, p. 502-503.

des découvertes, des théories scientifiques ou des méthodes mathématiques passait pour un obstacle à la liberté de la recherche et pour une entrave au progrès : il ne pouvait pas y avoir de monopole d'exploitation sur une connaissance de ce type, pas plus que sur ce qui existe à l'état de nature. En outre, s'agissant du vivant humain, le droit français, entre autres, interdit de patrimonialiser le corps humain, c'est-à-dire de le traiter comme une forme de propriété monnayable. C'est pourtant dans le domaine du vivant que le régime juridique du brevet a commencé à changer avec le fameux arrêt *Diamond versus Chakrabarty* de la Cour suprême des États-Unis (16 juin 1980) concernant la brevetabilité d'un micro-organisme.

Depuis, le vivant sous de multiples formes liées au progrès des biotechnologies fait l'objet de brevets, tout comme certaines méthodes mathématiques exploitées en informatique relèvent désormais, tels les logiciels, du régime des droits d'auteur. Par exemple, la frontière entre l'application thérapeutique d'un gène humain et le gène pris lui-même isolément est à ce point devenue floue que la directive européenne sur ce cas de brevetabilité alimente un débat, en France notamment, qui est loin d'être terminé. Les raisons qui poussent à cet élargissement du droit des brevets sont clairement d'ordre économique : il s'agit de favoriser le développement des industries nationales de biotechnologie dans un contexte conditionné par la rapidité de l'exploitation technique des découvertes et par l'intensité de la concurrence internationale.

LES JEUX OLYMPIQUES DE LA SCIENCE

Les normes sont du côté de l'idéal et des principes, mais il n'existe pas, bien entendu, de cité idéale dont les principes seraient absolument honorés dans l'éternité. Si toute institution connaît des dysfonctionnements, il est clair que l'institution scientifique dans son ensemble n'aurait pas pu fonctionner ni donc progresser au rythme et avec l'efficacité qu'elle a connus depuis le XIXᵉ siècle sans le respect de ces normes partagé par la très grande majorité des chercheurs. Ce qu'on appelle la communauté scientifique – un réseau de liens, d'institutions et de pratiques, formelles et non formelles – remplit certaines fonctions qui ont contribué tout à la fois à accroître dans des proportions inouïes la production scientifique et à renforcer la défense et le respect des normes dont elle se réclame.

Ces fonctions sont de deux sortes. De *communication* d'abord : les académies et surtout les sociétés savantes, qui se sont multipliées et spécialisées de plus en plus depuis la fin du XIXe siècle, sur le plan national et international – en raison non seulement du développement des différentes disciplines et de l'accroissement de la population des chercheurs, mais surtout de l'émergence et de la multiplication de nouvelles sous-disciplines – garantissent par leurs revues la circulation de l'information sur les travaux en cours, tout en assurant la diffusion et la promotion de la science à la fois à usage interne (conférences, colloques, séminaires spécialisés) et à usage externe (auprès des instances de décision comme du public). Et dans les débats sur l'organisation, l'orientation et le financement des activités scientifiques, elles interviennent comme un groupe de pression sur les décisions des pouvoirs publics.

La fonction de *régulation* est tout aussi importante : quand il s'agit de recherche fondamentale, académies et sociétés savantes ordonnent les échanges et les récompenses, qui contribuent à la reconnaissance de l'originalité des travaux et à la renommée de leurs auteurs. Le chercheur qui offre gratuitement à la communauté scientifique les informations qu'il détient reçoit en contrepartie une gratification, qui va de la réputation et de la consécration à la remise de distinctions, d'honneurs et de récompenses – des prix plus ou moins prestigieux dotés de sommes plus ou moins importantes.

Ce système de dons et de contre-dons accompagne et renforce l'esprit de compétition dans lequel les recherches sont poursuivies. L'espoir et l'ambition d'être le premier ou les premiers à annoncer une découverte importante déterminent une course à la gloire, sur le plan national et à plus forte raison international, qui évoque très exactement les compétitions sportives des championnats du monde et des jeux Olympiques. Il y va d'abord du crédit moral et de la réputation qui conditionnent l'attribution des moyens financiers, matériels et humains, dont dépendent la poursuite ou le renouvellement des recherches. Mais quand il s'agit des prix les plus prestigieux, on n'est pas loin avec les prix Nobel d'une canonisation au sens de l'Église, les commissions spécialisées ne cessant d'enquêter chaque année sur la « sainteté » des candidats, avec cette différence que les lauréats doivent être vivants.

Depuis l'essor des académies, concours et récompenses scientifiques ont en fait toujours existé pour favoriser soit la solution de problèmes scientifiques mis à prix, soit le recrutement des jeunes talents et la diffusion des compétences, soit enfin la reconnaissance et la consécration des découvertes. En Russie notamment, les Olympiades des mathématiques permettent d'identifier et de stimuler les jeunes gens les plus doués à s'engager dans une carrière scientifique. Plusieurs pays ont organisé des concours de ce type destinés à reconnaître les plus doués dans telle ou telle discipline (dès la classe de première, il y a depuis 2000 en France des Olympiades académiques en mathématiques, physique et chimie). Comme dans la plupart des pays, les prix de l'Académie des sciences, des sociétés savantes et de certaines institutions privées, fondations ou industries, peuvent saluer la découverte ou les trouvailles d'un chercheur à un moment donné de sa carrière, alors que d'autres prix, par exemple les médailles d'or et d'argent du CNRS, consacrent la reconnaissance de travaux menés pendant toute une vie.

Alfred Nobel, grand industriel et chimiste, à qui l'on doit l'invention de la dynamite – bonne pour les œuvres de paix comme pour celles de guerre –, s'est en quelque sorte offert une bonne conscience en créant la Fondation qui porte son nom. Le testament du 27 novembre 1895 déclare que la Fondation disposera d'un capital « placé en valeurs mobilières sûres », qui « constituera un fonds dont les revenus seront distribués chaque année à titre de récompenses aux personnes qui, au cours de l'année écoulée, auront rendu à l'humanité les plus grands services. Ces revenus seront répartis en cinq parties égales attribuées « à l'auteur de la découverte ou de l'invention la plus importante dans les domaines de la physique et de la chimie, à l'auteur de la découverte (l'invention est ici exclue) la plus importante en physiologie ou en médecine, ainsi qu'à l'auteur de l'ouvrage littéraire le plus remarquable d'inspiration idéaliste » et « à la personnalité qui aura le plus ou le mieux contribué au rapprochement des peuples, à la suppression ou à la réduction des armes permanentes, à la réunion et à la propagation des congrès pacifistes ». Les premiers prix furent attribués en 1901 et, suivant la volonté même d'Alfred Nobel, ceux de physique et de chimie par l'Académie suédoise des sciences, celui de physiologie ou médecine par l'Institut Carolin (Karolinska) de Stockholm, celui de littérature par l'Académie de Stockholm, celui de la défense de la paix par une commission de cinq membres élus par le Parlement norvégien.

La légende ou la réalité veut que Nobel, supplanté dans ses amours par un mathématicien, ait exclu délibérément les mathématiques de ses prix. La médaille Fields, décernée tous les quatre ans, a longtemps consacré seule sur le plan international (et continue de consacrer) les grandes percées de certains mathématiciens, mais avec une récompense financière infiniment plus petite que celle des prix Nobel : à peine 8 euros, et il ne faut pas dépasser l'âge de quarante ans. Pour célébrer le 200e anniversaire de la naissance de Niels Abel (1802-1829), le prix de mathématiques créé par le gouvernement norvégien a été décerné pour la première fois en 2003 ; il doit l'être tous les deux ans par l'Académie des sciences et des lettres d'Oslo, avec un montant de 6 millions de couronnes (plus de 750 000 euros) digne de celui des prix Nobel. Le premier lauréat en a été Jean-Pierre Serre, médaille Fields depuis 1954 et médaille d'or du CNRS en 1987. Quant au « prix Nobel » de sciences économiques, qui n'est pas en fait un prix Nobel, il a été créé en 1968 par la Banque de Suède pour célébrer son tricentenaire et certes en hommage à la mémoire d'Alfred Nobel. Chaque année, les fonds du prix sont versés par la Banque à la Fondation avec de substantiels intérêts, et c'est une commission de l'Académie suédoise des sciences qui recommande les noms du ou des lauréats.

Et certes nombre de lauréats, à peine adoubés, se croient aussitôt autorisés à exprimer leurs avis sur tout et n'importe quoi en dehors de leur discipline, le prestige et l'autorité du prix leur donnant en quelque sorte auprès des médias la portée de voix des grands sages de l'Antiquité ou de la Pythie capables de révéler et même de prédire le cours des choses, de la société ou du monde. Mais contre-exemple : bien peu auront été aussi surpris, en fait troublés, que Yves Chauvin, dans la tranquillité de sa retraite, de recevoir en 2005 le prix Nobel pour sa découverte, il y a plus de trente ans, de la réaction chimique de « la métathèse des oléfines » qui a conduit au développement d'une foison de médicaments et de plastiques.

Voilà très exactement un cas à part parmi les lauréats traditionnels : c'est d'abord le modèle de l'ingénieur qui, dans ses activités de recherche, ne se distingue d'aucune façon du scientifique. Sorti d'une école d'ingénieurs, il a été directeur de recherche à l'Institut français du pétrole et au Laboratoire de chimie organométallique de surface de Lyon. On lui doit en fait de très nombreux brevets et innovations, dont il a été à la fois le concepteur et le réalisateur dans l'industrie de la pétrochimie. En outre, il est effectivement une exception dans le *star-system* de l'institution. « Désormais, il en est conscient, sa voix porte, dit le journaliste du *Monde* venu l'interviewer, mais il a toutes les réticences à en user[1]. » Au bord de s'étonner ou même de s'excuser d'avoir été honoré, pour l'avoir été si tardivement.

La vérité est aussi que le nombre de ceux qui n'ont pas été lauréats d'un prix Nobel, alors qu'ils le méritaient pleinement, est plutôt conséquent. D'après les statuts de la Fondation, il ne peut y avoir chaque année que trois lauréats par discipline : la nature même et les conditions des recherches contemporaines impliquent des équipes comprenant un nombre croissant d'acteurs, dont certains seront fatalement laissés pour compte. Mais d'autres sont aussi délibérément ignorés par leurs pairs ou rejetés parce que leur comportement n'est pas « conforme » à l'image que l'institution entend offrir au monde. D'où une amertume dont Erwin Chargaff, en particulier, a témoigné dans ses livres et articles, et une férocité dans la critique dont il est trop facile d'exclure la pertinence. Par exemple : « Les travaux scientifiques ne sont que des coups dans un jeu de pouvoir, les images fugitives d'un sport spectaculaire projetées à l'écran, des annonces variées qui survivent à peine au jour de leur parution. Nos sciences sont devenues des serres produisant pour un marché qui n'existe pas. En interrompant la tradition, elles ont produit une confusion babylonienne de l'esprit et de la langue. Aujourd'hui, la tradition scientifique remonte tout au plus à trois ou quatre ans. Le devant de la scène semble identique, mais les décors changent constamment comme dans un délire fébrile : à peine un décor est-il en place qu'un autre vient à s'y substituer[2]. »

---

1. Stéphane FOUCART, « Yves Chauvin l'embarrassé du Nobel », *Le Monde*, 30 décembre 2005, p. 134.

2. Erwin CHARGAFF, *Le Feu d'Héraclite. Scènes d'une vie devant la nature* [1978], Paris, Viviane Hamy, 2006, p. 136.

5.

L'horizon de l'utilité

La notoriété d'un scientifique repose essentiellement – outre le ouï-dire circulant d'un laboratoire à un autre et lors des conférences qui réunissent les spécialistes d'un même domaine – sur la qualité et le nombre de ses publications. C'est en s'y référant, et plus précisément en les citant dans leurs propres publications que ses collègues rendent comme un hommage incontournable aux percées dont leurs propres travaux sont devenus tributaires. Le chercheur est tenu de connaître et de citer, avec leurs auteurs, les résultats les plus récents déjà acquis pour situer en quoi sa recherche, sa méthode et ses résultats constituent un apport nouveau. C'est assurément ce qui définit la part la plus originale de l'activité scientifique par rapport à *toutes* les autres activités.

Il n'y a rien d'équivalent, dans aucune autre profession, à ce cycle d'exposition publique qui soumet constamment les travaux d'un individu ou d'un groupe d'individus à une discussion à la fois critique et publique, confirmation ou démolition par la communauté tout entière. Et c'est précisément ce processus d'évaluation, conçu comme une œuvre collective, qui explique le caractère cumulatif de la science : suivant l'image célèbre de Pascal, ce qui fait et définit le progrès dans ce domaine, c'est l'homme grimpant toujours plus haut sur les épaules de ses prédécesseurs pour voir toujours mieux et plus loin. Ou Newton : « Si j'ai pu voir loin, c'est en me tenant sur les épaules de géants [1]. »

---

1. Lettre à Robert Hooke, 5 février 1675.

SCIENTOMÉTRIE ET BIBLIOMÉTRIE

Rien d'étonnant si, le nombre des revues spécialisées et des articles scientifiques ne cessant d'augmenter dans des proportions vertigineuses depuis la fin de la Seconde Guerre mondiale, les publications sont devenues à leur tour objet de recherche scientifique. Ainsi s'est développée, entre autres répercussions, une véritable entreprise capitalistique accumulant clients et revenus : l'Institut d'information scientifique créé par Eugene Garfield à Philadelphie, avec sa marque déposée Current Contexts. Ce domaine nouveau de recherche quantitative – la scientométrie – a été lié à l'essor des statistiques permettant de mieux connaître, d'évaluer et de comparer les ressources (chercheurs, équipements, laboratoires, financement, dans tous les secteurs de la recherche) mises en œuvre dans les politiques menées par les pays les plus industrialisés en matière scientifique et technique.

Ce domaine met tout particulièrement en lumière comment et combien l'analyse sociologique de l'activité scientifique doit prendre en compte les facteurs d'ordre économique, qui président depuis la fin de la Seconde Guerre mondiale au développement des activités scientifiques dans un contexte à la fois politique et stratégique. C'est effectivement sur la scène des rivalités et de la concurrence entre nations, de l'émulation et de la compétition industrielles, des enjeux et des menaces liés aux politiques de défense, que se jouent désormais la visibilité, le fonctionnement et la production de l'institution de la science. La mesure des résultats de la recherche a trouvé là d'autant plus de légitimité que les activités scientifiques sont devenues plus coûteuses, mobilisant d'énormes ressources sur lesquelles administrateurs, décideurs, parlementaires entendent exercer un contrôle à la fois plus éclairé et plus rationnel. En ce sens, on ne peut pas comprendre la situation du scientifique dans le monde contemporain si on l'isole de ce contexte à la fois économique, politique et militaire.

L'analyse des données statistiques dans ce domaine s'est trouvée à la fois renouvelée et enrichie par le recours à la *bibliométrie*, science dont le fondateur fut mon ami Derek de Solla Price (1922-1983), physicien, historien et sociologue de la science. En s'inspirant des courbes du mathématicien démographe Alfred J. Lotka (1880-1949), Price a lancé l'idée d'une étude de la science analogue à l'économétrie, qui puisse traiter mathématiquement la production scientifique et donner la mesure de la compétition entre chercheurs, disciplines, institutions et nations. La bibliométrie n'est pas seulement devenue un instrument indispensable dans l'évaluation du résultat des travaux des chercheurs. C'est aussi une méthode de recherche en histoire des sciences permettant de mettre en lumière la genèse de certaines découvertes contemporaines et ce qu'elles doivent aux interactions avec d'autres disciplines que celles où elles ont eu lieu. Mais c'est surtout devenu un instrument de gestion dans la mise en œuvre des politiques de la science : les commissions spécialisées et les instances de décision, au niveau des organismes de recherche comme à celui des gouvernements, s'appuient sur ces mesures pour évaluer les « performances » des chercheurs en vue de décider de leur titularisation, de leur promotion, de leurs distinctions et de leurs subventions.

On comprend que cette façon de quantifier la qualité ait aussitôt provoqué la résistance et même la révolte de certains scientifiques engagés dans des travaux de recherche fondamentale. D'une part, parce que la mesure des citations a elle-même des limites, le nombre de citations d'un article ne prouvant d'aucune façon *par cela seul* son excellence : les références aux méthodes l'emportent de beaucoup sur celles des découvertes pour la bonne raison qu'un grand nombre de chercheurs les exploitent et donc les citent dans plusieurs disciplines. Le cas exemplaire est celui de la mesure des protéines, dont la publication en 1951 par O. H. Lowry a donné lieu entre 1961 et 1975 à 50 000 citations, cinq fois plus que le deuxième article le plus cité ! D'autre part, il y a le cas du résultat qui est à ce point intégré dans le corps de connaissances des spécialistes, que ceux-ci négligent de le citer explicitement tant il va de soi pour eux. Ainsi des travaux publiés dès le début des années 1950 par le prix Nobel Joshua Lederberg (né en 1925) sur la reproduction sexuelle des bactéries, qui sont devenus si rapidement une partie « acquise » de la génétique, en quelque sorte déjà historique, que son taux de citations de moins en moins élevé n'a d'aucune façon rendu compte de son importance dans l'histoire de la discipline.

Les critiques que la bibliométrie a soulevées n'empêchent pas les scientifiques, comme les décideurs, de s'appuyer sur les bases de données qui répertorient désormais articles, revues et institutions scientifiques à l'échelle de la planète. De fait, de nombreuses études ont montré qu'il existe une corrélation entre la mesure des publications et le jugement des pairs tel qu'il s'exprime dans les commissions scientifiques. Les réticences de certains scientifiques n'ont pas disparu pour autant, qui renvoient une fois de plus au thème de l'autonomie absolue de la science et donc au refus de lui voir appliquer des normes utilitaristes. Il y a longtemps que Robert Merton, père fondateur de la sociologie des sciences, a souligné que ce refus a pour fonction principale d'éviter le risque d'un contrôle trop étroit exercé par les agences qui subventionnent les programmes de recherche. Et il ajoutait, avec une bonne dose d'ironie, qu'une « reconnaissance tacite de cette fonction peut être la source du toast sans doute apocryphe des scientifiques de Cambridge : Aux mathématiques pures, et qu'elles ne soient jamais d'aucune utilité à quiconque[1] ! »

En jouant sur tous les sens du mot « indicateur », on est allé jusqu'à parler de l'évaluation par les publications comme d'un travail de « mouchard », au sens d'une variante du fichier des renseignements généraux enquêtant sur « qui a publié, dans quelle revue, avec qui et qui a cité le nom d'Untel et dans quel contexte, etc. ». Il y a de cela, apparemment, mais il faut tout de même rappeler que le travail d'analyse et de comparaison bibliométrique n'est pas de l'ordre des « écoutes » ni d'un « cabinet noir », il se fonde sur la masse parfaitement disponible de textes publiés et de revues exposées sur la place publique. Tout est dans l'usage et l'interprétation qui en sont faits, comme Merton l'a lui-même rappelé dans sa préface au livre de Garfield : « Le comptage des citations pour comparer l'impact des contributions scientifiques réalisées par des individus offre un type extrême d'occasion de soumettre de telles pratiques au scepticisme organisé, qui est l'une des caractéristiques fondamentales de la science[2]. »

Il s'agit bien d'un outil *auxiliaire* pour éclairer l'évaluation, non pas d'un éclairage exclusif. Malgré son objectivité apparente, le recours à la bibliométrie ne suffit jamais à juger des performances d'un chercheur ; il faut toujours que l'évaluation s'appuie en dernier ressort sur le jugement et l'intuition des collègues tels qu'ils s'expriment oralement dans leurs débats ou par écrit dans leurs rapports. Ce que mesure, en effet, la bibliométrie, ce n'est pas la qualité ni la nature d'une recherche dont en fait elle ne dit rien, mais son *utilité* et son *impact relatif* sur un nombre relativement

---

1. Robert MERTON, « Science and the Social Order », *Social Theory and Social Structure*, The Free Press, New York, 1957.

2. Robert MERTON, « Foreword », in Eugene GARFIELD, *Citation Index : Its Theory and Application in Science, Technology and Humanities*, New York, John Wilezy, 1979, p. x.

grand de chercheurs et/ou d'expériences. Le propre du jugement par les pairs est de traiter directement du contenu des publications, et *Citation Index* n'est pas conçu pour se substituer à un tel jugement, mais pour le rendre simplement plus objectif.

Cet effort pour quantifier ce qui relève de la qualité correspond manifestement à une étape – la nôtre – du fonctionnement de l'institution scientifique, où le chercheur est appelé à rendre compte non seulement devant les instances qui subventionnent ses travaux, mais aussi devant la société en général. En ce sens, la situation du scientifique a évidemment changé par rapport à ce qu'elle était encore avant la Seconde Guerre mondiale pour plusieurs raisons – en premier lieu parce qu'elle s'insère dans un contexte économique et politique qui l'affecte directement tout autant qu'elle l'affecte. Les moyens mis en œuvre pour développer la recherche contemporaine sont tels que celle-ci relève inévitablement d'une régulation extérieure et non plus seulement des principes et des mœurs internes à la cité scientifique.

De plus, la population des scientifiques a considérablement augmenté, ce qui entraîne une stratification professionnelle de plus en plus poussée, avec des compétences et des fonctions de plus en plus parcellarisées – une évolution conforme à celle des autres professions industrialisées – qui vont des tâches les plus standardisées aux tâches les plus nobles en passant par celles de la gestion : des techniciens de laboratoire aux « grands » scientifiques conformes à l'image traditionnelle du savant, la République de la science semble plus proche aujourd'hui de reproduire les hiérarchies de l'Église, avec ses servants de messe, ses curés de campagne, ses évêques et ses cardinaux.

Alors que le savant était localisé (en petit nombre) dans les structures académiques, puis universitaires, la population des scientifiques est désormais dispersée, et en très grand nombre, *en dehors* du cadre universitaire, dans des territoires souvent très étrangers les uns aux autres, le spécialiste d'une discipline à l'université ignorant ce que font et comment travaillent ses homologues dans l'industrie (et réciproquement). En passant du village à la grande ville, le modèle idéal est devenu de plus en plus idéal, et les critères extérieurs à l'ethos scientifique pèsent de plus en plus sur le comportement même des chercheurs : ainsi des facteurs financiers qui conditionnent le statut professionnel du scientifique universitaire, hier amateur plus ou moins aisé, aujourd'hui prolétaire au sens où il ne vit que du revenu de son métier. Et si dans certains pays il peut négocier son statut et son salaire, en particulier là où les institutions universitaires sont privées, il lui arrive aussi, comme en France, d'être un fonctionnaire parmi d'autres, éventuellement syndiqué, en quête dans l'un et l'autre cas de subventions et de contrats comme un voyageur en tournée visite les clients qui le font vivre.

La communauté scientifique

Il est en fait impossible de déterminer qui représente les scientifiques et qui parle en leur nom. Le système de la recherche englobe les scientifiques travaillant à l'université, hérauts idéaux des vertus morales et du désintéressement de la recherche fondamentale, et les ingénieurs des laboratoires privés et publics, champions des innovations lancées à la conquête des marchés. Il n'est pas composé d'une population homogène, et la recherche universitaire elle-même n'est pas faite d'une population plus homogène, qui va des hauts prélats de l'Église, prix Nobel et grands patrons, aux bedeaux-techniciens indispensables à la mise en œuvre des expériences, en passant par la troupe des doctorants et des « post-doc » qui, entre deux âges, ne sont pas encore reconnus comme professionnels, mais ne sont plus de jeunes étudiants.

La diversité des vocations, des fonctions, des activités, des engagements, des institutions est telle qu'on ne sait pas ce qu'il faut entendre par « communauté scientifique ». La notion évoque un groupe professionnel uni par la similitude de ses intérêts intellectuels et par les normes auxquelles il est attaché. Mais si les scientifiques se situent dans un espace professionnel et cognitif commun, celui-ci n'est jamais cohérent ni exclusif, et les liens dont il est tissé ne sont jamais solidaires que sur le plan idéal des valeurs propres dont il se réclame (s'il s'en réclame). L'écart entre les normes affichées et la réalité des pratiques est assurément devenu très grand.

Comme on le verra plus loin, sous le nazisme, le stalinisme ou la révolution culturelle, la science politisée s'est divisée en deux catégories idéologiquement opposées, la bonne et la mauvaise, l'orthodoxe et l'hérétique – celle du peuple ou de la race et celle de la bourgeoisie ou du capitalisme, prolétarienne ou aryenne d'un côté, juive ou idéaliste de l'autre, l'une dénonçant l'autre au total comme fausse ou comme non-science à force d'arguments qui n'avaient rien de scientifique. Si l'on songe à l'affaire Lyssenko, combien de scientifiques occidentaux, proches des communistes, ont pris pour argent comptant cette supercherie qui dura près de vingt ans ? Et combien de complaisances de la part de leurs homologues occidentaux non communistes ont accompagné la mise à l'écart des scientifiques *refuzniks* et des dissidents ? Par exemple, bien peu choisissaient de se rendre en Union soviétique pour participer aux séminaires clandestins que les exclus, juifs ou contestataires non juifs, organisaient pour continuer à discuter de science et transmettre des articles destinés à paraître dans des revues de réputation incontestable. Les manifestations, organisées du côté occidental contre les poursuites, les exclusions, les emprisonnements en hôpitaux psychiatriques ou dans les camps dont étaient victimes certains scientifiques soviétiques, l'étaient au nom de la communauté scientifique – internationale de surcroît – pour les faire apparaître comme un élan universel de protestation.

Universalité sous sérieux bénéfice d'inventaire : ces prises de position, où se sont honorés des scientifiques tels qu'André Lwoff et François Jacob, ne réunissaient pas tous les scientifiques du monde entier, loin de là, et représentaient bien plus souvent quelques membres engagés des académies nationales, qui ne craignaient pas d'apparaître comme « faisant de la politique », que l'unanimité de leurs membres. En fait, il s'agissait d'une addition de manifestations individuelles, rarement d'une prise de position officielle de la part des sociétés scientifiques ou des académies.

Yves Quéré, professeur à l'École polytechnique, physicien et académicien, a beaucoup fait pour la défense des scientifiques dissidents dans l'ex-URSS, et il a été l'un des organisateurs du « boycott des physiciens » en 1977, mouvement qui refusait toute invitation officielle à toute réunion et à tout congrès en Russie tant que le mathématicien Youri Orlov ne serait pas libéré du camp d'internement très dur auquel il avait été condamné. Mais Yves Quéré a reconnu lui-même que les signataires du boycott, de l'ordre de mille deux cents, rencontraient au sein de la communauté française et internationale de farouches oppositions – de la part non seulement de proches du parti communiste, mais aussi de ceux des scientifiques, la majorité, qui considéraient qu'il fallait de toute façon maintenir des contacts ou s'interdire toute prise de position d'ordre politique[1].

---

1. Voir son témoignage in Georges RIPKA, *Vivre savant sous le communisme*, préface de J.-J. Salomon, Paris, Belin, 2002, p. 274-283.

La vérité est que les membres de la communauté scientifique représentent des individus, des statuts et des nationalités trop différents pour pouvoir parler ou se faire entendre d'une seule voix. Et il en va de la communauté scientifique comme de la « communauté internationale » : ici, la prééminence maintenue des États souverains et leurs divergences d'intérêts empêchent le fonctionnement d'une instance internationale universellement solidaire et agissant comme un seul corps politiquement organisé ; là, la spécialisation des disciplines, la division et la parcellarisation du travail, les fonctions, les occupations et les lieux d'occupation différents entraînent des pouvoirs et des prestiges en concurrence qui interdisent de parler d'un ensemble organiquement solidaire et voué aux mêmes engagements. À quoi s'ajoute, bien sûr, le courage d'exprimer haut et fort ses opinions, ce qui dans le monde académique n'est pas la chose la plus répandue, où au contraire tantôt le détour des rumeurs, tantôt le défaut de franchise dans les campagnes pour les chaires ne sont pas à la gloire de l'institution universitaire, comme l'ont montré les romans de Charles Percy Snow : ce sont souvent des batailles de pouvoir où tous les coups sont permis plutôt qu'une reconnaissance unanime des titres scientifiques. Et l'esprit de dissidence de certains individus – j'y reviendrai plus loin – s'oppose au conformisme des institutions académiques comme le jour à la nuit.

Bref, la communauté scientifique est l'expression de structures et de solidarités *partielles*, et tient de l'idée de la Raison au sens kantien : c'est une collectivité dont les discours sont en droit universels et qui, si elle n'existe qu'en idée, n'en a pas moins un usage régulateur. Dans la réalité, il y a *des* communautés scientifiques dont les institutions et les représentants sont plus ou moins organisés dans leur relation au pouvoir. Cette distinction se justifie en fonction des disciplines ou des domaines auxquels l'État s'intéresse plus particulièrement et dont les représentants, de ce fait même, se comportent ou se constituent en groupes de pression plus ou moins influents. Et ceux-ci changent avec le temps en fonction à la fois des percées de certaines disciplines et des changements de priorités politico-sociales : les physiciens ont longtemps tenu le haut du pavé grâce au prestige acquis par les découvertes et les réalisations liées à l'armement nucléaire ; puis est venue l'aventure de l'exploration spatiale liée au précédent du *spoutnik*, la concurrence pour le prestige entre les États-Unis et l'ex-Union soviétique ; leur a succédé le succès dans les allées du pouvoir des biologistes, que les applications de la biologie moléculaire ont transformés en héros des entreprises start-up appelées à des rendements boursiers rapides et mirifiques. Dans tous les cas, les objectifs proprement scientifiques sont devenus indissociables des enjeux économiques et stratégiques.

C'est sous cet horizon que rivalisent avec les biologistes les spécialistes moins de l'informatique et de l'électronique que les chercheurs qui, s'appuyant sur les ressources techniques nouvelles que celles-ci développent, attirent les capitaux et le regard des puissants par leur capacité à renouveler les services qu'offrent les nouvelles technologies. Demain, inévitablement, en raison des menaces pesant sur l'environnement, du réchauffement confirmé du climat et de l'épuisement des ressources pétrolières, ce sera aussi le tour des spécialistes des énergies alternatives et des sciences environnementales, autant que ceux des nanotechnologies, dont on fait déjà valoir qu'elles contribueront aussi aux économies d'énergie.

La distinction se justifie encore en fonction des structures, des traditions nationales et des engagements historiques qui entraînent, par rapport à un même problème, des réactions collectives particulières. Les scientifiques américains sont mieux organisés que leurs collègues européens, ne serait-ce que parce que l'aventure des premières bombes atomiques leur a fait prendre conscience plus tôt et de manière plus aiguë des répercussions de l'armement nucléaire en même temps que de l'influence dont ils disposaient désormais sur les institutions politiques. Inversement, l'équipe de physiciens allemands qui a vainement travaillé, sous la direction de Heisenberg, au programme allemand destiné à un armement nucléaire, a pu se prévaloir de cet échec pour évoquer les scrupules moraux qui leur auraient épargné de produire des bombes atomiques au service de Hitler[1].

---

1. C'est le thème lancé notamment par Carl Friedrich von Weizsäcker, l'adjoint de Heisenberg au sein du programme *Uranverein*, dans le livre de Robert Jungk, *Plus clair que mille soleils* (Paris, Arthaud, 1958), jusqu'à suggérer que Heisenberg aurait délibérément retardé le programme. Les enregistrements des échanges entre les physiciens emprisonnés à Farm Hall, en Angleterre, qui ont eu lieu au moment et au lendemain de Hiroshima, ont pu également donner lieu à cette interprétation légendaire de « bonne conscience » (voir Charles FRANK, *Opération Epsilon : les transcriptions de Farm Hall*, trad. franç. V. Fleury, Paris, Flammarion, 1993). Cependant, les physiciens allemands n'ont jamais eu les moyens de mettre en œuvre un vrai programme, et les priorités de Speer et de Himmler en 1942 étaient ailleurs (les V1 et V2). D'où la formule de Heisenberg dans une interview au *Spiegel* de 1967 : « Grâce à Dieu, nous ne pouvions pas construire la bombe. »

L'expérience de la Seconde Guerre mondiale et de la compétition avec les Soviétiques a provoqué aux États-Unis un dialogue entre scientifiques et hommes politiques qui n'a pas eu d'équivalent dans les pays d'Europe occidentale. La construction même de l'Union européenne n'a pas conduit à des institutions scientifiques représentatives communes à l'égal de ce que représente la « triple AAAS », l'American Association for the Advancement of Science : elle regroupe plus de sept cent mille scientifiques, et sa revue principale, *Science*, est avec la revue britannique *Nature* la publication internationale la plus prestigieuse, à laquelle tout scientifique aspire à contribuer. Il y a néanmoins en Europe l'amorce d'institutions analogues, notamment Euroscience ou l'European Geophysical Society qui tendent à unifier, la première l'ensemble des scientifiques, la seconde les membres d'une discipline particulière. De plus, si l'on prend l'exemple de la France, qui vaut d'ailleurs pour la plupart des pays européens, les chercheurs étant fonctionnaires sont représentés par des syndicats en rapport avec une administration (CNRS, INSERM, etc.) plutôt que par des *lobbies* en rapport avec l'exécutif et le législatif. La différence même des institutions et des mœurs politiques entraîne une différence dans la nature et l'intervention des groupes de pression scientifiques. Malgré les différences, pourtant, la création d'organes nationaux chargés d'élaborer et de mettre en œuvre une politique de la science a partout conduit les scientifiques à prendre conscience du pouvoir de négociation et de pression dont ils disposent, pouvoir que les institutions traditionnelles avaient laissé en friche, même si dès leur naissance elles avaient vocation, comme les académies, à l'exercer.

Quels que soient les disciplines et les pays, la nouvelle relation qui s'est instituée après la Seconde Guerre mondiale entre la science et le pouvoir a le même fondement et les mêmes conséquences : le scientifique trouve dans l'État ou l'industrie son commanditaire inévitable ; l'État et l'industrie trouvent dans les chercheurs leurs partenaires nécessaires. Du même coup la reconnaissance de la science comme objet et enjeu de pouvoir entraîne les scientifiques à se définir comme sujets de la politique, alors même qu'ils se réclament toujours, surtout quand il y va de la recherche fondamentale, de valeurs étrangères à l'univers mercantile de l'industrie, au contexte guerrier des armées ou à l'environnement truffé de compromis de la politique.

De la sociologie à l'économie

Il n'est donc pas surprenant que l'institution scientifique, ses activités et ses acteurs soient devenus objet d'enquêtes quantitatives visant à mesurer leur coût, leur impact, leur rendement, en un mot leur « utilité » sociale. Tel est exactement le sens des statistiques de recherche-développement (R&D), qui ne sont pas autre chose que la traduction économique, *sous l'horizon de l'utilité*, de la science qui s'envisage sous l'horizon de la vérité. Cette définition comprend et couvre beaucoup plus que l'activité scientifique en tant que telle : elle s'étend aux recherches appliquées, à la technologie et au développement expérimental envisagé comme recherche fondée « sur des connaissances existantes en vue de lancer la fabrication de nouveaux matériaux, produits ou dispositifs, d'établir de nouveaux procédés, systèmes et services ou d'améliorer considérablement ceux qui existent déjà [1] ».

C'est la *recherche* qu'on y mesure, non pas la *connaissance*, sur un mode comptable qui l'insère comme un indicateur parmi d'autres dans les comptabilités nationales. Ces statistiques témoignent des investissements effectués comme pour capter l'attention des dirigeants et des pays concurrents, instituant en quelque sorte un discours de légitimité économique qui signale pays par pays les pourcentages de dépenses intérieures brutes consacrées aux activités de recherche par rapport au produit intérieur, 3 % étant comme l'objectif magique qu'il convient d'atteindre pour rivaliser à égalité avec les États-Unis.

La recherche appliquée ne connaît pas moins de travaux originaux que la recherche fondamentale, alors que le développement peut n'être que l'amélioration d'un processus plutôt que la mise au point finale d'un produit. La phase du développement, qui précède l'entrée sur le marché des innovations, est toujours la plus coûteuse dans l'ensemble des activités de recherche : une loi non écrite veut que si le coût de la recherche fondamentale s'élève à 10 et celui de la recherche appliquée à 30, l'étape du développement a un coût qui s'élève à 60 – ce qui ne saurait étonner, car la mise au point, les vérifications, les contrôles, les investissements de design et de marketing avant la confrontation avec le marché peuvent prendre

---

1. C'est la définition même du *Manuel de Frascati*, Paris, OCDE, édition de 1993, p. 31 et 76.

beaucoup de temps et d'argent (c'est le cas en particulier de la recherche pharmaceutique où la rencontre du produit avec les clients est suspendue aux réglementations en vigueur et donc au contrôle et à l'autorisation des instances publiques).

Ces « indicateurs » des efforts nationaux de recherche-développement couvrent l'ensemble des activités de recherche – de la recherche universitaire aux innovations développées par l'industrie en passant par les recherches appliquées menées dans tous les secteurs, public et privé, agriculture, santé, défense, etc. Ils ont d'abord été mis au point aux États-Unis par la National Science Foundation (l'analogue américain du CNRS pour le financement de la recherche fondamentale, mais qui ne dispose pas de laboratoires ni d'instituts de recherche), puis répercutés, améliorés et normalisés à Paris au sein de l'OCDE pour pouvoir être utilisés suivant les mêmes définitions dans des comparaisons internationales. Depuis 1962, le *Manuel de Frascati*, du nom de la ville où se tint la première réunion d'experts chargée de mettre au point ces définitions, fait régulièrement l'objet de révisions et d'ajouts dans de nouvelles éditions. Il s'agit d'un énorme travail de collecte, d'analyse et de comparaison alimentant des banques de données statistiques.

Sur le plan français, l'Observatoire des sciences et des techniques (OST) publie tous les deux ans un rapport présentant ces données propres à la France en les confrontant aux contextes européen et mondial. Créé en 1990, l'OST en est à son septième rapport en 2004. Comme les documents de l'OCDE dans le même domaine, les *Indicateurs de sciences et de technologies* publiés par l'OST sont devenus des instruments indispensables non seulement à la connaissance des différents efforts nationaux de recherche-développement, mais aussi et surtout à la mise en œuvre et à la comparaison des politiques menées dans ce domaine par tous les pays industrialisés et les grands pays « émergents » (Brésil, Chine, Inde).

Comme l'a bien montré Benoît Godin dans son analyse de l'usage des statistiques de R&D, il ne s'agit pas du tout d'une opération neutre. Réputées pour leur effort d'objectivité, celles-ci « entrent néanmoins en politique » jusqu'à servir comme des « *lobbies* en action[1] ». C'est qu'on

---

1. Benoît GODIN, *Measurement and Statistics on Science and Technology : 1920 to the Present*, Londres, Routledge, 2005, et *La Science sous observation : cent ans de mesures sur les scientifiques, 1906-2006, op. cit.*

ne doit jamais sous-estimer la fonction de légitimation qu'exercent les statistiques – *toutes* les statistiques – lorsqu'elles visent à éclairer la gestion des affaires. On attribue la création du terme « statistique » à un professeur de Göttingen, Gottfried Achenwall, qui aurait en 1746 créé le mot *Statistik* dérivé de la notion de *Staatskunde* : c'est dire qu'au-delà de la fonction originelle et *descriptive* des recensements de populations ou de productions qui, elle, remonte à l'antiquité des premiers États, les fonctions nouvelles d'évaluation et de projection, fonctions éminemment *normatives*, ne peuvent jamais être dissociées des visées politiques et idéologiques des États-nations.

Les indicateurs de recherche-développement, bien loin d'échapper à cette règle, illustrent tout particulièrement cette dérive (ou cette ambition) des séries statistiques à servir de *rhétorique mobilisatrice* dans des enjeux politiques qui les dépassent, avec des instances bureaucratiques et des partis politiques qui se servent d'elles comme leviers de propagande ou d'alarme. En ce sens, on voit déjà combien les scientifiques sont désormais embarqués, qu'ils le veuillent ou non, sur le terrain de la politique. Enjeux et objets de surenchères économiques, et sources en même temps des rebondissements de l'économie par leurs promesses d'innovation, ils servent de références dans des débats politiques de toutes sortes – et pour commencer, avec les statistiques de R&D, dans ceux qui évoquent les retards de tels pays par rapport à d'autres, en somme la menace ou l'angoisse du déclin, la crainte aussi de tomber sous la tutelle ou la dépendance politico-stratégique d'un pays aux ressources scientifiques et techniques plus importantes et plus avancées.

Statistique est l'activité qui consiste à réunir des données concernant en particulier la connaissance de la situation des États, ce que Napoléon appelait « le budget des choses ». Mais cette connaissance n'est jamais absente d'intentions ni de présupposés normatifs : le budget des choses porte en fait sur la gestion des hommes et des sociétés, et plutôt que d'avoir bouche cousue, il a tout au contraire beaucoup à dire sur les fantasmes de cette gestion. À plus forte raison quand on a affaire aux sociétés postindustrielles où il n'y a plus seulement, au sens d'Auguste Comte, application de la science à la production, mais organisation systématique de toutes les structures sociales en vue de la production scientifique. D'entrée de jeu, le budget des choses y est envahi par le poids des idées, des intérêts et des valeurs dont se nourrit la scène politique, et les scientifiques ne sont pas devenus pour rien, aujourd'hui, des acteurs privilégiés sur cette scène où se joue la compétition entre institutions comme entre États pour le pouvoir, la fortune et la gloire.

L'ÉCONOMIE DU SAVOIR

Le personnel scientifique et technique apparaît à travers ces comparaisons statistiques comme un élément majeur de la compétition économique et stratégique entre nations. Le nombre des chercheurs, leur formation, leur emploi sont des indicateurs aussi révélateurs que les sommes consacrées à la recherche scientifique par l'État et le secteur privé. Les scientifiques font partie des intrants *(in-put)*, qui nourrissent les calculs des économistes sur la rentabilité des investissements, les projections des planificateurs et les décisions des gouvernements ou des conseils d'administration. « Le changement technique est *la terra incognita* de l'économie moderne », a dit Jacob Schmookler pour souligner combien la théorie économique a ignoré ou négligé pendant longtemps le dynamisme technologique et la variété des acteurs, en d'autres termes l'effet déstabilisateur des innovations techniques.

Marx et Schumpeter ont longtemps été seuls à considérer que le changement des structures et le dynamisme de ce changement, loin d'être extérieurs au système économique, en sont tout au contraire l'élément moteur. Les sources de la technologie – la découverte scientifique, l'invention, l'innovation, les connaissances disponibles, la formation du personnel qualifié, etc. – et plus généralement le changement technique lui-même ne sont pas des phénomènes « exogènes », échappant à l'influence des variables économiques et frappant comme du dehors des systèmes voués par définition à l'équilibre. L'économie du savoir, qui n'a pas cessé de s'approfondir depuis la fin de la Seconde Guerre mondiale, montre que, dans l'histoire de la croissance économique des pays industrialisés, il existe un autre capital que le capital physique, dont l'accumulation a joué et joue un rôle plus important que celui du capital physique : le *capital intellectuel.*

Suivant Jacob Schmookler, « le capital intellectuel n'est, bien sûr, qu'un autre nom de la capacité technologique. Sur toute période donnée, il s'accroît avec la création de connaissances technologiques nouvelles et par la plus large dissémination des anciennes[1]. » Ou encore, pour reprendre la formule de Simon Kuznets, prix Nobel d'économie, « l'innovation essentielle qui caractérise l'époque économique moderne est l'application généralisée de la science aux problèmes de la production économique[2] ». L'économie du savoir comporte nécessairement l'étude des relations et des incitations qui conduisent à la création de nouvelles connaissances, ainsi que de celles qui sont responsables de l'application de ces connaissances. En d'autres termes, il s'agit de comprendre et de mesurer comment l'association de la science, de la technologie et de l'industrie, dans un contexte conditionné par des considérations non seulement économiques, mais aussi militaires et stratégiques, est à la source des transformations que connaissent les sociétés contemporaines.

Il n'y a pas, néanmoins, de mesure possible de la rentabilité de la recherche fondamentale, alors qu'on peut calculer le rendement des investissements que les entreprises ont effectués dans des activités de recherche appliquée : leurs innovations se traduisent en brevets, licences et bénéfices, mais elles ne sont jamais le résultat d'une trajectoire linéaire qui irait comme mécaniquement de la recherche fondamentale aux produits ou procédés lancés sur le marché. Les voies de l'innovation sont complexes, tortueuses, incertaines, et les travaux de recherche fondamentale n'en sont jamais que des sources chronologiquement lointaines.

Par exemple, les travaux d'Alfred Kastler (1902-1984) sur le pompage optique, mécanisme physique qui préside au principe du laser, remontent à la fin des années 1940, travaux pour lesquels il a eu le prix Nobel : plus d'un quart de siècle après, ils ont donné lieu et continuent de donner lieu à des innovations qui ont conquis le marché et dont nul, et surtout pas son découvreur, n'a pu avoir l'idée, par exemple les imprimantes des ordinateurs ou le recours aux rayons laser dans le succès (improbable) du bouclier antimissiles américain (la « guerre des étoiles »). De plus, les premières applications ont été mises au point au Japon : les graines de la recherche fondamentale sont effectivement semées à tous vents, et les scientifiques, ingénieurs et techniciens qui les font germer n'appartiennent

1. Jacob SCHMOOKLER, *Invention and Economic Growth*, Cambridge (Mass.), Harvard University Press, 1966, p. 5.
2. Simon KUZNETS, *Modern Economic Growth*, New Haven, Yale University Press, 1966, p. 8-9.

ni au même milieu universitaire ni nécessairement au même pays que ceux dans lesquels ils ont vu le jour. On a trouvé des parlementaires aux États-Unis qui ont utilisé cet argument pour expliquer que le soutien de la recherche fondamentale était à fonds perdus !

Mais si c'est bien par des voies détournées, complexes, jamais gagnées à l'avance, que la recherche fondamentale donne des résultats pratiques sur le plan économique, cela ne signifie pas que les mobiles qui conduisent à encourager son développement ne sont pas utilitaires. Depuis l'expérience américaine de la Seconde Guerre mondiale, en particulier le rapport de Vannevar Bush, conseiller scientifique de Roosevelt, *Science the Endless Frontier* [La Science frontière sans fin], c'est une véritable doctrine des économistes spécialistes de la recherche et de l'innovation qui veut que tout État moderne, soucieux de son avenir sur le plan économique comme sur le plan stratégique, consacre à la recherche fondamentale proprement dite une proportion importante des ressources allouées à l'effort national de R&D.

CATASTROPHE ET UTILITARISME

Jacob Schmookler a été l'un des pionniers de cette doctrine : il a étudié l'innovation technique dans quatre branches des États-Unis (chemins de fer, agriculture, industries du papier et du pétrole) et montré que l'innovation a toujours été introduite et diffusée en réponse à une demande économique ou militaire plutôt que comme le résultat direct de la recherche fondamentale. La science n'a pas automatiquement des conséquences pratiques du seul fait qu'elle se développe comme promesse d'applications : en bref, le processus n'est d'aucune façon linéaire. Même dans le cas de l'industrie chimique ou pharmaceutique, la trajectoire de la recherche fondamentale à l'application sur le marché n'est pas plus directe. Les délais d'utilisation et d'exploitation des découvertes ne sont pas tant fonction de l'attention qu'on leur prête comme sources de savoir nouveau que des besoins qu'elles peuvent contribuer à satisfaire dans un contexte donné économique, social, ou militaire : une menace d'ordre stratégique, des pressions d'ordre économique, mais aussi le souci du prestige ou de la gloire éclairent l'intérêt que l'État manifeste pour les scientifiques, bien plus que la valeur intrinsèque de la science.

De ce point de vue, en effet, le décompte chaque année des prix Nobel obtenus par un pays n'est pas différent de celui des médailles dans les jeux Olympiques. Ces médailles ne mesurent assurément pas l'état de la santé d'un pays (les coureurs de fond viennent souvent de pays en développement), mais le nombre accumulé de prix Nobel n'est pas étranger à l'état du système de la recherche de certains pays industrialisés : le total obtenu par les États-Unis ne doit pas trop impressionner, car si on le rapporte au nombre de la population, bien des pays (la Suisse et l'Angleterre notamment) se trouvent en fait mieux placés sur le podium. Il n'empêche que les investissements publics et privés dont bénéficient les universités américaines, la souplesse de leurs structures et leur capacité à répondre à des demandes changeantes liées soit aux progrès de la science, soit aux transformations du contexte socio-économique constituent un atout inégalé dans le monde pour le développement de recherches qui n'ont pas de finalité immédiate.

Lors d'une des premières conférences organisées aux États-Unis après la Seconde Guerre mondiale sur l'économie du savoir, Jacob Schmookler a soutenu, dans une intervention provocante (qui fit grincer les dents à nombre de scientifiques), qu'il n'y a jamais eu, depuis les débuts de la science moderne, de soutien désintéressé de la part de l'État à l'égard de la recherche fondamentale[1]. Et plus encore, que les situations de guerre ou de concurrence – l'utilitarisme induit par la possibilité, le fantasme ou la réalité de catastrophes – ont constamment contribué à favoriser et à accélérer la production scientifique proprement dite. Cela, non pas seulement comme l'ont illustré, dans des conditions de rendement exceptionnelles, les programmes scientifiques mis en œuvre aux États-Unis pendant la Seconde Guerre mondiale, mais bien auparavant, dès les débuts mêmes de la science moderne.

En effet, dès le XVIIe siècle, et à plus forte raison depuis la révolution industrielle, le progrès des connaissances technologiques et l'application de ces connaissances ont été soumis à l'influence de déterminants économiques et/ou militaires. Il suffit d'ailleurs de se reporter au *Dialogue concernant deux nouvelles sciences* où Sagredo, *alter ego* de Galilée, rend

---

1. Jacob SCHMOOKLER, « Catastrophe and Utilitarianism in the Development of Basic Research », in R. A. TYBOUT (éd.), *Economics of Research and Development*, Ohio State University Press, 1965, p. 19-33.

hommage « à ceux que nous considérons [dans l'Arsenal de Venise] comme
les plus remarquables, dont la consultation l'a souvent aidé dans l'étude
de certains phénomènes non seulement étonnants, mais encore obscurs
et pratiquement incroyables », pour voir que l'argument ne manque pas
de vieilles et solides références : la fréquentation des ingénieurs et des
techniciens militaires de Venise et les problèmes posés par la balistique
n'ont pas été étrangers aux progrès des conceptions que Galilée s'est faites
du mouvement et de la mécanique.

SOUTENIR LA RECHERCHE FONDAMENTALE

Aux yeux des politiques, bien sûr, les connaissances n'ont d'intérêt
que comme moyen de produire des technologies, produits et processus
destinées au marché ou à la défense. Pourtant, la leçon que les États-Unis
ont retenue de la Seconde Guerre mondiale, après tant de succès obtenus
dans le passage accéléré de la recherche fondamentale aux applications
(les bombes atomiques, bien sûr, mais aussi les radars, les ordinateurs, les
avions à réaction, la recherche opérationnelle ou la pénicilline) est celle
que Vannevar Bush a formulée dans *Science the Endless Frontier* : le soutien
public de la science en tant que telle est indispensable, parce que tout ce
qui définit le bien-être et la puissance d'un pays dépend de la capacité
du système de la recherche à renouveler les connaissances. L'industrie
n'a pas de raison d'investir dans ce domaine indépendamment de ses
domaines d'intérêt et de ses propres programmes d'innovation. Il s'agit
d'un secteur « hors marché » (en anglais, les économistes parlent de *market
failure*, d'échec du marché à prendre des risques sur le moyen et le long
terme), et le pouvoir fédéral qui n'a pas été autorisé à intervenir dans les
affaires des universités jusqu'aux années Kennedy, c'est-à-dire au moment
de la confrontation de la guerre froide après l'explosion de la première
bombe thermonucléaire soviétique, se devait de relever le soutien que
l'Air Force avait accordé, pendant et après la Seconde Guerre mondiale,
à des recherches universitaires sans rapport avec ses missions propres :
cet investissement des militaires sans souci de retours à court terme a été
remarquablement « payant ».

Cette profession de foi n'a jamais été remise en question aux États-
Unis : d'une majorité à l'autre, le Congrès s'est toujours refusé à réduire

les ressources accordées sous contrat aux universités pour des programmes de recherche fondamentale, et suivant les périodes de crise (Corée, Cuba, Berlin, etc.) il a eu plutôt tendance à les augmenter (à plus forte raison depuis le 11 Septembre). Dans le domaine de la santé en particulier, quand un président présentait un budget en diminution pour les National Institutes of Health, le Congrès a toujours réagi en imposant une augmentation sensible. Et tout prétexte de menace ou de programme ambitieux dans le domaine de la défense, des moyens de la dissuasion nucléaire ou du projet de « guerre des étoiles » aux mesures anti-terroristes prises après le 11 Septembre, a constamment conduit le Congrès à accroître les ressources des meilleurs laboratoires universitaires. (Le budget fédéral est discuté et négocié aux États-Unis par secteurs, devant des commissions spécialisées, de sorte que ce qui est accordé, par exemple, à la santé n'entre pas en concurrence avec le budget de la défense, de la NASA ou de la National Science Foundation.) En d'autres termes, si l'État ne soutient pas la recherche fondamentale, suivant Schmookler, par intérêt pour les beautés de la science ou pour les motivations des scientifiques, il se sent tenu de le faire pour être en mesure de relever à temps les défis des catastrophes : l'utilitarisme l'emporte et de beaucoup sur la philanthropie – c'est une assurance sur l'avenir.

L'Europe, et la France en particulier, loin de suivre sur ce point l'expérience des États-Unis, a connu au contraire dans la durée des budgets en dents de scie : c'est seulement sous le général De Gaulle et sous la première présidence Mitterrand que le budget de la science s'est vu considérablement augmenter. Sous les présidences Pompidou, Giscard d'Estaing et Chirac, la recherche fondamentale et les universitaires ont toujours été considérés avec la condescendance, sinon le mépris, que les anciens élèves des grandes écoles, en particulier l'ENA, peuvent manifester pour ce qui n'est pas de leur tribu (sans parler du fait que les universitaires passent pour être plutôt de gauche) [1]. Et aujourd'hui où la contestation de l'État-Providence et la revendication de politiques libérales, sinon ultra-libérales, conduisent au

---

1. Investissements en dents de scie, mais impossibilité aussi, en dépit de tant de réformes, d'adapter les structures universitaires, et le CNRS en particulier, aux besoins nouveaux nés des progrès de la science comme du changement de demandes sociales : voir Jean-Jacques SALOMON, « Sauver notre patrimoine scientifique : un enjeu national », *Le Banquet*, n° 19-20, janvier 2004, p. 35-36, et « Misère de la recherche », *Futuribles*,

dégagement de l'État, les investissements dans la recherche universitaire tendent partout à diminuer – sauf aux États-Unis – dans l'espoir que le secteur privé prenne le relais.

En fait, dès les années 1970 – crise du pétrole aidant, fin de la convertibilité du dollar, montée du chômage, premiers effets dans l'économie de la diffusion de la révolution de l'informatique –, l'accent des politiques gouvernementales s'est déplacé de la science proprement dite vers l'innovation, et plus l'on a parlé des conditions nouvelles de concurrence dans le cadre de la mondialisation, en insistant sur le rôle des nouvelles technologies dans le processus de croissance économique (informatique, biotechnologies, nouveaux matériaux, etc.), plus le discours sur le soutien de la recherche fondamentale et l'importance du rôle qu'y jouent les universités a cédé la place au discours sur le rôle des entreprises et des entrepreneurs dans la capacité d'innovation des pays. Du même coup les comparaisons statistiques, celles de l'OCDE en particulier, ont déplacé l'accent concentré jusque-là sur les activités de R&D vers un cadre conceptuel qui, privilégiant tout ce qui concourt aux succès des innovations sur le marché, a fini par donner l'impression que la recherche fondamentale joue un rôle marginal dans le processus [1].

Dans ce passage d'un discours à l'autre, il est clair que les présupposés du « moins d'État », de la privatisation et de la libéralisation du marché correspondent plus à l'imprégnation d'une nouvelle idéologie qu'à la réalité. Ainsi, contre tout ce qu'ont pu montrer, depuis un demi-siècle, les spécialistes de l'économie de la R&D et de l'innovation – entre autres, François Perroux, Edwin Mansfield, Nathan Rosenberg, Paul David, Christopher Freeman, Richard Nelson, etc. – on a vu un clinicien biochimiste, vice-chancelier de l'Université de Buckingham, dénoncer dans un livre à succès le soutien de la recherche fondamentale comme un investissement oiseux, l'intervention de l'État dans ce secteur des universités étant tout simplement contre-productive. Toutes les activités de recherche devraient, selon lui, répondre à des pressions d'ordre commercial et être menées dans et par le secteur privé : par exemple, la recherche sur le cancer devrait être

---

n° 298, juin 2004, p. 5-29. Depuis, la crise et les retards n'ont fait que s'accentuer ; voir aussi *Le Gaulois, le cow-boy et le samouraï*, Paris, Economica, 1986.

1. Voir en particulier *Changement technique et politique économique*, Paris, OCDE, 1980, et *La Technologie et l'Économie : les relations déterminantes*, Paris, OCDE, 1992.

subventionnée par l'industrie du tabac, la recherche en écologie et sur la sécurité alimentaire par l'industrie de l'alimentation, des pesticides et des biotechnologies, ou encore la recherche sur l'environnement par l'industrie des combustibles fossiles [1].

L'auteur (que son éditeur a présenté bien hâtivement comme l'Adam Smith du XXᵉ siècle !) s'est voulu iconoclaste en s'attaquant non sans humour ni de bonnes raisons à la pesanteur bureaucratique des institutions publiques de recherche et à leurs procédures d'évaluation qui ne favorisent pas l'émergence de nouveaux domaines ni surtout la reconnaissance des idées et des talents dissidents. Et le succès qu'il a rencontré s'explique par le contexte d'une Grande-Bretagne post-thatchérienne, où la politique menée dans ce domaine par le socialisme de Tony Blair – l'éducation, l'enseignement supérieur et la recherche – s'est efforcée de rattraper les dégâts. Cependant, toute cette argumentation néo-libérale revient à ignorer totalement trois choses, qui font que l'État ne peut ni ne doit jamais se désintéresser de soutenir la recherche scientifique universitaire.

D'abord, ce n'est tout de même pas par philanthropie qu'un nombre toujours plus grand d'entreprises signent des contrats de recherche avec les universités et vont jusqu'à des partenariats dans la mise en œuvre de programmes qui associent étroitement leurs chercheurs à ceux des laboratoires publics – au point, du reste, que cela peut exagérer la subordination de ces laboratoires aux besoins et aux pressions de l'industrie. Le risque existe, effectivement, que des contrats draconiens avec l'université les soumettent aux impératifs de secret qui sont très naturellement ceux de l'industrie. Ensuite, ce raisonnement occulte complètement le rôle que la recherche fondamentale joue dans la formation des compétences : non pas seulement celles des scientifiques destinés à une carrière de recherche, éventuels génies et futurs prix Nobel, mais plus généralement celles des étudiants, en bien plus grand nombre, qui peuvent ainsi se familiariser avec les domaines les plus récents et les plus avancés de la science et transférer leur expérience et leur savoir de la recherche dans d'autres secteurs, les services, l'administration ou l'industrie.

---

1. Voir T. KEALEY, *The Economic Laws of Scientific Research*, Londres, Macmillan Press, 1996 ; et le compte rendu très critique de Paul A. DAVID, « From Market Magic to Calypso Science Policy », *Research Policy*, n° 26, 1997, p. 229-255 ; et de Keith PAVITT, *New Scientist*, 3 août 1996, p. 32-35.

La recherche universitaire soutenue par des investissements publics n'est pas seulement pour l'industrie la voie d'accès aux frontières extrêmes de la science, elle permet aussi de fournir aux entreprises les compétences les mieux informées sur les derniers développements de la recherche. Inversement, un système universitaire entièrement privatisé, aux mains de l'industrie, n'aurait en vue que des programmes dictés par le court terme et rendrait impossible toute publication des résultats. On a du mal à imaginer – exemple qui vaut pour bien d'autres cas – que l'industrie du tabac (ou du pétrole ou de l'agro-alimentaire) poursuive des recherches et publie des résultats qui aillent contre ses intérêts.

Enfin et surtout, s'il n'existe aucun moyen de mesurer les voies qui mènent de la recherche fondamentale aux applications et aux innovations, il demeure que – cela saute aux yeux – toute l'économie contemporaine est plus que jamais enracinée dans la production, la distribution et l'usage de connaissances nouvelles qui président, à plus ou moins long terme, à des exploitations industrielles sur le marché. D'un côté, les savoirs nouveaux nés des progrès de la science sont, quantitativement et qualitativement, plus centraux qu'auparavant dans les performances économiques. D'un autre, tout ce qui s'attache au phénomène de la mondialisation – l'interdépendance croissante des marchés et des produits des différents pays – est lié aux changements qu'induisent non seulement la dynamique des marchés, des capitaux et du flux de technologies, mais encore celle des connaissances nouvelles qui caractérisent, dans leur gestion comme dans leur production, la culture scientifique et technique des sociétés contemporaines, qu'on peut dire par là même « postmodernes ».

S'il n'existe aucun moyen de mesurer la « rentabilité » de la recherche fondamentale, le monde dans lequel nous vivons, dans ses bienfaits comme dans ses menaces, ne serait pas ce qu'il est devenu sans l'apport et l'impulsion des savoirs nouveaux issus de la recherche fondamentale. En somme, comme l'a souligné une vieille enquête du département américain de la Défense, qui s'interrogeait sur les contributions aux nouveaux systèmes d'armement des différents organismes (gouvernementaux, industriels, universitaires), « l'influence de la science s'exerce non pas tant à travers les fragments récents et contingents d'un savoir nouveau qu'à travers la science ancienne, organique, accumulée, parfaitement comprise et soigneusement enseignée. Quand on discute de l'utilité de la science, le critère n'est pas tant sa valeur que le délai d'utilisation[1]. »

De ce critère hors quantification, l'épistémologue Gerald Holton, physicien et historien des sciences, a donné un très simple exemple, qui devrait faire réfléchir tous les gestionnaires de la recherche publique embarrassés par les coûts à court terme – donc la « futilité » – de la recherche fondamentale : si les lois sur la propriété intellectuelle devaient exiger que les dispositifs photoélectriques comportent une étiquette décrivant leur origine (une sorte de certificat de traçabilité), il faudrait y mentionner en tête « Einstein, *Annalen der Physik* 17 (1905), p. 132-148 » : c'est l'article, le premier d'une série de cinq en 1905, qui culminera sur la relativité restreinte, où il avance l'hypothèse du quantum de lumière. Et d'ailleurs bien d'autres dispositifs techniques (les lasers notamment) pourraient remonter à cet article, dont il est évident qu'il a été, dans tous les sens du mot, « séminal » : il n'a pas seulement « fait école », il n'a pas seulement été « riche et original », comme disent les dictionnaires, il a été la source effective dans le moyen et le long terme d'innovations et d'applications pratiques aux immenses répercussions commerciales[2].

---

1. C. W. SHERWIN *et al.*, *First Interim Report on Project Hindsight*, traduit en version abrégée dans *Le Progrès scientifique*, DGRST, n° 120, juin 1968, p. 43-55. Voir discussion dans Jean-Jacques SALOMON, *Science et politique*, Paris, Le Seuil, 1970 ; rééd. Paris, Economica, 1986, chap. IV.

2. Gérald HOLTON, *Einstein, History and Other Passions. The Rebellion Against Science and the End of the Twentieth Century*, Reading, Addison-Wesley, 1996.

6.

L'entrée en politique

L'institution scientifique et ses acteurs n'ont pas cessé, au sens de la Charte de la Royal Society, de « perfectionner la connaissance des choses naturelles et de tous les arts utiles ». Il est impossible de mesurer tout ce que l'humanité doit aux découvertes et aux applications de la science : santé, énergie, transports, communications, élévation du niveau de vie et d'éducation, connaissance d'elle-même et de son environnement, sans parler de l'extraordinaire accroissement de puissance et de complexité qui caractérise certaines de ses activités et entreprises. Une très grande partie du développement des sociétés modernes est le résultat des activités scientifiques et techniques que les percées du savoir ont stimulées et nourries de plus en plus directement. Aucun domaine plus que celui-là, de plus en plus étroitement associé au processus d'industrialisation et au système militaire, n'a connu des progrès plus évidents ni plus tangibles.

Pour Marx et Schumpeter et à leur suite tous les économistes de la recherche et de l'innovation, le dynamisme du capitalisme industriel est conçu comme étroitement tributaire de l'accroissement du savoir, de telle sorte que le mode de production de l'industrie moderne est constamment renouvelé. Pour l'un et l'autre économistes, avec des conclusions certes très différentes, c'est bien le caractère scientifique du capitalisme qui en fait un « mode de production révolutionnaire » défini par la faculté de se renouveler et de s'étendre « soudainement et par bonds[1] ».

---

1. Voir J.-J. SALOMON, *Le Destin technologique*, *op. cit.*, chap. IV : « Ce qui fait changer le changement ».

Au prix certes de violentes et douloureuses tensions sociales, de révoltes, de crises et de guerres, ce que Schumpeter a appelé « l'ouragan perpétuel de destruction créatrice » est l'une des manifestations majeures du capitalisme industriel, et il est impossible de minimiser le rôle croissant que la communauté scientifique, savants, ingénieurs et techniciens, a joué dans la perpétuation et le renouvellement de cet ouragan. Le changement et la croissance économique ont leur source dans ce progrès des connaissances, des techniques et des pratiques qui sans cesse « révolutionne » les structures économiques de l'intérieur en détruisant ses éléments vieillis et en créant continuellement des éléments neufs.

En même temps, le statut et le rôle du scientifique ont évolué en liaison avec les répercussions que ses travaux ont entraînées sur l'évolution même des sociétés. Ainsi, à mesure et en fonction des progrès accomplis, le mot d'ordre de « ne pas se mêler de politique et de morale » est-il devenu de plus en plus difficile à observer. La nature spécifique des progrès accomplis à partir de la révolution industrielle a eu de telles répercussions et si directement sur la vie sociale, économique ou politique, que l'institution et ses acteurs se sont trouvés de plus en plus associés au pouvoir politique tout autant qu'au système industriel et au complexe militaire, et du même coup de plus en plus exposés à rendre compte devant la société des problèmes qui en résultent.

SCIENCE ET POLITIQUE

Peut-être, au reste, faut-il admettre que le départ politique de la science moderne était tout simplement inscrit dans son départ intellectuel : ce savoir qui promet des applications et se proclame utile à la société ne peut laisser indifférentes les instances politiques ; et réciproquement, puisque le contexte expérimental qui conditionne ses progrès appelle des moyens importants, le soutien des instances politiques, au nom de leurs intérêts propres, n'échappera pas à la tentation, en fait à la nécessité, d'intervenir sur l'orientation des recherches.

Pour commencer, les monarques ont besoin des conseils que les savants peuvent leur donner non seulement sur les affaires de la science, mais aussi sur celles de l'État en tant qu'elles sont ou peuvent être affectées par les progrès de la science. De même l'Église devait-elle s'appuyer sur les calculs des astronomes et des mathématiciens pour permettre de fixer universellement les dates des fêtes religieuses du calendrier. Mais le soutien des puissants n'est jamais acquis, et les savants font en quelque sorte des offres de service en proposant les thèmes de recherche qui leur tiennent à cœur et qu'ils présentent comme sources d'applications particulièrement utiles aux intérêts du pouvoir. Ainsi Maupertuis, qui préside en 1752 l'Académie de Berlin, propose-t-il à Frédéric II un programme détaillé de recherches dont la formulation, on dirait jusqu'au style même, sera reprise de nos jours dans des termes semblables par les scientifiques proposant aux pouvoirs publics de grands programmes et de grands instruments.

Il y a d'abord les recherches de caractère strictement fondamental qui sont « curieuses pour les savants », mais qui promettent en même temps des applications « utiles à la société » à plus ou moins long terme : le plaidoyer pour la fusion thermonucléaire, l'exploration spatiale ou les nanotechnologies est très exactement identique dans les rapports contemporains des spécialistes auprès des pouvoirs publics. « Je ne veux ici que fixer vos regards, dit-il, sur quelques recherches utiles pour le genre humain, curieuses pour les savants, et dans lesquelles l'état où sont actuellement les sciences semblent nous mettre à portée de réussir. »

Et pour satisfaire *tout à la fois* la curiosité des savants et les besoins du genre humain, plus particulièrement ceux des États, il faut l'intervention du pouvoir dans les recherches qui appellent des ressources excédant celles des individus : « Il y a des sciences sur lesquelles la volonté des rois n'a point d'influence immédiate ; elle n'y peut procurer d'avancement qu'autant que les avantages qu'elle attache à leur étude peuvent multiplier le nombre et les efforts de ceux qui s'y appliquent ». Et il y a tous les territoires de la recherche sur lesquels, en raison de leurs coûts et de leur intérêt pratique, la volonté des rois peut s'exercer : « Il est d'autres sciences qui, pour leurs progrès, ont un besoin nécessaire du pouvoir des souverains ; ce sont toutes celles qui exigent de plus grandes dépenses que n'en peuvent faire les particuliers, ou des expériences qui, dans l'ordre ordinaire, ne seraient pas praticables [1]. »

Le progrès des sciences passe désormais inévitablement par le pouvoir politique ; du même coup l'intérêt de l'État passe par la consultation des

---

1. MAUPERTUIS, *Lettres sur le progrès des sciences*, in *Œuvres*, Dresde, édition de 1752, p. 3.

savants et l'orientation de leurs travaux en fonction de ses besoins. Relation réciproque, dont Condorcet a bien vu la logique : la science instituée en corps de l'État a besoin de « la protection éclairée du gouvernement », tout comme le gouvernement a besoin pour tirer parti de la science des conseils d'une « compagnie savante ». Et déjà l'enjeu est clairement de déterminer les choix et les priorités dans l'allocation des ressources, car il ne suffit pas de faire confiance aux arguments des chercheurs ni de saupoudrer les moyens sans déterminer ce qui est le plus utile aux intérêts de la société : « On présente sans cesse au gouvernement des projets toujours annoncés avec confiance comme devant singulièrement étendre, ou perfectionner les arts les plus utiles. Il serait également dangereux d'adopter des projets sans examen ou de renoncer légèrement aux avantages qu'ils promettent. On a donc besoin d'une Société d'hommes instruits qui, jugeant sans prévention, et loin de tout intérêt particulier, éclaire le gouvernement sur les moyens qu'on lui propose et lui montre quel est précisément le degré d'utilité de ceux qu'il faut adopter, et jusqu'à quel point on en peut espérer le succès [1]. »

UNE RELATION AMBIGUË

On peut donc parler d'une alliance nouée dès l'origine entre l'institution scientifique et les pouvoirs politiques. Alliance dont les promesses sont prématurées, puisque les applications de la science, en dehors de la mesure du temps, de l'horlogerie et des instruments scientifiques, ne se multiplieront vraiment et n'auront d'importantes répercussions économiques qu'à partir du XIXe siècle. Mais déjà chacun des partenaires entend tirer parti de la conception qu'il se fait de cette alliance, et comme celle-ci est loin d'être la même, elle n'ira pas sans malentendu : l'idéal du scientifique renvoie à la vérité, non à l'utilité ; et le pouvoir politique ne s'intéresse à la vérité qu'en fonction de l'utilité. D'où le thème constant de l'autonomie de la science dans les plaidoyers en faveur de la recherche fondamentale : le devoir de l'État est de soutenir la science, mais il n'en résulte aucun droit d'intervention sur sa démarche, à plus forte raison sur son contenu.

---

1. CONDORCET, *Éloges des académiciens de l'Académie royale des sciences*, édition de 1773, p. 2-3.

En ce sens, les activités scientifiques ne sont pas moins empire de la liberté que les activités artistiques, et le budget de la science relèverait de la même exception culturelle, comme l'on dit aujourd'hui, qui interdit de le traiter comme une dépense parmi d'autres. C'est le thème de Renan invoquant, dans le sillage du positivisme propre au XIXᵉ siècle, les *bénéfices* dont jouissaient les prêtres et l'aristocratie pour qu'ils soient appliqués au clergé de la nouvelle religion : à une époque où l'université française ignore encore le statut de chercheur, il faut des chercheurs réunis à plein temps dans des institutions qui sachent accueillir, développer et transmettre le pur travail de la science : « La forme la plus naturelle de patronner ainsi la science est celle des sinécures. Les sinécures sont indispensables dans la science ; elles sont la forme la plus digne et la plus convenable de pensionner le savant, outre qu'elles ont l'avantage de grouper autour des établissements scientifiques des noms illustres et de haute capacité [1]. »

La situation du scientifique dans le monde moderne est circonscrite dans un espace de décisions politiques qui affectent ses travaux et que ses travaux influencent. Dans cet espace, la science se réalise comme une technique parmi d'autres, elle est manipulation des forces naturelles sous l'horizon des décisions politiques, à la fois source de problèmes nouveaux pour le pouvoir et tributaire des objectifs que celui-ci poursuit. La science conçue comme discours de vérité n'est plus dissociable de la fonction qu'elle remplit ni du pouvoir qu'elle exerce comme discours et pratique politiques. Cette évolution était manifeste dès les lendemains de la Seconde Guerre mondiale, et j'en avais déjà montré certaines conséquences pour le rôle nouveau qu'assumaient les chercheurs, notamment à l'égard des instances politiques [2]. Elle s'est fortement confirmée depuis en raison du constant rapprochement de la science et de l'industrie et en fonction des liens de plus en plus étroits entre la science et la technologie, et elle rend compte du même processus de dépendance croissante à l'égard des pouvoirs économiques.

À partir du XXᵉ siècle, dès la Première Guerre mondiale et à plus forte raison au cours et après la Seconde, cette relation ambiguë entre savoir et pouvoir a entraîné les scientifiques à affronter, bon gré mal gré, des responsabilités nouvelles à l'abri desquelles l'idéologie même de la

---

1. Ernest RENAN, *L'Avenir de la science*, Paris, Calmann-Lévy, 1890, pp. 254-255.
2. Voir J.-J. SALOMON, *Science et politique, op. cit.*

science semblait les mettre à l'abri. Il a fallu Einstein pour permettre l'accès des savants atomistes au sommet de l'exécutif américain, parce que ni les hommes politiques ni les scientifiques n'étaient préparés en 1939 à se comprendre ou à peser les uns sur les autres dans le contexte américain. Aujourd'hui, la liaison entre les gouvernements et l'institution scientifique est institutionnalisée pour les questions qui relèvent de l'action politique comme pour celles qui affectent le développement des activités scientifiques. Cette relation à des fins et à des valeurs auxquelles les acteurs de la recherche fondamentale se disent, en droit, étrangers, consacre une forme d'aliénation dont les « pères fondateurs » de la science moderne, ceux qui inspirèrent notamment la Charte de la Royal Society, ne pouvaient pas avoir l'idée.

L'AFFAIRE GALILÉE

Ce n'est pas un hasard si, d'entrée de jeu, la Charte de la Royal Society entendait exclure de son mandat la théologie au même titre que la politique. L'histoire de la science se confond avec celle de son combat contre l'esprit d'autorité, qu'il soit dogme d'une Église, doctrine officielle d'un État ou orthodoxie d'un parti. La condamnation et l'exécution de Giordano Bruno demeuraient présentes dans tous les esprits du siècle, et Galilée en butte précisément à l'accusation d'hérésie n'a pas cessé de plaider pour qu'il n'y ait pas de confusion entre le territoire de la science et celui de la foi. Depuis sa lettre célèbre à Christine de Lorraine, les limites qu'il a fixées à l'intervention de pouvoirs extérieurs à la science n'ont pas changé : cette intervention sur les scientifiques « reviendrait à leur donner l'ordre de ne pas voir ce qu'ils voient, de ne pas comprendre ce qu'ils comprennent, et lorsqu'ils cherchent, de trouver le contraire de ce qu'ils rencontrent ».

La vérité dont se réclame la science ne peut être réfutée par un autre pouvoir qu'elle-même : « Sur ces propositions et sur d'autres semblables qui ne sont pas directement *de fide*, personne ne doute que le Souverain Pontife a toujours le pouvoir absolu de les admettre ou de les condamner ; mais il n'est au pouvoir d'aucune créature de faire qu'elles soient vraies ou fausses autrement qu'elles peuvent l'être par leur nature et *de facto*[1]. » Et c'est bien l'obstination avec laquelle Galilée refusa longtemps de se plier aux

---

1. GALILÉE, « Lettre à Christine de Lorraine, Grande Duchesse de Toscane », trad.

instructions du Saint-Office en revendiquant une détermination rigoureuse de la frontière entre le domaine de la foi et celui de la science – de façon d'autant plus provocante qu'il choisit de publier certains de ses écrits directement en italien plutôt qu'en latin – qui lui a valu d'être condamné, bien plus encore que sa défense de l'héliocentrisme de Copernic. Ne pas confondre les deux domaines, pas d'ingérence de la part de l'un sur l'autre, tel est le principe, comme il le souligne une fois de plus et sans concession dans sa lettre à Christine de Lorraine, chacun doit demeurer à sa place d'où l'un regarde le ciel pour son salut et l'autre pour son savoir : « L'intention du Saint-Esprit est de nous enseigner *comment on va* au ciel et non pas *comment va* le ciel. » La vérité révélée par les textes sacrés doit être dissociée de la vérité établie par l'enquête scientifique, car elle renvoie à un magistère, à des phénomènes et à des références tout différents.

Les décrets de 1633 dont Galilée fut victime et qui le contraignirent finalement à se répudier publiquement n'allèrent pas jusqu'à la condamnation à mort, et on ne l'empêcha pas de continuer à se consacrer à ses recherches ni même à publier. Revêtu de la robe de bure des pénitents, à genoux devant les cardinaux, il a certes abjuré en promettant de dénoncer tout « hérétique ou tenu pour tel » qu'il lui arriverait de rencontrer, mais il n'a pas renoncé pour autant à diffuser ses idées. Descartes en a tiré une leçon de prudence en décidant de ne pas se presser de publier son *Traité du monde*. Et comme l'a montré John Heilbron, « le fondement de la générosité de l'Église n'était pas tant l'amour de la science qu'un problème d'administration : déterminer et promulguer la date de Pâques [1] ». Comme le système du monde suivant Copernic s'y prêtait plus rigoureusement que celui de Ptolémée, la condamnation et la répudiation de Galilée n'ont pas empêché l'héliocentisme de se répandre peu à peu dans toute l'Europe. Bien avant le début du XVIIIe siècle, les astronomes ont pu s'en réclamer « par hypothèse » sans faire l'objet de poursuites, et les Jésuites dans leur offensive contre Descartes en avaient plus à son matérialisme qu'à son adhésion à l'héliocentrisme.

---

franç. F. Russo, *Revue d'histoire des sciences*, t. XVII, n° 4, octobre-décembre 1964, Paris, PUF, p. 350 et 362.

1. John HEILBRON, « Censorship of Astronomy after Galileo », in E. McMULLIN (éd.), *The Church and Galileo*, Montréal, The University of Notre Dame Press, 2005, p. 279-322, et *Astronomie et églises*, Paris, Belin, 2003, chap. VI.

Les censeurs du Saint-Office ont ignoré les livres de physique dont la présentation du « système du monde moderne » n'apparaissait pas trop offensante, et même autorisé en 1741 la publication des œuvres de Galilée incluant le *Dialogue* (dont un petit nombre de commentaires imprimés dans les marges avaient été supprimés et quarante remaniés en insérant « supposé » avant « mouvement de la Terre »). Mais c'est seulement en 1822 que les écrits de Galilée ont été rayés de la liste de l'Index, et l'année 1940, en liaison avec le tricentenaire de sa mort, que commença le procès en réhabilitation. Il a fallu néanmoins encore près d'un demi-siècle pour que Jean-Paul II en 1992, après réception des commissions d'étude qu'il avait désignées en 1979 – à l'occasion de l'anniversaire du centenaire de la naissance d'Einstein –, annonçât que la condamnation de Galilée par les théologiens avait été une erreur. Comme dit John Heilbron, pour conclure sa longue étude de la censure de l'astronomie après la condamnation de Galilée, « la machine se mit en mouvement froidement, prudemment, de mauvaise grâce – *eppure si muove !* »

LA SCIENCE ET LA FOI

L'opposition entre l'Église et l'institution scientifique a effectivement été un conflit entre deux types d'autorité : le scientifique est suspect d'hérésie parce qu'il tient et surtout répand des propos qui semblent contrevenir au dogme de l'Église fondé sur la lecture de la Bible par les docteurs de la foi. Avec entêtement, Galilée répliquait que les propositions scientifiques, à condition d'être scientifiquement démontrées, servent les intérêts mêmes de la foi, alors que ses adversaires, donnant « comme boucliers à leur raisonnement erroné le manteau de la foi », la compromettaient. Et c'est précisément cette distinction entre le domaine de la foi et celui de la science qui donna matière au réquisitoire de ses accusateurs – distinction que récusent, comme par définition, tous les fondamentalismes religieux d'aujourd'hui.

Dans toutes les controverses opposant des scientifiques à des autorités religieuses (ou à des groupes et sectes se réclamant d'une religion), la partie se joue sur un terrain qui n'est jamais celui de la science : on invoque les textes sacrés dont la lecture est prise à la lettre, là où les scientifiques s'en tiennent aux faits et aux théories démontrés. Dès lors, il y a toujours place pour un retour aux textes comme dans le cas des écoles de certains États aux États-Unis, dont l'enseignement, soutenu par la majorité politique locale, récuse Darwin au nom du créationnisme. On pouvait certes s'interroger sur sa théorie de l'évolution du temps de Darwin, car on ne savait pas comment se produisent les variations dont elle fait la source de l'évolution des espèces. Aujourd'hui, ceux qui invoquent le créationnisme à partir de la lecture de la Bible ignorent, consciemment ou non, combien la théorie de l'évolution a été confortée par toutes les percées, depuis Darwin et Mendel, que la génétique et en particulier la biologie moléculaire ont accomplies depuis un siècle : la comparaison de l'homme et du singe a de quoi confirmer leur origine commune, que l'examen des fossiles faisait déjà pressentir.

Certes, il est difficile de concilier les dates que la Bible attribue à la création du monde avec les 4,5 milliards d'années que la datation par la radioactivité et les progrès de la cosmologie permettent d'assigner à l'âge de la Terre, mais rien n'empêche les croyants de voir dans le Big Bang ou toute autre explication scientifique de l'origine de la Terre une intention et une intervention divines. Les choses se durcissent même aujourd'hui – aux États-Unis et déjà dans quelques pays européens –, parfois jusqu'à des manifestations de fanatisme et de violence, lorsque le camp des création-nistes entend imposer l'interdiction d'enseigner l'évolution dans les écoles ou obliger à enseigner le créationnisme comme une vérité scientifique.

Aujourd'hui, l'offensive anti-darwinienne avance en fait masquée : imposer le créationnisme dans les écoles heurte d'emblée la Cour suprême des États-Unis au nom de la séparation entre la religion et l'État, dès lors ses adeptes invoquent l'idée d'un « dessein intelligent » à enseigner soit à part égale avec l'évolutionnisme, soit plus radicalement à sa place. Voilà qui permet d'expliquer l'origine du monde et de l'humanité en particulier – dessein évidemment divin, que l'évolutionnisme ne saurait sérieusement mettre en cause : il faut bien un commencement, et seul un tel « dessein » d'intelligence supérieure peut rendre compte de ce qui de toute façon n'est pas dans le champ de la théorie de Darwin. Mais en même temps l'idée du dessein intelligent permet de s'en prendre à nouveau, plus insidieusement, à l'évolutionnisme dénoncé comme ferment d'incroyance ou d'athéisme : avec ces pressions de la religion dans les écoles, on n'est pas loin d'une charia à l'occidentale qui prétend faire d'un prédicament de la foi une vérité scientifique.

Il demeure qu'un biologiste qui tournerait le dos à la théorie de l'évolution serait aujourd'hui comme certains physiciens allemands sous Hitler (parmi lesquels il y eut deux prix Nobel) qui récusaient la théorie de la relativité parce qu'elle avait une source juive : il serait tout simplement hors du champ de la science proprement dite. La résistance de l'Église sur nombre de terrains transformés par le labour des progrès du savoir – de l'avortement à la pilule contraceptive – renvoie à des convictions et à des valeurs sur lesquelles, si le scientifique se prononce, et quoi qu'il prétende – avec ou sans le déni de la neutralité de l'institution –, c'est en homme ou en citoyen parmi d'autres qu'il se prononce, ce qui au reste ne fait pas de ces sujets de faux problèmes ni même des non-problèmes. Le recours au dessein intelligent permet assurément de donner un sens à ce qui peut passer pour en être dépourvu, mais ce n'est d'aucune façon un substitut scientifiquement démontrable à l'évidence de l'évolution.

Un scientifique peut être croyant et penser même que sa foi le met sur la voie d'une découverte : il n'y a pas d'incompatibilité entre les deux territoires tant que ce qui relève de la croyance ne passe pas pour une vérité démontrée et tant que ce qui relève de la science n'est pas présenté comme une proposition soumise à confirmation théologique. L'agnosticisme n'est pas plus requis par la démarche scientifique que la conviction religieuse : on n'est tout simplement pas sur le même terrain ou, pour parler comme Pascal, il s'agit de deux ordres qu'il faut s'interdire de confondre et qui ne s'opposent qu'autant que l'un prétend parler au nom de l'autre sur le terrain qui n'est pas le sien. Le père Pierre Teilhard de Chardin, géologue et paléontologue, qui a dirigé de nombreuses fouilles à travers le monde, incarne le mélange moderne de la foi et de la science, qui effraya néanmoins les autorités de l'Église par sa conception de l'évolution du monde, très proche du darwinisme, dont l'homme, incarnation de la complexité croissante, serait la flèche et la conscience.

Jésuite, à la fois scientifique et mystique, il laisse une œuvre cosmologique fondée sur la vision spirituelle d'un devenir de l'humanité qui eut une immense audience mondiale, mais dont les propositions et les conclusions philosophiques sont précisément hors du territoire propre à la science. L'un de ses récents biographes, polytechnicien devenu dominicain, reconnaît qu'il y avait chez Teilhard de Chardin une difficulté à distinguer ce qui est de l'ordre de la connaissance scientifique et ce qui relève de sa foi : on peut penser, comme c'était son cas, que toutes les actions humaines contribuent à prolonger et à achever la création divine, mais aucune donnée ni aucune démonstration scientifique – absolument aucune – ne peut faire de cette idée d'une création dirigée, l'orthogénèse, une réalité scientifiquement opérationnelle[1].

Les quelques exemples suivants d'inspiration et d'héritage très différents montrent bien qu'il n'y a pas, à cet égard, d'incompatibilité tant que les deux plans ne sont pas confondus. Einstein se réclamait d'une « religiosité cosmique » proche du panthéisme de Spinoza : religiosité consistant à « s'extasier devant l'harmonie des lois de la nature, qui dévoile une intelligence si supérieure que toutes les pensées humaines et toute leur ingéniosité ne peuvent révéler, face à elle, que leur néant dérisoire ». Le Dieu auquel il pensait est la garantie de l'ordre déterministe de l'univers qui permet de le comprendre, c'est l'idée d'une intelligence sans égale qui se révèle elle-même à travers le monde connaissable, car « l'éternel mystère du monde est qu'il soit compréhensible. Le fait qu'il soit compréhensible est un miracle[2] ». Quand, arrivé aux États-Unis en 1921 pour la première fois, on lui rapporta les expériences de Dayton Miller qui semblaient prouver l'existence d'un vent d'éther – alors que la théorie de la relativité restreinte (datant de 1905) engageait à tourner radicalement le dos à cette notion –, il eut ce commentaire fameux : « Subtil est le Seigneur, mais il n'est pas mal intentionné *[Raffiniert is der Herr Gott, aber boshaft ist er nicht]* C'était ce qu'il appelait sa confiance en Dieu *[Gottvertrauen]*[3]. »

Dans son existence, comme l'écrit Abraham Pais qui l'a bien connu, il n'a fait place ni aux prières ni à l'adoration, mais son culte du rationnel était une sorte de foi, renvoyant à une idée de Dieu qui ne pouvait « ruser » avec les lois de la nature. « Une personne religieuse, a-t-il dit, est croyante dans le sens où elle ne doute absolument pas de l'existence de finalités suprapersonnelles qui n'exigent ni n'admettent aucun fondement rationnel. » Ainsi, à ses yeux, « il ne peut légitimement exister de conflit entre la science et la religion. La science sans la religion est boiteuse, la religion sans la science est aveugle[4] ». À cinquante ans néanmoins, il

1. J. ARNOULD, *Teilhard de Chardin*, Paris, Perrin, 2005.

2. Albert EINSTEIN, *Comment je vois le monde*, Paris, Flammarion, coll. « Champs Flammarion », 1979, p. 20. Voir aussi A. CALAPRICE (éd.), *The Expandable Quotable Einstein*, Princeton University Press, 2000.

3. Voir A. PAIS, *Albert Einstein : la vie et l'œuvre* (1982), Paris, Dunod, 2005, p. 11.

4. *Ibid.*, p. 315.

reconnut que, contrairement aux structures rationnelles de la nature, celle-ci peut introduire une part de déraison chez l'individu (réminiscence de sa lecture de Freud ?) : « Ce qui a peut-être été négligé, c'est l'irrationnel et l'incohérent, la drôlerie, voire la déraison que la nature, dans son activité inépuisable, et, semble-t-il, pour son propre amusement, implante en chaque individu. Mais ces éléments, seul l'individu peut les discerner dans le creuset de son esprit [1]. »

Le physicien indien Raman (1888-1970), prix Nobel pour ses travaux sur la diffusion de la lumière et la découverte de l'effet qui porte son nom, était de religion hindoue et farouchement hostile à toute forme de superstition. Ami proche de Gandhi, il finit sa vie en reclus, invoquant Bouddha et le Christ sur son lit de mort [2]. Autre physicien, mais pakistanais et croyant musulman jusqu'à la dévotion, Abdus Salam (1926-1996), prix Nobel pour ses travaux unifiant l'interaction électromagnétique et l'interaction nucléaire faible, créa et dirigea le Centre international de physique théorique de Trieste, qui accueille de jeunes scientifiques venus des pays en voie de développement pour les exposer aux domaines les plus avancés des recherches fondamentales et appliquées. « Le Coran me parle, a-t-il écrit, en ce qu'il conduit à réfléchir sur les lois de la nature, avec des exemples tirés de la cosmologie, de la physique, de la biologie et de la médecine qui sont autant de signes pour tous les hommes [3]. » Mais s'il n'a pas cessé d'affirmer sa foi comme inséparable de ses travaux scientifiques, il n'a jamais considéré qu'elle ressemblât à une démonstration scientifique et encore moins qu'elle en relevât.

Les témoignages de scientifiques chrétiens, français et étrangers, réunis par Jean Delumeau soulignent bien qu'on a affaire à deux ordres, et qu'au-delà de la question de savoir si l'existence et l'évolution du monde dépendent du hasard, d'un déterminisme sans source magistrale ou d'un plan divin, ce qui leur importe est le souci de donner un sens à leur vie, sur lequel la science en tant que telle n'a pas grand-chose à dire. Loin d'une adhésion servile à un dogme, ils ont tous repensé leurs convictions

---

1. Dans l'introduction à la biographie que lui a consacrée son gendre Rudolph Kayser, *ibid.*, p. 6.

2. Voir C. V. RAMA, *A Pictorial Biography*, Bengalore, The Indian Academy of Sciences, 1988.

3. Abdus SALAM, *Ideals and Realities : Selected Essays of Abdus Salam*, Singapour, World Scientific, 1987, p. 179.

religieuses à la lumière de leurs travaux, mais c'est pour marquer combien le domaine de la foi est extérieur à celui de la science. « Poser la question du sens de la vie, écrit Jean Delumeau, c'est nécessairement être déporté au-delà de la science, laquelle ne peut fonder aucune autorité morale ni fournir des bases intangibles au bien et au mal. » Et de citer Jean Rostand qui, « avec un humour profond, a défini l'homme comme un arrière-petit-neveu de la limace, qui inventa le calcul intégral et qui rêva de justice [1] ».

PRÉHISTOIRE DES POLITIQUES DE LA SCIENCE

Les politiques de la science sont nées de la guerre, non de la paix. Tant que la science promettait plus qu'elle ne pouvait tenir, le laisser-faire a régné dans les relations entre la science et les pouvoirs, mais plus les délais entre le savoir théorique et ses applications vont se rapprocher, plus l'État se souciera d'en tirer parti dans le cadre de ses objectifs. À la croisée de deux mondes, Lavoisier est appelé par Turgot à diriger la Régie des poudres et salpêtres, et c'est bien dans son laboratoire de l'Arsenal qu'il se mettra sur la voie de la découverte du processus de la combustion, point de départ de la chimie moderne. Ses travaux sur le salpêtre seront la source de la capacité de résistance des armées révolutionnaires improvisées contre les coalitions étrangères. Et des premières grandes poudreries installées aux États-Unis par Du Pont de Nemours [2]. L'expérience de la Révolution française montre bien qu'il faut une menace – la « catastrophe » au sens de Jacob Schmookler – où il y va du destin de l'État et de la nation. Dès le deuxième jour de sa création, le Comité de salut public s'est entouré d'une commission de quatre « citoyens instruits en chimie et en mécanique chargés spécialement de rechercher et d'éprouver les nouveaux moyens de défense ». C'est ce que l'historien Albert Mathiez a appelé « la mobilisation des savants en l'an II », premier exemple dans l'histoire d'un gouvernement

---

1. *Le Savant et la Foi*, présenté par Jean Delumeau, Paris, Flammarion, coll. « Champs Flammarion », 1989, p. 14.
2. Voir C. G. GILLESPIE, *Science and Polity in France : The Revolutionary and Napoleonic Years*, Princeton University Press, 2005. Ce livre fait suite à *Science and Polity in France at the End of the Old Regime*, du même auteur (1980), qui soulignait déjà l'étroitesse des liens entretenus, particulièrement en France, entre le pouvoir politique et l'institution scientifique.

s'appuyant sur les conseils d'un groupe d'hommes de science, lui confiant des missions techniques d'organisation et de développement, l'associant ès qualités à la définition et à la mise en œuvre de sa politique[1].

« La guerre est devenue pour la République française, s'exclame Four-croy dans un rapport devant la Convention, une occasion heureuse de développer toute la puissance des arts, d'exercer le génie des savants. » Le nombre des savants qui concourent à la défense nationale est considérable, et ce ne sont pas les moindres : Lavoisier, Carnot, Monge, Berthollet, Chaptal, etc. Cependant, ce concours n'est pas fait de découvertes ou d'inventions destinées à enrichir la science, c'est une œuvre technique, tout entière orientée vers les fabrications de guerre, production de poudres et d'armes (on apprend à utiliser le salpêtre pour faire des explosifs). Il faut parer au plus pressé : quand des inventions appelées à un grand avenir font l'objet d'un soutien (le télégraphe optique et les aérostats), c'est toujours en raison de leur intérêt immédiat, mais l'on renonce aux recherches sur les ballons ou la machine à vapeur, puisqu'on ne peut pas en tirer parti rapidement.

Il y aura pourtant une « retombée » essentielle, comme on dirait aujourd'hui, de cette mobilisation des savants de l'an II : ils ont gagné des titres à peser sur la réorganisation de l'enseignement après la défense réussie du territoire. « Jouissant d'un crédit sans borne[2] », dit Jean-Baptiste Biot, ils vont à leur tour tirer parti de leur relation au pouvoir pour créer ou re-créer des institutions de formation dans un contexte nouveau, de l'École polytechnique à l'École normale supérieure, du Conservatoire national des arts et métiers au Muséum d'histoire naturelle et à l'Observatoire de Paris. L'expérience de la Révolution française ne fut en cela qu'une aventure pionnière de plus : par la suite, on verra dans tous les pays la même légitimité d'influence acquise par les scientifiques grâce aux services rendus pendant une guerre ou une révolution, ce qui leur permettra d'obtenir des pouvoirs politiques une modernisation accélérée des structures d'enseignement, de formation et de recherche de leur pays, et des moyens plus conséquents.

Si l'on se réfère à l'expédition d'Égypte organisée par Bonaparte, la manne d'acquis et de découvertes proprement scientifiques a été bien plus

---

1. Albert MATHIEZ, « La mobilisation des savants en l'an II », *Revue de Paris*, 1er décembre 1917.

2. *Essai sur l'Histoire générale des sciences pendant la Révolution française*, Paris, 1803, p. 58.

considérable que celle des savants-soldats de l'an II, avec des répercussions à long terme à la fois sur le plan intérieur et sur le plan extérieur sans précédent : l'École française d'égyptologie, bien sûr, et l'extraordinaire succès de Champollion dans son déchiffrement de la pierre de Rosette, mais aussi les contributions que les jeunes polytechniciens ayant participé à l'expédition ont rendues plus tard à la modernisation scientifique du royaume de Méhémet-Ali à peine émancipé de l'Empire ottoman.

Edme-François Jomard (1771-1862), orientaliste et géographe, fut l'un de ceux-là : il travailla de très près à ces premiers accords de coopération et d'assistance techniques noués avec un pays en développement, organisant en France la formation d'administrateurs, d'ingénieurs et de scientifiques égyptiens dans une quinzaine de spécialités, du génie militaire et de la médecine à la chimie et à la typographie, tout en aidant à l'établissement en Égypte des premières écoles d'ingénieurs, de médecine et d'administration civile. S'adressant à la première promotion en France de 1828, il conclut dans ces termes : «Vous êtes appelés à opérer la régénération de votre patrie, événement d'où dépendra le sort de la civilisation d'Orient. [...] L'Égypte, dont vous êtes les députés, ne fait, pour ainsi dire, que recouvrer ce qui lui appartient, et la France, en vous instruisant, ne fait qu'acquitter, pour sa part, la dette contractée par toute l'Europe envers les peuples de l'Orient[1].» Le royaume de Méhémet-Ali ne résista pas aux pressions des puissances européennes pour le contrôle du canal de Suez jusqu'à devenir un protectorat britannique, et l'Égypte mettra longtemps avant d'être en mesure de reconstituer une infrastructure scientifique indépendante et moderne. Si l'expédition d'Égypte menée par Bonaparte en 1798 fut un échec militaire, ce fut une victoire scientifique grâce à la portée des travaux menés par les cent soixante-sept «savants» (un des noms donnés aux scientifiques par les soldats) recrutés par le mathématicien Gaspard Monge et le chimiste Claude Berthollet à la demande de Bonaparte.

PREMIERS PAS DE LA SCIENCE PARTISANE

Un autre aspect, assurément moins glorieux mais tout aussi révélateur, de l'expérience de la Révolution française doit néanmoins être relevé :

---

1. Y. LAISSUS, *Jomard, le dernier Égyptien*, Paris, Fayard, 2004, p. 322.

la Convention choisit ses partisans tout autant que ses victimes, comme l'illustra le sort de Lavoisier condamné à mort parce que, fermier général, il incarnait en outre « l'aristocratie savante de l'Ancien Régime ». Le nombre de talents et de compétences dont le Comité de salut public a négligé ou refusé le concours pour des raisons politiques n'a pas été moins grand que celui des « mobilisés » : Coulomb, Parmentier, Legendre, Lalande, Laplace, etc. Autrement dit, les savants ne sont pas bons pour le service de l'État par cela seul qu'ils sont savants, il y faut encore des preuves d'allégeance, ils doivent montrer que non seulement ils pensent, mais aussi qu'ils pensent *bien* conformément aux convictions du pouvoir : le messianisme révolutionnaire *politise* la science et du même coup la divise.

Il n'est pas sûr que la célèbre formule attribuée à Coffinhal ait jamais été prononcée : « La République n'a pas besoin de savants », car la Convention avait le plus grand besoin des savants, mais déjà perçait dans les discours de certains des conventionnels un procès idéologique des « savants académiciens » accusés de se consacrer à des spéculations éloignées des besoins du peuple, qui ressemble de très près à celui dont les scientifiques soviétiques sous Staline ou les universitaires chinois feront les frais durant la révolution culturelle. Ainsi le conventionnel Bouquier a-t-il des accents qui évoquent ceux que l'on a entendus du temps de Staline à propos de la science « prolétarienne » opposée à la science « bourgeoise » ou ceux que Mao Tsé-toung a inspirés aux Gardes rouges de la fin de son règne : « Les nations libres n'ont pas besoin d'une caste de savants spéculatifs dont l'esprit voyage constamment, par des sentiers perdus, dans la région des songes et des chimères. Les sciences de pure spéculation détachent de la société les individus qui les cultivent et deviennent à la longue un poison qui mine, énerve et détruit les républiques [1]. »

Politisée, la société des savants se divise déjà sur un double plan : en fonction du parti que prennent les chercheurs dans leurs convictions politiques et en fonction du parti qu'ils adoptent dans l'orientation de leurs travaux. Il suffira qu'au messianisme révolutionnaire succède celui des nations et des régimes totalitaires pour que le même clivage divise les chercheurs à l'intérieur de leur pays et à plus forte raison entre les pays :

---

1. Bouquier : Rapport et projet de décret formant un plan général d'instruction publique, 9 décembre 1793, cité in Joseph FAYET, *La Révolution française et la science*, Paris, Marcel Rivière, 1959, p. 199.

communisme, fascisme, nazisme aidant, les engagements nationalistes et idéologiques mettront à rude épreuve « l'internationale des savants » au cours du XXe siècle.

C'est à partir des développements de la révolution industrielle, rapprochant les délais entre découvertes et applications, que les liens entre la science et le pouvoir politique vont de plus en plus se renforcer, les guerres donnant un stimulant de plus à chacune des étapes nouvelles. Aux États-Unis, dès la guerre de Sécession, on voit en effet apparaître un modèle scientifique d'organisation et de production dans les fabriques d'armes qui annonce le système taylorien et introduit à la mobilisation de masse. L'économiste Alfred Chandler a souligné que la gestion industrielle moderne a ses racines dans l'arsenal de Springfield tout autant que dans l'essor des chemins de fer, et la victoire remportée par l'armée du Nord a dû beaucoup aux contributions des scientifiques et des ingénieurs, en particulier pour la fabrication des poudres par l'entreprise Du Pont de Nemours. Le système d'approvisionnement militaire mis en place au XIXe siècle, défini en fonction des contraintes d'exploitation des arsenaux et de passation des contrats avec des industries privées, a établi un modèle précurseur de gestion rationnelle de la technologie, et c'est par l'intermédiaire des arsenaux et des sous-traitants de l'armée que les principes fondamentaux – scientifiques – du système moderne de production ont été étendus au secteur civil en matière de machines-outils, de pièces de rechange, de normalisation et de fabrication en série.

La Première Guerre mondiale n'aurait pas été possible sans cette organisation et cette gestion rationnelles de la production, des approvisionnements et des transports. Elle a été en outre l'occasion d'un engagement de plus en plus direct des scientifiques en tant que conseillers du pouvoir et en tant que chercheurs travaillant à l'effort de guerre. Ce n'est pas un hasard si Albert Mathiez a célébré la mobilisation des savants de l'an II dans son article de 1917 où il soulignait que « les armées luttent surtout par les cerveaux de l'élite. La victoire consacre la supériorité intellectuelle, les valeurs scientifiques autant et plus que la supériorité matérielle. » On entre dans l'ère de la guerre totale à laquelle les intellectuels prennent directement part, la propagande – « le bourrage de crânes » – jouant un rôle non moins important que la mise au point d'armes nouvelles ou la confrontation des armées sur les champs de bataille.

L'engagement des ressources et des compétences scientifiques conduit à affecter dans leurs laboratoires les chercheurs à des travaux de caractère et de visée militaires, mais c'est lentement que du côté français on en prend conscience, et les relations entre scientifiques et militaires ne vont pas sans tensions. Selon les estimations de Charles Moureu, professeur au Collège de France, qui sera l'organisateur de la réplique à la guerre des gaz, la France disposait en 1914 de 2 500 chimistes, dont 800 étaient mobilisés dans le service des poudres, au matériel de guerre ou dans les entreprises privées travaillant pour la défense et 600 en tant que combattants aux armées (parmi lesquels 200 seront tués avant la fin de 1917). Pendant ce temps, l'Allemagne avait mobilisé ses 30 000 professionnels de la chimie. Marie Curie et Jean Perrin plaident contre « la mobilisation statistique qui admet que nous sommes tous identiques » en souhaitant le retour de Paul Langevin de la caserne où on l'a affecté jusqu'en octobre 1915 : « En employant ton intelligence de physicien, lui écrit-elle, tu peux rendre plus de services que mille sergents, malgré toute l'estime que j'ai pour ce grade honorable[1]. » La science n'est vraiment mobilisée en France qu'à partir de novembre 1915 avec la création de la Direction des inventions sous les auspices du physicien Jean Perrin et des mathématiciens Émile Borel et Paul Painlevé (alors ministre de l'Instruction publique). La structure s'élargira en 1916 en devenant secrétariat d'État rattaché au ministère de l'Armement.

Dans tous les pays en guerre, l'association entre la science et le pouvoir devient plus étroite ; les chercheurs sont engagés en tant que tels pour conseiller les gouvernements sur les programmes militaires, et ils sont associés aux industriels pour contrôler études, essais et fabrication en vue d'une production de masse destinée aux armements. Outre ces changements institutionnels, la Première Guerre mondiale introduit trois types d'innovations dans le domaine stratégique : le recours sur le champ de bataille aux gaz asphyxiants dont l'Allemand Fritz Haber, futur prix Nobel, a été le pionnier avant de mettre au point le pesticide à base de cyanure qui deviendra le gaz Zyklon B utilisé dans les chambres à gaz nazies ; l'émergence des « systèmes d'armes » associant plusieurs disciplines et techniques (par exemple la réception radio pour les sous-marins en plongée ou le téléguidage par ondes radio) ; enfin l'organisation scientifique et la

---

1. Voir A. RASMUSSEN, « Au nom de la patrie : les miracles des laboratoires français pendant la Grande Guerre », *La Recherche*, hors série n° 7, avril-juin 2002, p. 28.

planification de la production et des transports, auxquelles contribuent déjà des représentants des sciences sociales : c'est l'ancêtre de la recherche opérationnelle et l'amorce du complexe militaro-industriel.

La production de guerre, toutefois, se fonde presque exclusivement sur les acquis scientifiques et techniques : les recherches se bornent, pour l'essentiel, à adapter aux besoins des armées des connaissances et des techniques déjà disponibles. Rien de fondamentalement nouveau, en somme, malgré les nouveautés de certaines armes et des techniques employées : les tanks, les avions, les sous-marins, les ballons, les dirigeables, les avions ou les gaz n'ont fait que transférer sur les champs de bataille des instruments et des savoirs déjà utilisés sous une forme ou sous une autre dans le secteur civil. Ainsi des techniques de détection : Paul Langevin a tiré parti de l'effet piézo-électrique découvert par Pierre Curie pour mettre au point les premiers sonars. La plus grande différence entre la guerre de 1914-1918 et les guerres précédentes fut moins l'usage de technologies nouvelles – toutes les guerres ont été « accoucheuses » d'innovations techniques – que le recours à la mobilisation et à la production de masse : c'était effectivement consacrer, au sens d'Auguste Comte, l'ère des sociétés industrielles caractérisée par l'application de la science à *toute* l'organisation du travail. Mais là où Comte imaginait avec optimisme que les sociétés industrielles rendraient les guerres anachroniques, la fin du conflit a définitivement installé la science au cœur de la culture de guerre – et bientôt la culture de guerre au sein de la science[1].

C'est en tout cas ce qui explique la fantastique expansion des activités de recherche-développement après la Seconde Guerre mondiale : aux priorités militaires résultant de la guerre froide succéderont les choix liés à l'obsession de la concurrence internationale et à nouveau, à partir des attentats du 11 Septembre, la mobilisation de la science au service des armements. Et simultanément, comme l'a noté le physicien Gérard Toulouse, cette expansion même se traduira par des débordements « amenant la science à la rencontre de nouvelles bornes » : bornes mises à la science pervertie, bornes du savoir dangereux, bornes à la tendance au gigantisme des appareils expérimentaux[2]. Le titre du rapport présenté en 1945 au président des

---

1. Voir Auguste COMTE, *Cours de philosophie positive*, Paris, Édition Schleicher Frères, t. IV, 1907-1908 ; et Raymond ARON, *La Société industrielle et la guerre*, Paris, Plon, 1952.
2. Gérard TOULOUSE, *Regards sur l'éthique des sciences, op. cit.*, p. 22-23.

États-Unis par son conseiller scientifique, Vannevar Bush, donnait l'idée que la dernière frontière, après celle de l'Ouest, était très exactement sans limites : *Science the Endless Frontier*. Pourtant, en dépit ou à cause des succès remportés pendant la guerre, cette frontière sans fin du point de vue de la connaissance se heurtera à des restrictions et à des résistances du point de vue de la société. Le lien entre un grand nombre de scientifiques et le complexe militaro-industriel, tout comme la dépendance croissante des universités à l'égard du financement des industries induisent à s'interroger sur l'aliénation des chercheurs et des institutions. Le poids même du rôle qu'exercent les scientifiques dans la société – sur l'avenir des économies comme sur celui des relations internationales, sur la paix comme sur la guerre – est devenu tel qu'il ne peut plus occulter la responsabilité qu'ils ont sur le cours et les désordres du monde.

7.

Les dérives de la science politisée

Pour comprendre comment et combien la science *s'est politisée* au cours du XXe siècle, bouleversant l'image que les scientifiques avaient et donnaient d'eux-mêmes au nom des valeurs morales dont ils se réclamaient, on doit avoir à l'esprit tous les progrès que la coopération scientifique internationale avait accompli au cours du siècle précédent. Dès le départ de la science moderne, il faut toujours y insister, il n'y a de progrès des connaissances qu'à la faveur de la publicité des résultats de la recherche, qui appellent une discussion critique de la part des spécialistes, quelles que soient leurs attaches nationales et leurs convictions personnelles. Les échanges internationaux de personnes ou de publications ont longtemps constitué la seule forme de coopération scientifique. Jusqu'au XVIIIe siècle, la société scientifique – l'Europe savante – était restreinte à un petit nombre d'individus, qui se connaissaient presque tous, communiquaient entre eux et se fréquentaient d'autant plus aisément qu'ils parlaient une langue commune (latin ou français) et qu'il n'existait pas de cloisonnements entre les disciplines.

À partir du milieu du XIXe siècle, une étape nouvelle s'engage dans l'histoire de l'institution et des pratiques scientifiques : la cité scientifique s'élargit à un plus grand nombre d'habitants, et le progrès des connaissances passe par des activités de recherche menées en coopération entre plusieurs pays, tout autant que par des accords intergouvernementaux qui visent à favoriser la poursuite de recherches scientifiques menées dans un cadre et avec des objectifs spécifiquement internationaux. Le développement des nations et leurs rivalités, malgré le caractère universel et ouvert de la science, menacent au contraire de constituer un obstacle aux échanges entre savants de différents pays.

Auparavant, la science avait connu peu de frontières, si peu même que les gouvernements, durant les périodes de guerre, en facilitaient le passage aux savants des pays adversaires, comme en témoignent, entre autres exemples, celui de Benjamin Franklin accordant un sauf-conduit au vaisseau du capitaine Cook à une époque de très vive tension entre les États-Unis et l'Angleterre, ou celui de Humphrey Davy prenant la parole à l'Institut de France pendant les guerres napoléoniennes, recevant un prix et se livrant à des expériences publiques dans l'hôtel où il était descendu. De plus, le rythme du progrès scientifique s'accélère à partir du XIXᵉ siècle au point que les scientifiques ont toujours plus de difficultés à poursuivre leurs travaux en pleine connaissance de ce qui se fait à travers le monde, et la nécessité se fait sentir de coordonner les recherches à l'intérieur d'une discipline, à plus forte raison entre plusieurs disciplines, notamment dans le domaine de la santé en prenant en compte le progrès des techniques de détection et de protection.

De là l'essor des premières grandes actions de coopération internationale réalisant en commun des observations et des expériences, telles que l'entreprise de la Carte du Ciel menée dès 1824 à l'initiative de l'astronome Bessel, ou celle des Années polaires internationales (1882-1883), ancêtres de l'Année géophysique internationale (1957-1958). De là aussi la multiplication des premiers Congrès internationaux (économie, 1847 ; agriculture, 1845 ; santé, 1851 ; chimie, 1860, etc.) qui réunissent des centaines de spécialistes, alors que, de nos jours, les congressistes peuvent être plusieurs dizaines de milliers. L'institution des congrès est à l'origine des premières organisations scientifiques internationales dotées de la permanence de la fonction et d'un certain appareil d'exécution, qui organise des commissions et des conférences entre deux congrès (ophtalmologie, 1861 ; géodésie, 1864 ; météorologie, 1872, etc.).

Toutes ces institutions sont créées sur l'initiative des milieux scientifiques sans intervention des gouvernements. En revanche, la Convention du mètre chargée d'assurer « l'unification mondiale des mesures physiques », est signée en 1876 par les dix-sept premiers États adhérents ; diplomates et scientifiques sont associés à la création du Bureau international des poids et mesures (BIPM), première des organisations scientifiques intergouvernementales qui dispose en outre, dès sa fondation, d'un laboratoire au Pavillon de Breteuil de Sèvres : les instruments et les appareils scientifiques sont destinés à définir les unités de mesures en coopération avec les grands laboratoires nationaux et à comparer les étalons nationaux et internationaux[1].

Pour toutes ces raisons, en dépit – ou à cause – des tensions nationalistes, on commence à parler de « l'internationale de la science » comme du modèle d'inspiration le plus éloquent pour les relations interétatiques : la bonne entente des rencontres entre scientifiques, l'exemple même de leurs travaux menés en commun pour le bien du savoir comme de l'humanité, à plus forte raison les valeurs d'universalité dont se réclame leur coopération, sont le gage qu'un langage commun et un consensus technique peuvent entraîner la compréhension de l'autre et surmonter toutes les passions dont se nourrissent les conflits entre nations. Mais c'est seulement au lendemain de la Seconde Guerre mondiale qu'on verra se développer en Europe des organisations internationales spécifiquement vouées à des activités scientifiques et techniques et directement financées par les gouvernements (CERN pour la physique des particules élémentaires, ESRO (European Space Research Organisation), ELDO (European Launcher Development Organisation) qui donneront lieu à l'ESA dans le domaine de l'espace, EMBO dans le domaine de la biologie, etc.). La coopération scientifique change alors de dimension, de responsabilité et de sens : il s'agit de réaliser en commun de grandes entreprises au sein d'institutions intergouvernementales, dont les objectifs se mesurent par rapport non seulement à l'intérêt proprement scientifique, mais aussi aux considérations d'ordre économique et politique des pays membres. L'Europe, qui avait été le berceau de la coopération scientifique et le cœur du système international, découvre à la fois qu'elle est à la périphérie de ce système et qu'elle ne compte plus aucune nation capable individuellement d'entreprendre à la même échelle les programmes de recherche-développement poursuivis par les puissances bipolaires[2].

---

1. Par la suite, en fonction même du progrès des instruments et des méthodes de mesure, ainsi que des besoins nés de l'essor de nouvelles disciplines, le BIPM a étendu ses activités à l'étude des constantes physiques fondamentales et à celle des étalons de mesure des radiations ionisantes.

2. Voir Jean-Jacques SALOMON, « International Scientific Policy », *Minerva*, vol. II, n° 4, été 1964, p. 411-434 ; *Organisations scientifiques internationales*, Introduction, Paris, OCDE, 1965 ; et le chapitre IX de *Science et politique, op. cit.* : « L'internationale de la science ».

Les fièvres nationalistes

Mais l'internationale des savants, pas plus que celle des ouvriers, ne résistera à la pression des surenchères nationalistes avant, pendant et après la Première Guerre mondiale. L'esprit internationaliste que peuvent manifester les chercheurs sur le plan individuel et la nécessité de la coopération ne conduisent pas à une cohésion privilégiée sur le plan collectif, et ce qui les réunit sur le plan technique ne mène pas davantage à leur unité politique. Du coup, des tensions nationalistes aux controverses idéologiques, l'institution scientifique a bien plus souffert au cours du XXe siècle des oppositions d'ordre politique que de ses débats antérieurs avec l'Église.

L'exemple des deux institutions qui sont à l'origine du Conseil international des unions scientifiques (ICSU) – fédération mondiale regroupant aujourd'hui les unions spécialisées et les académies ou institutions scientifiques nationales les plus représentatives – montre que les considérations politiques n'ont jamais cessé de peser. Avant la guerre, l'Association internationale des académies a vu ses efforts très vite compromis parce que ses structures assuraient une prépondérance écrasante des institutions allemandes (Göttingen, Berlin, Heidelberg, Leipzig, Munich faisant bloc avec l'Académie de Vienne). Après la guerre, les représentants des puissances alliées créèrent une nouvelle organisation, le Conseil international des recherches, qui n'a pas pu davantage remplir sa mission à cause de l'exclusive jetée sur les institutions des nations vaincues. Il fallut attendre 1931 pour que la création de l'ICSU permît d'accueillir les pays qui avaient été exclus de l'institution précédente. Et même après la Seconde Guerre mondiale, les tensions de la guerre froide ont réduit la portée de l'organisation d'une nouvelle l'Année géophysique internationale : du fait de la participation de Formose soutenue par les États-Unis, la Chine communiste s'en est d'elle-même exclue, comme de l'ICSU, jusqu'à sa reconnaissance par les États-Unis sous le président Nixon.

Plus les États interviennent en tant que tels dans les relations scientifiques internationales, plus la coopération dans ce domaine doit être envisagée, comme dans tous les autres domaines, sous deux angles : celui de l'intérêt scientifique et celui de l'opportunité politique, celui des objectifs nationaux et celui des considérations techniques. L'autre nom de la coopération est la compétition, qui ne mobilise jamais les seuls intérêts de la science. Les deux approches peuvent se recouper, s'associer, se conjuguer, il ne leur arrive pas moins de s'opposer avec l'appui d'une bonne majorité des chercheurs et des institutions scientifiques nationales, que les passions politiques entraînent – il n'y a pas d'autre mot – jusqu'à des divagations. Et s'il ne s'était agi que de discours... Mais, comme du temps de l'Inquisition, de nombreux scientifiques ont payé de leur vie leur résistance au délire – apologie de théories absurdes, chasse aux sorcières, exclusions, condamnations, oubliettes, asiles psychiatriques, camps de la mort. L'ère industrielle et l'essor des totalitarismes ont fait du nombre des victimes dans ce domaine un record sans précédent.

SCIENCE PROLÉTARIENNE ET SCIENCE BOURGEOISE

La définition la plus sommaire d'un régime totalitaire est sa volonté d'assurer la domination du parti unique, qui entend imposer ses dogmes, avec le culte du « chef », à toutes les structures, toutes les institutions, toute la population d'un pays. Les scientifiques ne sont pas davantage censés y échapper sous prétexte qu'ils entretiennent un rapport à la vérité ou à la réalité fondé sur une méthode rationnelle, parce que tantôt cette méthode est contestée par le dogme, tantôt les faits, la réalité, la vérité qu'elle met au jour sont remis en question au nom des pseudo-vérités du dogme. Le discours scientifique se trouve ainsi très directement confronté à l'idéologie du parti, une confrontation qui peut mener jusqu'à l'élimination de ceux qui – mis à l'index, réfractaires, dissidents – expriment leurs réserves et plus dangereusement encore leurs critiques.

En un sens, le destin du communisme et du nazisme s'est aussi, sinon surtout, joué sur ce terrain : au nom de ses exclusives antisémites, l'Allemagne nazie s'est privée d'un grand nombre de scientifiques parmi les meilleurs au monde qui, réfugiés aux États-Unis, contribuèrent à sa défaite (indépendamment même de la mise au point de l'armement atomique) ; et la compétition entre les États-Unis et l'ex-Union soviétique s'est terminée sous Gorbatchev par la reconnaissance de l'impossibilité pour le régime communiste de se maintenir dans la course technologique, à laquelle le président Ronald Reagan avait donné un coup d'accélérateur avec la menace de la « guerre des étoiles ». Telle est, a dit très lucidement Hannah Arendt, « la futilité et l'absurdité » des systèmes totalitaires : quelle que soit la terreur qu'ils exercent, l'adulation dont bénéficient leurs chefs et le temps qu'ils mettent à survivre, ils ne sont jamais appelés à durer. C'est qu'ils traitent « comme superflus les hommes et les idées qu'ils entendent éliminer [1]. »

Rapidement après la prise de pouvoir par Lénine, l'*intelligentsia* soviétique s'est déchirée sur le point de savoir si la science appartient strictement au domaine de la production ou en même temps au domaine des idées – à l'infrastructure plutôt qu'à la superstructure. Ainsi le groupe des « déborinistes » (du nom d'Abraham M. Deborine, qui mena la bataille en tant que philosophe le plus influent dans le domaine universitaire) s'en est-il pris aux « révisionnistes » qui en appelaient à l'esprit du marxisme plutôt qu'à sa lettre pour interpréter le matérialisme. La controverse eut d'autant plus d'importance qu'elle affecta les milieux scientifiques en physique à propos de la théorie de la relativité et en biologie à propos des théories de Morgan [2]. En s'intensifiant, à la suite des procès de Moscou et des grandes purges menées au nom de l'orthodoxie stalinienne, le débat conduisit à diviser la science en deux camps politiquement définis dès avant la Seconde Guerre mondiale, à plus forte raison ensuite, dans le sillage des joutes idéologiques sans merci auxquelles la guerre froide donna lieu.

Appelée à servir par tous les moyens « la construction du socialisme », la science bénéficiait en Union soviétique d'un soutien privilégié de la part de l'État et d'un considérable prestige social : le système de la science était inséparable du système politique dont il était à la fois moyen et fin, puisque la théorie professait que le marxisme lui-même est une science à laquelle se subordonnent toutes les autres. Du même coup la marge d'autonomie dont prétendaient disposer les spécialistes de la recherche fondamentale était réduite à zéro – au moins dans les débats publics. Par exemple, « l'interprétation de Copenhague », défense et illustration de la physique quantique suivant Niels Bohr, était dénoncée comme le comble d'une science bourgeoise aux mains des représentants du capitalisme. Dans les faits, quelles qu'aient été les instructions de la planification et

---

1. Voir Hannah ARENDT, *Les Origines du totalitarisme*, en particulier « En guise de conclusion », Paris, Gallimard, coll. « Quarto », 2002, p. 860-876.

2. Voir en particulier D. JORAVSKY, *Soviet Marxism and Natural Science, 1917-1932*, Columbia University Press, 1961 ; et L. GRAHAM, *The Soviet Academy of Sciences and the Communist Party*, Princeton University Press, 1967.

les dénonciations des théories « décadentes », nombre de chercheurs et d'instituts ne se sont pas privés, comme Kapitza l'a lui-même raconté, de s'attaquer aux thèmes de recherche qu'ils avaient eux-mêmes choisis en s'inspirant directement des théories honnies venant des pays capitalistes [1].

D'un côté la science prolétarienne, qui seule pouvait aller dans le sens à la fois de l'histoire, du progrès du savoir et du bien du peuple, de l'autre la science bourgeoise, condamnée par nature comme le capitalisme à disparaître, incapable de tenir ses promesses de démonstration et bien entendu ennemie jurée du régime communiste. Avec un zeste d'antisémitisme, l'idéologie proclamait bourgeoises la théorie d'Einstein tout autant que la psychanalyse de Freud. Mais cela n'entraînait pas à écarter la pratique de la théorie de la relativité et de la mécanique quantique dans les séminaires à l'université ou dans les instituts dépendant de l'Académie des sciences consacrés aux problèmes de la défense : de retour de Cambridge, où il avait suivi l'enseignement de son maître Rutherford, Kapitza commença par un séjour en prison, fut menacé de déportation en Sibérie et finalement se trouva protégé par Staline lui-même tant les recherches sur l'atome étaient devenues prioritaires.

Rien n'est plus caractéristique de l'arbitraire d'un régime totalitaire que l'intervention directe du « chef » pour protéger tel ou tel « intellectuel » contre les excès idéologiques de ses propres partisans : par exemple, malgré les campagnes menées par Idanov, grand prêtre officiel de la religion marxiste, Ehrenbourg en littérature ou Prokofiev et Chostakovitch en musique durent leur salut à l'intervention personnelle de Staline. Dans *Vie et Destin*, Vassili Grossman raconte l'histoire (authentique) de ce physicien qui, ne jurant que par Einstein et la théorie de la relativité, refusa de les dénoncer comme réactionnaires, se trouva expulsé par ses pairs de la direction de son institut de recherche, abandonné de tous (sauf de la femme qui l'aimait), se sentant menacé à tout instant d'être expédié au goulag.

Il lui suffit d'un coup de téléphone pour comprendre qu'il allait être immédiatement réhabilité et retrouver toute sa légitimité, le bon droit de ses convictions scientifiques et la direction de son institut : c'était la voix de Staline en personne, qui lui demandait simplement « s'il allait bien », et si le manque de documents étrangers ne le gênait pas trop dans ses

---

1. Voir *Peter Kapitza on Life and Science*, New York, Macmillan Company, 1968.

recherches. De fait, le message était parfaitement clair : Victor Pavlovitch Sturm comprit immédiatement qu'il retrouvait toutes ses prérogatives, et ses collègues d'une veulerie classique se le tinrent pour dit. La physique bourgeoise et capitaliste, dont dépendait l'armement nucléaire, valait bien cette messe expédiée par le « petit père des peuples » sur l'autel du Saint-Office communiste[1].

Dès avant la Seconde Guerre mondiale, à plus forte raison durant la guerre froide, il y eut ainsi deux sciences opposées l'une à l'autre par les gardiens de l'orthodoxie marxiste plutôt que par les scientifiques eux-mêmes, mais ceux-ci dans les débats publics, pressions et terreur aidant, ne pouvaient que se soumettre à ceux-là. La science prolétarienne ne pouvait être que vraie, opératoire et opérationnelle puisqu'elle allait dans le sens du peuple, du régime et de la révolution ; en revanche la science bourgeoise était dénoncée comme une idéologie de manipulateurs politiques, puisqu'elle se rangeait aux côtés du capitalisme et de la réaction dont elle répercutait les intérêts. Pour être exact, dans ce climat d'intense agressivité idéologique, il n'y avait par définition qu'une science, celle « du Parti » qui contrôlait étroitement l'accès aux doctorats et aux fonctions universitaires, surveillait, reprenait et réprimandait dans les cours et les débats publics toute apparence de « déviationnisme », et en expulsait tout scientifique récalcitrant, qui hésitait à faire amende honorable ou à contribuer à la dénonciation de collègues jugés hors la voie du parti. La science prolétarienne était en état de guerre idéologique *contre* « l'idéalisme menchevik » ou « l'obséquiosité devant l'Occident » et *pour* « la dictature du prolétariat » ou « le triomphe du communisme sur les forces du mal capitaliste ». La moindre des thèses dans les sciences de la nature devait être précédée ou conclue par de longues références en hommage à Marx, Engels ou Lénine et de préférence à Staline[2].

---

1. Vassili GROSSMAN, *Vie et destin*, Paris-Lausanne, Julliard-L'Âge d'homme, 1980, p. 719-720. « Je crois savoir que vous travaillez dans une direction intéressante, dit Staline... » Réhabilité, Sturm ne se remettra jamais de la peur qu'il avait connue. Lorsque, dans la campagne contre les généticiens, on lui demandera de contresigner une lettre niant le nombre des scientifiques et écrivains traités comme des ennemis du peuple et liquidés, il finira par céder aux pressions – la peur d'avoir à nouveau peur – et le rebelle qu'il fut « en redevenant puissant avait perdu sa liberté intérieure ».

2. En France l'hymne à la science prolétarienne fut célébré, entre autres, par Francis COHEN, Jean DESANTI, Raymond GUYOT et Gérard VASSAILS (Introduction de L. Casa-

L'affaire Lyssenko

C'est dans ce contexte que, dès 1936, a commencé l'ascension politique de Trofim Lyssenko menant sa cabale contre la biologie « bourgeoise » héritée de Mendel et de Morgan. Il faut dire que ses vues avaient tout pour plaire au régime : en professant l'hérédité des caractères acquis dont il s'était inspiré auprès d'un Mitchourine aussi peu formé à la science que lui-même, Lyssenko lançait l'espoir d'une nature modelée par la main de l'homme jusqu'à transmettre au génotype des plantes et pourquoi pas des animaux tout ce qu'on lui imposerait – le rêve d'une agriculture échappant enfin à la tyrannie des saisons et de la géographie !

C'est effectivement sur le terrain de la « vernalisation » qu'il a commencé ses exploits en montrant que des semis de céréales d'hiver peuvent donner des épis, même semés au printemps, si ces céréales sont humidifiées et soumises à des périodes de température relativement basses. Phénomène connu, relevant d'une technique ancienne, qui peut certes augmenter les rendements, mais sous certaines conditions seulement. Lyssenko en a généralisé l'idée pour en faire le cœur de sa théorie anti-mendélienne et élever Mitchourine, un jardinier sans instruction, au rang de savant biologiste parmi les plus grands. Face à la catastrophe agricole qu'avaient entraînée la collectivisation des terres et la guerre menée contre les paysans koulaks, c'était offrir comme sur un plateau d'or la promesse de récoltes vouées à s'accroître constamment, même sous l'hiver sibérien.

En modifiant la nourriture des plantes, leurs conditions d'implantation et de développement, on pourrait tout aussi bien modifier leurs propriétés héréditaires dans le sens que l'on désirerait. Après la mort de Mitchourine en 1935, Lyssenko et ses partisans eurent vite fait de consolider leur pouvoir grâce à leurs promesses de récoltes infinies. Lors d'un congrès des fermiers de choc qui se tint en présence de Staline, Lyssenko déclara que, « dans les villes, les koulaks de la science sont les ennemis du communisme. Sur le front de la vernalisation, ne s'agit-il pas toujours de lutte des classes ? Un ennemi de classe est toujours un ennemi, qu'il soit ou non savant ». Cette conclusion arracha les applaudissements de Staline qui s'écria : « Bravo,

nova), in *Science bourgeoise et science prolétarienne*, Paris, Éditions de la Nouvelle Critique, 1950.

camarade Lyssenko! Bravo!» Et dès lors, sa carrière et sa montée en puissance coïncideront avec l'élimination progressive et systématique de tous les scientifiques qui continuent à professer que le chromosome est le fondement du patrimoine héréditaire plutôt que le milieu.

En décembre 1936, la session spéciale de l'Académie Lénine des sciences agricoles donne lieu à la présentation par Lyssenko d'un rapport sur «deux tendances dans la génétique» qui constitue sa déclaration de guerre contre la génétique classique. Le compte rendu de la séance donne ceci : «La question qui m'est posée dans une des notes qu'on m'a remises est la suivante : Quelle est l'attitude du Comité central du Parti à l'égard de mon rapport? Je réponds : le Comité central du Parti a examiné mon rapport et l'a approuvé. *(Applaudissements nourris. Ovation. Tous se lèvent.)*» Suivent dix pages de rhétorique et d'invectives, puis Lyssenko conclut : «Gloire au grand ami et héros de la science, notre chef et notre maître, le camarade Staline. *(Tous se lèvent. Applaudissements prolongés.)*»

Le thème des deux sciences est devenu doctrine d'État, jetant aux oubliettes celle qui ne s'y conforme pas. Cette intervention, dira Stephen Jay Gould, «est peut-être la plus terrifiante de toute la littérature scientifique[1]». Il y en eut malheureusement une autre, tout aussi dévastatrice, dans un contexte politique et idéologique très différent. Porté aux nues, Lyssenko deviendra bientôt président de l'Académie Lénine des sciences agricoles, avant d'être solennellement accueilli à l'Académie des sciences de Moscou, alors que son adversaire le plus résolu, Nikolaï Vavilov, qui ne renonce pas à se réclamer de Mendel et de Morgan, en est exclu, puis arrêté pour espionnage au service de l'Angleterre, condamné à mort et, sa peine commuée, déporté au goulag où il mourra en 1943. Une théorie inepte, des pratiques aussi inefficaces qu'approximatives, des résultats surtout de plus en plus privés de succès, rien n'empêchera Lyssenko de détenir toujours plus de pouvoir et de prestige et donc d'éliminer les représentants de la biologie «bourgeoise» dont la mise à l'écart coûtera à la Russie plusieurs décennies de retard en biologie.

Il faudra la mort de Staline pour que le rêve d'une agriculture aux ordres du communisme commence à être dénoncé. Vavilov sera réhabilité en 1952, Lyssenko perdra le contrôle de l'Académie des sciences, mais pendant des années encore il conservera les faveurs de Khrouchtchev. En 1962,

---

1. Stephen Jay GOULD, *Quand les poules auront des dents*, Paris, Fayard, 1984, p. 144.

année de la découverte de la structure de l'ADN, point de départ de l'essor
de la biologie moléculaire, Khrouchtchev réussit encore à transporter le
praesidium du parti communiste au complet pour une visite de l'impressionnante ferme expérimentale de Lyssenko près de Moscou. En 1964,
quand se présente à l'Académie des sciences de Moscou la candidature d'un
disciple de Lyssenko, un jeune physicien du nom de Sakharov s'élève pour
lui faire barrage avec succès. C'est seulement après la chute de Khrouchtchev que Lyssenko sera démis de ses fonctions. Une commission d'enquête
sur l'état de la recherche biologique dénoncera le côté charlatanesque des
expériences menées par Lyssenko (les vaches remarquables pour leur qualité
de matière grasse dans le lait étaient nourries de chocolat, de mélasse et de
biscuits cassés) et constatera l'effondrement de la recherche biologique en
Union soviétique.

Pourquoi insister sur cette affaire ? Comme l'a écrit Jean Rostand, « le
mitchourinisme ne fut pas une erreur comme une autre, ce fut un délire à
base d'intoxication doctrinale et idéologique [1] ». Mais si le soutien dont ce
délire fit l'objet dans la communauté scientifique en Union soviétique et
dans les pays alors satellites peut à la limite se comprendre, compte tenu
du dogme et de la terreur qui y régnaient, comment l'expliquer dans les
pays non communistes, en France en particulier ? On a peine à imaginer
aujourd'hui, dans le climat de tension et d'invectives présidant à la guerre
froide, les débats auxquels la conception de Lyssenko a pu donner lieu,
débats fort peu scientifiques – jusqu'à cet article d'une vingtaine de pages
publié en 1948 dans la revue *Europe* par le grand spécialiste de la biologie
qu'était le poète et écrivain Aragon. Il y dénonçait les professeurs Lwoff et
Monod, futurs prix Nobel, comme des agents de la CIA et les champions
d'une biologie capitaliste incompatible avec le matérialisme dialectique :
« [...] c'est le caractère bourgeois (sociologique) de la science qui empêche
en fait la création d'une biologie pure, scientifique, qui empêche les savants
de la bourgeoisie de faire certaines découvertes dont ils ne peuvent pour
des raisons sociologiques accepter le principe de base. [...] C'est pourquoi,
aux yeux de Lyssenko, des mitchouriniens, des kolkhoziens et sovkhoziens
de l'URSS, du parti bolchevique, de son Comité central et de Staline, la
victoire de Lyssenko est effectivement [...] une victoire de la science, une
victoire scientifique, le refus le plus éclatant de *politiser les chromosomes*. »

---

1. Jean ROSTAND, *Science fausse et fausses sciences*, Paris, Gallimard, 1978, p. 72.

C'est assurément l'aspect le plus étonnant de cette affaire : combien de scientifiques communistes ou proches des communistes ont pu, en Occident, faire chorus avec le lyssenkisme, alors qu'ils « n'avaient rien à craindre pour leur gagne-pain, leur liberté ou leur vie », comme l'a souligné Jacques Monod dans sa préface au livre de Jaurès Medvedev, d'abord publié en Angleterre, qui décrivit et analysa « avec précision, rigueur et courage tout le déroulement, tous les ressorts et toutes les conséquences de l'épisode le plus étrange et le plus navrant de toute l'histoire de la science [1] ». En Angleterre, seul John B. S. Haldane dans les milieux de gauche prit immédiatement la défense de la génétique ; en France, Marcel Prenant, membre du comité central du PCF, s'en alla à Moscou interviewer Lyssenko et, convaincu au retour que ses conceptions ne tenaient pas debout, les dénonça publiquement : il fut aussitôt éjecté de son siège du comité central. Mais bien d'autres, comme l'a écrit Jacques Monod, « et non toujours des moindres, parvenaient à se *convaincre eux-mêmes* au prix d'une éprouvante ascèse de l'esprit que Lyssenko avait raison ». Ce niveau de crédulité et de servitude intellectuelle de la part de très nombreux scientifiques à l'égard d'une pseudo-science a rarement été atteint à ce point. On voit que, sous l'attrait d'un dogme qui a tout de la religion, la rationalité dont ils se réclament ne les met pas à l'abri de céder aux mirages de la superstition, pas plus qu'aux arrêts de l'Inquisition.

En fait, dans le sillage de la guerre froide, la guerre des « deux sciences » n'a pas en Union soviétique moins menacé d'autres disciplines que la génétique : à la politisation des chromosomes succéda celle des atomes. Une campagne contre « l'idéalisme dans la physique », fut déclenchée en 1948, quelques mois après celle de l'Académie Lénine des sciences agricoles, où les gardiens du dogme s'en prenaient, entre autres, à Kapitza, Landau, Frenkel et Markov, ainsi qu'à leurs manuels accusés de complaisance à l'égard des concepts idéalistes occidentaux. À Gorki, un journal dont le titre en dit long, *Pour la science stalinienne*, dénonçait les fondateurs de la radiophysique russe, Gorelik, Andronov, Grekhova, comme des porte-parole de conceptions nuisibles, notamment sur « la notion de la matière », et il y eut même une réunion, avec votes à mains levées, consacrée à dénoncer « l'idéalisme de la science des ondes ». Mais les choses n'allèrent

---

1. Jaurès MEDVEDEV, *Grandeur et chute de Lyssenko*, Paris, Gallimard, 1971.

pas aussi loin que dans le cas du lyssenkisme : comme l'ont dit les acteurs de l'époque, « la bombe a sauvé les physiciens ».

De cette schizophrénie politico-idéologique dont les scientifiques russes ont pu souffrir bien au-delà de la disparition de Staline, la trajectoire de Youri Neimark offre un exemple très révélateur. Mathématicien, grand spécialiste de la théorie du contrôle et des systèmes, version soviétique en somme de Norbert Wiener et de John von Neumann dont il se sentait proche, Neimark s'est vu constamment attaqué à la fois pour son indépendance d'esprit et pour ses conceptions fort peu conformes au dogme du matérialisme scientifique. À ce juif de surcroît et d'esprit frondeur, les instances locales du parti ont adressé des réprimandes, imposé des sanctions et même des exclusions sans jamais pouvoir l'exorciser pleinement ni surtout l'éliminer. C'est que les instances supérieures annulaient systématiquement les mesures prises à la base : Neimark était indispensable à l'effort de défense, ses travaux relevant du secret défense (régulation et contrôle des radars, fusées, missiles) étaient commandés par des laboratoires et des usines militaires.

Le système soviétique a effectivement inventé un type de lieu de recherche original, aux antipodes du modèle « public » de la Royal Society et de ses homologues européens, celui d'instituts et de laboratoires installés dans des villes inconnues sur les cartes — interdites aux étrangers —, auxquelles on n'accédait que par des « boîtes postales ». (Le système s'est perpétué en Chine et plus encore en Corée du Nord.) Nommé finalement professeur en 1961, Neimark a payé cher ses contributions secrètes au complexe militaro-industriel soviétique : ne publiant qu'en russe et dans des revues classifiées, n'ayant jamais voyagé hors du pays, il n'a eu aucune reconnaissance internationale et demeure nostalgique de l'époque où les scientifiques adhérant au pouvoir bénéficiaient avec largesse de ses faveurs, quelles que fussent les attaques dont ils étaient l'objet de la part des gardiens de l'idéologie[1].

---

1. Sur cette école de Gorki, voir l'étude très éclairante d'Amy DAHAN et Irina GOUZÉVICH, « L'école d'Andronov à Gorki, profil d'un centre scientifique dans la Russie soviétique », in A. DAHAN et D. PESTRE (dir.), *Les Sciences pour la guerre*, Paris, Éditions de l'EHESS, 2004. Sur la nostalgie des scientifiques qui, même ne travaillant pas pour la défense, bénéficiaient d'un statut et d'un prestige particuliers sous le régime soviétique, voir Georges RIPKA, *Vivre savant sous le communisme*, *op. cit.*

Science aryenne et science juive

En Allemagne, la campagne divisant la science en deux catégories idéologiquement contradictoires, la science « aryenne » opposée à la science « juive », a commencé en fait bien avant la prise du pouvoir par Hitler, et elle fut menée par deux prix Nobel de physique, Philipp Lenard et Johannes Stark. Né en 1862, Lenard reçut le prix Nobel en 1905, l'année *mirabilis* où Einstein fit ses découvertes les plus importantes, et il le reçut pour sa découverte du rôle que joue, plutôt que le rayonnement, la fréquence dans l'énergie cinétique des électrons émis lors de l'éclairement d'une surface métallique. Or, cette découverte fut théoriquement interprétée par Einstein au moyen du concept de quantum de lumière (les photons) dans la dernière partie de son article de 1905. L'antisémitisme se développa dans les universités allemandes dès les années 1920, où les étudiants et certains professeurs distribuaient des tracts contre Einstein, incarnation d'une science « juive dégénérée » dont le caractère théorique allait au rebours des vertus réalistes, intuitives et proches de la nature de la *Deutsche Physik*, la science « aryenne » ou « physique des hommes nordiques ».

En 1931, la situation est déjà telle que Sommerfeld, le maître de Heisenberg, trouve sur son tableau, alors qu'il va commencer son cours, l'inscription « damnés juifs », et la scène se reproduit dans nombre d'universités. Sommerfeld n'était pas juif, le simple fait de se référer aux théories d'Einstein suffit à le rendre suspect. Dès la prise de pouvoir au printemps 1933 par Hitler, les juifs se voient privés de tout accès à des postes officiels, et environ 15 % des universitaires sont suspendus dans l'ensemble des disciplines. Mais ce nombre atteint près de 50 % dans le domaine de la physique théorique « moderne » (mécanique quantique, physique nucléaire). Einstein démissionne *in absentia* en avril 1933 de l'Académie des sciences et James Franck de l'Université de Göttingen ; Marx Born accepte un poste en Angleterre, et l'assistant de Heisenberg, Felix Bloch, est renvoyé avec beaucoup d'autres professeurs et techniciens. Et les juifs une fois écartés, on commence à attaquer les non-juifs qui se défendent de récuser les théories d'Einstein sous la pression de l'organisation des étudiants nazis, la seule active après la suppression de toutes les autres organisations étudiantes. Bien peu des scientifiques restés en place après la prise de pouvoir par Hitler oseront, comme Sommerfeld, écrire à Einstein :

« Je puis vous assurer que le mésusage du mot "national" par nos dirigeants a profondément cassé en moi l'habitude des sentiments nationaux qui fut si prononcée dans mon cas. Je souhaiterais aujourd'hui voir l'Allemagne disparaître en tant que puissance et rejoindre une Europe pacifiée. »

L'influence des partisans de la *Deutsche Physik* ne cesse pas de grandir, alors que Johannes Stark, né en 1874 (qui reçut le prix Nobel pour le phénomène de décomposition d'une raie spectrale par un champ électrique, effet qui porte son nom), est affecté par Hitler lui-même à la tête de l'Établissement de physique et de technique du Reich à Berlin ; l'année suivante il devient président de la Société de soutien de la science allemande, dont va dépendre tout le financement de la recherche. L'engagement nazi de Lenard et de Stark remonte au conflit qui les opposa, sous la République de Weimar, aux « théoriciens » Sommerfeld, Max von Laue et bien entendu Einstein, et du même coup Hitler une fois au pouvoir se réjouit de les voir se heurter de front à ceux des physiciens qui, derrière Heisenberg, n'entendent pas se soumettre à l'idéologie pseudo-scientifique de la *Deutsche Physik*.

En 1936, Lenard publie un traité de physique en quatre volumes, avec une préface qui est un modèle d'argumentation raciste dont l'agressivité est à la mesure du niveau inégalable de sottise : la science, loin d'être internationale, est conditionnée par la race et le sang ; si la science juive n'a pas encore été partout dénoncée, c'est qu'elle avance masquée par son style international ; elle est de plus indifférente à la vérité, alors que la science aryenne se caractérise par sa « volonté de vérité » ; la priorité que la science juive accorde à des « mathématiques obscures » est le signe de son goût pour l'abstraction et pour le refus de la réalité expérimentale.

Il faut citer ce texte, même au galop, pour avoir une idée du type de raisonnement et surtout de style scientifiques auxquels l'idéologie nazie a pu donner lieu – et auxquels nombre d'universitaires en chaire ont pu se plier. Pour caractériser la science juive, écrit Lenard, « la meilleure chose à faire est de rappeler l'activité de celui qui est indiscutablement son représentant le plus proéminent, et indiscutablement un juif de sang pur : Einstein. Ses "théories de la relativité" ont entrepris de transformer et de contrôler la totalité de la physique ; mais à présent elles ont déjà été mises entièrement hors jeu par leur confrontation avec la réalité ». Dans une note placée à la fin de cette phrase, Lenard précise : « Il va de soi qu'il n'y a pas de place dans ce travail pour une discussion de cette construction conceptuelle ratée. » Le reste à l'avenant : « On apercevra ainsi à quel point l'outillage mathématique du savant [aryen] est modique. Ce qui fait ordinairement l'objet de beaucoup de calculs dans les ouvrages détaillés n'apporte rien de neuf en ce qui concerne la connaissance de la nature[1]. »

La campagne contre Heisenberg

Tout comme pour Carl Schmitt, le juriste patenté du régime nazi, « le droit est la volonté du Führer », pour Philipp Lenard la science ne fait qu'un avec le racisme du chef : affaire de conviction et de volonté, qui fonde en droit une rationalité revenant en fait à l'irrationalité même. C'est d'ailleurs là que réside une différence majeure entre le totalitarisme communiste et le totalitarisme nazi : le premier postule que science et politique font cause commune, parce que l'une et l'autre se plient en théorie à la même rationalité jusqu'à confondre, en se référant à Darwin, Engels et Marx, le matérialisme dialectique avec la science de la nature ; le second tend au contraire à les séparer parce que l'« âme » du peuple et de la race se méfie de la science jusqu'à refuser résolument son universalité. Le marxisme se voulait proche de la rationalité scientifique, le nazisme entretenait et assumait ses foyers d'irrationalité. Comme l'a dit sans ambiguïté Bernhard Rust, ministre de l'Éducation et de la Recherche, à l'occasion du 550ᵉ anniversaire de l'Université de Heidelberg, « le national-socialisme est justement décrit comme inamical à la science si l'on estime que l'indépendance des présupposés et la liberté à l'égard des préjugés sont les caractéristiques essentielles de l'enquête scientifique. Mais c'est ce que nous nions catégoriquement ».

Une forme sinon de scientisme, du moins de déférence marxienne pour la science n'était jamais absente du discours des dirigeants communistes, et Staline ne détestait pas publier des textes où il n'hésitait pas à se présenter comme un scientifique. En revanche, la part de revendication irrationaliste dans la doctrine nazie apparaissait agressivement dans les discours officiels, même si dans les faits l'administration de la société et de l'armée renvoyait

---

1. Une grande partie de cette préface est traduite in Werner HEISENBERG, *Philosophie : le manuscrit de 1942*, introduction et traduction par C. Chevalley, Paris, Le Seuil, 1998, Annexe I, p. 397-408.

à de solides pratiques de gestion scientifique. Comme l'a écrit le sociologue Bernard Barber, « il y a toujours eu apparemment un conflit parmi le haut personnel nazi entre une attitude pragmatique à l'égard des pouvoirs de la science et la désapprobation morale de la science pour sa rationalité[1] ». Si le fanatisme invitait à « penser avec son sang », Hitler lui-même a plus souvent cédé à ses intuitions (certaines couronnées de succès) qu'au souci de méthodes rationnelles, et sa foi, partagée par de nombreux dirigeants dans les « armes miracles » jusqu'aux dernières heures de la guerre, est un signe de plus du peu de légitimité qu'avait à ses yeux la rationalité scientifique.

Le domaine où, au contraire, l'institution scientifique nazie a affiché un scientisme sans réserve – et s'est encore distinguée de l'institution soviétique – est celui de la génétique. On verra plus loin combien l'eugénisme, sous l'influence des scientifiques idéologues anglo-saxons, a été pratiqué à la lettre par la grande majorité des médecins, psychiatres, biologistes et généticiens allemands jusqu'à généraliser l'extermination des sujets considérés comme inaptes ou simplement « sous-hommes ». L'Union soviétique a échappé aux législations eugénistes (il y eut certes quelques instituts de génétique s'en réclamant) pour les mêmes raisons que l'Angleterre : c'était viser les classes les plus défavorisées qu'incarnait par définition le monde ouvrier. Et cela malgré la campagne pressante menée auprès de Staline en 1936 par Hermann Muller, futur prix Nobel : élève de Morgan aux États-Unis, il rejoignit l'URSS dans le laboratoire de Vavilov, après un séjour en Allemagne où il avait assisté à l'arrivée au pouvoir de Hitler. Il proposa à Staline un programme d'eugénisme très positif, l'insémination artificielle « grâce au matériel reproducteur des individus les plus transcendantalement supérieurs », cinq mois à peine après que Himmler eut créé les *Lebensborn* (« source de vie »), résidences où les plus parfaits aryens devaient engrosser les plus parfaites aryennes.

Staline avait déjà condamné de tels programmes, et l'eugénisme que préconisait Muller était d'autant plus vivement dénoncé comme doctrine bourgeoise et nazie qu'il impliquait d'adhérer aux conceptions de la génétique capitaliste. Muller poussa la provocation jusqu'à attaquer ouvertement Lyssenko lors d'une séance à l'Académie des sciences agricoles. Déjà

---

1. Bernard BARBER, *Science and the Social Order*, New York, Collier Books, 1962, p. 114. La citation de Bernhard Rust se trouve p. 112.

deux généticiens russes du parti des eugénistes avaient été arrêtés comme ennemis du peuple et exécutés. En 1937, Muller réussit, grâce à Vavilov lui-même déjà menacé, à fuir en Espagne en s'engageant dans les Brigades internationales. Ainsi, comme l'a ironiquement souligné André Pichot, le seul point où le dogme lyssenkiste a rendu service à son pays fut de lui épargner de céder, Staline aidant, aux tentations de l'eugénisme[1].

Quand Heisenberg reçoit à son tour le prix Nobel en 1932, il devient le physicien allemand le plus en vue avec Max Planck – et la cible privilégiée des partisans de la *Deutsche Physik*. À Leipzig, il consacre une partie de ses cours de 1934-1935 à la théorie de la relativité, et les étudiants, après l'avoir chahuté, le dénoncent à Alfred Rosenberg, l'idéologue en chef du parti, en proposant de l'envoyer dans un camp de concentration. Fin janvier 1936, le journal du parti, le *Völkischer Beobachter* dont le directeur est Rosenberg, publie un article commandé par Lenard et Stark, « Physique allemande et physique juive », qui demande la suppression dans les universités de toute référence à la « physique juive ». Heisenberg obtient un droit de réponse (28 février 1936) où il se réclame de la « grande tradition philosophique dont Kant a jeté les bases » pour légitimer la physique « moderne » en tant que discipline à la fois formelle et empirique.

Dans le même numéro, un commentaire de Stark, précédé d'un autre de Rosenberg, exige que « le genre de physique que défend Heisenberg n'exerce plus d'influence, comme cela a été le cas jusqu'à présent sur les nominations ». La campagne est de plus en plus violente, et pourtant Heisenberg semble protégé, malgré son refus d'adhérer au nazisme. Le 15 juillet 1937, le journal des SS, le *Schwarze Korps*, publie sur une pleine page un article, suivi d'un commentaire de Stark, intitulé « Les Juifs blancs dans la science », c'est-à-dire les non-juifs tels que Heisenberg, Sommerfeld et Planck, qui se font les supports de la contamination de la physique allemande par la « juiverie einsteinienne ». Heisenberg y est dénoncé comme le principal représentant de « l'esprit d'Einstein » et comme « l'Ossietzky de la physique » (journaliste catholique et antimilitariste, Ossietzky avait reçu

---

1. Voir André PICHOT, *La Société pure : de Darwin à Hitler*, Paris, Flammarion, coll. « Champs Flammarion », 2000, p. 226-235. Muller proposa aussi d'utiliser des animaux comme « mères porteuses » pour les fœtus humains ou de pratiquer une parthénogenèse humaine : « On comprend, écrit Pichot avec humour, que cela ait pu choquer l'ancien séminariste qu'était Staline. »

le prix Nobel de la paix en 1935 et était alors emprisonné dans le camp de concentration de Pagenburg). La conclusion de l'article illustre tout ce à quoi peut mener l'épistémologie aux ordres d'une idéologie d'État : tous les professeurs qui ont soutenu Heisenberg « doivent disparaître exactement comme les juifs eux-mêmes ».

Malgré ces attaques d'une violence inouïe, Heisenberg pourra non seulement continuer à professer la physique « moderne », mais encore il sera nommé à la tête du programme de recherche, décidé en 1939, sur les projets de bombe atomique. Les raisons pour lesquelles Heisenberg a échappé à ces menaces d'extermination sont multiples : d'une part, les partisans de la *Deustche Physik* « en faisaient trop » avec des arguments d'une scientificité manifestement fragile ; d'autre part, le prestige et le poids de Heisenberg étaient tels dans la communauté des physiciens allemands que la majorité d'entre eux prit parti en sa faveur. Une autre raison, très personnelle, a joué : Himmler lui-même est intervenu en ordonnant une enquête approfondie par les SS. Or, le père de Heisenberg et celui de Himmler avaient été instituteurs dans la même école, et leurs mères étaient dans les meilleurs termes[1].

L'enquête menée durant huit mois, notamment par un physicien SS ayant travaillé avec Laue et Heisenberg, conclut à sa réhabilitation en insistant curieusement – alors que toute l'université était politisée aux ordres des nazis – sur le fait que ce n'est pas le rôle d'un professeur d'être impliqué dans la politique. Himmler déclara ne pas approuver les attaques du *Schwarze Korps* et précisa en termes sans ambiguïté dans une lettre à Heydrich que son protégé était intouchable : « Nous ne pouvons pas nous permettre de perdre cet homme, ni de le tuer ; il est relativement jeune et peut former une nouvelle génération[2]. » Heisenberg ne pourra

---

1. Sur cette guerre entre « physique aryenne » et « physique juive », je renvoie à la remarquable introduction de Catherine Chevalley à *Philosophie : le manuscrit de 1942, op. cit.* et dont la bibliographie est impressionnante. Je tiens de Klaus Gottstein, assistant et successeur de Heisenberg à la tête de l'Institut Max Planck de Munich, les précisions sur les liens d'amitié entre les parents de Heisenberg et ceux de Himmler. Voir notamment Alan D. BEYERCHERCHEN, *Scientists under Hitler : Politics and the Physics Community in the Third Reich*, Yale University Press, 1977, où maman Himmler dit intervenir auprès de « son Heinrich » en faveur de Heisenberg : « mon Heinrich est un tel délicieux garçon », p. 159.

2. Lettre à Reinhard Heydrich, son lieutenant, en date du 21 juillet 1938. Himmler y

pas succéder à Sommerfeld sur sa chaire de Munich (c'est Wilhelm Müller, auteur de pamphlets en faveur de la *Deustche Physik* qui y sera nommé), il demeurera professeur à Leipzig avec un nombre d'étudiants de plus en plus réduit, sera suivi et surveillé lors de chacun de ses voyages par des agents SS, et néanmoins hors d'atteinte de la campagne menée par Lenard et Stark.

En 1942, nommé finalement à l'Institut Kaiser Wilhelm de Munich (futur Institut Max-Planck), il semble bien avoir triomphé des adeptes de la *Deutsche Physik* non seulement parce que l'équipe de physiciens travaillant sur l'énergie nucléaire ne pouvait pas se passer de la physique « moderne », mais aussi parce que Himmler et Göring, au vu de la situation militaire, décidèrent qu'il était urgent que la compétence l'emportât sur l'idéologie. À la tête de l'*Uranverein* visant la mise au point d'une bombe atomique, Heisenberg ne put mener très loin le programme faute de moyens ; les recherches ne visèrent que la construction d'un réacteur avec de l'uranium 235 comme combustible et de l'eau lourde comme modérateur, réacteur qui n'a au reste jamais fonctionné. Himmler et Speer donnèrent priorité à l'arme « miraculeuse » qui avait le plus de chance d'être rapidement disponible, les fusées de Braun. Heisenberg travaillera jusqu'à la fin de la guerre, et plus encore après la défaite, à préserver ce qui restait d'une science physique et d'une université ravagées par le nazisme – l'esprit d'un savoir idéologiquement soumis à l'idée de la race et d'une spécificité strictement aryenne des compétences du scientifique allemand.

recommandait néanmoins à Heisenberg « d'être utile aux SS en travaillant à la théorie de la glace » qui renvoyait à un mythe nordique plus proche des sagas médiévales que de la science "sérieuse" : c'est dans *Le Matin des magiciens* de Louis Pauwels et Jacques Bergier qu'un sort est fait à cette théorie... mythique. Voir A. BEYERCHERCHEN, *op. cit.*, note 78, p. 255 ; la lettre de Himmler est reproduite notamment dans Samuel Goudsmith, Alsos, Henry Schuman, New York, 1947, nouvelle édition dans *The History of Modern Physics : 1800-1990*, Thomas club, 1983, p. 116 et dans David CASSIDY, *Uncertainty : The Life and Science of Werner Heisenberg*, Meeman, New York, 1992, p. 393.

DEUXIÈME PARTIE

Les chercheurs
au péril de l'histoire

8.

L'eugénisme : histoire d'un fantasme

Dans l'histoire de la politisation de la science, l'eugénisme a été l'occasion – le barbarisme s'impose par analogie – de la *scientification* de la politique : des moyens offerts aux pouvoirs politiques de légitimer leur intervention sur la reproduction humaine en vue de l'« améliorer ». Pourtant, bien avant l'invention du néologisme par Francis Galton en 1883, et donc bien avant que l'eugénisme ait trouvé les moyens techniques de ses ambitions politiques, l'idée a parcouru l'histoire, aussi vieille sans doute que celle de l'humanité, en suivant des vagues successives, discontinues, tantôt forcenées, tantôt clandestines, d'aspirations et de revendications s'appuyant essentiellement sur les fantasmes et les menaces qu'inspiraient les « dégradations » du contexte social.

On ne peut pas comprendre les conceptions contemporaines de l'eugénisme – la persistance même de l'idéologie dont elles témoignent, malgré les horreurs auxquelles elle a donné lieu dans l'Allemagne nazie et les abus dans d'autres pays – sans retracer les métamorphoses qu'elles ont connues au cours de l'histoire. Car la tentation d'un pouvoir exorbitant à exercer par la science sur la nature biologique de l'homme, et par là même sur toute l'organisation sociale, est toujours présente, alors que les pratiques eugénistes n'ont donné jusqu'à présent aucune preuve de leur scientificité. C'est que l'essor des idées eugénistes a coïncidé au XIXe et surtout au XXe siècle avec celui des philosophies de l'histoire professant qu'il est possible d'agir sur la nature de l'homme jusqu'à « fabriquer un homme nouveau », et ce fantasme politique n'est jamais étranger aux conclusions d'ordre social que tire la majorité des biologistes des progrès mêmes de leur discipline.

La banque du sperme

Les lendemains de la Seconde Guerre mondiale ont certes assuré une trêve dans la propagation des idées eugénistes. L'expérience nazie, les procès de Nuremberg (où pourtant les pratiques eugénistes en tant que telles n'ont pas fait l'objet de poursuites) et la mauvaise conscience des Alliés qui « avaient laissé faire » conduisent à mettre le thème sous le boisseau ou à s'y référer sous des formules moins évocatrices : le mot « race » ayant mauvaise presse, on parlera plus volontiers de « groupe ethnique » ou de « peuple » ou de « population ». Et comme le mot même d'eugénisme sent le soufre totalitaire, les noms des revues vont changer : ainsi les *Annals of Eugenics* deviennent-elles en 1954 *Annals of Human Genetics*, la revue *Eugenic Quarterly* (suite des *Eugenic News*) devient en 1969 le *Journal of Social Biology* ; et la Société américaine d'eugénisme sera rebaptisée en 1972 Société pour l'étude de la biologie sociale.

Mais le thème couve comme des cendres impossibles à éteindre, et bien des médecins et biologistes anglo-saxons, ou ceux des Allemands qui, réfugiés aux États-Unis après la guerre, avaient recommandé avant ou après l'arrivée au pouvoir de Hitler les stérilisations, ainsi que la sélection des plus « aptes », ne se priveront pas de continuer à militer en faveur d'une forme d'eugénisme. Les théories biologiques et les déclarations cautionnant le racisme ou la sélection des « meilleurs » n'ont pas disparu, et le fantasme d'une régénération de la société par la science ne cessera pas de circuler dans certains milieux, fantasme que les succès de la biologie moléculaire feront rebondir dans les années 1960 en lui promettant l'appoint très efficace de l'ingénierie génétique. Nombre de biologistes vont reprendre le thème du « lourd fardeau » que les déficients génétiques font supporter à la société. Par exemple, Francis Crick, l'un des trois prix Nobel couronnés pour leur découverte de la structure en double hélice de l'ADN, ne se gênera pas de demander dans un colloque : « Pourquoi les gens devraient-ils avoir le droit d'avoir des enfants ? » et proposera de « délivrer des permis » pour que « des parents qui ne seraient pas très convenables sur le plan génétique ne soient autorisés qu'à avoir un seul enfant ou peut-être deux, à certaines conditions [1] ».

---

1. Francis CRICK dans « Eugénisme et génétique : discussion », in G. WOLSTENHOLME (dir.), *Man and his Future*, Boston, CIBA Foundation, Little Brown, 1963, p. 274-275.

En 1963, Hermann Muller, qui avait tenté vainement de convertir Staline à l'eugénisme et qui ensuite s'était fait aux États-Unis le chantre du « choix germinal », a lancé l'idée d'une Fondation destinée à conserver le sperme d'« hommes éminents » et à le vendre aux femmes intéressées à les « reproduire ». Il était lui-même disposé à offrir son sperme à condition qu'il ne soit utilisé que vingt-cinq ans après sa mort[1]. Entre le ridicule et le meilleur des mondes, l'idée fera son chemin : en 1973, quatre ans après la mort de Muller, le Centre de conservation pour le choix germinal, qui porte son nom, verra effectivement le jour avec le soutien d'un millionnaire qui a fait fortune dans les lentilles de contact incassables en plastique. Le Centre est d'abord exclusivement consacré au don de sperme de lauréats du prix Nobel, et il est à la recherche de femmes « intelligentes et en bonne santé », candidates à l'insémination de cette précieuse semence. Seul William Shockley, co-inventeur du transistor, a accepté de révéler publiquement qu'il y a contribué.

Ainsi la congélation des gamètes mâles sélectionnés permettrait-elle d'introduire à une société « parfaite » où seuls « les enfants d'excellence » auraient droit à la vie. Rien de nouveau, en apparence, le thème renoue directement avec les instructions platoniciennes de *La République* : « Il faut que les sujets d'élite de l'un et l'autre sexes s'accouplent le plus souvent possible ». La nouveauté est que les promesses de l'ingénierie génétique rendront la constitution du « troupeau parfait » non seulement plausible, mais aussi possible. Et très souhaitable aux yeux de certains biologistes. Depuis, la Banque de sperme Nobel, comme elle est communément appelée, a élargi sa gamme de recrutement au-delà des lauréats de Stockholm (il n'y a pas eu assez de Nobel candidats), mais les dépôts congelés ne doivent contenir que des gamètes... de scientifiques. Nul ne sait, assurément, quelles ont été les aptitudes des enfants qui lui doivent leur paternité. Le fantasme du biopouvoir est ici à son comble, qui rêve de ne reproduire que de petits génies scientifiques, tout comme le système nazi aspirait à ne reproduire que de purs et beaux aryens en accouplant les SS recrutés

---

1. Daniel J. KEVLES, *Au nom de l'eugénisme* (1985), Paris, PUF, 1995, p. 377-379. À la date de publication de ce livre aux États-Unis, il y aurait déjà eu une quinzaine d'enfants conçus dans ces conditions. Kevles cite pour en rire la réponse d'un interviewé à un enquêteur pour un sondage Louis Harris dans *Life* : « Cela serait comme une banque de sang... Il y aurait des bus pour le don de sperme comme il y en a pour le don de sang » (p. 514, n. 38).

ou exclus suivant de stricts critères physiques (yeux bleus, cheveux blonds, etc.) avec des femmes conformes à son idée de la race supérieure.

Si je m'étends sur ce thème, c'est qu'il éclaire non seulement la pérennité du fantasme, mais aussi la manière dont les progrès les plus récents de la science, des biotechnologies aux nanotechnologies, le prolongent plutôt qu'ils ne le transforment, en lui donnant cette fois les moyens de le réaliser : jamais le biopouvoir n'a été plus conscient – ni plus satisfait – de l'influence qu'il exerce sur la société. L'expérience nazie incarne une banalité du pouvoir de la science qui se confond avec la banalité du mal si bien analysée par Hannah Arendt. Les pouvoirs qu'ouvrent aujourd'hui les développements de l'ingénierie biologique sont bien plus redoutables, même s'ils se situent dans le contexte de démocraties, et non plus dans celui d'un régime totalitaire. La question que soulève, en effet, cette résurgence de l'eugénisme sous une forme libérale est bien de savoir si l'on se dirige vers une réforme génétique des propriétés de l'espèce. La fabrication d'un homme nouveau, à laquelle aspiraient les philosophies de l'histoire qui ont déterminé les tragédies du XXᵉ siècle dans le chaudron des passions nationalistes et révolutionnaires, est désormais de l'ordre du possible dans les éprouvettes et les ordinateurs des biologistes.

LA PENTE GLISSANTE

Dans le style qui est le sien, inspiré à la fois par sa lecture de Heidegger et par le cynisme selon Diogène, dont il se réclame, le philosophe allemand Peter Sloterdijk a très exactement jeté en 1999 un gros pavé dans la mare avec sa conférence d'Elmau, «Règles pour le parc humain [1]». On voit bien pourquoi cette conférence a fait beaucoup de bruit en Allemagne. Les textes de Sloterdijk sont toujours provocateurs à force de dénoncer – non sans raisons – les «choses monstrueuses provoquées dans les temps modernes par des acteurs humains, entrepreneurs, techniciens, artistes et consommateurs [2]». Cette dénonciation du «monstrueux de la moder-

---

1. Peter SLOTERDIJK, *Règles pour le parc humain : réponse à* La Lettre sur l'humanisme *de Jean Beaufret*, Paris, Mille et une nuits, 2000. Ce texte non révisé a d'abord été publié en France par *Le Monde des débats*, 7 octobre 1999.
2. ID., *L'Heure du crime et le Temps de l'œuvre d'art*, Arles, Actes Sud, 2000, p. 9 *sq.*

nité » revient en fait à déculpabiliser l'Allemagne nazie dès les premiers paragraphes de *L'Heure du crime* : puisque la « monstruosité du siècle a été globale », où que ce soit, « la modernité, c'est le renoncement à la possibilité d'avoir un alibi ». L'histoire de la globalisation – depuis Galilée et Christophe Colomb –, c'est en somme celle de la culpabilité de tous. Ce thème reprend très explicitement ceux de Heidegger sur la technique et « l'époque des conceptions du monde » qui ont tourné le dos à « la maison hellénique de l'Être ».

La conférence d'Elmau va plus loin : c'est proclamer que le progrès des sciences de la vie menace de plier à une nouvelle forme de tyrannie « le troupeau » de l'humanité évoqué par Platon dans *Le Politique*. Et comme Sloterdijk ne se prive pas de parler d'un « parc humain » – ce qui suggère soit le zoo, soit le camp –, le spectre de l'univers concentrationnaire n'est pas loin. La résurgence du thème ne pouvait être indifférente à l'Allemagne sociale-démocrate de Schroeder : scandale énorme, parce que trois générations ne suffisent pas à effacer la mémoire de grands-parents et de parents qui ont fait le salut hitlérien et qui ont pu contribuer aux massacres de toutes sortes à travers l'Europe. Il est vrai que Sloterdijk appartient à la génération – il est né en 1947 – de ceux qui n'ont pas participé à la catastrophe, il le sait d'autant plus qu'il s'en prend à la philosophie critique, à celle de Habermas en particulier, qu'il accusera d'ailleurs d'avoir orchestré la campagne contre sa conférence. Sloterdijk, philosophe « kunique » comme il se définit, c'est-à-dire héritier du cynisme en philosophie, est l'après-Habermas comme Schroeder a été le politique de l'après-Kohl : retour à Berlin, c'est-à-dire « retour à la maison », comme l'a dit un éditorial du *Spiegel* de mai 1998.

C'est une Allemagne en quête d'un rapport normalisé avec son passé, mais héritière néanmoins d'une histoire qui ne peut pas se libérer de « la routine de la culpabilisation ». Cette formule est de Martin Walzer qui a provoqué un an plus tôt en Allemagne un scandale analogue à celui de Sloterdijk. La presse les a associés l'un à l'autre dans la revendication du retour à la normalité. Pour Sloterdijk, plutôt que de s'en prendre exclusivement au passé allemand, il faut culpabiliser aussi les autres et pourquoi pas, derrière l'Europe, tout l'Occident. Dans un article du *Monde* (9 septembre 1999) qui a suivi la publication de sa conférence, il parle de ces « fils trop bien purifiés de pères contaminés par le national-socialisme [qui] veulent pérenniser la situation d'après-guerre dans leurs têtes et dans la psyché des plus jeunes. Ils jettent constamment des regards défavorables et méfiants sur les représentants de la nouvelle génération qui veut sortir des sombres atrocités de jadis pour gagner des zones un peu plus claires sans insouciance, mais sans non plus cette constante excitation hypermoralisatrice. » C'est évidemment à Habermas que renvoie cette critique de la « constante excitation hypermoralisatrice ». Bref, ce règlement de compte entre Allemands renvoie à un débat plus général : après le clonage de la brebis Dolly, la possibilité du clonage humain – qui vise à reproduire le même – ne nous met-elle pas fatalement sur la voie d'une forme nouvelle d'eugénisme favorisant le choix de la reproduction des « meilleurs » ?

L'embarras dont témoigne à cet égard la réflexion de Jürgen Habermas est révélateur : comme on parle de postmodernité, il s'interroge sur la capacité qu'a la science de nous entraîner irrésistiblement vers une posthumanité récusant toute prétention à définir la spécificité de « la personne humaine ». Mais dans un monde où la religiosité et le sacré se font rares, la ligne de démarcation entre ce qui est possible et ce qui est souhaitable – ou à exclure – est de plus en plus difficile à tracer. Cette question du seuil à ne pas franchir – dernière transgression sur le mode prométhéen ou faustien – suscite des débats sans fin où seules les convictions religieuses offrent encore des repères solides aux interdits : on y discute des avantages de l'eugénisme « positif » et des inconvénients ou des menaces de l'eugénisme « négatif » sans que l'on sache très bien si l'on n'est pas déjà, pour parler comme Habermas, sur la pente irrésistiblement glissante – *slippery slope argument* en anglais, *Dammbruchargument* en allemand (« rupture de barrage ») – qui mène de l'un à l'autre et donc si l'on ne renoue pas avec tous les fantasmes eugénistes du siècle dernier [1]. Après le succès du clonage de la brebis Dolly, je crois bien avoir été l'un des premiers en France à poser la question : « Où est la limite ? » tout en répondant sans illusions qu'il n'y en aurait pas, sauf à concevoir un traité bannissant universellement le clonage humain non seulement reproductif, mais aussi thérapeutique [2].

L'enjeu, de toute évidence, renvoie à des frontières que le progrès des sciences, tout autant que l'évolution des mœurs, rend de plus en plus floues. Il y a des actes qui sont à la fois possibles et bannis, l'assassinat par exemple.

---

1. Jürgen HABERMAS, *L'Avenir de la nature humaine : vers un eugénisme libéral ?*, Paris, Gallimard, 2001, p. 130.

2. Jean-Jacques SALOMON, « Le clonage humain : où est la limite ? », *Futuribles*, n° 221, juin 1997, p. 55-68.

Mais faut-il exclure l'euthanasie parce qu'on bannit l'assassinat ? De même, où commence la « personne » humaine, dès le mélange des deux gamètes qui déterminent l'embryon, ou au développement d'un certain nombre de cellules embryonnaires et en ce cas à combien – six, douze, davantage ? Si tel nombre de cellules est considéré comme « personne » humaine, a-t-on néanmoins le droit d'expérimenter sur elles comme sur des cellules animales ? Mais au nom de quoi ne pourrait-on pas le faire, si les parents des œufs surnuméraires congelés y consentent faute de « projet parental », alors que l'avortement pour des raisons thérapeutiques est légitime ? Si l'eugénisme négatif a fort mauvaise réputation, qui consiste à éliminer les êtres humains porteurs de tares spécifiques, en quoi le diagnostic pré-implantatoire dans le cas de la fécondation *in vitro* (FIV) ne revient-il pas à un processus analogue de sélection des chromosomes porteurs de maladies génétiques ? La loi française dite de bioéthique interdisait en 1994 toute expérimentation sur l'embryon, mais à « titre exceptionnel » l'homme et la femme formant le couple pouvaient accepter que soient menées des études sur l'embryon, à condition qu'elles aient une finalité médicale « et ne portent pas atteinte à l'embryon ». En 2006, le pas est franchi, et le clonage à visée thérapeutique est autorisé.

On comprend les réserves que Jacques Testart, dès son premier livre, a pu formuler à l'égard de l'usage de la FIV à l'intention de couples non stériles. Refusant l'engrenage qu'entraîne la rencontre de la FIV avec les techniques de diagnostic génétique, il annonçait sans se tromper que celles-ci se généraliseraient irrésistiblement au nom des finalités thérapeutiques[1]. Et revenant sur les progrès accomplis depuis dans tous les secteurs de la transgénèse, il insistait plus récemment sur la nécessité de « contenir la science au-dedans de limites compatibles avec la dignité humaine[2] ». Autant de questions, d'embarras et d'inquiétudes à l'égard de transgressions possibles que seules l'Église et la psychanalyse ne se défendent pas de dénoncer comme telles. Ainsi Monette Vaquin : « Paternité écartée de la sexualité, maternité morcelée, descendants otages des congélateurs de la science, gamètes interchangeables, télescopages des générations, quelle

---

1. Jacques TESTART, *L'Œuf transparent*, Paris, PUF, 1986.

2. ID., *Des grenouilles et des hommes : conversations avec Jean Rostand*, Paris, Stock, 1995 ; voir aussi du même « Les experts, la science et la loi », *Le Monde diplomatique*, septembre 2000, p. 1-24-27.

était la visée de ce qui règne aujourd'hui dans la science, et qui n'est pas la science, sinon la destruction de la filiation [1] ? » En somme, où sont et quels sont les seuils de légitimité ?

Il n'est pas sûr que la grande majorité des biologistes soit sensible à cette hésitation, à ce scrupule, à la légitimité même de ces questions à la fois intellectuelles et morales, s'ils tiennent, comme l'a revendiqué Spyros Artavanis-Tsakonas, que « le savoir ne connaît pas de limites, mais en même temps n'a ni éthique ni passion ». Dans sa leçon inaugurale du Collège de France, ce biologiste américain spécialiste du développement ne s'est pas privé d'afficher sa conviction : « Les progrès qui hier encore faisaient figure de fiction et qui, aujourd'hui, sont bien réels, nous ont conféré des pouvoirs inattendus. Ainsi les sciences biologiques ont envahi nos vies comme aucune autre discipline scientifique, remettant en cause la maladie, défiant la mort, menaçant nos mythes. Le meilleur des mondes se rapproche, mais est-il vraiment le meilleur ? La réponse ne peut être que oui [2]. » Face, d'un côté, à la pression des associations de malades qui voient dans les cellules embryonnaires l'espoir de remèdes miracles à des maladies actuellement incurables et mortelles et, d'un autre côté, à l'excitation de ceux des biologistes qui rêvent, comme le vétérinaire coréen, de coiffer tous leurs collègues dans la course au clonage humain, on voit mal pourquoi et comment la digue serait en état de résister.

De fait, le scrupule de vieil Européen dont témoigne Habermas, héraut libéral, laïcisé et postmétaphysique – hypermoralisateur aux yeux de Sloter-dijk – d'une Allemagne revenue horrifiée du nazisme, semble de peu de poids face à la soumission croissante du corps vivant et de la vie au *mécano* de l'ingénierie génétique. Après les blessures narcissiques que Copernic, Darwin et Freud ont infligées à l'humanité – sa place dans l'univers, son rang dans le règne animal, ses prétentions à la rationalité –, l'instrumenta-lisation du vivant qui permet d'envisager jusqu'à l'homme eugéniquement programmé pourrait bien être ce qu'il appelle une nouvelle « décentration de notre image du monde ». Au reste, le meilleur des mondes est encore à venir, si l'on en croit cet autre philosophe qu'est Claude Debru, qui dresse

---

1. Monette VAQUIN, *Main basse sur les vivants*, Paris, Fayard, 1999, p. 39.
2. Spyros Artavanis-Tsakonas, professeur à l'Université Harvard, titulaire de la chaire de biologie et génétique du développement au Collège de France, *Leçon inaugurale*, 26 avril 2001.

l'état des conquêtes spectaculaires de l'ingénierie du vivant depuis 1970 et envisage toutes les métamorphoses qu'elles promettent encore de réaliser[1].

À partir d'une longue réflexion sur les liens entre le possible et le réel, il dénonce la peur de l'inconnu que ces conquêtes suscitent et se retrouve au cœur d'une prospective qui envisage très sereinement, comme l'exode colonisateur sur la Lune qu'imaginaient certains des pionniers de la recherche spatiale, « une civilisation entièrement nouvelle, dont les valeurs et les fondements seraient différents de la nôtre », où les applications de l'ingénierie génétique, clonage reproductif inclus, « seraient largement acceptées ». Fantasme, bonne conscience ou narcissisme de scientifiques que des philosophes reprennent à leur compte comme s'il y allait du salut de l'humanité ? On ne peut pas comprendre ces enjeux sans évoquer très précisément l'histoire des rêves et des crimes que la pensée même de l'eugénisme a enfantés au cours du dernier siècle.

Le modèle de l'élevage animal

Il faut le souligner et sans cesse le rappeler, l'« eugénique » présentée comme une science par Galton n'a jamais été une science ni une théorie scientifique, mais une *idéologie* se nourrissant des progrès de la science, associant plusieurs disciplines (médecine, biologie, démographie, sociologie, statistique, médecine vétérinaire) dans l'idée que la reproduction humaine peut et doit imiter les succès de l'élevage animal : réduire le nombre des ratés de la nature (les inaptes pour l'homme) et accroître celui des réussites (les plus doués), tel est le rêve de perfectionnement qui s'inspire de ce modèle directement hérité de l'agriculture.

Un rêve en quête de reconnaissance constante par l'État, qui remonte sans doute plus loin qu'à l'exposition des nouveau-nés mal formés à Sparte et à des discours clairement eugénistes comme celui de Platon dans *La République* : l'un des rôles du législateur est de substituer au hasard (ou aux inclinations amoureuses inattendues) une rationalité collective dans le processus de formation des couples et donc potentiellement de la reproduction. Former des unions au hasard, dit Platon, serait une impiété dans une cité heureuse, et il importe de ne sanctifier que les mariages avantageux

---

1. Claude DEBRU, *Le Possible et les biotechnologies*, Paris, PUF, 2003.

à l'État : « Il faut que les sujets d'élite de l'un et l'autre sexes s'accouplent le plus souvent possible, et les sujets inférieurs le plus rarement possible ; il faut de plus élever les enfants des premiers, non ceux des seconds, si l'on veut maintenir au troupeau toute son excellence[1]. » La leçon, de toute évidence, a été retenue par la bourgeoisie comme par la noblesse.

En somme, dès l'Antiquité et sur le modèle de l'élevage animal, la hiérarchisation intellectuelle et sociale entre les bons et les mauvais sujets implique un programme de préservation politique du groupe par abandon ou élimination des « mauvais » : l'eugénisme d'État, sur lequel l'Allemagne nazie fondera ses mesures de stérilisation, d'euthanasie et d'extermination, est déjà très explicitement présent sous l'horizon de la Cité idéale. Mais il ne s'agit encore que de *préserver* le groupe, non pas de l'*améliorer*, et Platon semble avoir très nettement conscience que cette prescription ne va pas de soi, puisqu'il insiste sur la nécessité pour « les magistrats d'être seuls dans le secret de ces mesures pour éviter le plus possible les discordes dans le troupeau ». Il a aussi souligné au préalable la nécessité de donner aux femmes, quelles que soient leurs différences avec les hommes, la même éducation et les mêmes fonctions, y compris à la guerre. On verra plus loin comment les idées popularisées par Galton ont été exploitées par les mouvements de libération de la femme : à lire Platon, on dirait que d'entrée de jeu le féminisme a eu partie liée avec l'eugénisme.

L'idée de contrôler la reproduction des individus dans les groupes humains afin d'en préserver les « meilleures qualités » transmissibles prend naissance, bien entendu, dans le souhait (et les pratiques adoptées pour y parvenir) d'enfants « réussis, beaux, bien-portants, sans handicap », souhait éprouvé par les parents dès les sociétés les plus anciennes : c'est qu'il y va de la capacité de survivre des familles et des groupes – et de leur prestige. Des remèdes de bonnes femmes à l'infanticide, y compris l'intervention des « marieuses » et des chamans, le processus de sélection est longtemps passé par des méthodes empiriques et magiques. Et il n'a jamais été démontré – jusqu'à présent – que ces pratiques aient changé quoi que ce soit au mode de sélection naturelle. La préférence manifestée par nombre de parents pour les garçons renvoie à la pesanteur de préjugés qui font du mâle un être plus prestigieux ou un combattant plus apte à la guerre, par qui se transmet la lignée du sperme paternel plus légitimement « authentique ».

---

1. PLATON, *La République*, V, 459e, Paris, Les Belles Lettres, t. VII, p. 65.

On sait qu'aujourd'hui encore, spontanément par réflexe culturel comme en Inde ou sous la pression de l'État comme en Chine, il y a des sociétés où les couples choisissent d'éviter d'avoir des filles jusqu'à les éliminer[1]. Le contre-exemple des Amazones a joué chez les Grecs comme le fantasme de la prise du pouvoir par le sexe dit « faible », et certains mouvements féministes américains ne sont pas loin aujourd'hui de revendiquer une revanche de style eugéniste sur l'impérialisme du sexe dit « fort ».

NATURE ET CULTURE : LE POINT DE PASSAGE

En revanche, la réglementation des unions consanguines peut apparaître comme l'un des modes de sélection les plus anciens, auquel toutes les sociétés ont eu recours en fonction du tabou de l'inceste. La distinction entre conjoints possibles et conjoints prohibés renvoie partout à des systèmes de parenté et d'échange eux-mêmes fondés sur la distinction entre nature et culture, c'est-à-dire entre le biologique et le social, avec des interprétations, des prescriptions et des interventions qui varient à travers le temps et l'espace suivant les sociétés.

Comme l'a montré Claude Lévi-Strauss, « aucune analyse réelle ne permet de saisir le point de passage entre les faits de nature et les faits de culture, et le mécanisme de leur articulation[2] ». C'est pourtant *ce point de passage et ce mécanisme* qui sont au cœur des débats que la prétendue science eugénique a soulevés à mesure qu'elle s'est de plus en plus appuyée sur les données venant, elles, des « vraies sciences », génétique et biologie, théories de l'hérédité et de l'évolution : le rêve d'un point de passage et d'un mécanisme aussi démontrables, démontrés et donc maîtrisables que possible pour intervenir en toute légitimité sur les conditions de la conception et de la reproduction. Et si les sociétés anciennes ont rêvé d'agir par le social sur le biologique, les sociétés modernes rêveront d'agir par le biologique sur le social.

---

1. Pour la Chine, la politique excluant plus de deux enfants menée depuis Mao Tsé-toung ne sera pas sans poser de sérieux problèmes dans l'avenir : voir Isabelle ATTANÉ, *Une Chine sans femmes*, Paris, Perrin, 2005.

2. Claude LÉVI-STRAUSS, *Les Structures élémentaires de la parenté*, Paris, PUF, 1949, p. 9.

La littérature sur le thème de l'eugénisme a foisonné bien avant l'invention du néologisme, en France en particulier, qui fait nettement ressortir comment l'on passe des conseils donnés aux couples en vue d'une « meilleure procréation » à l'appel au législateur pour une sélection « plus adéquate » de l'espèce. La très grande majorité de ces ouvrages est déjà l'œuvre de médecins. La *Callipedia* (1655) est un poème publié en latin par l'un d'entre eux, Claude Quillet, dont la traduction en français (1749) a connu un très grand succès : il s'adressait aux couples pour leur donner des conseils et des recettes en vue d'obtenir de « plus beaux enfants », conseils et recettes qui vont de l'acte procréateur à l'éducation. C. A. Vandermond, fondateur du *Journal de médecine*, publie en 1756 un *Essai sur la manière de perfectionner l'espèce humaine*, où l'on passe de la pédagogie des couples à celle de la société tout entière au nom de la « normalité » conçue comme la perfection : les trop grands, les trop petits, les trop gros et les trop maigres y sont condamnés à l'abstinence, et déjà la notion de « difformité » se confond avec les stigmates de la pathologie.

Puis paraissent plusieurs livres où l'on fait appel au calcul : changement à la fois de méthode et de cadre – et du même coup de dimension. L'objectif est d'offrir à l'État les meilleurs sujets conçus et procréés suivant des critères relevant désormais de méthodes mathématiques. Après François-Emmanuel Fodéré, père de la médecine légale, qui présente en 1799 un ensemble de prescriptions pour améliorer l'espèce, Paul-Augustin-Olivier Mahon publie en 1801 *Médecine légale et police médicale*, dont le titre et le contenu marquent explicitement le passage avant l'heure de la pratique scientifique des conditions de la reproduction à l'organisation plus rationnelle de l'« élevage » de la société. En 1803, Louis Robert offre ses recommandations à l'État pour obtenir de meilleurs sujets avec un livre dont le titre trop savant désigne une discipline ou une technique qui n'a aucune chance d'être retenue, *La Mégaloanthropogénésie*, mais le cœur assurément y est : il désigne l'ensemble des prescriptions qui doivent assurer la production d'une humanité dont la taille peut et doit en tout grandir. Il y eut d'ailleurs d'autres néologismes également sans avenir : *eugénésie, anthropogénésie, génésie viriculture, hominiculture* et même *puériculture* dans les années 1910 entendue au sens que les Anglo-Saxons donnaient au même moment à l'eugénique. C'est dire combien la protohistoire de l'eugénisme au sens contemporain du terme renvoie à une constance d'aspirations et de fantasmes.

Le grand Georges Cabanis, dans ses *Rapports du physique et du moral* (1802), propose tout un programme de régénération fondé sur une hygiène publique et collective, qui entend directement s'inspirer du modèle des réussites millénaires de l'élevage animal et de l'horticulture : « Après nous être occupés si curieusement des moyens de rendre plus belles et meilleures les races des animaux ou des plantes utiles et agréables, [...] combien n'est-il pas honteux de négliger totalement la race de l'homme ! [...] Il est temps d'oser faire sur nous-mêmes ce que nous avons fait si heureusement sur plusieurs de nos compagnons d'existence, d'oser revoir et corriger l'œuvre de la Nature[1]. » Ce programme de régénération va devenir le leitmotiv au cours du XIXe siècle de thèmes pessimistes sur l'évolution des sociétés, que frappent d'un côté les grandes épidémies (choléra, tuberculose, maladies vénériennes) et de l'autre l'extension des tensions sociales liées à la croissance de l'urbanisation et de l'industrialisation.

L'INVASION DES BARBARES

Le thème de la dégénérescence éclaire la nature du contexte et des préoccupations qui vont de plus en plus conditionner l'essor des idées eugénistes, celles de Galton en particulier : la société est malade, elle produit des « déchets sociaux », inadaptés, pauvres, incurables ou criminels, et plus la révolution industrielle déplacera davantage d'hommes et de femmes des campagnes vers les villes, plus grandira la peur dans la bourgeoisie et les classes moyennes montantes de cette population marginalisée que l'on est prêt à traiter comme une sous-humanité. *Classes laborieuses, classes dangereuses*, le titre du livre de Louis Chevalier décrit très exactement le type de frayeur que suscite la population des déshérités et des ouvriers qui assiègent les faubourgs et le centre des villes : d'où cet « état pathologique » de la société dont la cause première est la misère, et l'effet le plus spectaculaire la criminalité. Et c'est donc dans un contexte de lutte des classes en Europe – auquel s'ajoutera dans le cas des États-Unis

---

1. Georges CABANIS, *Rapports du physique et du moral*, édition de 1843, p. 264. Sur toute cette littérature française, voir les analyses dans la thèse d'Anne CAROL, *Histoire de l'eugénisme en France. Les médecins et la procréation, XIXe-XXe siècle*, Paris, Le Seuil, 1995.

la question raciale de la population noire – que l'eugénisme à prétention scientifique prendra son essor avec les publications de Galton.

Hier, comme l'a souligné Michel Foucault, le rationalisme triomphant vouait à l'enfermement les inadaptés, hors normes et non conformes à ses canons – les fous, les prostituées et les criminels – tous traités comme dangereux, dont «l'absence d'œuvre» menaçait l'ordre social et donc relevait exclusivement des opérations de police. Désormais, pour purger la société de ces éléments déviants, on s'efforcera de les empêcher de procréer et, faute d'y réussir à l'échelle qui s'impose, on tendra finalement à les éliminer. S'agissant des fous, l'œuvre de la Révolution française a conduit au mythe de leur guérison acquise sur-le-champ, et Michel Foucault a eu beau jeu de marquer les limites des traitements qui leur ont été réservés en passant de la prison à l'asile : le médecin Pinel libère les enchaînés de Bicêtre et, dans cet instant, ils sont censés recouvrer la raison. Les fous mis aux fers étaient traités comme des animaux, désormais ils le seront comme des asociaux que l'asile a pour tâche de rééduquer par des moyens coercitifs de caractère judiciaire (par exemple, la douche).

«L'asile de l'âge positiviste, tel qu'on fait gloire à Pinel de l'avoir fondé, n'est pas un libre domaine d'observation, de diagnostic et de thérapeutique ; c'est un espace judiciaire où on est accusé, jugé et condamné. [...] La folie sera punie à l'asile, même si elle est innocentée au dehors[1].» Au XIXe siècle, on pourra très exactement inverser ce propos de Foucault en l'appliquant aux masses déshéritées de la révolution industrielle : elles seront culpabilisées et condamnées au-dehors par les mêmes craintes et les mêmes fantasmes, et tous ces types d'hommes et de femmes jugés «non conformes» ne conduiront pas moins à de nouvelles formes d'exclusion et à des traitements encore plus coercitifs. Ce n'est pas un paradoxe : après les fous soumis à un régime judiciaire, les ouvriers relèveront du même miroir où la société reconnaîtra ses propres peurs. La révolution industrielle entraîne des problèmes immenses de misère sociale à l'ombre desquels les classes inférieures apparaissent comme un danger pour la civilisation. Or, comme Louis Chevalier ne cesse de le souligner, les progrès de la statistique et la diffusion de ses résultats ne sont pas étrangers à cette contagion de la peur que suscite l'accroissement de la population marginalisée : c'est

---

1. Michel FOUCAULT, *Folie et déraison : histoire de la folie à l'âge classique*, Paris, Plon, 1961, p. 603.

effectivement la statistique qui révèle à l'opinion « l'unité des conséquences matérielles et morales de l'expansion urbaine [1] ».

Le travail de Louis Chevalier – modèle de recherche en sciences sociales – se concentre sur « cette première moitié du XIXe siècle qui n'est pas seulement l'âge privilégié de la statistique, par cette ambition de tout connaître et de tout mesurer et par cette consultation permanente qu'une opinion publique inquiète impose aux spécialistes des populations ; elle l'est aussi par la rapide diffusion des résultats chiffrés des plus importants travaux et par l'immédiate information de l'opinion [2] ». La précision des dénombrements dévoile à l'opinion une population différente et inférieure, aux caractères et aux pulsions de révolte redoutables, et c'est de la précision même de ces statistiques que la littérature s'empare – Balzac, Hugo, Sue – pour peindre des tableaux de mœurs tout aussi précis.

Les enquêtes qui se succéderont à partir de 1840 ont un retard d'une dizaine d'années sur les romans dont les descriptions font grandir l'angoisse sociale ; elles vont lui donner, dit Chevalier, « sa plénitude et sa justification » en achevant la transition entre classes dangereuses et classes laborieuses : « La misère cesse d'être un fait marginal ; elle est au cœur des choses. Elle cesse d'être inoffensive ou de présenter cette espèce d'utilité qu'on lui reconnaissait ; elle devient importante, encombrante et dangereuse [3]. » Disraeli disait qu'un « livre peut être une chose aussi grande qu'une bataille ». La statistique agit sur les esprits comme des armes de poing sur les corps.

Il suffit de lire certains des textes que cite Chevalier pour voir comment la diffusion de travaux statistiques répand l'idée d'une véritable « invasion des barbares » au cœur des grandes villes en voie d'industrialisation. Dans les deux volumes de son livre *Des classes dangereuses de la population des grandes villes* (1838), couronné par l'Institut de France, Fregier, chef de bureau à la préfecture de la Seine, définit les classes pauvres comme « vicieuses » et « pépinière la plus productive de toutes les sortes de malfaiteurs ». Vice et pauvreté vont de pair et provoquent une véritable contagion, qui inspire la même épouvante que les grandes épidémies. Dans son enquête sur *La Misère des classes laborieuses en France et en Angleterre* (1840),

---

1. Louis CHEVALIER, *Classes laborieuses et classes dangereuses* (1958), Pluriel, 1978, p. 98
2. *Ibid.*, p. 101.
3. *Ibid.*, p. 251 *sq.*

Buret compare les prolétaires aux sauvages, aux barbares, aux nomades, et va jusqu'à exposer, dit Chevalier, « les divers aspects de la révolte ouvrière et les conflits de classe en termes de race [1] ». *Le Journal des débats* du 10 juillet 1832 parlait de « l'invasion des barbares », Victor Hugo évoquant la révolte ouvrière du faubourg Saint-Antoine dans *Les Misérables* renvoie la balle : « C'étaient des sauvages, oui ; mais les sauvages de la civilisation. »

La tentation est grande, à propos de la peur qu'inspirait au XIXe siècle la population parisienne vivant dans ce que Eugène Sue appelait « les sinistres régions de la misère et de l'ignorance », de la rapprocher de l'inquiétude qu'inspirent de nos jours les jeunes sans emploi des banlieues. Ces craintes d'un siècle à l'autre ont des racines et des fantasmes communs : l'immigration d'Afrique du Nord et d'Afrique noire a succédé à l'immigration intérieure, méridionale et septentrionale, et si l'on s'en tient aux traits physiques soulignés par Louis Chevalier « à travers les romans, *Les Mystères de Paris* et *Les Misérables*, le teint basané a succédé au blond dominant » – hier délit de cheveux, aujourd'hui de faciès. « La misère, écrivait Buret, c'est la pauvreté moralement subie » – ce que nous appelons de nos jours l'exclusion dans la condition urbaine. Hier les ouvriers migrants, aujourd'hui les immigrants, c'est la même marginalité que les fantasmes ont vite fait d'associer à la criminalité.

ENFIN GALTON VINT

Médecins, statisticiens et policiers voient des traits biologiques et des caractères physiques dans ces sauvages : leurs différences, que l'on traite déjà en termes de race, associées au pouvoir de persuasion des statistiques, préparent le terrain à l'eugénisme de Galton, lui-même statisticien. C'est que, comme ne cesse de le souligner Louis Chevalier, « le statisticien et le démographe sont promus par l'opinion publique à une sorte de magistrature du bien-être général » face à l'inquiétude que suscite l'expansion de la population et donc des classes défavorisées [2]. Ici, la statistique érige déjà en magistrature sociale l'expertise scientifique. Il est significatif, au reste, que le premier matériau de choix que Galton ait retenu ait été le groupe

---

1. *Ibid.*, p. 595.
2. *Ibid.*, p. 94 *sq.*

professionnel des chercheurs dans les sciences de la nature. Dans *Hereditary Genius* (1869), il avait isolé, parmi mille hommes « éminents », un groupe de scientifiques dans lequel il avait constaté un taux exceptionnellement élevé de descendants non moins éminents (ou presque autant), qu'il attribuait bien entendu à l'hérédité. Quelques années plus tard, menant la première enquête sociologique par sondage sur les scientifiques, il concentrait son analyse sur les membres de la Royal Society, auxquels il adressait un questionnaire. Sur les 180 réponses, il en retint 100 pour l'analyse statistique, où il soulignait les antécédents familiaux, les résultats scolaires, les atouts et les qualités personnels, ainsi que les motivations à devenir des chercheurs, pour conclure, certes hâtivement, que l'hérédité joue le rôle principal dans le choix (ou la vocation) de s'engager dans les sciences.

Ce travail sur les « hommes de science britanniques » trouvait tout son sens dans le contexte plus large de la dégénérescence des races : les chiffres analysés par Galton montraient que les familles éminentes produisaient de moins en moins d'enfants, et donc que la race supérieure, celle qui définit une civilisation (évidemment celle de l'Angleterre et de son empire), était menacée à terme de s'éteindre si rien n'était fait : « La possession d'un fort goût pour la science est un précieux capital, et c'est un gaspillage malfaisant du pouvoir national que de contrarier impitoyablement ce goût par un faux système d'éducation. Les goûts sont autant d'articles de santé nationale que le charbon et l'acier [1]. » Ainsi, très ironiquement, les premiers pas d'une sociologie des scientifiques – avec des conclusions pseudo-scientifiques – devaient-ils contribuer à fonder une science du racisme et, déjà, les statistiques étaient appelées à l'aide pour conforter le discours mobilisateur en faveur d'une politique de la science : le goût – les ressources en personnel scientifique et technique – n'était pas moins, déjà, « capital national » que les matières premières stratégiquement indispensables au maintien des « objectifs nationaux ».

Le premier texte où Galton utilisa le mot *eugénique* proposait une définition qui pouvait aisément s'entendre de manière raciste : c'est « la science de l'amélioration des lignées, qui ne se borne nullement aux questions d'union judicieuses, mais qui, particulièrement dans le cas de l'homme, s'occupe de toutes les influences susceptibles de conférer aux

---

1. Francis GALTON, *English Men of Science : Their Nature and Nurture*, Londres, Macmillan, 1874, p. 223.

races les plus douées un plus grand nombre de chances de prévaloir sur les races qui le sont moins [1] ». En fait, après plusieurs voyages en Afrique, dont il est revenu convaincu qu'il existe des races inférieures, Galton a publié ses idées dès 1865 avec une définition moins alambiquée – et une proposition d'action politique délibérée en faveur de la meilleure procréation collective possible : « Si l'on mariait les hommes de talent à des femmes de talent, de même caractère physique et moral, on pourrait, génération après génération, produire une race humaine supérieure. Cette race n'aurait pas davantage tendance à faire retour aux types ancestraux plus médiocres que ne le font nos races désormais bien établies de chevaux de course et de chiens de chasse [2]. »

La formulation est ici très proche de celle des prescriptions de Platon, à deux différences près qui soulignent le caractère scientifique plutôt que philosophique du propos : il s'agit désormais non plus seulement de préserver, mais d'améliorer les qualités du « troupeau », et surtout Galton s'appuie sur la théorie statistique de l'hérédité, à laquelle il apportera des contributions importantes. Ses travaux tendent à montrer la constance des populations pour un caractère donné, autrement dit une transmission héréditaire sur laquelle l'environnement ne peut rien. C'est contester les espoirs placés dans l'hygiénisme, que fonde l'importance accordée au milieu (air, eau, lumière, nourriture, habitat, etc.). D'une définition à l'autre, le projet vise toujours à l'intervention de l'État pour conférer aux « races ou souches les plus douées les qualités leur permettant de prévaloir rapidement sur celles qui le sont moins ».

D'un côté, la théorie de l'hérédité, illustrée par August Weismann, montre que le matériel héréditaire, le plasma germinatif, est très tôt isolé du reste de l'organisme au sein des cellules reproductives ; il obéit donc à un déterminisme implacable. De l'autre, le darwinisme – lutte pour la vie et survie des plus aptes – revient à montrer que la société (ou la civilisation) impose des limites au fonctionnement naturel de la sélection. La conjonction des deux théories dote l'eugénisme d'une légitimité scientifique dans un projet politique qui revient effectivement, pour nombre de ses partisans, à faire de l'homme « blanc, adulte et civilisé » celui qui doit « prévaloir » sur tous les autres.

---

1. ID., *Inquiries into Human Faculty and its Development*, Dent and Sons, 1883, p. 24.
2. ID., « Hereditary Talent and Character », *MacMillan Magazine*, 1865, p. 319.

Car Galton, cousin de Charles Darwin par alliance, retient de *L'Origine des espèces* (1859) l'idée que la sélection naturelle ne suffira jamais à elle seule pour préserver les qualités physiques et morales des sociétés européennes en voie de dégénérescence. Tout au contraire, l'action bienfaisante de la sélection naturelle est compromise par un ensemble de facteurs qui proviennent des succès mêmes de la civilisation : les progrès de la médecine d'abord, qui autorisent des jeunes gens à connaître l'âge de la reproduction, alors qu'autrement ils auraient disparu du fait des maladies et des épidémies ; la structure démographique des sociétés modernes, qui fait que les élites – les scientifiques en particulier – limitent le nombre de leurs enfants, alors que les classes inférieures les multiplient ; les guerres modernes, qui sacrifient un nombre toujours plus grand de jeunes gens parmi les plus forts et abandonnent donc le destin des sociétés aux mains des plus âgés (après les guerres napoléoniennes, la taille moyenne des hommes en France avait diminué de quelques centimètres).

Tous les caractères des êtres humains, y compris mentaux et moraux, sont déterminés à la conception : l'action du milieu, suivant la théorie de Lamarck ou les convictions des hygiénistes, n'y est pour rien. Dès lors, « le point de passage » entre faits de nature et faits de culture est fixé une bonne fois pour toutes comme par une démonstration mathématique. La pathologie sociale est le fait de la nature, non pas de la culture, et c'est sur les aspects biologiques de l'humanité qu'il importe de mettre au point une stratégie d'action : les politiques qui agissent sur l'environnement (hygiène, médecine, éducation) sont dénoncées comme impuissantes ou, pis, comme contre-productives.

9.

Science et législations

Il faut donc en venir à une sélection artificielle : la prétendue science se présente effectivement comme une idéologie invoquant l'intervention de l'État à la fois pour lutter contre la dégénérescence de la société et pour assurer la production d'une race supérieure. C'est d'abord et essentiellement un projet politique auquel ses sources scientifiques offrent une dimension apparemment objective et rigoureuse : la visée scientifique est celle d'une réorganisation de l'ordre social. Et c'est surtout préparer l'opinion publique à l'idée de mesures aussi nécessaires qu'urgentes, donc contraignantes : le scientisme, ici, est source directe de pouvoir imposé – totalitaire. En 1910, l'eugénisme semble bien recevoir un allié de poids avec l'avènement de la génétique, c'est-à-dire la redécouverte des travaux menés par le moine Gregor Mendel établissant les lois de transmission des caractères héréditaires : son article de 1866 sur l'hybridation des petits pois avait eu très peu d'échos (il avait été publié dans la revue de la Société d'histoire naturelle de Brno), mais son antériorité fut aussitôt reconnue en 1900, après la publication des articles de Hugo de Vries, Carl Correns et Erich von Tschermak : ces trois botanistes présentaient des résultats tout à fait similaires sur la « loi de disjonction des hybrides » rendant compte de la transmission des caractères héréditaires au moment de l'hybridation des végétaux. En 1905 William Bateson parla le premier de « génétique » en s'inspirant de cette loi pour l'étendre au monde animal.

On a dit de Mendel qu'il avait travaillé comme un physicien, et de fait la biologie s'est transformée grâce à lui en une science dont les concepts et les méthodes seront de plus en plus tributaires, comme la physique, de la connaissance et de la maîtrise de mécanismes physico-chimiques associés à des mesures statistiques. Bientôt, à peine quarante ans après la génétique classique de Thomas Morgan, dont les progrès sont dus à ses travaux sur la drosophile, on en saura beaucoup plus sur les « déterminants » mendéliens qu'on identifiera en termes de gènes localisés dans les chromosomes : la génétique moléculaire offrira la caution la plus solide au réductionnisme, qui trace la voie à tous les progrès de la biologie contemporaine sous forme d'ingénierie du vivant.

En Europe comme aux États-Unis, les idées de Galton, très vite popularisées, se répandent partout dans le contexte des frayeurs et des incertitudes provoquées par la misère, les tensions sociales, l'augmentation du nombre des prolétaires. Le « roman anthropologique de la dégénérescence », comme l'appelle André Pichot, parcourt toute l'histoire de l'eugénisme de la seconde moitié du XIXᵉ siècle jusqu'au nôtre, puisqu'on peut encore lire dans le livre très contemporain du généticien Daniel Cohen cette profession de foi qui renoue avec l'obsession régénératrice de la biologie galtonienne : « Je suis persuadé que l'homme futur, celui qui maîtrisera parfaitement les lois de la génétique, pourra être l'artisan de sa propre évolution biologique, et non celui de sa dégénérescence[1]. » Dès le début du XXᵉ siècle, les sociétés d'eugénique se sont multipliées et ont pesé sur les gouvernements – avec plus ou moins de succès suivant les pays et les périodes – pour les inciter à plier à leurs vœux législations et politiques. Galton meurt en 1911, et l'année suivante le premier Congrès international d'eugénique réunit à Londres médecins, biologistes et statisticiens : la biocratie est en ordre de bataille.

LES STÉRILISATIONS FORCÉES

De fait, dès 1896 aux États-Unis, des lois interdisaient le mariage à certaines catégories de la population (arriérés mentaux, épileptiques, tuberculeux, alcooliques, etc.). Les premières mesures de stérilisation forcées (des malades mentaux) sont prises en 1907 dans l'Indiana, et de ce précédent inaugural jusqu'à la fin de la Seconde Guerre mondiale, on pourra parler d'un véritable âge d'or de l'eugénisme. Revues et associations discutent à loisir des prescriptions à inscrire dans la loi, qui vont du contrôle des

---

1. Daniel COHEN, *Les Gènes de l'espoir*, Paris, Laffont, 1993, p. 262-263.

naissances et de la stérilisation à l'euthanasie des sujets tarés ou socialement inadaptés. Dans nombre de pays, des États-Unis à l'Europe, l'idée se répand que le contrôle social des inadaptés, des déviants et des malades mentaux, sinon des criminels « héréditaires », relève de mesures contraignantes qui doivent agir sur leurs caractéristiques biologiques ou les écarter, fût-ce par la mort.

La communauté des eugénistes organise une véritable propagande et se constitue en groupe de pression. La Société nationale pour l'éducation eugéniste, créée à Londres sous l'inspiration de Galton qui en devient président honoraire, multiplie les représentations locales à Birmingham, Cambridge, Manchester, Southampton, etc., jusqu'à Sydney en Australie. De même aux États-Unis, les associations prolifèrent, tiennent des réunions régulières, organisent des conférences, donnent des conseils aux couples qui s'apprêtent à se marier, développent un réseau de filiales de ville en ville (New York, Chicago, Saint Louis, etc.) et d'État en État. En 1923, la Société américaine d'eugénisme est créée sur une base nationale avec des représentations dans vingt-neuf États.

L'effort de propagande est d'autant plus couronné de succès que la pratique se généralise de consulter les « experts » dans le domaine de l'administration publique : l'action législative et les réformes aspirent à l'« objectivité » et doivent donc s'appuyer sur l'avis des scientifiques. L'expertise des biologistes devient le fer de lance et la légitimité « objective » des processus politiques de décision : première consécration du biopouvoir. Comme l'écrit Daniel Kevles, non seulement la religion de l'eugénisme devient populaire, mais encore elle offre aux scientifiques « la possibilité de tenir un rôle social d'utilité publique[1] » : désormais, leur magistrature d'influence ne cessera pas de peser sur l'action politique.

À cet égard, le rôle du Centre de recherches eugéniques créé par Charles Davenport en 1904 sera déterminant. Ingénieur de formation, devenu

---

1. D. J. KEVLES, *Au nom de l'eugénisme, op. cit.*, p. 98. Parmi les histoires générales de l'eugénisme, D. Kevles se concentre sur le monde anglo-saxon ; A. Pichot va de Darwin à Hitler, entre Europe et États-Unis (*La Société pure, op. cit.*) ; Paul Weindling traite de l'Allemagne avant la prise du pouvoir par Hitler (*L'Hygiène de la race*, Paris, La Découverte, 1998) ; P. Weingart, J. Kroll et K. Bayertz couvrent la période des nazis au pouvoir (*Rasse, Blut und Gene – Race, sang et gènes*, Surkhamp, 1988), ainsi que J. OLFF-NATHAN, éd. (*La Science sous le Troisième Reich*, Paris, Le Seuil, 1993) ; et A. CAROL, *Histoire de l'eugénisme en France..., op. cit.*, traite essentiellement de ces français.

zoologiste à Harvard, ses aptitudes de mathématicien font de lui un des grands prêtres de la biométrie. Il a rencontré en Angleterre Galton et ses collègues et fonde, dès son retour en Amérique, le Centre de Cold Spring Harbor, près de New York, avec le soutien financier – considérable – de la Fondation Carnegie et celui de Mme E. H. Harriman, la femme du magnat des chemins de fer : trente hectares, qui vont devenir la Mecque des stations expérimentales eugénistes, en hébergeant notamment l'Eugenic Record Office. C'est là que seront collectés et analysés des millions de fiches sur les familles présentant des cas de nomadisme, d'épilepsie, d'alcoolisme, d'érotomanie – la caverne d'Ali Baba des caractéristiques héréditaires déviantes des États-Unis[1].

Les prétentions scientifiques s'appuient, d'un côté, sur les statistiques de génétique des populations souffrant d'« anomalies héréditaires » et, de l'autre, sur les tests d'intelligence. Voilà une arme de guerre plus convaincante encore que le mendélisme : les tests de QI Binet-Simon, qui ont commencé en France par détecter les enfants déficients, ont conduit à une méthode de classement en fonction de l'« âge mental » des sujets. Importée aux États-Unis par le psychologue Henry Goddard, la méthode a connu un succès immédiat pour apprécier le niveau de déficience mentale. La Première Guerre mondiale sera l'occasion pour un autre psychologue, Robert Yerkes, d'organiser dans l'armée, sous les auspices de l'Académie des sciences, une énorme campagne de tests. Suivant Yerkes, ces tests « mesuraient l'intelligence à l'état brut », permettant de faire un tri dans la foule immense des conscrits, quels que fussent les biais culturels[2].

Les résultats de ces tests ont conforté les eugénistes dans l'idée qu'étaient génétiquement déterminées non seulement la déficience mentale, mais encore l'intelligence elle-même : les étudiants et lycéens doués provenaient – comme par définition – de familles qui « se situaient à un niveau élevé dans les échelles raciale, économique, intellectuelle et sociale ». Très vite, certains en ont conclu qu'il n'y avait pas de raison d'offrir des filières éducatives

---

1. Aujourd'hui, Cold Spring Harbor, où se trouvent de nombreux laboratoires de biologie, a apparemment tourné le dos à son passé eugéniste : on y accueille chaque année dans des conférences spécialisées les biologistes du monde entier, en particulier pour les cours d'été, renommés en biologie moléculaire, comme ceux des Houches en France pour la physique théorique.

2. Cité in D. KEVLES, *Au nom de l'eugénisme, op. cit.*, p. 116.

élevées aux enfants des groupes socio-économiques inférieurs, puisque de toute façon leur niveau de QI ne leur permettrait pas d'en profiter. Ainsi le débat entre nature et culture devient-il un prétexte aux États-Unis pour limiter l'extension démocratique des politiques d'éducation.

Davenport a publié en 1911 *L'Hérédité en rapport avec l'eugénisme*, où il mettait sur le même plan identité nationale et identité raciale, professant que chaque « race » est caractérisée par des comportements spécifiques. « Avec les miracles de la science, écrit Kevles, une nouvelle catégorie de prêtres a pris figure : les scientifiques – bon nombre d'entre eux étant des généticiens. » Et tous partagent le même pessimisme manifesté par Darwin à la fin de sa vie : « Dans l'une de nos dernières conversations, a rapporté Alfred Wallace, il m'a fait part de sa crainte qu'un avenir bien sombre n'attende l'humanité, étant donné que, dans notre civilisation, la sélection naturelle ne jouait plus aucun rôle et que ce n'étaient pas les plus aptes qui survivaient [1]. » La plupart entendent bien tirer de leurs travaux le moyen d'organiser un nouvel ordre social suivant un discours fortement teinté de racisme. Issus des protestants blancs – les wasps, les *white anglo-saxon protestants* –, ils ne cachent pas leurs préjugés à l'égard des nouveaux immigrés catholiques, noirs ou juifs.

À L'ASSAUT DES TARES SOCIALES

L'objectif de ces pseudo-conceptions et démonstrations scientifiques est clairement d'ordre social et politique : il s'agit bien, une fois de plus, de veiller à la régénération de la société et de la « purifier » en fonction de tout ce que l'on considère comme anormal et déviant. Davenport travaillait en particulier sur le « nomadisme », tendance à l'errance dont témoignaient à ses yeux non seulement les Tsiganes, mais aussi certains enfants (les fugueurs), les mendiants, les personnes sans domicile fixe : le nomadisme héréditaire regroupait ainsi tout un ensemble de comportements parfaitement différents, mais dont l'amalgame tendait à désigner une pathologie sociale – « un trait, monohybride de récession lié au sexe », concluait l'une des enquêtes menées par l'Eugenic Record Office.

L'adjoint de Davenport, Harry L. Laughlin, travaillait sur les « caractéris-

---

1. *Ibid.*, p. 99.

tiques » des immigrants et sur les arriérés mentaux, concluant sans hésiter que les uns et les autres sont biologiquement inférieurs et mettent en péril le sang de la nation. Il deviendra l'autorité indispensable à consulter par plusieurs États et par le Congrès à Washington lors des débats portant sur la stérilisation. Les prêtres de la nouvelle religion se préoccupent en particulier du comportement sexuel des « arriérés mentaux », et c'est sur ce terrain particulièrement sensible à l'opinion américaine qu'ils vont contribuer à l'adoption des législations imposant la stérilisation (que l'opinion publique confondra aisément avec la castration). La définition que Laughlin donnait de tous ces « hors normes » se trouve dans le projet de loi qu'il a lui-même conçu (et qui ne sera jamais adopté à la lettre) : « Est socialement inapte toute personne qui, par son propre effort, est incapable de façon chronique, par comparaison avec les personnes normales, de demeurer membre utile de la vie sociale organisée dans l'État. »

L'énumération à la Prévert des « porteurs de tares sociales » signale la paranoïa entourant tout écart par rapport à une norme imaginaire : on y confond dans le même amalgame « les fous, les criminels, les épileptiques, les ivrognes, les drogués, les malades (tuberculeux, syphilitiques, lépreux, y compris les malades atteints de maladies infectieuses et légalement dépistables), les aveugles, les sourds, les difformes, les estropiés, les individus à charge, les orphelins, les bons à rien, les chemineaux et les indigents[1]. » En 1936, Laughlin sera fait par les nazis docteur *honoris causa* de l'Université de Heidelberg : on l'adoube au consulat allemand de New York et, dans son discours de remerciement, il expliquera qu'il considère cette distinction non seulement comme un honneur personnel, mais encore comme « la preuve que les scientifiques allemands et américains comprennent l'eugénisme de la même façon[2] ».

C'est dans ce climat de pseudo-démonstrations scientifiques, nourries de concepts aussi fragiles que marqués le plus souvent au sceau du racisme, que la fièvre de législations en faveur de la stérilisation s'est développée. Après les lois interdisant les mariages inter-raciaux ou les mariages de certaines catégories « à risques » (arriérés mentaux, anormaux, alcooliques, personnes atteintes de maladies vénériennes, etc.), les lois de stérilisation

---

1. *Rapport du laboratoire psychopathique du tribunal municipal de Chicago*, 1922, cité par A. PICHOT, *La Société pure, op. cit.*, p. 214-215.
2. Cité par D. KEVLES, *Au nom de l'eugénisme, op. cit.*, p. 168.

se sont multipliées aux États-Unis (États de Washington, Connecticut, Californie en 1909 ; Nevada et Iowa en 1911 ; Kansas, Wisconsin, Dakota du Nord en 1913). En 1950, trente-trois États possédaient de telles lois. La plupart autorisaient la stérilisation (par vasectomie chez les hommes et salpingectomie chez les femmes), et certaines la castration (par exemple dans l'Utah). De 1907 à 1947, il y eut environ 60 000 personnes stérilisées (20 308 hommes et 29 855 femmes officiellement recensés, et sans aucun doute davantage).

Les années de la crise économique ont vu le rythme des stérilisations s'accélérer (de 2 000 à 4 000 par an dans les années 1930). À elle seule, la Californie a compté 19 042 stérilisations (40 % de l'ensemble pour une démographie ne représentant alors que 8 % de la population totale du pays). La loi ayant le plus vaste champ d'application a été celle de l'Iowa : elle prévoyait, outre la stérilisation des personnes internées dans des asiles d'État pour des motifs de toxicomanie ou d'épilepsie, celle de toute personne ayant été condamnée deux fois pour délit sexuel, trois fois pour tout autre crime et une seule fois pour la traite des Blanches. Comme il s'agit en majorité de femmes, la stérilisation a essentiellement une visée contraceptive : c'est moins la crainte d'une transmission de la « tare » qui inspire les décisions que la crainte d'une naissance inopportune. Le rythme des stérilisations s'est ensuite ralenti (un peu moins de 10 000 entre 1949 et 1960).

Des lois similaires sont adoptées dès 1928 en Suisse (dans le canton de Vaud), au Canada et au Danemark en 1929, en Allemagne en 1933, en Norvège et en Suède en 1934. Il y eut au Danemark, entre 1921 et 1945, 400 castrations d'hommes jugés anormaux ou criminels sexuels, 3 608 stérilisations dont 2 803 pour débilité mentale. En Suède, on a compté 15 486 personnes stérilisées entre 1935 et 1949 (12 108 femmes et 3 378 hommes), soit un taux de stérilisation beaucoup plus élevé qu'aux États-Unis pour une population nettement moindre. Les stérilisations ont continué dans ce pays jusqu'à la fin des années 1970, et l'on estime qu'entre 1935 et 1976 leur nombre était très voisin du total américain (60 000), dont les trois quarts semblent bien avoir eu lieu après la guerre. André Pichot signale qu'en Suisse on a parfois stérilisé dans les années 1920 des femmes bien-portantes, qui avaient le tort d'avoir un mari psychopathe[1].

---

1. A. PICHOT, *La Société pure, op. cit.*, p. 213.

Toutes ces législations ont pour source le pseudo-travail de recherche des médecins et des biologistes eugénistes, ainsi que le soutien donné par les fondations américaines, Carnegie et Rockefeller, aux institutions eugénistes, la première distribuant ses subsides surtout aux États-Unis, la seconde en Europe – en Allemagne tout particulièrement – jusqu'à la veille de la Seconde Guerre mondiale.

LES ANTHROPOLOGUES EN GUERRE

Au point que ces cohortes de médecins et de biologistes, qui ont adhéré aux ambitions politiques de l'eugénisme avec plus ou moins de fanatisme – parmi lesquels les plus grands noms de la génétique anglo-saxonne – donneraient l'impression à distance d'aspirations et d'interventions si communes qu'on pourrait y voir comme l'œuvre d'une coordination internationale. Mais les thèmes et les références souvent identiques dans les discours tenus par les eugénistes de différents pays n'ont pas conduit à des résultats uniformes. Au contraire, suivant les pays, les préjugés et les majorités religieuses, les mêmes discours n'ont pas du tout donné lieu aux mêmes pratiques, et ce sont précisément ces différences qui engagent à s'interroger sur la spécificité « incompréhensible » de ce qui a pu se passer à une telle échelle en Allemagne à la faveur du régime nazi.

Même aux États-Unis, l'application des lois de stérilisation forcée rencontra des résistances de la part de certains juristes, avocats et magistrats, mais aussi de la part des parlementaires et des gouverneurs refusant de les promulguer : ces mesures étaient dénoncées comme inconstitutionnelles en tant qu'elles « équivalaient à des punitions cruelles et inhabituelles ». De plus, les travaux menés dans les universités par des anthropologues, tels Franz Boas, Margaret Mead et Otto Klineberg, ont mis en question le sérieux des conclusions tirées des tests. Ils montraient en particulier que les résultats aux tests de QI dépendaient du statut social des familles, bien plutôt que de facteurs héréditaires. La théorie de la nature biologique des différences raciales ne résistait pas à leurs enquêtes sur les immigrants italiens ou sur les Noirs.

Dans une série d'articles de la *New Republic*, le journaliste Walter Lippman s'attaqua en 1922 aux résultats des tests menés dans l'armée : « Il n'est pas imprécis ou erroné de dire que l'âge mental moyen des Américains n'est que de quatorze ans. C'est tout simplement absurde[1]. » Sa critique reçut par la suite le soutien d'un grand nombre de psychologues et de chercheurs en sciences sociales qui firent prendre conscience, au moins dans les milieux intellectuels, que les aptitudes mentales d'un être humain ne sont ni invariables ni irrévocablement déterminées par le patrimoine héréditaire à la naissance.

Cela n'empêcha pas la machine législative d'imposer et d'appliquer les mesures eugénistes aux États-Unis. Les recours auprès des tribunaux locaux, puis auprès de la Cour Suprême de Washington, ont donné lieu à des joutes et à des sursis qui pouvaient s'étendre sur plusieurs années, comme pour l'exécution des condamnés à mort – et souvent sans plus de succès final. Le cas des femmes Buck illustré par Kevles est à cet égard révélateur. En 1924, Emma Buck vivait dans un asile depuis 1929, et Carrie, sa fille, était considérée, à Lynchburg en Virginie, comme « imbécile sur le plan moral » au même titre que sa mère. Carrie s'était vu attribuer un âge mental de neuf ans d'après les tests de Binet-Simon et fut donc classée dans la catégorie des débiles. Elle mit au monde une enfant illégitime, Vivian, et l'on décida de stériliser la mère. L'enquêteur venu témoigner devant le tribunal du Centre de Cold Spring Harbor confirma sous serment que Carrie méritait d'être stérilisée. C'était Harry Laughlin : il ne l'avait jamais vue, il s'était contenté d'examiner la lignée généalogique formée par Carrie, sa mère et sa fille, concluant à une arriération mentale héréditaire propre à cette « classe de blancs du Sud antisociaux, apathiques, ignorants et sans valeur »[2]. Vivian, l'enfant, fut aussi soumise – à sept mois – à des tests indiquant qu'elle devait être classée très en dessous de son âge. Selon l'enquêteur, l'arriération mentale de la lignée se conformait aux lois mendéliennes de l'hérédité. En fait, Vivian est allée à l'école et ses instituteurs l'ont considérée à huit ans comme très brillante.

Plaidée devant la cour d'appel en 1925, puis en 1927 devant la Cour suprême, l'affaire se conclut par la ratification de la loi de Virginie à raison d'un vote de huit voix contre une. La décision de la Cour, rédigée par le juge Oliver Wendell Holmes, stipula « que la stérilisation pour des raisons eugéniques se situait bien dans le cadre des pouvoirs de police dévolus à un État, qu'elle obéissait aux procédures judiciaires normales, et qu'elle

---

1. Walter LIPPMAN, « L'âge mental des Américains », *New Republic*, 25 octobre 1922
2. Daniel J. KEVLES, *op. cit.*, p. 158.

ne représentait pas un cas de punition cruelle ou inhabituelle ». Dans son arrêt, le juge ne s'est pas privé d'établir un lien entre l'eugénisme et le patriotisme : « Maintes fois il a été demandé aux citoyens de donner leur vie pour sauver la patrie. Il serait étrange que l'on ne puisse pas, dans le même but, demander un sacrifice bien moindre à ceux qui déjà sapent la force de l'État. On peut certainement étendre à la section des trompes de Fallope le champ d'application du principe autorisant la vaccination obligatoire. » Et par une phrase délibérément conçue pour frapper les esprits, Holmes a affirmé : « Trois générations d'imbéciles, cela suffit[1]. »

EUGÉNISME ET FÉMINISME

La pratique des stérilisations venue des États-Unis ne s'est pas généralisée dans toute l'Europe, comme l'illustrent deux cas où l'on s'est manifestement défendus de passer à l'acte : l'Angleterre et la France — pour des raisons assurément très différentes. L'Angleterre, patrie de Galton, où ses idées faisaient l'objet d'une large diffusion auprès non seulement des médecins, mais aussi des intellectuels, a résisté aux projets de législation en raison à la fois de sa tradition de protection des libertés individuelles et du poids qu'exerçaient la classe et les mouvements ouvriers dans un pays toujours marqué par les divisions et l'esprit de classe : dénoncer les menaces de dégénération de la société anglaise au nom de tares plus ou moins génétiquement reconnues des classes inférieures était une chose, mais sanctionner celles-ci par des lois eugénistes en était une tout autre, qui menaçait de confondre le monde des ouvriers avec celui des handicapés mentaux ou des inaptes sociaux.

De plus, il y avait quelque répugnance à l'égard de la stérilisation que l'on confondait sinon avec la castration, du moins avec une mutilation, la stérilisation étant dès lors considérée comme incompatible avec les lois. Aucune loi ne l'interdisait expressément, mais il était facile d'en appeler à certaines pour en dénoncer l'illégalité : c'était provoquer de graves dommages corporels à autrui, et la loi de 1861, dont on se réclamait

---

1. D. KEVLES, *Au nom de l'eugénisme, op. cit.*, p. 157-160. C'est à lui qu'on doit le mot fameux récusant toute idée du droit comme art des limites : *hard cases make bad law*, « les cas difficiles font une mauvaise loi ».

le plus pour s'opposer à toute stérilisation, traitait des blessures infligées aux personnes comme de véritables crimes.

Cependant la vogue de l'eugénisme et le soutien que lui donnaient les biologistes les plus renommés auraient pu d'autant plus aisément emporter la digue de l'opposition morale et légale que l'idée de régénération parcourait les milieux politiques de gauche comme les milieux intellectuels d'avant-garde. Ainsi le socialiste Harold Laski, fondateur d'un Cercle Galton à Oxford, considérait-il que le temps viendrait sûrement où la société regarderait « la mise au monde d'un enfant débile comme un crime ». Il était proche de Bernard Shaw, lui-même proche du sexologue Havelock Hellis, qui avait souligné le lien entre la question de l'eugénisme et celle du féminisme. De fait, l'enjeu du statut de la femme divisait les milieux eugénistes en deux camps. D'un côté, certains dénonçaient les techniques contraceptives (on disait alors les « contrôles préventifs ») comme susceptibles, en séparant le désir sexuel des responsabilités de la procréation, d'inciter à la débauche, et s'inquiétaient de voir les femmes poursuivre des études supérieures : leur sort, c'est-à-dire leur devoir, était de se tenir à la maison et de ne pas quitter les fourneaux ni les berceaux (un thème dont le nazisme fera sa doctrine pour les femmes, *Kinder, Küche*, en y ajoutant l'église, *Kirche*). D'un autre côté, la vague montante en faveur du droit de vote pour les femmes, l'essor de la révolution sexuelle et la diffusion du freudisme conduisent à défendre le droit des femmes à l'épanouissement sexuel dans le mariage sans craindre les grossesses : la cause de la liberté sexuelle et du contrôle des naissances rapproche alors les mouvements féministes des milieux eugénistes. Les biologistes eugénistes tels que John B. Haldane et Julian Huxley (qui sera, après la Seconde Guerre mondiale, le premier directeur général de l'Unesco) fréquentent le quartier des éditeurs de Bloomsbury, où les dames de l'aristocratie, Lady Emily Lutyens (femme d'un célèbre architecte) et Lady Ottoline Morrell (écrivain amie de D. H. Lawrence), suivent des conférences sur l'eugénisme dans les salons ou en écoutent, au milieu de foules d'étudiantes, à l'Université féminine de Bedford.

Dans ces salons, Haldane et Huxley rencontrent des philosophes tels que Bertrand Russell et des écrivains du groupe de Bloomsbury, Lytton Strachey et, bien sûr, le frère de Julian Huxley, Aldous, qui écrira *Le Meilleur des mondes*, fiction génialement visionnaire du monde à venir livré au biopouvoir. Haldane avait fait partie de la société eugéniste d'Oxford et s'est réclamé un moment du courant « classique » dénonçant les classes inférieures comme génétiquement conditionnées et recommandant la réduction de leur taux de fécondité. De même Julian Huxley, au début des années de dépression, avait-il recommandé de n'attribuer l'assistance publique qu'aux chômeurs masculins s'interdisant de procréer des enfants[1].

Entre les excès de la Société anglaise d'eugénisme, qui imprima une brochure tirée à 10 000 exemplaires (rapidement épuisée et réimprimée avec le même tirage) pour recommander la stérilisation et la plupart des biologistes britanniques même eugénistes, on était loin d'un front commun. La revue *Nature* – référence de tous les milieux scientifiques du monde entier – avait certes publié une série d'articles, dont l'un recommandait « la stérilisation obligatoire en tant que punition des parents qui devaient recourir à l'assistance publique pour subvenir aux besoins de leurs enfants ». Cependant, des biologistes tels que Haldane (qui s'engagera au parti communiste et ira en Espagne conseiller les forces républicaines dans la guerre civile) et Huxley (qui se rapprochera de plus en plus de la gauche) se gardaient de pousser les choses aussi loin, ne fût-ce que parce qu'ils avaient conscience de la mauvaise qualité de la « recherche eugénique » sur le plan des preuves apportées comme sur celui des méthodes et des modes de raisonnement.

Karl Pearson, en particulier, qui dirigeait le laboratoire Galton d'University College à Londres, s'est toujours défendu de s'engager dans des activités politiques à la manière de son homologue américain de Cold Spring Harbor : plus sensible à la biométrie qu'au mendélisme, il essayait certes de faire de l'eugénisme une discipline scientifique, mais se gardait de toute propagande à la façon des militants de la Société anglaise d'éducation eugéniste, quitte à ce que ses publications fussent néanmoins adressées à des députés tels que Alfred Balfour et Winston Churchill (très sensibles à l'idée d'épargner toute dégénérescence à la société britannique).

D'une part, le peu de rigueur et de démonstration scientifiques des eugénistes mendéliens a conduit Haldane et Huxley à prendre conscience que le courant classique de l'eugénisme exprimait des préjugés de classe et de race qui n'avaient rien à voir avec la science. D'autre part, la montée en puissance du nazisme en Allemagne les a renforcés dans l'idée que l'eugénisme classique menait à la barbarie fondée sur des notions pseudo-

---

1. Sur ces milieux eugénistes en Angleterre, voir *ibid.*, notamment p. 81 et 123.

scientifiques. L'un et l'autre, également en faveur des droits des femmes, s'opposaient au courant eugéniste classique particulièrement répressif dans le domaine sexuel. Et comme l'a souligné Haldane, « nombre des mesures prises en Amérique au nom de l'eugénisme étaient à peu près autant justifiées par la science que les actes de l'Inquisition l'étaient par les Évangiles[1] ». En somme, les limites de l'eugénisme classique, la tradition de l'*habeas corpus*, l'attraction du socialisme et le modèle « répugnant » de passage aux actes sans bornes qu'offrira l'Allemagne ont épargné à l'Angleterre les législations eugénistes qui ont proliféré aux États-Unis.

L'EUGÉNISME SOUS VICHY

Ce sont de tout autres raisons qui ont évité à la France d'adopter de telles législations. Comme l'a écrit joliment Anne Carol dans sa thèse, « la France n'a pas été la plus zélée disciple de Galton[2] ». Pourtant, la littérature eugéniste, très largement diffusée depuis la fin du XIXᵉ siècle, ne s'est pas fait faute de recommander des mesures collectives de coercition, et le régime de Vichy, dont les lois antisémites ont manifestement précédé les injonctions de l'occupant, aurait pu s'y prêter à grande échelle. En fait, la Société française d'eugénique, créée en 1913 à l'issue du Congrès international d'eugénique qui s'est tenu à Londres l'année précédente, a vivoté avec un petit nombre de membres (une cinquantaine), avant d'être absorbée par la section « eugénique » de l'Institut international d'anthropologie. C'est d'ailleurs dans les débats que suscitait l'anthropo-sociologie, plutôt que dans ceux des milieux médicaux, que l'eugénisme a fait son chemin en France, avant d'être repris en compte dans les discours antisémites de l'extrême droite.

Le mot même d'« eugénique », traduction de l'anglais *eugenics*, a été introduit en 1886 dans la revue *Anthropologie* par Georges Vacher de Lapouge (1854-1936), et certes ce disciple fanatique de Darwin et de Galton publiera une série de livres où l'on trouve la plupart des ingrédients pseudo-

---

1. John B. S. HALDANE, « Vers une prospérité plus parfaite », *The World Today*, nº 45, décembre 1924, cité par D. KEVLES, *op. cit.*, p. 182.
2. A. CAROL, *Histoire de l'eugénisme en France...*, *op. cit.*, Introduction.

scientifiques de l'eugénisme et du racisme militants[1]. Sous-bibliothécaire à l'Université de Poitiers (auparavant à celle de Montpellier, puis celle de Rennes), Vacher de Lapouge a une formation de juriste et donne des « cours libres » qui constituent la matière de ses livres.

Le principe darwinien de la lutte pour l'existence et de la sélection lui apparaît comme l'instrument même d'une révolution dans la science politique ; il considère que les plus doués dans cette lutte sont les dolicho-céphales blonds, aryens venus du Nord, porteurs de grandeur et d'histoire, alors que les brachycéphales sont de « race inerte et médiocre » dont les juifs, « impuissants à créer », sont la pire figure. Quant aux classes pauvres, c'est l'infériorité biologique qui les définit : « Non seulement les individus sont inégaux, mais leur inégalité est héréditaire, non seulement les classes, les nations, les races sont inégales, mais chacune ne saurait subir un perfectionnement intégral, et l'élévation de la moyenne est la conséquence de l'extermination des éléments pires, de la propagation des éléments meilleurs, de la sélection en un mot, inconsciente ou consciente[2]. » Dans ce texte, l'enjeu du combat est explicite : Darwin et Galton doivent remplacer Rousseau et l'*Encyclopédie*.

Ses conceptions résolument racistes et antisémites offrent des démonstrations aussi solides que celle-ci : « Le développement du cyclisme est ainsi en raison de l'indice céphalique, les crânes longs se montrant passionnés pour l'invention nouvelle, et les courts réfractaires à ce progrès comme aux autres[3]. » Ou encore : l'*homo europaeus* forme l'élite, c'est un grand blond, teuton et nordique, alors que l'*homo alpinus*, dont les types sont l'Auvergnat et le Turc, est « le parfait esclave craignant le progrès, et l'*homo mediterraneus*, dont les types sont le Napolitain et l'Andalou, appartient, comme les *minus habens* des pauvres, aux catégories inférieures ». L'hérédité est la source omnipuissante de toutes les tares sociales (des maladies mentales au vagabondage), et seule la sélection sociale peut bien entendu y mettre un terme : « La science contemporaine a découvert le mode d'emploi de

---

1. Georges VACHER DE LAPOUGE, *Les Sélections sociales*, Paris, Fontemoing, 1896 ; *L'Aryen, son rôle social*, Paris, Fontemoing, 1899 (cours libres professés à Montpellier) ; *Race et milieu social : essais d'anthropologie*, Paris, Rivière, 1909.

2. ID., « De l'inégalité parmi les hommes », cours libre de Montpellier, reproduit dans la revue *Anthropologie*, 1887, p. 9.

3. ID., *Race et milieu social...*, *op. cit.*, p. 148.

deux forces formidables, l'hérédité et l'électricité, habiles à transformer d'une manière radicale la vie matérielle et la vie sociale. [...] L'étendue de l'hérédité est aussi universelle et sa force aussi irrésistible que celle de la pesanteur [1]. » Et comme Galton lui-même le suggérait, l'eugénisme est à ses yeux la religion de l'avenir par opposition au christianisme, religion de la chute.

Il y a du pré-nazisme dans cette littérature, mais bien des auteurs eugénistes allemands, qui n'ont pas été nazis, ont tenu des propos similaires. Vacher de Lapouge est demeuré en fait marginal, mal accepté par l'institution universitaire, et ses lecteurs se limitaient à l'extrême droite idéologiquement acquise à ses idées. Avec tant de sottises, on peut s'étonner aujourd'hui qu'à gauche les recensions aient pris au sérieux ses arguments scientifiques : ainsi, pour contrer le thème suivant lequel les brachycéphales sont démocrates « par amour de l'uniformité », Célestin Bouglé, futur directeur de l'École normale supérieure, dans un article de la *Revue de métaphysique et de morale* certes critique (1897), considère comme attestés les faits dont se réclame l'anthropo-sociologie de l'auteur et réplique à ce modèle biologique en sociologie par des arguments d'ordre moral (« l'idée d'égalité est un jugement non sur ce qui est, mais sur ce qui doit être »). Ou encore Georges Palante dans la *Revue internationale de sociologie* (1901) se montre plein d'attention pour « ses hypothèses intéressantes », et il est défini comme « un pénétrant analyste de l'âme des peuples ». Ce serait peut-être péché d'anachronisme : à l'époque, l'imprégnation du darwinisme social est telle qu'on tient pour acquises ses pseudo-démonstrations héréditaires, d'autant plus aveuglément que les travaux de Mendel sont encore méconnus de la très grande majorité des spécialistes.

L'audience d'Arthur de Gobineau a été bien plus conséquente (en Allemagne particulièrement, à travers la Société Gobineau créée en 1894, douze ans après sa mort), et il s'est montré tout aussi raciste dans son *Essai sur l'inégalité des races humaines*, qui a servi de référence aux théoriciens nazis : raciste par l'affirmation de la supériorité des Aryens, mais pas antisémite, puisque les juifs y sont traités comme une grande race vouée

---

1. ID., *Les Sélections sociales*, cité par A. PICHOT, *La Société pure, op. cit.*, p. 193, qui note que « la génétique étant loin d'avoir le caractère scientifique de la physique, on pouvait s'attendre à tout et n'importe quoi en matière de caractères héréditaires ». C'est bien le tout et le n'importe quoi qui dominent dans les publications de Vacher de Lapouge.

par le métissage – comme toutes les autres – à la dégénérescence. Et c'est à
tort, comme l'a bien montré André Pichot, qu'il passe pour un précurseur
de l'eugénisme. Son racisme n'a pas grand-chose à voir avec la biologie et
la science : « plus qu'à la taxonomie, il renvoie à un ordre social, et même
à un ordre du monde, compris sur le principe des castes indiennes [1] ».

Deux Nobel militants

Tout autres ont été l'audience et l'influence des livres publiés par les
deux prix Nobel de physiologie et de médecine Charles Richet et surtout
Alexis Carrel. Le premier, lauréat de Stockholm pour sa découverte de
l'anaphylaxie, est un chirurgien devenu physiologiste, auteur exceptionnellement prolifique en essais, romans et pièces de théâtre. Touche-à-
tout de l'écriture, il publie en 1919 *La Sélection humaine* où, sans aucune
compétence en anthropologie, il tient un discours eugéniste marqué du
racisme le plus ordinaire, et ce qu'il croit avec une conviction inébranlable
est de l'ordre de l'idée reçue ou du simple préjugé : « L'architecture nègre,
ce sont les paillotes, la peinture nègre ce sont les dessins informes dont
ils ont bariolé leurs guitares. Les dimensions du crâne et les formes du
cerveau les rapprochent des singes. »

L'inégalité des races est illustrée par les arguments suivants : « Nous
mettons résolument tout au bas de l'échelle hiérarchique des races
humaines la race noire, incapable de penser et d'innover, impuissante à se
constituer en nation ; puis au-dessus d'eux, et très loin d'eux, la race jaune,
peu inventive, peu créatrice, mais brave, laborieuse, apte à une assimilation
rapide ; et enfin, tout à fait au-dessus des deux races, la race blanche, qui a
tout fait dans le monde actuel... » Dès lors le métissage ethnique apparaît
comme la menace absolue, et une stratégie de sélection s'impose comme le
salut. L'écart par rapport à la norme moyenne voisine inévitablement avec
la pathologie : les culs-de-jatte, les bossus, les malingres, les rachitiques
se retrouvent dans le même sac à exclure avec les souffreteux et même
les sourds-muets – tous monstres par excès ou défaut. Aucun exemple de
grand chercheur scientifique, couronné par la gloire du prix Nobel, ne

---

1. A. Pichot, *op. cit.*, p. 308 ; voir toute la section « Le racisme de Gobineau », p. 308-
317.

montre plus d'incompétence ni de bêtise vulgaire que celui-là dans ses professions de foi eugénistes.

Il y a plus de sérieux et de talent dans *L'Homme, cet inconnu* d'Alexis Carrel, best-seller mondial, toujours disponible aujourd'hui en librairie – et référence obligée dans la littérature du Front national. C'est qu'ici l'eugénisme s'enrobe dans un ensemble de réflexions sur l'avenir menacé de l'humanité (une fois de plus) apparemment inspirées par l'humanisme chrétien. Le livre publié en 1935 se veut une réponse aux troubles auxquels le monde est exposé, notamment par le décalage croissant entre l'avancée des sciences de la nature et la stagnation des sciences de l'homme : l'hommage rendu aux capacités spirituelles de l'humanité se présente comme le moyen d'en relever les défis.

Lecteur du *Déclin de l'Occident* d'Oswald Spengler, bréviaire de la fin de l'homme blanc, qui paraît au lendemain de la guerre de 1914-1918, Carrel est convaincu que l'Europe est entrée dans un cycle irrésistible de décadence par la conjonction de la dégénérescence de la race, des revendications démocratiques et des pesanteurs bureaucratiques. En cours de route, les convictions eugénistes et l'appel à des mesures coercitives de sélection se multiplient. Ainsi : « Il est nécessaire de faire un choix parmi la foule des hommes civilisés. Nous savons que la sélection naturelle n'a pas joué son rôle depuis longtemps. Que beaucoup d'individus ont été conservés grâce aux efforts de l'hygiène et de la médecine. Que leur multiplication a été nuisible à la race[1]. »

Prix Nobel pour « ses travaux ʳ ur les sutures vasculaires et la transplantation de vaisseaux sanguins et d ʳ ʳganes » (un an avant Richet, avec qui il partageait un goût prononcé pour le métapsychisme et les phénomènes paranormaux), Carrel est né près de Lyon, où il a fait ses études de médecine et de chirurgie, sans y obtenir les postes qu'il souhaitait. Il gagne les États-Unis, Chicago d'abord, puis New York où il poursuit toute sa carrière à l'Institut Rockefeller, dont la Fondation a été le soutien obstiné des activités eugénistes aux États-Unis comme en Europe[2]. Couvert de

---

1. Alexis CARREL, *L'Homme, cet inconnu*, Paris, Plon, 1935, p. 359.

2. Aux États-Unis, il est considéré comme leur premier lauréat Nobel de physiologie et de médecine alors que la Fondation Nobel le classe en tant que Français, mais il prononça son discours de remerciement – scandale pour ses collègues compatriotes – en anglais. Pourtant, il s'engagea pendant la guerre de 1914-1918 dans l'armée française comme major

gloire et de décorations à travers le monde, c'est un personnage secret et contradictoire, mais ses convictions eugénistes (à travers l'Institut Rocke-feller, il a été en contact constant avec les Davenport et Laughlin de Cold Spring Harbor, qu'il a souvent consultés) et ses attaches à l'extrême droite française ne font aucun doute : *L'Émancipation nationale*, le journal de Jacques Doriot (qui finit sous l'uniforme allemand), l'a revendiqué comme membre du Parti populaire français, et sa femme, Anne de la Motte, était militante très active des Croix-de-Feu du colonel de La Rocque. Proche de Charles Lindbergh, héros de la première traversée par avion de l'Atlantique et qui ne se cachait pas de penchants exaltés pour l'Allemagne hitlérienne, il mit au point avec lui (Lindbergh était un remarquable mécanicien) les premières pompes à perfusion.

Traité de collaborateur à la Libération, il est aujourd'hui l'objet d'efforts de réhabilitation qui tendent un peu trop à minimiser le poids de ses convictions eugénistes, racistes et antisémites. Par exemple, ce passage de *L'Homme, cet inconnu* peut passer pour n'évoquer que les procédures d'exécution des condamnés à mort aux États-Unis, mais il est difficile de ne pas y voir un lien avec les pratiques recommandées au même moment en Allemagne nazie (le livre a été publié l'année de l'adoption des lois de Nuremberg) : « Il y a encore le problème non résolu des déficients et des criminels ; ceux-ci chargent d'un poids énorme la population restée saine. [...] Pour les grands criminels, il faut un établissement euthanasique muni de gaz appropriés qui permettrait d'en disposer de façon humaine et économique[1]. »

Et l'idéal politique d'un gouvernement de scientifiques n'est pas moins explicite : il faut une institution composée d'un « très petit nombre d'hommes », servant de « cerveau immortel » à l'humanité, « conseillant les chefs démocratiques aussi bien que les dictateurs », qui « auraient la garde du corps et de l'âme d'une grande race » pour agir « sur les habitudes du troupeau ». Ainsi pourrait-on établir une « aristocratie biologique hérédi-

---

et mit alors au point avec le chimiste anglais Henry Dakin le soluté « Dakin » qui protège les plaies infectées de la gangrène.

1. A. CARREL, *L'Homme, cet inconnu, op. cit.*, p. 389. C'est notamment la thèse de l'important travail consacré à l'histoire de la Fondation Alexis Carrel par Alain DROUARD, *Une inconnue des sciences sociales : la Fondation Alexis Carrel, 1941-1945*, Paris, MSH, 1992 ; voir, du même, *Alexis Carrel, 1873-1944 : de la mémoire à l'histoire*, Paris, L'Harmattan, 1995. Mais, à trop vouloir prouver...

taire » empêchant « la propagation des fous et des faibles d'esprit ». Sans indulgence pour l'expérience soviétique, Carrel voit l'Allemagne animée par « la passion de construire » et tient l'œuvre de Mussolini, « un homme de génie », pour comparable à celle d'un Pasteur ou d'un Einstein [1].

Il est vrai, comme le souligne Alain Drouard, qu'il a fréquenté des intellectuels juifs tels que Bergson et Einstein, dont il lui est arrivé de concéder du bien, et même qu'ayant dîné avec Léon Blum en 1939 il s'est surpris à le juger comme « un homme d'une grande intelligence et de manières gaies et cultivées ». Cela ne le retiendra pas de dénoncer dans des lettres en 1938 « l'énorme propagande bolcheviste et juive qui pousse à la guerre » et, en 1940, « toute cette crapule juive qui s'est infiltrée en France depuis vingt ans ». Le couple Carrel cultivait un catholicisme plutôt intégriste et ne se privait pas d'échanger des lettres où se manifestait un antisémitisme des plus primaires [2]. L'intelligentsia française antisémite a toujours isolé ses « juifs d'honneur «, qui constituent en quelque sorte des *happy few* fréquentables par rapport à la norme méprisée à exclure.

L'EXCEPTION FRANÇAISE

Envoyé à Vichy en 1941 avec une mission humanitaire par Roosevelt (qui s'y fait en même temps représenter par l'amiral Leahy comme ambassadeur), Carrel propose de réaliser un vieux projet qu'il n'a pas réussi à faire adopter aux États-Unis : un « Institut de l'Homme » travaillant à la mise au point d'un « nouveau savoir, synthèse des connaissances parcellaires », combinaison des sciences médico-biologiques et des sciences sociales « où le savoir concernant l'hérédité aurait toute sa place ». Le projet est aussitôt adopté avec le soutien d'un groupe de polytechniciens – ce qui a conduit à le dénoncer comme un produit direct de la synarchie, un courant de pensée qui se développa pendant l'entre-deux-guerres dans les milieux des grandes écoles, surtout Polytechnique ; ses partisans rêvaient d'exercer le pouvoir au nom de leurs compétences techniques et sous l'autorité politique d'un « collège de grands initiés » qui, ignorant la lutte des classes, transcenderait le clivage droite-gauche. Ils multiplièrent les groupes de

---

1. A. CARREL, *L'Homme, cet inconnu, op. cit.*, p. 46 *sq.*
2. A. DROUARD, *op. cit.*, p. 34-35, n. 14.

réflexion dont le plus significatif fut, en 1931, X-Crise. La Fondation de Carrel porta exactement le même intitulé que celui du Centre pour l'étude des problèmes humains créé en 1938 par Jean Coutrot, l'un des pionniers de X-Crise, avec des préoccupations d'ordre essentiellement économique. Leur influence s'exerça incontestablement sur certaines décisions de Vichy et contribua, en assurant la continuité à la Libération, à la création d'institutions telles que le Commissariat au Plan, l'École nationale d'administration et la transformation de la Fondation Carrel en l'Institut national d'études démographiques (INED) en 1945. La Fondation française pour l'étude des problèmes humains a vu le jour par une loi du 17 novembre 1941 signée par Pétain, Darlan et Pucheu.

C'est « un établissement public de l'État, doté de la personnalité et de l'autonomie financière, dont le siège est à Paris, dirigé par un régent », et le Dr Alexis Carrel est désigné dans le texte de loi pour remplir cette fonction. Il faut attendre une nouvelle loi du 14 janvier 1942 pour voir précisés et les statuts et les ressources de la Fondation. Celle-ci « a pour objet l'étude, sous tous les aspects, des mesures les plus propres à sauvegarder, améliorer et développer la population française dans toutes ses activités. Elle est chargée, en particulier, de procéder à des enquêtes tant en France qu'à l'étranger, d'établir des statistiques, de constituer une documentation sur tous les problèmes humains, d'équiper des laboratoires de recherche, de rechercher toutes solutions pratiques et de procéder à toutes démonstrations en vue d'améliorer l'état physiologique, mental et social de la population ». La dotation initiale de la Fondation est fixée à 40 millions de francs, ce qui est, à l'époque, plus que celle du CNRS.

L'institut dont Carrel rêvait devait travailler, suivant ses propres termes, « à la régénération de l'individu et de la race » : l'esprit et l'intention eugénistes sont manifestes dans le mandat assigné à la Fondation, mais l'on ne peut lui imputer, pas plus qu'à son initiateur, aucune intervention criminelle. Il n'est d'ailleurs pas évident que le gouvernement de Vichy lui ait accordé beaucoup d'importance, puisque cet « établissement public de l'État » fut hébergé par la Fondation Rockefeller – toujours elle – dans son immeuble du 20, rue de la Baume à Paris. En 1942, Laval proposa à Carrel le portefeuille de secrétaire d'État à la Santé, qu'il refusa. En 1944, il s'en désintéressa, soit parce qu'il était déjà très malade, soit parce qu'il désapprouvait l'orientation des travaux de la Fondation – ou pour les deux raisons à la fois. Et c'est absolument à tort que le nom de Carrel a été évoqué à propos des malades mentaux morts de faim en France dans les asiles psychiatriques : on en a évalué le nombre à 40 000, sans d'ailleurs que ce chiffre ait jamais été vérifié. Il n'y a aucune trace tendant à montrer que Vichy ait exercé une politique systématique ni même une politique non avouée d'extermination à l'égard de cette partie de la population, que les conditions de la défaite et de l'exode, le rationnement alimentaire et l'incurie ou même l'indifférence, fût-ce de la part des psychiatres de l'époque, suffiraient à expliquer[1].

En fait, la Fondation Carrel développa ses recherches et ses activités sur l'hygiène sociale plutôt que sur l'eugénisme : des analyses démographiques, des études sur la nutrition et l'habitat, des enquêtes par sondages. Elle réunit des médecins, des psychologues, des géographes, des historiens, des polytechniciens, parmi lesquels Louis Chevalier, Maurice Daumas, Alain Girard, Jean Stoezel, Alfred Sauvy, et François Perroux qui en fut même le secrétaire général, avant de démissionner. Avec un effectif en 1944 de plus de 250 personnes, il ne fait pas de doute qu'elle contribua à l'émergence en France d'une pratique renouvelée – pluridisciplinaire – des sciences sociales, avant l'impulsion que leur donnera après la guerre le modèle américain avec le soutien de la Fondation Ford[2].

À la Libération, le régent est suspendu, mais il n'est pas poursuivi ; il meurt en novembre 1944. L'officine assurément pétainiste qu'était la Fondation Carrel est transformée par ordonnance en 1945 pour devenir l'INED, dont le directeur général sera Alfred Sauvy[3]. Au total, le seul aspect eugéniste d'une politique que l'on puisse attribuer à l'influence de la Fondation – et c'est au sens originel du mot, c'est-à-dire par souci d'assurer de « bonnes naissances » – aura été l'instauration par la loi du certificat prénuptial et du carnet de santé scolaire, qui demeurent un acquis très positif.

---

1. Voir A. Pichot, *La Société pure, op. cit.*, p. 224-226.

2. A. Drouard, *op. cit.*, voir toute son Introduction consacrée à ce thème.

3. Sa mission est alors définie, l'accent étant mis sur les travaux démographiques, dans des termes très proches du mandat de la Fondation : « L'INED est chargé d'étudier les problèmes démographiques sous tous leurs aspects. À cet effet, l'institut rassemble la documentation utile, ouvre des enquêtes, procède à des expériences et suit les expériences effectuées à l'étranger, étudie les moyens matériels et moraux susceptibles de contribuer à l'accroissement quantitatif et à l'amélioration qualitative de la population et il assure la diffusion des connaissances démographiques. »

On doit à Jacques Léonard, spécialiste de l'histoire des médecins en France, d'avoir très strictement situé l'eugénisme « à la française » et montré que son influence sur le monde médical, à plus forte raison politique, a été finalement marginale[1]. Il en a souligné la longue antériorité pré-galtonienne et sa constante obsession de l'hygiène de la grossesse et de la préconception : l'enjeu n'était pas d'éliminer les sujets inaptes, mais de produire de beaux et gros bébés. Les spécialistes de médecine légale, tout comme les médecins militaires, sont étrangers à la problématique darwinienne : leurs adversaires prioritaires sont la tuberculose et les maladies vénériennes ; ils ont en vue la qualité physique de la population et « ont très tôt à débattre des problèmes délicats de la législation du mariage, du secret médical, de la déclaration des malades ». Quand la Société française d'eugénique est constituée en 1913, elle est essentiellement composée de médecins plutôt que de statisticiens et de biologistes.

En outre, le contexte français est marqué non seulement par le lamarckisme plutôt que par le darwinisme, mais encore par l'essor conjoint de l'hygiénisme et du pastorisme : les médecins sont sensibles au rôle joué par le milieu ; l'hygiène sociale est l'enjeu des législations de santé publique, et les conquêtes de la microbiologie pastorienne démontrent que l'hérédité n'est pas la seule cause importante des pathologies. À quoi s'ajoute l'influence de l'Église, qui n'apprécie pas plus le scientisme que le darwinisme : la majorité de la population française est catholique, et quelles qu'aient été les tentations et les dérives antisémites de l'Église, l'encyclique *Casti connubii* de 1930 sur le mariage chrétien condamne sans réserve « les fins eugéniques ». On y dénonce « ceux qui voudraient voir les pouvoirs publics interdire le mariage à tous ceux qui, *d'après les règles et les conjectures de leur science*, leur paraissent, à raison de l'hérédité, devoir engendrer des enfants défectueux. » Bien plus, ils veulent que « ces hommes soient de par la loi, de gré ou de force, privés de cette faculté naturelle [...] en attribuant aux magistrats une faculté qu'ils n'ont jamais eue et qu'ils ne peuvent avoir légitimement ». Cela suffit pour que les pays à majorité catholique n'aient pas eu de législations eugénistes.

Le mérite de Jacques Léonard est de ne pas privilégier « les discours

---

1. Voir A. Carol, *Histoire de l'eugénisme en France...*, *op. cit.*, et sa contribution, « Les médecins français et l'eugénisme : un champ de recherche ouvert par J. Léonard », in *Pour l'histoire de la médecine*, textes réunis par M. Lagrée et F. Lebrun, Presses universitaires de Rennes, 1994, p. 39-47.

extrémistes considérés comme des avant-gardes d'un non-dit » en faisant sa place à la manière dont la masse innombrable des médecins a pu enrober « leur discours eugéniste dans un discours hygiéniste plus lénifiant. [...] À quelques exceptions près, la plupart d'entre eux sont les deux à la fois : ils oscillent entre des mythes qui les fascinent et dont ils saturent leur discours – mythe de la dégénérescence, de l'hérédité fatale de la race – et des pratiques qui leur imposent une certaine modération ». Loin d'être des théoriciens de l'eugénisme, la majorité des médecins français n'a pas davantage donné dans la furie anglo-saxonne des fiches généalogiques et des enquêtes statistiques : les convictions religieuses, mais aussi le respect hippocratique du secret médical et l'attachement à la médecine libérale ont pesé, de sorte que « l'enracinement de l'eugénisme dans leur pratique médicale a surtout joué un rôle de frein [1] ». Sous un régime dont l'antisémitisme affiché n'a pas hésité à livrer plus de 70 000 juifs aux camps de la mort allemands, le paradoxe de Vichy est qu'il n'y eut ni destruction massive ni stérilisation des sujets que le discours eugéniste tenait résolument pour voués à l'exclusion.

---

1. *Ibid.*, p. 45-47.

10.

Triomphe de la biocratie

Il n'y a pas d'explication rationnelle à la barbarie, et l'on ne cessera jamais de se demander comment le pays qui a produit Kant, Goethe et Heine a pu en arriver à l'échelle du massacre industriel de masse auquel il s'est livré avec tant de bonne conscience partagée. On peut partir, bien sûr, du peintre raté, gazé pendant la guerre, dont l'hystérie antisémite a nourri le ressentiment de l'opinion publique allemande traumatisée, humiliée par la défaite de 1918 et le traité de Versailles. Mais l'adhésion de la grande majorité des Allemands aux ambitions nazies suffit-elle à expliquer la capacité de destruction, de ravages, d'anéantissement de tout ce que le régime considérait non pas seulement comme des adversaires, mais d'abord comme des sous-hommes dont « la race des seigneurs » pouvait et devait sans hésiter se débarrasser ? Il n'y a pas d'explication satisfaisante – rationnelle à cette adhésion d'une grande partie du peuple allemand aux conditions dans lesquelles la guerre anti-cités et anti-civils a été menée dès l'offensive contre la Pologne et au silence presque unanime qui accueillit la déportation, puis la destruction des juifs (et des Tsiganes ou des homosexuels, sans parler des résistants).

Les raisons de le combattre comme un mal absolu *ne tenaient pas seulement* à l'antisémitisme qui l'a conduit au massacre systématique des juifs. L'usage des mots n'est jamais neutre, il est vrai, et que l'on parle de Shoah, d'holocauste ou de génocide renvoie inévitablement à des présupposés différents. Par exemple, en forgeant le terme *judéocide* pour qualifier scientifiquement le génocide des juifs, Arno Mayer semble exclure, ou du moins minimiser, la part de folie qui, dans la nature même des violences revendiquées et exercées par le nazisme, ne faisait pas des seuls juifs des sous-hommes à liquider[1]. Cela n'empêche ni n'occulte d'aucune façon la spécificité de l'organisation à la fois scientifique et industrielle de l'extermination des juifs – l'aspiration à « la solution finale » inscrite dans certains esprits dès le programme de *Mein Kampf*. On peut néanmoins se dire, comme Hannah Arendt, que le mouvement de violence et de terreur était l'essence du nazisme plus que son idéologie même : « L'important, c'est le mouvement en lui-même ; l'antisémitisme par exemple perd son contenu dans la politique d'extermination, car l'extermination n'aurait pas cessé s'il n'était plus resté un seul juif à tuer[2]. »

Le terrain, c'est-à-dire nombre d'esprits, était en fait préparé en Allemagne, bien avant la prise du pouvoir par Hitler, à l'idée qu'on pouvait et devait écarter de la société, sinon de la vie, tout être humain considéré comme « inapte ». Mais si l'eugénisme en tant qu'idéologie scientifique a rencontré en Allemagne le terrain non moins préparé depuis plus d'un siècle de l'antisémitisme, il serait tout à fait inexact d'en conclure que celui-ci a été à la source de celui-là. Sans aller jusqu'à cautionner les généralisations de Daniel Goldhagen, tous les historiens s'accordent sur le fait que les racines historiques de l'antisémitisme allemand sont très anciennes et ont eu des aspects spécifiques[3]. Assurément, le thème de la dégénérescence de la race et de sa purification nécessaire a eu dans ce contexte une influence bien plus importante que dans d'autres pays. Le thème des « tarés » à écarter du tissu social a trouvé dans l'affirmation de la supériorité de la race aryenne de quoi rebondir dès la prise du pouvoir par Hitler, et le mépris affiché pour tout ce qui constituait une « sous-humanité » a très spontanément conduit aux pratiques collectives d'extermination. Les lendemains de la défaite de 1914-1918, avec leur lot de ressentiment, d'appauvrissement et de frustrations nationalistes,

---

1. A. Mayer, *La « Solution finale » dans l'histoire*, Paris, La Découverte, 1990.

2. H. Arendt, Lettre à Mary McCarthy du 20 septembre1963, dans *Les Origines du totalitarisme*, Paris, Gallimard, « Quarto », 2002, p. 1379. Voir en particulier le dernier chapitre de ce livre, « Idéologie et terreur », p. 815-838.

3. Le débat est sans fin sur le nombre d'Allemands que l'adhésion et le soutien au nazisme ont conduits, en dehors des SS et des SA, à participer à des massacres organisés, alors que celui des opposants, à plus forte raison des résistants au nazisme, a représenté une grande minorité. Voir D. Goldhagen, *Les Bourreaux volontaires de Hitler : les Allemands ordinaires et l'holocauste*, Paris, Seuil, 1997 ; voir aussi E. A. Johnson, *La Terreur nazie : la Gestapo, les juifs et les Allemands ordinaires*, Albin Michel, 1999.

ont précipité sinon l'adhésion des masses, du moins leur passivité face à l'exercice du fanatisme et de la violence nazis.

Une veillée d'armes

Sous la République de Weimar, le projet de législations et de pratiques eugénistes a pris forme indépendamment de l'antisémitisme, et le passage à l'acte n'a pas conduit aux excès qu'on connus alors d'autres pays, en particulier les États-Unis, la Suède, le Danemark ou la Suisse. Quand on voit l'audience dont les conceptions eugénistes ont bénéficié dans les milieux médicaux allemands bien avant 1933, ce qui frappe, au contraire, c'est le nombre de médecins, psychiatres et biologistes juifs qui y adhéraient. De fait, l'idée d'une transformation de la société par la biologie n'a pas attendu le triomphe de l'antisémitisme institutionnalisé pour se répandre dans l'élite intellectuelle. Dès avant la guerre de 1914, le généticien Goldschmidt, le médecin Löwenstein, le psychiatre Kallman retrouvaient des collaborateurs d'origine juive dans la revue eugéniste d'Alfred Ploetz, *Archiv für Rassen und Gesellschaftsbiologie* et dans la *Politisch-Anthropologische Revue* de Ludwig Woltmann.

Comme le montre le livre de Paul Weindling, qui fait très remarquablement le tour de la complexité des écoles dans ce domaine et de leur évolution à cette époque, le courant « héréditariste » comprend alors trois groupes d'origine juive : un premier groupe, majoritaire, dont les membres ne se distinguent pas dans leurs positions eugénistes de leurs collègues non juifs ; un deuxième groupe qui réunit en symétrie inverse les eugénistes sionistes se réclamant de la « race juive » par des propos très proches de ceux qui renvoient à la « race nordique » ; un troisième groupe qui comprend les eugénistes néo-lamarckiens, comme Kammerer, la plupart politiquement engagés à gauche [1]. Même Freud donna sa caution

---

1. P. Weindling, *L'Hygiène de la race, op. cit.*, avec une longue préface de B. Massin, couvre la période qui va du XIXe siècle à la République de Weimar. C'est en fait la traduction en version réduite du livre que P. Weindling a publié à Cambridge University Press en 1989. Le deuxième volume de cette édition, publié à La Découverte et consacré à la période hitlérienne, devait être la traduction de *Rasse, Blut und Gene [Histoire de l'eugénique et de l'hygiène raciale en Allemagne]* par P. Weingart, J. Kroll et K. Bayertz (1988) — mais il n'a jamais été traduit (republié par Suhrkamp Taschenbuch, 1992).

en 1911, avec presque tous les sexologues de l'époque (Ellis, Hirschfeld, etc.) et des intellectuels socialistes comme Eduard Bernstein, à une pétition eugéniste de l'Association internationale pour la protection de la mère et la réforme de la sexualité prônant « l'évolution de l'humanité vers un perfectionnement physique et psychique de la race ». Le moyen privilégié pour y parvenir était « la sélection de la reproduction de l'espèce ». De fait, l'idée d'améliorer la race, propre à toute l'idéologie eugéniste, n'impliquait pas fatalement l'adhésion au racisme ni à l'antisémitisme, même dans l'Allemagne pré-hitlérienne.

Curieusement, le concours lancé le 1er janvier 1900 sur l'application des lois de l'évolution à la société aurait pu couronner un eugéniste à la fois nationaliste et raciste. Derrière Friedrich Krupp, le fils du magnat de l'acier, qui subventionnait le concours d'une série de prix de 30 000 marks, on trouvait une cohorte d'eugénistes nationalistes, mais si tous rêvaient d'asseoir la politique sur des fondements scientifiques, peu d'entre eux étaient en fait racistes. Les lauréats, primés en 1903, allèrent du sionisme d'un Ruppin au racisme aryen de Kuhlenbeck, mais le premier prix fut attribué à Wilhelm Schallmayer qui, tout en s'inspirant de Darwin et de la théorie du plasma germinatif de Weismann, était résolument opposé à « l'obscurantisme de la race » ; il estimait que « la pureté raciale au sens où l'entendent Gobineau et son école n'a jamais pu exister et n'existera jamais ».

Sa contribution, *Hérédité et sélection dans le processus vital des peuples*, correspondait parfaitement à l'esprit du sujet mis au concours : « Que pouvons-nous apprendre des principes de l'évolution pour le développement et les lois de l'État ? » Schallmayer ne s'est pas embarrassé de proposer, pour assurer la défense et l'amélioration de l'espèce, l'enfermement des dégénérés et des arriérés mentaux – catégorie très large dans laquelle il incluait tout aussi bien (comme la majorité des mesures préconisées dans d'autres pays par les eugénistes) les tuberculeux, les porteurs de maladies vénériennes et les criminels. Mais son succès au concours provoqua des réactions violentes de la part de la droite ultranationaliste, les anthropo-sociologues racistes s'indignant du fait que le lauréat s'opposait à la théorie de la supériorité aryenne[1].

---

1. Voir P. WEINDLING, *op. cit.*, p. 114-120 ; et S. WEISS, *Race Hygiene and National Efficiency : The Eugenics of W. Schallmayer*, Berkeley, University of California Press, 1987.

La création du réseau de la Kaiser Wilhelm Gesellschaft, Société de l'empereur Guillaume pour la promotion des sciences (future Société Max-Planck), a favorisé l'essor des instituts de recherche voués à l'étude de l'hérédité biologique et de l'anthropologie. Le projet d'un institut de biologie raciale est recommandé dès 1914 aux riches mécènes de la Kaiser Wilhelm Gesellschaft, et certains de ses promoteurs ne se cachaient pas de s'inspirer des lois américaines de stérilisation en promouvant l'intervention de l'État sur la reproduction humaine. Mais l'élite universitaire de l'Allemagne impériale, quel qu'ait été « son nationalisme exacerbé, dit Paul Weindling, récusait le racisme biologique dénué à ses yeux de base scientifique[1]. » Ainsi, du début du siècle à la guerre de 1914-1918, les thèmes eugénistes se sont répandus en Allemagne sans être nécessairement associés au racisme ni à l'antisémitisme.

Il ne faut pas moins que la défaite, les revendications ultranationalistes, le chômage et les violents troubles sociaux qui succèdent au traité de Versailles, pour que l'idéologie eugéniste mobilise de nouveaux militants en faisant simultanément alliance avec l'antisémitisme et l'idée de la race pure, aryenne et nordique. La naissance et les débordements du parti nazi joueront un rôle de plus en plus déterminant dans cette alliance. Alors s'élaborent la conversion « de la haute administration de l'État aux valeurs eugénistes » et le programme d'« hygiène raciale » destiné à préserver de la dégénérescence la race et du même coup la nation[2].

L'EUGÉNISME SOUS WEIMAR

Dès 1928, à l'initiative d'un médecin, Gerhard Boeters, le parlement de Saxe élaborait, sur le modèle des législations américaines, un projet de loi de stérilisation des sujets atteints de démence précoce, d'épilepsie, de débilité mentale congénitale, d'alcoolisme héréditaire ou de chorée de Huntington (la danse de Saint-Guy, seul cas dans cette liste d'hérédité avérée). Le projet eut un début d'approbation, mais n'entra pas en vigueur à la suite d'une étude montrant que la stérilisation ne jouait pas aux États-Unis le rôle que la presse et les eugénistes lui attribuaient. En 1927, le

---

1. P. WEINDLING, *op. cit.*, p. 155.
2. *Ibid.*, p. 196 *sq.*

parlement de Prusse mena une nouvelle étude sur l'expérience américaine, ce qui déboucha en 1932 sur une loi adoptée, mais non appliquée, à laquelle Richard Goldschmidt, d'origine juive, participa de près. Les nazis arrivent au pouvoir l'année suivante : ils entendent promulguer leur propre loi de stérilisation, tout en s'inspirant largement du précédent prussien.

En fait, les membres du parti nazi s'organisent déjà dans une stratégie d'eugénisme « positif ». L'agronome Richard Walter Dauré, aussi fanatiquement raciste qu'antisémite (futur ministre de l'Agriculture), conseille Himmler qui exige des SS souhaitant se marier un certificat établissant leur pureté raciale et médicale : les parents de la fiancée ne doivent pas avoir de maladie ni physique ni mentale, la fiancée doit prouver qu'elle n'est pas stérile et que sa généalogie n'inclut ni juif ni Slave. Ici l'on voit que le nazisme n'a jamais compté les seuls juifs parmi ses ennemis des « races inférieures » ; les fantasmes teutoniques font des Slaves des adversaires non moins irréductiblement dénoncés comme « historiquement tarés » à éliminer.

L'opération Barbarossa, l'invasion de l'URSS, sera très explicitement définie comme la « Grande Guerre raciale » par le *Sturmbahnführer* Hess dans la revue *Sicherheitpolizei*. Et pis, c'est un général anti-nazi, qui prit part à l'attentat contre Hitler de juillet 1944, qui s'adressa dans ces termes à ses troupes lors de l'offensive contre Leningrad : « La guerre contre la Russie est une partie essentielle dans le combat pour l'existence du peuple allemand. C'est le vieux combat des Germains contre les Slaves, la défense de la culture européenne contre l'invasion moscovito-asiatique. [...] Chaque situation de combat doit être menée avec une volonté de fer jusqu'à l'anéantissement total et sans pitié de l'ennemi ». Moyennant quoi l'offensive sur le front polonais, puis sur le front russe s'est immédiatement traduite par des massacres exécutés à grande échelle. Les témoignages des *Einsatzgruppen* montrent comment ils sont passés très rapidement de l'exécution des adultes, prisonniers ou civils, à celui des femmes et des enfants au nom d'une représentation biologique du conflit [1].

On peut certes se demander, comme le fait André Pichot, quel aurait été l'essor de l'eugénisme en Europe, en particulier en Allemagne, sans les millions de dollars accordés par la Fondation Rockefeller. Et quel

---

1. Voir Christian INGRAO, « Une anthropologie historique des massacres : le cas des *Einsatzgruppen* en Russie », in David EL KENZ (dir.), *Le Massacre, objet d'histoire*, Paris, Gallimard, coll. « Folio Histoire », 2005, p. 351-383.

aurait été le crédit intellectuel de ces généticiens sans la caution des scientifiques américains, alors même que l'eugénique n'était d'aucune façon scientifiquement fondée[1]. La Fondation Rockefeller aida notamment à la création de l'Institut de généalogie et de démographie rattaché à l'Institut de psychiatrie de Munich, ainsi qu'à celle de l'Institut pour l'anthropologie, la génétique humaine et l'eugénique de Berlin-Dahlem : le premier était dirigé par Ernst Rüdin, le second par Eugen Fischer, tous deux ne cachant pas leur orientation raciste qui les rapprochera du parti nazi. Les deux instituts feront partie du réseau de la Kaiser Wilhelm Gesellschaft.

L'intérêt pour les travaux menés en Allemagne conduisit Davenport, directeur du Centre de Cold Spring Harbor, à participer en personne à l'inauguration en 1927 du nouveau bâtiment de l'Institut de Berlin-Dahlem. Son adjoint Harry Laughlin, qui inspira les législations de stérilisation aux États-Unis, a été fait, on l'a vu, docteur *honoris causa* de l'Université de Heidelberg dans les locaux du consulat d'Allemagne à New York, cérémonie au cours de laquelle il s'est réjoui de la convergence des vues entre chercheurs allemands et chercheurs américains. Son collègue Foster Kennedy, champion aux États-Unis de l'« euthanasie » des handicapés a été nommé docteur *honoris causa* en même temps que lui. Membre de l'Euthanasia Society of the United States, Kennedy en démissionna en 1939 parce que cette institution se contentait de prôner l'euthanasie volontaire et qu'il militait pour la rendre obligatoire.

De 1920 à... 1939, la Fondation Rockefeller a financé les travaux de plusieurs eugénistes allemands, dont la plupart devinrent membres du parti nazi. Comme le dit Paul Weindling dans le titre même d'un de ses articles, la Fondation est passée d'une entreprise philanthropique à des mesures de politique scientifique internationale, dont l'ambition est de « rationaliser » les ressources humaines des sociétés occidentales grâce aux recherches sur l'hérédité. À terme, purger ces ressources des éléments « tarés » était une perspective que le programme ne pouvait ni ne devait exclure, même si c'était en s'appuyant sur des chercheurs proches du nazisme[2]. Ainsi Otmar

---

1. A. Pichot, *La Société pure, op. cit.*, p. 250.
2. Paul Weindling, « The Rockefeller Foundation and German Biomedical Sciences 1920-1940 : From Educational Philanthropy to International Science Policy », in N. A. Rupke (éd.), *Science, Politics and the Public Good : Essays in Honour of Margaret Gowing*, Londres, McMillan, 1988.

von Verschuer bénéficia-t-il d'un financement pour ses recherches sur les jumeaux (hérédité mentale, hérédité du crime, hérédité du cancer et de la tuberculose) : il fut le supérieur et le maître du Dr Josef Mengele, qui lui envoyait du camp de Birkenau des « matériaux » à partir de ses propres expérimentations sur les détenus, dont des enfants jumeaux. Médecin, Mengele était diplômé en anthropologie.

Le programme de « biologie humaine » de la Fondation Rockefeller « avait été mis en place pour faire face à ce que les responsables américains percevaient comme une crise sociale de pauvreté, de criminalité et de maladies héréditaires [1] ». Bref, il s'agit d'une conception étroitement biologisante de la crise sociale allemande des années 1920, que les progrès de la science sont appelés à résoudre : la déviance sociale relève exclusivement des progrès de la génétique, l'héréditarisme cautionne l'idée et la pratique du biopouvoir comme instrument d'une régénération sociale et politique. Sur près de vingt ans, le contrôle de l'évolution de la race a été le prétexte du soutien que la Fondation a apporté aux instituts bientôt ralliés au nazisme, alors que le régime surmontait, dès 1936, ses difficultés économiques et s'orientait déjà vers l'expansion militaire de son « espace vital ».

Rien ne dit mieux les ambitions de cette biocratie que le programme de la Fondation Rockefeller tel qu'il a été formulé en 1934 par le directeur de sa section de biologie, Warren Weaver, grand mathématicien du Massachusetts Institute of Technology, qui sera l'un des pères fondateurs de l'informatique : « Pouvons-nous développer une génétique si solide et si complète que nous puissions produire dans le futur des hommes supérieurs ? Pouvons-nous obtenir assez de connaissances en physiologie et en psychobiologie du sexe pour que l'homme puisse mettre sous contrôle rationnel cet aspect de la vie si envahissant, si hautement important et si dangereux ? [...] Tout cela a récemment été ressenti par différents scientifiques, philosophes et hommes d'État : de nombreuses techniques sont à portée de main ; mais l'orientation, la stimulation et le commandement manquent pour la plus grande part. La Fondation a une chance unique de relier et de diriger les forces existantes et de stimuler la création de nouvelles forces pour une attaque stratégique cohérente [2]. »

---

1. P. WEINDLING, *L'Hygiène de la race*, op. cit., p. 254.
2. Warren WEAVER, *Progress Report*, 14 février 1934, cité par A. PICHOT, *La Société pure*, op. cit., p. 251-252.

En quête de l'aryen parfait

Le style et l'engagement forcené du racisme nazi vont faire de l'Allemagne le terrain d'expérimentation à l'échelle industrielle de cette « attaque stratégique cohérente », dont Warren Weaver déplorait l'absence « d'orientation, de stimulation et de commandement ». Tout change, en effet, dès 1933 : d'un côté, les médecins et généticiens juifs qui participaient aux travaux eugéniques des divers instituts de recherche sont démis de leurs fonctions et s'expatrient aux États-Unis – où ils vont *tous* continuer à jouer un rôle, occuper des chaires, diriger des instituts, publier des articles dans les organisations et instituts universitaires voués à l'eugénique ; de l'autre côté, les eugénistes ralliés au régime ou fanatiques de ses thèmes raciaux prononcent des discours et publient des écrits où ils affirment que les bases scientifiques sur lesquelles appuyer les mesures législatives à adopter sont suffisamment assurées ou démontrées – « scientifiques » – pour qu'on aille de l'avant dans la stérilisation et la mise à l'écart des handicapés sociaux.

La loi de stérilisation du 14 juillet 1933, appliquée à partir du 1er janvier 1934, a été définie comme « nazie » puisqu'elle est entrée en vigueur sous le régime hitlérien, mais André Pichot a beau jeu de rappeler qu'elle a été calquée sur la législation proposée sous le régime de Weimar, avec des contributions du généticien Richard Goldschmidt et du médecin Heinrich Poll, tous deux d'origine juive. Et elle ne comportait rien de nouveau dans la liste des cas à stériliser : « Toute personne atteinte d'une maladie héréditaire peut être stérilisée au moyen d'une opération chirurgicale si, *d'après les expériences de la science médicale*, il y a lieu de croire avec une grande probabilité que les descendants de cette personne seront frappés de maux héréditaires graves, mentaux ou corporels[1]. »

La liste des cas envisagés n'est pas moins « à la Prévert » que celle des législations américaines, mais le cas des criminels n'y est pas encore retenu : « Est considérée comme atteinte d'une maladie héréditaire, dans le sens de la loi, toute personne qui souffre des maladies suivantes : débilité mentale congénitale ; schizophrénie ; folie circulaire (ou maniaco-dépressive) ; épilepsie héréditaire ; danse de Saint-Guy héréditaire (chorée de Huntington) ; cécité héréditaire ; surdité héréditaire ; malformations

---

1. A. Pichot, *op. cit.*, p. 241-241 *(c'est moi qui souligne)*.

corporelles graves et héréditaires; et toute personne sujette à des crises graves d'alcoolisme ».

Une nouvelle loi est promulguée en novembre 1933 qui permet la castration des criminels. Désormais la science biomédicale – « les expériences de la science » – est appelée à instruire, guider, normer la gestion politique de la société, mais il faut attendre quelque temps encore pour que l'on passe à des mesures plus conséquentes. En 1935, Himmler crée les *Lebensborn*, l'organisation chargée d'appliquer un eugénisme plus « positif » encore que celui du code du mariage des SS : il s'agit de produire, d'élever et d'éduquer des enfants « parfaitement » aryens à partir d'hommes et de femmes qui en ont les caractéristiques (yeux bleus, cheveux blonds, etc.). Le réseau des *Lebensborn* comprendra huit maisons d'accouchement et six foyers pour les enfants nés conformément aux principes aryens. On estime que 92 000 enfants y sont passés, 12 000 y étant nés et 60 000 enlevés à leurs parents.

L'institution est alors ce qu'il y a de plus original dans l'histoire des pays pratiquant l'eugénisme, car l'Allemagne est le seul pays qui se plie aussi strictement aux instructions de *La République* de Platon : « Il faut que les sujets d'élite de l'un et l'autre sexes s'accouplent le plus souvent possible... » C'est aussi la réalisation des fantasmes de l'organisation totalitaire du *Meilleur des mondes* de Huxley. Au nom d'une pseudo-science de la procréation et de l'hérédité, des lieux sont réservés à l'accouplement des aryens purs, notamment des SS, et le bébé parfait promet au régime des générations de « pur sang ».

On voit que l'influence américaine sur l'eugénique allemande ne tient pas seulement aux enseignements *stricto sensu* de Cold Spring Harbor ; elle renvoie à toute une conception de la gestion des sociétés industrielles. En effet, l'industrialisation biologique de la race ressemble à l'organisation scientifique du travail : ici et là, la rationalisation des ressources humaines est le même moyen au service d'une production enfin assise sur une base scientifique. Les techniques qu'imposent Taylor et Ford à l'usine trouvent dans le domaine de la procréation un équivalent d'organisation et de coercition tout aussi inspiré par la rationalité scientifique : standardisation du produit, travail à la chaîne, motivation du personnel, mise à pied et à l'écart des éléments rétifs à la doctrine et à la pratique (les « paresseux » suivant Taylor). D'un cas à l'autre, c'est viser à la même ambition de productivité.

L'EXTERMINATION DES TARÉS

Les pogroms organisés à partir de la « Nuit de cristal » (9 mai 1938) et l'application des lois raciales visent désormais explicitement la mise à l'écart des juifs. On passe à une dimension nouvelle où, en fait, la « stratégie » de purification de la race n'aura plus besoin de s'appuyer sur une législation dans « la montée aux extrêmes », c'est-à-dire l'arrestation, la déportation et l'extermination de tous ceux que le régime considère comme à éliminer. Les stérilisations sous le contrôle des médecins et des tribunaux (1 700 instances spéciales créées à cette fin) ont été parfaitement légales. On estime aujourd'hui à quelque 350 000 à 400 000 les stérilisations effectuées entre 1934 et 1945. La grande majorité de stérilisés correspondait aux cas de maladies décrits dans les lois, mais il est vraisemblable qu'il y eut de nombreux cas sortant des figures énumérées par la loi, impossibles à comptabiliser, qui ont été stérilisés pour des raisons raciale et politique. De plus, le taux de mortalité auquel ont conduit ces opérations semble avoir été très élevé[1].

En revanche, la campagne d'extermination des malades mentaux, des enfants anormaux, des vieillards et des « asociaux » n'a fait l'objet que d'un décret signé par Hitler le 1er septembre 1939, premier jour de la Seconde Guerre mondiale. L'opération, baptisée « T.4 » du nom du centre administratif qui en avait la charge, logé au 4 Tiergartenstrasse à Berlin, « autorisait », c'est-à-dire en fait ordonnait la mise à mort en priorité des malades recensés dans les asiles psychiatriques. Les vieillards étaient attirés dans les hospices où les médecins et les commissions juridiques les déclaraient malades mentaux. Comme dans le cas de la décision de « la solution finale » à venir, le passage à l'acte eut lieu sur la base d'ordres verbaux, sans véritable trace écrite. Dès le début de 1940, des chambres à gaz ont commencé à fonctionner, sur six emplacements : au château de Grafeneck (remplacée par Hadamar en janvier 1941), au château d'Harnheim, à la prison de Brandebourg-Havel (transférée à Bernburg-sur-la-Saale), à la clinique de Sonnenstein-sur-la Pirna.

---

1. Voir A. PICHOT, *op. cit.*, qui cite (p. 258) Y. TENNON et S. HELMAN, *Les Médecins allemands et le national-socialisme : les métamorphoses du darwinisme*, Tournai, Casterman, 1973, p. 178.

Les malades, ou plutôt les condamnés, étaient acheminés par des commandos SS, suivant les régions d'où ils provenaient, dans ces lieux où ils étaient gazés à l'oxyde de carbone ou au Zyklon B soit dans des camions à l'extérieur des bâtiments, soit dans les bâtiments eux-mêmes. Les malades juifs des asiles psychiatriques étaient systématiquement éliminés, les non-juifs suivant le degré de leur maladie. L'opération fut étendue en certains endroits aux enfants anormaux, aux vieillards séniles, aux alcooliques, aux impotents, aux grabataires et à divers types d'« asociaux » (indigents, vagabonds, prostituées, etc.). On a parlé à ce propos d'« euthanasie », mais le mot, pris dans son origine grecque de « mort douce » ou de « bonne mort », n'est de toute évidence pas à sa place : il s'agit très exactement d'assassinats collectifs.

Les décisions étaient prises par les médecins au nom de la science, dans un contexte où les considérations d'ordre économique n'étaient évidemment pas étrangères aux considérations d'ordre social : la population des malades mentaux, handicapés, grabataires et autres « inutiles » coûtait cher à entretenir, et en temps de guerre il y avait d'autres priorités budgétaires. Cette rencontre de la pseudo-science de l'eugénique, de la purification de la race, de l'élimination des « tarés » ou « asociaux » et de la « mystique du sang » affichée dans l'antisémitisme a été cautionnée par un grand nombre de médecins et de scientifiques. Plus de deux médecins sur trois ont été membres du parti nazi, le NSDAP : c'est la catégorie socioprofessionnelle qui se rallia le plus au régime (45 % des médecins contre 22 % des enseignants). Un médecin sur trois était membre de la SA (26 %) et 7,3 % des SS. Au total, 69,2 %, soit plus des deux tiers des 90 000 médecins allemands, étaient membres d'au moins une des quatre grandes organisations nazies (NSDAP, Ligue des médecins nazis, SA et SS). Dans les facultés de médecine, le taux d'adhésion des professeurs et maîtres de conférence était supérieur à 80 %[1]. Si l'on rappelle que, dans les camps pourvus de chambres à gaz, ce sont des médecins qui triaient les déportés à leur arrivée, soit pour les envoyer directement à la mort, soit pour les retenir en tant que travailleurs forcés, il est impossible de minimiser le rôle que cette biocratie joua dans le fonctionnement du système nazi.

---

1. Sur tous ces chiffres et statistiques, voir M. KATER, *The Nazi Party : A Social Profile of Members and Leaders 1919-1945*, Cambridge, Harvard University Press, 1983 ; et R. PROCTOR, *Racial Hygiene : Medicine under the Nazis*, Cambridge (Mass.), Harvard University Press, 1988.

L'opération T.4 devait rester sinon secrète, du moins la plus discrète possible : en vain, car les familles des malades, apprenant leur disparition des asiles, puis peu après leur mort en grand nombre, s'en inquiétèrent auprès des autorités, et un petit groupe de médecins commença à protester. La rumeur gonfla d'autant plus que certains représentants des Églises catholique et protestante s'opposèrent à l'enlèvement des malades, allant jusqu'à protester publiquement dans leurs sermons. Ainsi l'évêque de Münster, Clemens August von Galen, dénonça en chaire l'extermination des aliénés et en juillet 1941 porta plainte pour meurtre en demandant l'application de l'article 11 du Code criminel – ce qui prouve que l'opposition au régime était encore possible, malgré la terreur. Dans son sermon, il déclarait notamment que « ces malheureux malades doivent mourir parce qu'ils sont devenus indignes de vivre, d'après le jugement de quelque médecin ou l'expertise de quelque commission et parce que, d'après cette expertise, ils appartiennent à la catégorie des citoyens considérés comme improductifs ». Plusieurs des prêtres qui diffusèrent son sermon furent envoyés à Dachau, mais si l'entourage de Hitler proposa la pendaison de Mgr von Galen, on se contenta de l'arrêter et de le relâcher très rapidement, craignant d'en faire un martyr, après les violentes manifestations que son arrestation avait entraînées en Westphalie.

Ces protestations furent relativement efficaces, puisque l'opération T.4 fut suspendue en août 1941, et les centres de gazage fermés. Cependant, l'élimination des enfants malformés se poursuivit, et l'extermination des malades mentaux reprit directement dans les asiles sous forme de gazages dans des installations mobiles, d'injections de produits chimiques ou simplement de privation de nourriture jusqu'à la mort (notamment pour les enfants). Certains historiens ont cru bon d'appeler « euthanasie sauvage » ces exécutions : ici encore l'usage du mot, d'après la traduction du grec, est d'autant plus inadéquat et pour tout dire absurde et scandaleux. L'opération T.4, sous sa forme sauvage ou organisée, s'est soldée par l'extermination de 250 à 300 000 victimes (sans parler des asiles « vidés » en Pologne, en Russie et en Ukraine après l'offensive de Barbarossa). Si l'on s'en tient à une statistique établie par les nazis eux-mêmes, les seuls six centres de gazage firent un peu plus de 70 000 victimes de janvier 1940 à août 1941[1].

---

1. Voir B. MÜLLER-HILL, *Science nazie, science de mort*, Paris, Odile Jacob, qui ne se réfère pas au rapport du Dr Théo Lang datant de décembre 1941 (cité par A. PICHOT, *La*

LA BANALITÉ DE LA SCIENCE

Le rôle très actif des médecins, psychiatres, généticiens, biologistes, démographes allemands d'abord dans la politique de stérilisation, puis dans la stratégie d'extermination des handicapés physiques et mentaux (ou autres), interdit de traiter leur influence comme marginale dans les structures de décision. Robert Proctor a montré que ces scientifiques n'ont jamais reçu explicitement l'ordre de tuer les patients des centres psychiatriques, mais que le régime leur en a donné le pouvoir, et ils remplirent leur tâche sans protester, souvent de leur propre initiative avec enthousiasme et conviction[1].

Il ne s'agissait pas seulement de médecins de second plan, et la collusion entre le nazisme et cette conception et pratique de la science n'a pas été le fruit de l'égarement de quelques individus. Les crimes de cette biocratie ne résultent pas de l'action de quelques sadiques incompétents, ils ont été commis par des médecins et des scientifiques parfaitement « normaux », représentatifs de leurs institutions et réputés pour beaucoup sur le plan international. Au lendemain de la Seconde Guerre mondiale, on a présenté certains des médecins opérant dans les camps de concentration, le Dr Mengele en particulier, comme des exceptions n'ayant rien à voir avec une science digne de ce nom. Et le lien étroit – le degré de symbiose – entre la profession médicale et le régime nazi a été d'autant plus minimisé au procès de Nuremberg que seuls 23 praticiens y furent jugés sur une population de 90 000 médecins, dont la grande majorité avait été nazie. Beaucoup, au reste, de ceux qui avaient été notoirement compromis dans les pratiques eugéniques retrouvèrent leur fonction après la guerre et continuèrent de faire carrière[2].

Société pure, op. cit., p. 264-266). Ce Dr Lang était un médecin allemand qui semble avoir essayé d'intervenir contre l'opération T.4 auprès du Prof. H. Goering, cousin du maréchal, et s'est réfugié en Suisse pour devenir médecin-chef de l'établissement d'Hérisau. Son rapport, adressé à la commission internationale d'investigation des crimes de guerre, mentionne 200 000 victimes parmi les malades, 75 000 parmi les personnes âgées, et précise que tous les asiles de petites et moyennes dimensions ont été « vidés ». Il ne concerne donc pas les opérations d'« euthanasie sauvage ».

1. R. PROCTOR, *Racial Hygiene : Medicine under the Nazis, op. cit.*
2. Voir B. MASSIN, Préface à P. WEINDLING, *L'Hygiène de la race, op. cit.*, pp. 28-30.

La vérité est que ces scientifiques étaient les acteurs de « la banalité du mal » au sens où Hannah Arendt l'a si remarquablement dénoncée dans le cas d'Eichmann, à cette différence près – assurément considérable – qu'il ne s'agissait plus de petits fonctionnaires d'autorité dont la carrière a plus reposé sur le fanatisme des convictions que sur les compétences, mais de médecins et de scientifiques représentants d'une technocratie biomédicale solidement formée et consciemment engagée[1]. Comme Hannah Arendt l'a mis en lumière, le zèle dont Eichmann a témoigné dans ses fonctions ne renvoyait pas « à la moindre profondeur diabolique ou démoniaque », et les crimes qu'il a commis ou couverts demeuraient des « massacres administratifs » assurément peu « ordinaires[2] ». En revanche, tous ces scientifiques associés à l'extermination des handicapés, tarés, indésirables ou considérés comme tels, incarnaient *la banalité d'une institution* qui, loin de se dévoyer, inspirait la politique eugénico-raciale du régime (Hitler a été en contact étroit, avant même d'arriver au pouvoir, notamment avec Eugen Fisher, directeur de l'Institut pour l'anthropologie, la génétique humaine et l'eugénique de Berlin-Dahlem rattaché au réseau de l'Association Kaiser Wilhelm).

L'idéologie nazie imprégnait la doctrine biomédicale tout autant que celle-ci inspirait les pratiques du régime nazi. Par exemple, les expériences menées par Walter Kreienberg pour l'armée de l'air sur la résistance humaine aux hautes altitudes n'étaient pas différentes de celles que l'Air Force et la NASA ont développées par la suite : seul différaient les « matériaux humains », ici volontaires, là sélectionnés et souvent « préparés » dans les camps. Ces expériences relevaient de la même science, elles n'étaient pas le fait de chercheurs marginaux ou dévoyés. Entre les médecins tortionnaires des camps et les instituts d'eugénique, y compris ceux qui faisaient partie du réseau de l'Association Kaiser-Wilhelm, il y eut plus de quatre-vingts programmes d'expérimentations humaines (sans compter celles qui ont été effectuées hors des camps dans les hôpitaux psychiatriques). Et ces travaux donnaient lieu à communication dans des colloques scientifiques.

Ainsi le professeur Hallervorden, l'un des directeurs de l'Institut de recherche sur le cerveau, expliqua-t-il aux enquêteurs américains qu'il

---

1. Hannah ARENDT, *Eichmann à Jérusalem*, Paris, Gallimard, coll. « Quarto », 2002.
2. *Ibid.*, Post-scriptum, p. 1296.

y « avait des spécimens merveilleux parmi ces cerveaux, de très beaux cas d'handicapés mentaux, de malformations et de maladies infantiles précoces ». Ces matériaux venaient en fait de jeunes handicapés épileptiques et mentaux « euthanasiés » en liaison directe avec les instituts scientifiques pour les besoins de la recherche. (Hallervorden partageait son activité entre la Kaiser Wilhelm Gesellschaft et le centre d'euthanasie du Brandenbourg[1].)

Tout comme les Eichmann ont tué et torturé parce ce que cela faisait partie du métier et de la fonction, ces scientifiques ont pratiqué une recherche qui leur paraissait dans le droit fil professionnel de la poursuite du savoir. Dans son échange pour le moins difficile avec Gershom Scholem, Hannah Arendt lui explique qu'il n'a pas compris l'expression « la banalité du mal » : « Il s'agit de traiter le mal comme phénomène de surface et non de le banaliser ou de le considérer comme anodin. Au contraire. Car le plus important, c'est que des gens tout à fait ordinaires, qui n'étaient par nature ni bons ni méchants, aient pu être à l'origine d'une catastrophe si monstrueuse[2]. » La part qu'ont joué l'eugénisme et sa séduction dans une grande partie de l'intelligentsia allemande renvoie ici encore à des gens « ordinaires », au sens où rien dans leurs parcours n'autorise à les traiter comme délirants, fous, incompétents ou dévoyés, alors que tout au contraire leur vie et leur activité professionnelles apparaissaient sur le moment aux yeux de leurs collègues en Allemagne comme à l'étranger, en particulier aux États-Unis, parfaitement conformes aux « canons » de l'institution scientifique.

Comme l'écrit Paul Weindling, « la composition sociale de la société témoignait de la séduction exercée par l'hygiène raciale sur les divers secteurs des professions libérales de la *Bildungsbürgertum*, la "bourgeoisie des diplômes". La séduction opérait grâce à un mélange détonant de concepts modernes et technocratiques d'hygiène et de l'idée romantique d'une chevalerie germanique. » De la stérilisation à l'extermination des

---

1. Voir référence dans B. Massin, Préface à P. Weindling, *L'Hygiène de la race, op. cit.,* p. 24. Massin note qu'après la guerre, très tardivement en 1997, la presse médicale française s'est demandé s'il ne conviendrait pas de débaptiser la « maladie de Hallervorden-Spatz » en raison de la participation de ces deux neurologues à de telles expériences.

2. H. Arendt, « Correspondances croisées », *Les Origines du totalitarisme, op. cit.,* lettre du 14 septembre 1963, p. 1375.

malades mentaux, tarés et sous-hommes définis comme «indignes de vivre», on peut toujours dire que le passage a été facilité par l'état de guerre, «qui érode chez beaucoup le sens du prix de la vie individuelle[1]». Mais il est impossible de s'en tenir à cette explication pour rendre compte des pratiques liées à cette conjonction de la science aryanisée, du nationalisme *völkisch* et de l'antisémitisme. Dans la *Bildungsbürgertum* de l'Allemagne nazie, l'hystérie raciste du régime a tout simplement permis la montée aux extrêmes de chercheurs préparés sans retenue à toutes les expérimentations, quelles que fussent la provenance et la nature de leurs «matériaux».

Les massacres délibérément organisés dès l'entrée en guerre ont prolongé sur le champ de bataille ceux de l'opération T.4 : entre 1941 et 1942, les *Einsatzgruppen* ont éliminé à la mitrailleuse et au lance-flammes un million et demi de juifs et de Slaves dans les territoires occupés de la Pologne et de l'ex-Union soviétique. Le 20 janvier 1942, moins de six mois donc après la suspension de l'opération T.4, la conférence de Wannsee, dans la forêt proche de Berlin, passe à une dimension nouvelle dans l'extermination : les dignitaires SS se donnent le mot de Hitler et Himmler lançant la décision de la mise en œuvre de «la solution finale». T.4 n'a été que la répétition générale, prototype en (très relative) miniature, des opérations d'extermination à grande échelle auxquelles a donné lieu l'offensive à l'Est tout comme l'installation des chambres à gaz et des fours crématoires des camps de concentration. La science «ordinaire», loin d'avoir été étrangère à la catastrophe, en a été l'un des instruments à la fois doctrinaire et physique.

---

1. Paul WEINDLING, *L'Hygiène de la race, op. cit.*, p. 139 et 221.

II.

La découverte du péché

En avril 1945, un mois avant la fin de la guerre en Europe et quatre mois avant Hiroshima, Alberto Giacometti publiait un bref article dans *Labyrinthe*, le journal mensuel de l'éditeur d'art Albert Skira. Il y proposait de rapprocher les œuvres de Jacques Callot, de Francisco de Goya et de Théodore Géricault – une anthologie de gravures ayant toutes trait aux horreurs, aux cruautés, aux exactions de la guerre, qui renvoyaient manifestement dans l'esprit de Giacometti aux folies meurtrières dont la Seconde Guerre mondiale continuait encore de témoigner : Callot pour la guerre de Trente Ans et les massacres entre catholiques et protestants, Goya pour l'invasion de l'Espagne par Napoléon et la répression sans merci de la résistance et des actes de guérilla, Géricault pour la retraite sans gloire des grognards sous les tempêtes de neige et les attaques des partisans russes. Giacometti relevait que « s'il y a parenté évidente entre le sujet de guerre et d'horreur de ces trois artistes, il y a aussi parenté entre leurs natures mortes et leurs fous. Il y a chez ces artistes un frénétique désir de destruction dans tous les domaines, jusqu'à la destruction de la conscience humaine[1] ».

Une conférence s'est tenue à Genève en mars 2005 sur le thème « Soixante ans après Hiroshima », alors même que le Cabinet des estampes de la ville venait de donner suite à la proposition de Giacometti : admirable exposition des gravures de ces trois grands artistes, la cohabitation des thèmes dans l'horreur et l'audace artistique jetait un regard sans concessions sur les liens que la guerre peut entretenir avec la folie des hommes. En faisant le tour de ces visions de victimes torturées, sadiquement blessées,

---

1. Alberto GIACOMETTI, « À propos de Jacques Callot », *Labyrinthe*, n° 7, Genève, 15 avril 1945, p. 3.

étouffées, étranglées, violées, pendues, perforées, défigurées à coups de toutes sortes d'armes de poing, d'armes à feu et d'objets hétéroclites, abandonnées en sang sur le terrain ou étendues sous la neige auprès des cadavres de leurs chevaux, on pouvait se demander ce que les horreurs de la Seconde Guerre mondiale avaient apporté de nouveau. La réponse, bien sûr, venait sans hésiter, mais Giacometti, à la date de son article dans *Labyrinthe*, ne l'avait pas : les camps d'extermination avec le gaz Zyklon B et les bombes atomiques.

LA GRANDE INNOVATION

La nouveauté de la Seconde Guerre mondiale n'a pas été à proprement parler la guerre industrielle et industrialisée, car celle-ci a commencé avec la guerre de Sécession. Ce n'est pas davantage la guerre vue du ciel et menée à distance des combattants, c'est-à-dire grâce au bombardement par avion ou au canon à longue portée, car cela remonte à la Première Guerre mondiale : pensons à la Grosse Bertha et aux bombes placées dans les premiers avions. Ni davantage l'usage sur le champ de bataille des produits de la science qui remonte, avec les gaz asphyxiants du prix Nobel Fritz Haber, à ce même conflit mondial où les scientifiques ont été appelés à mettre au point de nouveaux systèmes d'armes, mais sur la base de techniques et de connaissances en fait déjà toutes disponibles.

De même, les bombardements stratégiques sur des populations civiles ne datent pas d'août 1945 : pour briser le moral des civils et détruire la puissance industrielle de l'adversaire, l'idée en a été discutée dès 1928 dans les débuts de la Royal Air Force, elle a été mise en doctrine par son théoricien, le général italien Giulio Douhet, mais elle a été mise en œuvre pour la première fois, bien avant Dresde ou Tokyo, par les nazis, à Guernica, à Varsovie, à Rotterdam et pendant la bataille de France, avant Coventry et Londres [1]. Et le gaz Zyklon B utilisé dans les camps de la mort

---

1. Voir sir Charles WEBSTER et N. FRANKLAND, *The Strategic Offensive Against Germany, 1939-1945*, vol. IV, annexe 2, p. 71-83, où le père fondateur de la Royal Air Force et ardent avocat du bombardement stratégique, sir Hugh Trenchard, se demande s'il « appartient, en ce qui concerne l'aspect éthique, au gouvernement de Sa Majesté d'accepter ou de refuser une doctrine qui, pour dire clairement les choses, revient à recommander une guerre sans restriction contre la population civile de l'ennemi ». C'est

n'était que l'extrapolation des gaz déjà expérimentés sur les champs de bataille par Fritz Haber pendant la Première Guerre mondiale.

En revanche, ce qui est vraiment nouveau avec Hiroshima, c'est que la recherche fondamentale – la science en tant que telle – est directement à la source de systèmes d'armes de destruction massive. Les bombes d'Hiroshima et de Nagasaki ont consacré le succès du *Manhattan Project* qui a impliqué le concours d'autant de calculs et de spéculations théoriques que de mises au point techniques : la physique théorique y a joué un rôle de premier plan avec une dizaine de prix Nobel (et plusieurs autres devenus lauréats après la guerre). Et, de plus, l'initiative même du programme est venue des scientifiques : en effet, ce n'est pas Roosevelt ou le général Marshall qui a pensé à la bombe atomique, c'est Leo Szilard inspirant la lettre adressée à Roosevelt par Einstein, de même que plus récemment ce n'est pas le président Reagan ni le président Bush Jr qui ont pensé à la « guerre des étoiles ou au « bouclier antimissiles », mais Edward Teller. Autrement dit, si l'on se réfère à l'exposition du Cabinet des estampes de Genève, la nouveauté avec les camps d'extermination et les bombardements nucléaires, c'est l'alliance étroite entre la folie des hommes, la science et l'industrie.

LA FIN DE L'INNOCENCE

Les conditions et le résultat de cette alliance entraînent non plus seulement à douter de la « neutralité » de la science, mais encore et surtout à s'interroger sur la responsabilité sociale du scientifique. La Seconde Guerre mondiale et la guerre froide ont directement soulevé ce problème, et les menaces terroristes d'un usage des armes de destruction massive après les attentats du 11 Septembre n'ont fait que rendre son ambivalence plus présente et plus aiguë. Jusque-là, sauf les gaz asphyxiants sur les champs de bataille de la Première Guerre mondiale et les pratiques de stérilisation et d'extermination des médecins eugénistes, les chercheurs n'avaient pas

---

dans « La guerre de l'air » (*Journal des Ailes*, Paris, 1932) que le général Douhet a proposé de concentrer toute offensive dans les forces aériennes n'épargnant ni les villes ni les populations civiles : *resistere sulla superficie, per far massa nell'aere* (« résister à la surface pour faire masse dans l'air »).

cessé d'avoir partie liée avec la morale et même avec les valeurs les plus élevées de la morale.

Loin d'avoir à se regarder dans le miroir de l'éthique comme des acteurs compromis, la grande majorité des scientifiques pouvait se prévaloir de l'article destiné par Pasteur au *Moniteur*, où les laboratoires, définis comme « les temples de l'avenir, de la richesse et du bien-être », apparaissaient comme hébergeant une sorte de religion dont les préceptes reproduisaient les valeurs les plus incontestées de toutes les religions[1]. La science pour Pasteur, incontestable « bienfaiteur de l'humanité », était de l'ordre de l'ascèse, et rien dans sa démarche, ses objectifs et ses résultats ne pouvait faire qu'il y eût la moindre dérive par rapport à sa religion de la science. Ce n'est pas sans hésitation, scrupule ni précaution, d'autant plus qu'il « n'était pas même médecin », qu'il se décida à passer de l'expérimentation animale à l'expérimentation humaine en vaccinant le jeune Joseph Meister mordu par un chien qu'on pensait enragé.

Pourtant, cela ne l'a pas retenu, un an auparavant, de reprendre une proposition de Maupertuis revenant à traiter des condamnés à mort comme matériaux d'expérimentation. Dans sa lettre à l'empereur Pedro II du Brésil, qui rêve de le voir venir à Rio de Janeiro pour s'attaquer à la fièvre jaune et au choléra – assurément beaucoup plus meurtriers en nombre de victimes que la rage – il n'hésite pas à écrire que sa « main tremblera quand il faudra passer à l'espèce humaine », mais qu'elle tremblerait assurément moins si elle pouvait s'appliquer tout de suite à des condamnés à mort. « C'est ici que pourrait intervenir très utilement la haute et puissante initiative d'un chef d'État pour le plus grand bien de l'humanité. Si j'étais Roi ou Empereur ou même président de République, voici comment j'exercerais le droit de grâce sur les condamnés à mort. J'offrirais à l'avocat du condamné, la veille de l'exécution de ce dernier, de choisir entre une mort imminente et une exécution qui consisterait dans des inoculations préventives de la rage pour amener la constitution du sujet à être réfractaire à la rage. Moyennant ces épreuves, la vie du condamné serait sauve. Au cas où elle le serait – et j'ai la conviction qu'elle le serait en effet – pour garantir

---

1. Cet article fut en fait refusé, Pasteur y faisait le procès des carences de l'État dans le soutien de la recherche. Il parut finalement et plus discrètement dans la *Revue des cours scientifiques* en 1868 sous le titre le « budget de la science ». Voir *Œuvres* de Pasteur, édit. P. Vallery-Radot, tome VII, Masson, 1939, p. 203.

vis-à-vis de la société qui a condamné le criminel, on le soumettrait à une surveillance à vie. Tous les condamnés accepteraient. Le condamné à mort n'appréhende que la mort. »

Même le grand Pasteur, certes convaincu de l'efficacité de son vaccin, a proposé de jouer à pile ou face la vie de ces cobayes. Mais cela ne suffisait pas, il fallait bien en venir à la requête de l'empereur à propos du choléra : comme ni le Dr Roux ni le Dr Koch n'ont réussi à identifier la cause du choléra, Pasteur propose de « le communiquer à des condamnés à mort en leur faisant ingérer des cultures de bacille » et, « quand la maladie serait déclarée, on éprouverait des remèdes qui sont conseillés comme étant les plus efficaces en apparence [1]. » La médecine triomphante se constitue déjà ici en biopouvoir avec droit de vie et de mort sur des patients dont le consentement serait pour le moins un cas de servitude non volontaire.

La proposition de Pasteur était un timide coup d'épée dans l'eau, auquel l'empereur Pedro II répondit très aimablement avec des mots de grande admiration pour les travaux de Pasteur et en l'invitant à Rio : « [...] vous devez savoir peut-être que depuis quelques années dans mon pays la peine de mort est modérée par le souverain ou son exécution est suspendue indéfiniment. Si le vaccin de la rage n'est pas d'un effet incontestable, qui préférera une mort douteuse à celle qui serait presque irréalisable ? Même dans le cas contraire qui pourrait consentir à un suicide possible, sinon probable ? Étant prouvé que l'effet est indubitable, on trouvera facilement qui se prête à confirmer ce résultat sur l'homme... » La « haute et puissante initiative d'un chef d'État » lui ayant fait défaut, Pasteur en somme s'est vu épargner un douteux passage à l'acte.

En revanche, les travaux menant à la bombe atomique et la décision de la lancer sur le Japon ont introduit à une ère entièrement nouvelle, où l'idéologie et la pratique de la science se sont trouvées directement et irréversiblement confrontées à des enjeux moraux sans précédent. Les courants eugénistes n'avaient conduit à la montée aux extrêmes qu'en Allemagne sous le régime nazi. La mise au point de l'armement nucléaire est d'emblée dans l'extrême, et si son premier usage n'a pas été le fait d'un régime totalitaire, elle était au départ destinée à précéder l'Allemagne, non pas à châtier le Japon.

---

1. Louis PASTEUR, « Lettre du 22 septembre 1884 », *Correspondance 1877-1884*, Paris, Flammarion, t. III, 1951, p. 438-439.

Jamais un tel nombre de scientifiques et d'universitaires n'avait été associé à une entreprise visant à une telle capacité de destruction. L'élan ainsi donné au complexe militaro-industriel dont les productions dépendent étroitement des progrès de la science, il n'y aura pas de retour en arrière dans la surenchère des systèmes d'armes, quelles qu'aient été les périodes de répit dans la course aux armements – de la « détente » durant la guerre froide aux espoirs de désarmement nés de la fin du communisme.

Rien n'illustre plus dramatiquement ce tournant que la célèbre phrase par laquelle Robert. J. Oppenheimer, maître d'œuvre du *Manhattan District Project* qui déboucha sur les bombes frappant Hiroshima et Nagasaki, conclut la conférence « Sur la physique dans le monde contemporain » qu'il présenta en 1948 au MIT : « En une sorte de signification brutale qu'aucune vulgarité, qu'aucune plaisanterie, qu'aucune exagération ne peut tout à fait abolir, les physiciens ont connu le péché ; et cela, c'est une connaissance qu'ils ne peuvent pas perdre [1]. » Cet aveu de culpabilité et même de transgression religieuse provoqua un tollé dans la communauté des scientifiques américains. La plupart des anciens de Los Alamos rejetèrent indignés cette déclaration : ils avaient accompli une tâche aussi difficile qu'exaltante et surtout nécessaire pour mettre un terme à la guerre. Après tout, l'équipe menée par Heisenberg autour de l'*Uranverein* aurait pu coiffer au poteau les Alliés, et l'on avait encore toute raison de le croire en 1944. Donc, ces chercheurs avaient tout simplement accompli leur devoir, et pleurer en public sur la responsabilité des chercheurs était de mauvais goût. C'est très exactement ce que Ernest O. Lawrence, l'homme des grands accélérateurs de Berkeley, et qui détestait Oppenheimer, a vigoureusement dénoncé dans ces termes : « Je suis un physicien, et je n'ai aucune connaissance à perdre dans laquelle la physique m'ait entraîné à connaître le péché [2]. »

Ce déni de responsabilité affiché par la plupart de ceux qui participèrent au *Manhattan Project* (et à tant d'autres programmes par la suite, de même nature et régulièrement d'une ampleur plus considérable) est pourtant de très grande mauvaise foi. D'abord, ces bombes conçues pour atteindre

---

1. Julius Robert OPPENHEIMER, « Physics in the Contemporary World », *Bulletin of the Atomic Scientists*, vol. 4, n° 3, mars 1948, p. 66.

2. Cité par Herbert F. YORK, *The Advisors : Oppenheimer, Teller and the Superbomb*, San Francisco, Freeman, 1976, p. 65.

l'Allemagne étaient devenues sans objet, puisque l'Allemagne avait déjà signé l'armistice quand elles devinrent disponibles, et elles furent lancées sur le Japon alors que l'empereur avait déjà entrepris auprès des Soviétiques de négocier en coulisses sa reddition.

On connaît toutes les raisons qui ont été avancées, chacune complémentaire et solidaire en fait des autres, au point que la démonstration proposée à l'initiative de Leo Szilard et de James Franck d'une explosion, en présence d'une délégation japonaise et de représentants des Nations unies, dans un désert ou sur une île inhabitée du Pacifique, fut immédiatement écartée. Après tout, le déclenchement et la réaction en chaîne de la bombe pouvaient échouer, ce qui aurait ridiculisé les Alliés et redonné confiance à l'état-major nippon. Ensuite, la démonstration réussie sur une ou deux villes serait telle qu'elle précipiterait la fin des hostilités – après l'explosion expérimentale dans le désert du Nouveau Mexique, les matériaux disponibles ne pouvaient servir à construire que deux bombes, l'une à l'uranium enrichi, l'autre au plutonium.

En outre, certains considéraient que les membres du Congrès seraient fâchés de ne pas connaître, c'est-à-dire de ne pas pouvoir « apprécier », le fruit des 2 milliards de dollars dépensés pour mettre au point cette arme sans concurrente. L'argument de politique intérieure devait suffire à éliminer toute réserve de politique internationale, et ne pas faire exploser le « gadget » sur l'ennemi, même s'il était au bord de se rendre, aurait pu coûter encore trop cher en soldats américains tués aux combats lors du débarquement. Enfin, c'était aussi un signal lancé à Staline, dont les prétentions territoriales, après le conflit, en Asie comme en Europe, ne pouvaient être ignorées. Ainsi Hiroshima et Nagasaki devaient-elles apparaître comme célébrant tout aussi bien la fin de la Seconde Guerre mondiale que le lever du rideau sur la troisième. En deux mots, le simple fait de disposer de l'arme atomique, après tant d'investissements à la fois intellectuels et industriels pour la mettre au point en moins de trois ans, impliquait qu'on ne pouvait pas se passer de démontrer l'exploit *urbi et orbi*. D'autant que l'exploit valait simultanément coup de semonce à Staline.

Le livre récent de l'historien japonais Tsuyoshi Hasegawa confirme, documents d'archives à l'appui, que les contacts pris par l'empereur auprès des soviétiques comme médiateurs pour un armistice n'avaient aucune chance d'aboutir : Staline n'entendait pas voir la fin de la guerre sans avoir envahi la Mandchourie ni surtout occupé ce qu'on lui avait promis à Pots-

dam, les îles Sakhaline et Kouriles et pourquoi pas Hokkaido si ses troupes
y parvenaient à temps[1]. La capitulation eut lieu le 14 août, mais les combats
entre Soviétiques et Japonais continuèrent jusqu'au 1er septembre, quand
l'armée soviétique réussit à occuper Shikotan, une des Kouriles située juste
au nord-est de Hokkaido. En ce sens, Hiroshima et Nagasaki donnèrent
l'occasion à l'empereur d'imposer la reddition à ses militaires, qui semblent
n'avoir d'aucune façon été impressionnés par les ravages et le nombre de
victimes des bombardements alliés, conventionnels et nucléaires, et du
même coup le moyen de sauver son règne et la maison impériale.

PROFIL D'UN GRAND MÉLANCOLIQUE

Le sens du péché dont Oppenheimer n'a pas cessé de se battre la coulpe
était néanmoins très ambigu. Dean Acheson, secrétaire d'État sous Truman,
a raconté qu'il accompagna un jour « Oppie » dans le bureau du président :
« Oppie se tordait les mains en disant : j'ai du sang sur les mains. » Plus
tard, Truman dit à Acheson : « Ne me ramenez plus jamais ce maudit
dingue *[that damn fool]*. Ce n'est pas lui qui a lancé la bombe. C'est moi.
Cette sorte de pleurnicherie me rend malade[2]. » D'un côté, donc, une
culpabilité qu'il n'a pas cessé d'afficher, mais d'un autre la fierté qu'inspire
la mission accomplie au nom de la science confondue avec le patriotisme et
au nom d'un *job* très efficacement accompli. Il n'allait pas de soi, a-t-il dit,
de voir la science placée sous la tutelle des militaires, mais l'entreprise en
valait la peine : « Presque tous les chercheurs savaient que si elle [la bombe]
était réalisée avec succès et assez rapidement, elle pourrait déterminer la
conclusion de la guerre. Presque tous savaient que c'était une occasion sans
précédent de faire contribuer le savoir fondamental et l'art de la science
au bénéfice de leur pays. Presque tous savaient que ce travail, s'il était
accompli, serait un chapitre de l'histoire. Ce sentiment d'excitation, de
dévotion et de patriotisme l'a emporté à la fin[3]. »

---

1. Tsuyoshi HASEGAWA, *Racing the Ennemy : Stalin, Truman, and the Surrender of Japan*, Cambridge (Mass.), Belknap Press/Harvard University Press, 2005.

2. L'anecdote a été rapportée par le *New York Times* du 11 octobre 1969.

3. *In the Matter of J. R. Oppenheimer* (USAC, 1954), Cambridge, MIT Press, 1971, p. 12-13.

J'ai personnellement connu Oppenheimer et je l'ai rencontré à plusieurs reprises dans les années 1960 à Princeton et à Paris. Entretenant avec lui de longues conversations – sur l'histoire du *Manhattan Project*, le cours du monde, la prolifération nucléaire, la philosophie et les sciences sociales –, j'ai été comme tant d'autres sensible à son immense culture et à son pouvoir de séduction. Je l'avais embarqué dans une commission du CPST, le Comité de la politique de la science et de la technologie de l'OCDE sur *Les Sciences sociales et la politique des gouvernements*, rapport destiné à la deuxième conférence ministérielle sur la science qui s'est réunie en 1966. Ce n'était pas évident : dans le monde anglo-saxon, la politique portant sur les sciences de la nature est séparée de celle qui affecte les sciences sociales. De plus, aux États-Unis, les préoccupations stratégiques ont toujours été prioritaires au sein du Collège des conseillers scientifiques du président (le PSAC), qui n'a jamais inclus qu'un seul représentant des sciences sociales – un économiste, dont la formation et les compétences en mathématiques lui donnaient en somme quelque légitimité face aux scientifiques spécialistes des armements. En outre, pendant longtemps – jusqu'en 1968, date tournant assurément pour ces questions – la National Science Foundation (homologue de notre CNRS) n'a pas été autorisée à soutenir ces disciplines au prétexte qu'elles traiteraient de sujets à controverse : les inégalités sociales, les Noirs, les femmes, l'avortement, etc. En revanche, sur le continent européen, le concept même de science (*Wissenschaft* en Allemagne ou *nauka* en Russie) a toujours inclus les sciences sociales et les humanités, et les ministères et organes chargés de la politique de la science, qui se sont généralisés à partir de 1963, ont toujours compté des comités représentant ces disciplines. C'est ainsi que, sous la pression des pays européens (les Pays-Bas et la France en particulier), le CPST avait été chargé de penser les deux domaines dans le cadre d'une même politique gouvernementale – avec de grandes réticences de la part des États-Unis qui considéraient que cela relevait essentiellement des Fondations privées.

Mais le recrutement même d'Oppenheimer pour un comité de l'OCDE n'allait pas de soi aux yeux du Département d'État, qui s'en tenait aux conclusions de la Commission de l'énergie atomique qui lui avait retiré en 1954 sa *clearance*, son accréditation aux « secrets défense ». En plaidant sa cause auprès de la bureaucratie, je m'efforçais d'expliquer que ce comité se consacrant aux sciences sociales n'avait rien à voir avec les problèmes militaires et que, tout au contraire, notre initiative honorerait les États-

Unis de démontrer qu'un physicien – et celui-là – pouvait transférer les fruits de son expérience politique dans ce domaine nouveau d'intervention des États. Et, après tout, libre de voyager, Oppenheimer n'était pas plus en résidence surveillée que ne l'avait été Galilée. Ni l'ambassadeur des États-Unis auprès de l'OCDE ni le Département d'État n'apprécièrent le parallèle : décidément « Oppie » n'y était pas en odeur de sainteté.

Finalement, je contactai par un ami commun Jerome Wiesner, alors assistant spécial du Président pour la science et la technologie, qui éclata de rire à l'idée d'un Oppenheimer « écarté » d'un débat sur les sciences sociales et obtint sur-le-champ du président John Kennedy l'accréditation du dangereux physicien à nos travaux non moins séditieux. Parmi les membres de cette commission, il y avait Raymond Aron, Ralf Dahrendorf, Claude Gruson, Paul Lazarsfeld, Tony Segerstedt, qui se disputaient avec passion sur les limites des applications dans ce domaine, certains se méfiant en particulier (non sans raison) des interventions gouvernementales toujours possibles sur l'orientation, à plus forte raison sur les résultats des recherches – entre politique partisane, idéologie ou propagande. Non spécialiste, Oppenheimer s'est montré le plus soucieux de défendre la cause des sciences sociales et des humanités dans l'ensemble d'une politique de la science auprès de spécialistes qui n'en finissaient pas de débattre des différences qui existent entre ces disciplines et les sciences de la nature. Si le rapport a pu être mené à bien, c'est en grande partie grâce au soin qu'il a mis à « calmer le jeu » et à élargir le débat en montrant que l'accélération même des progrès dans les sciences dites « dures » exige un soutien et un développement de plus en plus importants des recherches en sciences sociales, et même dans les humanités, tels que l'on puisse mieux comprendre et pourquoi pas mieux maîtriser les répercussions de ces progrès dans le domaine social et culturel. L'insistance mise par le rapport sur les problèmes du changement et la nécessité pour les sociétés modernes d'une action collective permettant de « mesurer les risques et de contrôler les répercussions de leurs entreprises » lui doit beaucoup [1]. La très lente prise de conscience de ces problèmes est loin d'avoir entraîné depuis les gouvernements à prendre les mesures capables d'en relever les défis. Il est vrai, comme l'a brillamment montré Richard Nelson, que le combat

---

1. Voir *Les Sciences sociales et la politique des gouvernements*, Paris, OCDE, 1966, Introduction, p. 11-20.

contre la pauvreté, les exclusions, les inégalités sociales ne relève pas des mêmes moyens techniques, organisationnels ou budgétaires, que ceux qui ont fait le succès de l'opération Apollo [1]. Mais a-t-on jamais investi les connaissances et les moyens dans le traitement de ces problèmes à la mesure de ceux qui président aux succès spectaculaires du progrès matériel de la consommation ou des armements ?

Derrière des yeux d'un bleu clair et limpide, une pipe toujours à la main ou dans la bouche, le corps penché en avant comme pour offrir plus de chaleur et d'attention à son interlocuteur, Oppenheimer montrait dans ses entretiens en tête à tête toute la civilité et l'élégance d'un représentant d'une élite américaine qui n'était pas qu'intellectuelle, où certains ont cru voir, bien à tort, de l'arrogance. C'était assurément un personnage charismatique, complexe, secret et douloureux, fascinant dans sa façon de parler et d'écrire, qui cherchait toujours, lentement, le mot juste et raffiné, et certainement plus fascinant encore pour ses étudiants quand il dessinait et discutait au tableau noir les équations de la théorie quantique. Ses séminaires ont accueilli les physiciens les plus prestigieux à l'Institut des sciences avancées de Princeton, dont il était devenu le directeur après avoir quitté le programme Manhattan, et certains évoquent encore comment il tenait tête à Einstein, Bohr, Bethe, dans des joutes où se jouait l'espoir de réconcilier la théorie de la relativité avec la mécanique quantique.

Il incarnait à mes yeux tous les thèmes médiévaux de la mélancolie suivant Dürer, du *Chevalier, la Mort et le Diable* au *Saint Jérôme dans son cabinet* : à l'abri de son casque, le regard rivé sur son chemin, le Chevalier va de l'avant, indifférent à la mort et aux horreurs qui rôdent à ses côtés ; saint Jérôme donne l'idée de la sérénité qui caractérise idéalement le travail du savant, pourtant soumis aux tourments du doute ; et l'allégorie de *Mélancolie I* renvoie de toute évidence à la symbiose du thème avec l'alchimie. « Pour un homme du seizième siècle, a dit Jean Starobinski dans un très remarquable article, l'empire de la mélancolie est celui du génie, en un sens qui inclut tout ensemble la puissance créatrice et les prestiges diaboliques [2]. » C'est fondamentalement le domaine des contraires, et Oppenheimer, dont la culture en philosophie et en littérature était aussi

---

1. Richard NELSON, *The Moon and the Ghetto : An Essay on Public Policy Analysis*, New York, Norton, 1977.
2. Jean STAROBINSKI, « L'encre de la mélancolie », *Nouvelle Revue française*, n° 123,

vaste que sa maîtrise de la physique théorique, était incontestablement l'homme des contraires : la quête de la transmutation porte l'alchimiste aux réalisations intellectuelles les plus extraordinaires, et en même temps le menace à tout instant d'être victime de ses manipulations aventureuses[1]. « Mélancolique est quasiment synonyme d'enfant de Saturne. En même temps, Saturne est pour l'alchimie le point de départ de la transmutation[2]. » Et Saturne dévore ses enfants...

Dépressif, au bord du suicide, il l'avait été en 1926 quand, jeune *graduate* de Harvard, il cherchait à vingt-deux ans sa voie en Angleterre au Cavendish Laboratory, le temple de la physique expérimentale dirigé par Rutherford, et prenait conscience qu'il n'était absolument pas fait pour l'expérimentation. Ce fils de banquier juif new-yorkais avide de culture philosophique, noyé dans le milieu des expérimentateurs anglais, s'est senti alors d'autant plus isolé qu'il était manifestement jaloux des talents en « manips » de Patrick Blackett, ancien officier de la Navy et futur prix Nobel. Oppenheimer désapprouvait l'engagement socialiste dont Blackett faisait la démonstration dans des écrits et des manifestations publics : les événements agitant le cours du monde étaient alors entièrement hors de sa sphère d'intérêt ; seules la physique, la philosophie, la littérature et la musique absorbaient son quotidien : « J'étais presque séparé de la scène contemporaine du pays. Je n'avais encore lu ni journaux ni revues tels que *Time* ou *Harper's* ; je n'avais ni radio ni téléphone ; j'ai appris la déconfiture de la Bourse à l'automne de 1929, longtemps après l'événement. [...] Je m'intéressais profondément à la science, mais je ne comprenais rien aux relations entre l'homme et la société[3]. »

1er mars 1963, p. 410-423, reproduit dans le catalogue de l'exposition *Mélancolie et folie en Occident* (sous la direction de Jean Clair), Paris, Gallimard, 2005, p. 24-30.

1. En 1961, la revue *Christian Magazine* lui demanda de donner la liste des dix livres qui « firent le plus pour former sa vocation et sa philosophie de la vie ». On y trouve *Les Fleurs du mal* de Baudelaire, *La Divine Comédie* de Dante, les *Notebooks* de Michael Faraday, *Hamlet* de Shakespeare, *L'Éducation sentimentale* de Flaubert, le *Théétète* de Platon, les œuvres complètes du mathématicien Bernhard Riemann, et pour les sources védiques, la *Bhagavad-Gîtâ* et les *Trois centenaires* [*Satakatrayam*] de Bhartrihari, ainsi que le poème *The Waste Land* de T. S. Eliot qui s'y réfère.

2. J. VÖLLNAGEL, « Mélancolie et alchimie », *Mélancolie et folie en Occident, op. cit.*, p. 106-110.

3. *In the Matter of J. R. Oppenheimer*, compte rendu de l'enquête, Washington, USGPO, 1954, p. 8.

Deux amis physiciens américains, qui l'avaient accompagné en vacances en Corse, ont raconté qu'il devait d'urgence revenir en Angleterre : il s'accusait devant eux d'avoir voulu se débarrasser de Blackett par une pomme empoisonnée qu'il avait déposée dans un vase sur son bureau du Cavendish. L'affaire semble plus hallucinatoire que réelle, mais précisément ce passage aux aveux, à la manière de Raskolnikov dans *Crime et Châtiment*, donne une idée des tourments d'échec et d'envie qu'Oppenheimer a pu affronter à Cambridge.

C'est seulement lors d'un deuxième séjour en Europe que, tournant le dos à sa compétition fantasmée avec Blackett, il trouva aussitôt sa voie à Göttingen auprès de Max Born, qui l'avait rencontré à Cambridge et le jugeait prometteur. Il s'y distingua aussitôt par la foison de ses idées et par une thèse de doctorat dont il vint à bout très rapidement. Dès lors, approfondissant sa maîtrise et sa passion de la physique théorique, il passa sa bourse de « post-doc » auprès de Niels Bohr à Copenhague, de Paul Ehrenfest à Leyde et de Wolfgang Pauli à Zurich, et publia de nombreux articles de physique qui le plaçaient parmi les plus compétents et les plus doués. De retour aux États-Unis en 1929, il fut aussitôt recruté à la fois par l'Université de Californie à Berkeley et par le Caltech, le Californian Institute of Technology, pour assurer le démarrage de la théorie quantique sur la côte Ouest.

Mais il avait décidément peu de titres pour prendre la tête du *Manhattan Project*. L'idée d'une bombe nucléaire circulait dans tous les laboratoires de physique du monde depuis l'annonce en 1939 de la fission de l'uranium, et certains physiciens avaient déjà tenté de calculer la « masse critique » capable de provoquer l'explosion, tels Jean Perrin en France, Rudolf Peierls et son assistant Klaus Fuchs en Angleterre, et d'autres à Berlin et à Tokyo. À la suite d'une conférence à Washington de son ami Niels Bohr évoquant les travaux d'Otto Hahn et de Lise Meitner, Oppenheimer s'y était attelé, lui aussi, comme au calcul de la quantité d'uranium 235 indispensable. C'est en travaillant avec le groupe du Laboratoire des radiations dirigé par Ernest O. Lawrence qu'il fut mis en contact avec le prix Nobel Arthur H. Compton, qui l'associa à partir de 1941 à plusieurs commissions de l'Académie des sciences discutant des applications possibles de l'énergie atomique dans le domaine militaire, mais non vraiment déjà soumises au « secret défense ». Comme la rumeur disait que ce dépressif avait fait à Cambridge une crise suicidaire, il était peu « fiable » aux yeux des services de sécurité.

Il l'était d'autant moins que, sans avoir jamais été communiste, il avait fréquenté à partir de 1936 les milieux de gauche organisant des réunions et des quêtes en faveur des républicains espagnols (c'est là qu'il rencontra André Malraux venu réunir des fonds aux États-Unis). Il y participait moins par conviction que parce qu'il y était entraîné par son amour d'alors, Jean Tatlock, une psychiatre tourmentée qui, elle, était communiste. Il rompra d'ailleurs tout lien avec les communistes après le pacte germano-soviétique[1]. Mais tout cela avait de quoi fournir au FBI d'Edgar Hoover un dossier le rendant pour le moins suspect. C'est pourtant son nom que Compton suggéra au colonel Groves pour diriger la partie scientifique du programme. Groves était un brillant ingénieur militaire du génie et grand meneur d'hommes (c'est lui qui conçut et dirigea la construction des bâtiments du Pentagone) : on le nomma bientôt général pour qu'il ait plus de poids auprès de son équipe indisciplinée de prix Nobel. Séduit par l'intelligence et l'apparente sérénité d'Oppenheimer, et par son aptitude à entraîner les esprits, Groves n'hésita pas à le choisir à l'automne de 1942, en particulier parce qu'il avait suggéré l'idée d'un » super laboratoire » réunissant la plupart des activités et des acteurs chargés de concevoir et de tester la bombe, jusque-là éparpillés sur l'immense territoire américain. D'entrée de jeu, ils avaient eu ensemble la vision la plus ambitieuse du projet sur le plan à la fois industriel, technologique et scientifique.

Pour gagner du temps, la rencontre – qui a fait l'objet de nombreuses descriptions, y compris au cinéma – eut lieu dans un compartiment réservé d'un train de luxe allant de Chicago à la côte Ouest des États-Unis, et Groves fit une fois pour toutes confiance à « Oppie ». Ils formèrent une équipe qui résista à tous les soupçons et complots dont Oppenheimer ne manqua pas d'être l'objet. Le programme Manhattan réunit plus d'une centaine de scientifiques « de haut vol » dont un groupe important de prix Nobel (en majorité européens) et de futurs Nobel, plus de 150 000 ingénieurs, techniciens et ouvriers, et des entreprises chargées de construire des usines dans plusieurs États, dont la taille dépassera en 1945 celle des plus grandes usines de l'industrie automobile. Et il déboucha sur trois bombes

---

1. Et avec Jean Tatlock, sauf que celle-ci, toujours amoureuse, lui lança un appel désespéré en 1943 alors qu'il était à Los Alamos. Il la rejoignit à San Francisco et passa la nuit avec elle — le tout enregistré par le FBI. Quelques semaines plus tard, elle se donnait la mort (*In the Matter of J. R. Oppenheimer, op. cit.*, p. 153-154).

en vingt-huit mois. Groves n'aurait pas pu faire meilleur choix contre vents et marées : la réputation communiste, le tempérament mélancolique, l'étonnement au début de la majorité de ses collègues le voyant exercer cette fonction – et la haine d'Edward Teller, qui pourtant admit par la suite qu'il avait été « le meilleur directeur de laboratoire qu'il ait jamais connu ».

« Je suis devenu la mort... »

Le même homme qui se sent coupable et se félicite simultanément d'avoir gagné la partie incarne aussi dans sa mélancolie la figure de tous les scientifiques – la grande majorité – qui professent haut et fort ne voir aucun rapport entre leur travail de chercheurs et les conséquences qui en résultent. En novembre 1945, quittant la direction du programme, Oppenheimer s'adresse à toute son équipe de chercheurs pour leur dire comment il considère leur réalisation commune et ce qu'elle peut présager. Il commence par évoquer son ignorance de ce qu'est la politique et par souligner que l'utilisation de la bombe n'est pas l'affaire des scientifiques : « *il ne faut pas confondre l'acteur avec l'instrument*, et si d'aventure l'instrument se prend pour l'acteur, c'est justifier l'intrusion la plus hasardeuse des scientifiques, la moins savante, la plus corrompue dans des domaines dont ils n'ont ni l'expérience ni le savoir ni la patience pour y accéder ».

Et il poursuit en notant que les scientifiques qui ont travaillé à la bombe ont du mal à identifier leurs motivations : ils ont cherché à précéder les Allemands, à gagner la guerre, à satisfaire leur propre curiosité, à donner libre cours à leur sens de l'aventure, à découvrir si une bombe atomique pouvait être construite et, si c'était possible, à en développer de si puissantes que toute guerre serait écartée des Nations unies : « Je pense que toutes ces choses que les gens ont colportées sont vraies, et je pense que je les ai dites moi-même à un moment ou à un autre. Mais aucune de ces motivations n'est profondément la bonne – la racine de toutes les autres. Quand vous descendez droit au fond des choses, la raison pour laquelle nous avons fait ce travail est que ce fut une *nécessité organique*. Si vous êtes un scientifique, vous ne pouvez pas arrêter ce genre de choses. Si vous êtes un scientifique, vous croyez qu'il est bon de découvrir comment le monde fonctionne ; qu'il est bon de découvrir ce que sont les réalités ; qu'il est bon d'offrir à l'humanité tout entière le plus grand pouvoir possible de contrôler le monde[1]. »

Dans ce discours, il n'y a pas seulement une profession de foi baconienne ou faustienne, il y a l'idée de l'obligation que les chercheurs ont de « faire le boulot » quelles qu'en soient les répercussions. C'est un *devoir*, indépendamment du bien ou du mal qui peut en résulter, très exactement le *dharma* au sens de la philosophie hindoue : un devoir auquel on n'échappe pas – un destin. Oppenheimer s'est familiarisé avec la philosophie hindoue à Berkeley, entre 1930 et 1934, auprès du professeur Arthur William Ryder, alors l'un des plus grands spécialistes de sanscrit aux États-Unis. Sous cette tutelle, non seulement il a très tôt maîtrisé la langue jusqu'à traduire lui-même la *Bhagavad-Gîtâ*, le poème légendaire de la tradition mystique indienne, mais encore il en connaissait par cœur de nombreux passages, ne se séparait pas de son exemplaire et en offrait volontiers un volume à ses amis. « Bhagavad-Gîtâ » veut dire *Chant du Bhagavat*, qui est l'un des noms de Krishna, la très populaire incarnation du dieu Vishnou.

Je suis devenu la mort, destructrice des mondes

Tel est le vers de la *Bhagavad-Gîtâ* qui vint spontanément à son esprit le 16 juillet 1945, au moment où, après un éclair aveuglant et dans un fracas d'apocalypse, montait dans le ciel le nuage du champignon radioactif de la première explosion d'une bombe atomique[2]. En fait, quelques secondes avant le succès du test, une autre citation l'avait obsédé :

---

1. A. K. SMITH et C. WEINER (dir.), *Robert Oppenheimer : Letters and Recollections*, Cambridge, Harvard University Press, 1980, p. 316-317 *(je souligne)*.

2. Je reproduis ici la traduction telle qu'elle apparut dans l'édition française du livre de Robert Jungk (Paris, Arthaud, 1958), publié originellement en allemand. La traduction française n'est pas très différente de la version qui parut la même année dans l'édition anglaise (Londres, Penguin Books). Reconnaissons qu'il y de nombreuses traductions de ce poème, et celles-là ne sont pas les meilleures : « Je suis devenu la mort » est plutôt traduit par certains « Je suis devenu le Temps » (et traduire « *the splendour of the Mighty-One* » par « cette glorieuse splendeur » est assurément inadéquat). On peut toujours supposer qu'Oppenheimer lui-même a répandu ces versions. La traduction de P. Brunel est plus heureuse, mais je ne saurais dire si elle est plus proche de l'original sanscrit : « Je suis devenu le Temps qui tourne en détruisant le monde » (XI, 32) et « Comme mille soleils surgissant tout à coup dans le ciel, telle était la lumière dont rayonnait son grand être » (XI, 12). P. Brunel rappelle dans une note que Krishna est le maître du Temps parce qu'il est la Mort, *La Bhagavad-Gîtâ*, Paris, Éditions de l'Imprimerie nationale, 1992, p. 155.

Si la lumière de mille soleils
Éclatait dans le ciel
Au même instant, ce serait
comme cette glorieuse splendeur

Ces citations du poème védique ont fait le tour du monde d'abord en raison du best-seller mondial que le journaliste Robert Jungk a consacré à l'histoire du programme Manhattan, *Plus clair que mille soleils*, ensuite parce qu'on les a reproduites dans presque tous les livres, témoignages, documentaires et films qui ont suivi – une foison inépuisable consacrée à l'histoire de la bombe, et en particulier à Oppenheimer. Mais on ne s'est guère interrogé sur l'influence que sa lecture du poème et son rapport à la philosophie hindoue ont pu avoir sur sa conception du rôle qui doit être celui du scientifique. Un historien américain s'y est attaqué, avec le concours de deux spécialistes du sanscrit et de l'hindouisme, et son analyse éclaire très singulièrement une partie de ce qui a pu passer pour l'énigme et les contradictions de l'homme Oppenheimer. Non pas qu'il ait jamais adhéré à la religion des Vedas : scientifique, il demeurait agnostique, mais il a manifestement fait siens les préceptes qui ressortent de son interprétation du poème – ou de celle que lui a transmise son maître Ryder[1].

La *Bhagavad-Gîtâ* est un poème relativement court, fait de dix-huit chants qui appartiennent à la grande épopée du *Mahabharata*. C'est le récit fascinant de la leçon de comportement dans la vie que se voit administrer le prince Arjoun, dont les talents à l'arc lui ont valu une gloire incontestée de guerrier courageux et invincible. Arjoun arrive sur le champ de bataille où il doit s'opposer à une armée dirigée par des fraudeurs et des meurtriers, qui disputent à son frère la conquête du royaume. Il se place avec son char entre son armée et celle de ses adversaires, et reconnaît parmi eux, avec affliction, des représentants de sa famille, des cousins, des amis, des professeurs – tant de ses proches que, bouleversé, il refuse de se battre. Il se tourne vers le conducteur de son char « aux quatre coursiers blancs »

---

1. Voir J. A. Hɪᴊɪʏᴀ, « The *Gita* of J. Robert Oppenheimer », *APS Proceedings*, American Philosophical Society, vol. 44, 2 juin 2000. Je dois la découverte de ce texte à John Heilbron, qui a lui-même consacré un article à celui qui initia Oppenheimer à la philosophie hindoue, « Oppenheimer's Guru », in *Reappraising Oppenheimer*, Centennial Studies and Reflections (C. Carson et D. A. Hollinger, éd.), Berkeley Papers in History of Science, vol. 21, 2005, p. 275-292.

pour lui faire part de son désespoir et lui demander conseil. Krishna n'est pas un servant ordinaire : ce n'est pas seulement un ami et un allié du prince, c'est un dieu. Krishna est un avatar de Vishnou, et s'il est dans la religion indienne un dieu personnel – Dieu en un mot – c'est celui-là. À l'écoute de Krishna, le prince Arjoun apprend pourquoi, quelle que soit sa compassion, il doit se battre et se résoudre à tuer.

C'est qu'Arjoun appartient à la caste des guerriers, donc son devoir est d'aller au combat. De toute façon, la décision concernant celui qui doit vivre ou celui qui doit mourir ne lui appartient pas, elle est aux mains de Krishna, et le prince n'a ni à se réjouir ni à se lamenter de ce qui arrive : il doit apprendre à être détaché de tout, en particulier « des fruits de l'action », car nul ne peut dicter ce qui résulte de ce qu'on fait, et finalement ce qui compte, c'est la foi en Krishna et la dévotion qu'il lui doit. Quand Arjoun commence à voir la lumière, il demande à Krishna d'apparaître sous sa forme divine : « vision céleste », c'est là que Krishna se révèle « plus clair que mille soleils » et qu'Arjoun salue en lui le « dieu des dieux » qui est en même temps « destructeur des mondes » (XI, 12 et 32).

Après avoir entendu d'autres révélations et instructions de la part de Krishna, Arjoun prend conscience de son erreur et rejoint la bataille. Devoir, destin, foi : chacun doit suivre son *dharma* particulier, fût-ce au prix d'attenter à la vie, alors même qu'un des devoirs de l'humanité est de ne pas blesser les êtres vivants *(ahimsa)*. Mais le devoir particulier de la caste, donc de la fonction, l'emporte sur tous les autres. Dans le *Mahabharata*, il est certes dit que « la guerre est un mal quelle qu'en soit la forme » et que tuer ses parents, ses amis ou ses maîtres est « la pire des choses », mais la Loi est ainsi faite que, tout comme le serviteur doit obéissance, le marchand vit du commerce et le brahmane du savoir, le *dharma* du guerrier est d'être présent sur le champ de bataille, d'y combattre et de conquérir la gloire.

Venant de la grande bourgeoisie, intellectuel, scientifique théoricien, Oppenheimer relevait plutôt « par sa nature propre », suivant le système des castes, de celle qui est la plus noble, celle des brahmanes portés, dit le poème, à la sérénité, à l'ascèse, au savoir, aux sciences et aux rituels (XVIII, 42). Mais dès lors qu'il accepta la direction du *Manhattan Project* – ou que le destin le choisit pour l'accepter –, il ne pouvait plus se penser que du côté des guerriers : son *job* était de produire la bombe et de la faire exploser dans les délais les plus courts. Comme le destin d'Arjoun

l'invincible archer, le sien était de rejoindre le champ de bataille – sans se
soucier des « fruits de l'action » dont la gestion relève d'autres instances.
L'erreur d'Arjoun était de croire que la main qui lâche la flèche est celle qui
tue, alors que Krishna l'informe que c'est lui qui en décide. Et de même,
comme l'arc du guerrier, le scientifique guerrier n'est qu'un instrument, ce
n'est pas lui qui décide de l'usage de la bombe : « il ne faut pas confondre
l'acteur avec l'instrument ».

Président du comité consultatif de la Commission de l'énergie atomique
(le GAC), Oppenheimer expliquera plus tard que sa tâche était exclusivement d'ordre technique : le GAC conseillait « non pas combien de bombes
il fallait produire, car cela n'était pas notre *job* – c'était celui de l'établissement militaire –, mais quelles étaient les limites réelles par rapport
auxquelles on pourrait en produire en telle quantité, c'est-à-dire combien
de matériaux pourraient être rendus disponibles[1] ». Et c'est ainsi que, deux
semaines encore avant le lancement de la bombe sur Hiroshima, il s'est
soucié du problème technique de sa plus grande efficacité en demandant
aux responsables militaires de bien vérifier qu'elle exploserait à la bonne
hauteur et dans les meilleures conditions météorologiques pour produire
le maximum de dommages à la cible. Car tel était son *dharma* : « l'homme
se réalise dans l'exercice de sa fonction et atteint l'excellence s'il aime ce
pourquoi il est fait » (XVIII, 45), et donc le scientifique ne peut rien dire ni
même être en dehors de sa formation, de sa profession et de son expertise.

Cette interprétation « hindouiste » de l'engagement d'Oppenheimer
est convaincante à bien des égards, elle a pourtant sa limite. D'une part,
il est arrivé à Oppenheimer de sortir des frontières de son *dharma* pour
formuler des prises de position d'ordre politique, notamment en dénonçant l'escalade des armements qu'entraînerait la bombe thermonucléaire,
la « Super », et en plaidant pour le contrôle international de l'énergie
nucléaire. D'autre part, si certains de ses collègues ne se sont pas défendus,
comme on le verra, de prendre des positions d'ordre politique (comme lui,
contre la bombe à hydrogène en particulier), *tous* ont néanmoins continué
à y travailler, même si aucun d'entre eux n'était sous l'influence de la
philosophie des Vedas. Tout au contraire, son ami le prix Nobel Isidore
Rabi, qui l'a connu dès ses études à Harvard, a toujours considéré que
l'intérêt d'Oppenheimer pour la philosophie en général et l'hindouisme

---

1. *In the Matter of J. R. Oppenheimer, op. cit.*, p. 66 et 72-73.

en particulier l'avait détourné de faire une grande découverte en physique :
cet « excès d'éducation dans d'autres domaines que la physique a produit
en lui un sentiment pour le mystère de l'univers qui l'a enveloppé presque
comme d'un brouillard [1] ».

---

1. Isidore RABI et al., *Oppenheimer* (Hommage de la Société américaine de physique),
New York, Scribner, 1969, p. 7.

12.

La superbombe en question

On a souvent rapproché du procès de Galilée l'audition *(hearing)* dont Oppenheimer a été la victime, audition qui n'a pas été formellement un procès. Il y a certes de bonnes raisons de les comparer, mais non pas pour les mettre sur le même plan : la différence de cadre institutionnel et de contexte historique engage plutôt à souligner les changements, en particulier ceux qu'ont connus le rôle et le statut du scientifique. Dans le cas de Galilée il s'agissait bien d'un tribunal, celui du Saint-Office, constitué de pères de l'Église ayant fonction de juges – et pouvoir éventuel de torture, de vie ou de mort sur l'accusé. En revanche, le comité devant lequel « Oppie » a comparu n'était pas un tribunal et n'était composé d'aucun juge en tant que tel, même si son verdict pouvait remettre l'auditionné sous serment entre les mains de la justice et l'envoyer en cas de parjure en prison et en cas de trahison à la chaise électrique.

Dépendant de la Commission de l'énergie atomique, c'était un comité de sécurité du personnel *(Personnel Security Board)* constitué de trois membres : le comité Gray, du nom de son président, le Dr Gordon Gray, homme politique millionnaire, ancien sous-secrétaire à l'armée et recteur de l'Université de Caroline du Sud, entouré de Thomas A. Morgan, un grand industriel qui avait dirigé la Sperry Gyroscope Company, et le Dr Ward E. Evans, professeur de chimie à Northwestern University. Oppenheimer était assisté de trois conseillers juridiques, qui devaient quitter la salle quand on discutait de questions scientifiques relevant du « secret défense ». Leur faisant face dans le rôle de l'accusateur, Roger Robb était particulièrement agressif, avec une expérience de sept années en tant que procureur adjoint à Washington, au cours desquelles il avait requis contre vingt-huit cas de meurtres avec, disait un journal local, « un pourcentage inusuellement élevé de succès [1] ».

UN RISQUE POUR LA SÉCURITÉ

L'audition qui dura quatre semaines (avril-mai 1954) devait se tenir à huis clos et demeurer confidentielle. En fait, dès le deuxième jour, l'existence du « procès » devint notoire, les médias s'en mêlèrent, d'autant plus que les scientifiques invités à témoigner prirent en grande majorité la défense d'Oppenheimer. Et quand l'audition se termina, le verdict donna lieu immédiatement à une énorme controverse publique, dans les journaux et les universités, en particulier parmi les physiciens : conclure qu'Oppenheimer « était loyal et exceptionnellement scrupuleux à l'égard des secrets d'État » et était en même temps un « risque pour la sécurité » apparaissait pour le moins inconsistant. Comme par hasard, des extraits de la transcription des auditions furent égarés par l'un des membres de la commission – et retrouvés très rapidement, ce qui donna l'impression que l'on cherchait à calmer la controverse en laissant filtrer quelques échos du « procès » sur les ambiguïtés du comportement de l'accusé, et les 992 pages du procès-verbal furent imprimées et reliées en quarante-huit heures, et vendues 3 dollars pièce à des milliers d'exemplaires [2].

De même que Galilée avait été invité à dénoncer au Saint-Office tout hérétique qu'il rencontrerait, Oppenheimer s'est vu reprocher de n'avoir pas mentionné sur-le-champ aux agents du contre-espionnage, durant le programme Manhattan, qu'un de ses proches amis, Haakon Chevalier, professeur de français, compagnon de route des communistes, l'avait mis en garde contre un agent russe cherchant à savoir en quoi consistaient ses travaux pour la guerre. Quand il donna le nom de Chevalier, quelques années plus tard, celui-ci fut aussitôt considéré comme un agent commu-

---

1. Philip M. STERN, *The Oppenheimer Case : Security on Trial*, New York, Harper and Row, 1969, p. 238.
2. Philip M. STERN, préface à la réédition de l'audition par MIT Press, Cambridge, 1971, p. VII. Curieusement, l'auteur note que si l'on pouvait trouver l'ouvrage dans les bibliothèques publiques, il disparut à ce point des mains de lecteurs privés que MIT Press eut le plus grand mal à identifier l'endroit où se procurer la copie destinée à la réimpression.

niste et démis de ses fonctions à l'université sans qu'on l'ait jamais informé des raisons pour lesquelles on le renvoyait. Il se réfugia en France, fréquentant André Malraux dont il était le traducteur. Devant le comité de sécurité du personnel de l'AEC (Commission de l'énergie atomique), Oppenheimer déclara à propos de l'« incident Chevalier » : « Il n'y a pas d'argument persuasif pour expliquer pourquoi j'ai fait cela, sinon que je fus un idiot », comme s'il avait craint, en occultant le contact dont il avait été l'objet, de passer pour dissimuler des choses plus importantes encore et donc, si on l'en accusait, de devoir quitter ses fonctions à la tête du programme. Dans les années 1960, il revit Chevalier à Paris avec André Malraux, et cela aussi fut une importante pièce à charge pour le procureur : ce « Dr Malraux » de la guerre d'Espagne était tenu pour un dangereux communiste.

Entre l'*hubris* du pouvoir et la trahison d'un ami, le piège s'est refermé comme dans une tragédie grecque. N'oublions pas que l'audition s'est tenue, après l'explosion de la première bombe atomique soviétique, au cours de la pire année de la répression maccarthyste, où la chasse aux sorcières a fait de nombreuses victimes parmi les communistes comme parmi les non-communistes. Les liens qu'Oppenheimer avait entretenus avant la guerre avec la gauche proche des communistes espagnols le rendaient déjà suspect aux yeux du FBI, et les nombreux ennemis qu'il s'était faits en s'opposant aux partisans du Strategic Air Command, qui ne rêvaient que de bombes thermonucléaires de plus en plus puissantes, le désignaient, tout « père de la bombe » qu'il fût, comme l'homme à abattre[1].

---

1. Dans les Mémoires du « maître espion » soviétique Pavel Soudoplatov, récrits en fait par deux journalistes américains et publiés en 1994, il est suggéré que Niels Bohr, Enrico Fermi, Robert Oppenheimer et Leo Szilard étaient des espions au service de l'ex-Union soviétique (P. et A. SOUDOPLATOV, avec J. et L. SCHECTER, *Missions spéciales*, Paris, Le Seuil, 1994). En mai 1995, l'enquête du FBI diligentée par le président Bill Clinton conclut qu'il « n'y a aucune preuve crédible allant dans ce sens », et que « les documents classifiés en sa possession prouvent le contraire » (*International Herald Tribune*, 3 mai 1995). Bien des faits rapportés dans ce livre ont été contestés, mais en particulier le chapitre consacré à ces « espions atomiques », que l'on décrit de plus comme « un groupe travaillant ensemble », paraît pure affabulation. Les historiens spécialistes (David Holloway, Thomas Powers, Priscilla Johnson McMillan, entre autres) ont tous critiqué les erreurs et les invraisemblances du livre, et même un journaliste des *Izvestia*, Sergei Leskov, enquêtant dans les archives de l'ancien KGB et dans celles de Beria, en a dénoncé les falsifications (« An Unreliable Witness », *The Bulletin of the Atomic Scientists*, juillet-août 1994, p. 33-36).

Une autre raison de rapprocher le procès de Galilée et l'audition d'Oppenheimer tient aux conditions mêmes de la procédure conçue, à force de pièges de l'accusation, pour faire avouer à l'accusé des fautes dont précisément il se proclamait parfaitement innocent. Ou des faiblesses dans sa vie privée qui n'avaient strictement rien à voir avec la fonction qu'il exerçait. Premier président de l'AEC, David Lilienthal ne se gêna pas pour dire qu'il « n'y a pas eu de procédure comme celle-là depuis l'Inquisition espagnole ». Roger Robb ajouta des pièces à charge au cours de l'audition et fit appel à des témoins sans que la défense en eût été prévenue : aucune des protections que peut donner la loi commune n'a joué, et tout l'art de l'accusateur a consisté à déstabiliser l'accusé. Des accusations furent avancées sur la base de documents confidentiels qui lui étaient inaccessibles, avec des transcriptions de conversations enregistrées parfois dix ans auparavant par le FBI. Au banc des accusés, le brillant intellectuel et orateur qu'il était s'est souvent montré désarçonné par les questions de son procureur, Roger Robb, qui le traitait non comme un prévenu, mais comme un cas évident de haute trahison. La lecture du procès-verbal — en dehors des déclarations écrites et de la sobre biographie qu'il rédigea avant l'audition, où l'on retrouve sa maîtrise exceptionnelle de l'anglais — donne l'impression de réponses hésitantes et contradictoires. Les témoins oculaires de l'audition, qui avaient connu Oppenheimer maître d'une parole sachant gagner à sa cause les auditeurs les plus récalcitrants, ont rapporté qu'il y était parfois comme absent et même indolent, comme s'il n'en revenait pas de devoir se justifier et d'être ainsi traqué dans son passé, sa vie privée, ses opinions, ses fonctions — une sorte de prince du Danemark enfoui dans les brumes d'Elseneur plutôt que le dynamique maître d'œuvre et meneur d'hommes qu'il avait été à Los Alamos.

Il est vraisemblable que si le comité avait comporté de vrais juges, la procédure aurait conduit à une conclusion très différente. C'est par deux voix contre une (celle du Dr Evans) que le comité décida de retirer à Oppenheimer sa *clearance*, c'est-à-dire l'accès aux secrets défense intéressant l'énergie nucléaire et à tous les comités gouvernementaux, nombreux, dont il faisait partie, verdict aussitôt entériné par l'AEC (quatre voix contre une). Cependant, pas plus que Galilée ne fut empêché, relégué à Sienne puis à Florence, de poursuivre des recherches, de publier et d'exercer une influence, Oppenheimer ne fut privé de la direction de l'Institut des sciences avancées de Princeton ni retenu de publier ou de donner des conférences même à l'étranger (par exemple, aux Rencontres internationales de Genève). Ses ennemis entendaient l'exclure de toute influence directe sur les options stratégiques du gouvernement américain, et de ce point de vue ils y réussirent bien mieux que le tribunal du Saint-Office, qui ne pouvait tout de même pas convertir Galilée à prendre pour argent comptant le système de Ptolémée. Tout au contraire il demeura une figure aussi prestigieuse qu'énigmatique dans les médias, conserva la sympathie et le soutien de la plupart de ses collègues, et Teller, son principal accusateur, rencontra leur animosité et même leur mépris, comme s'ils lui reprochaient non pas seulement d'avoir dénoncé un confrère, mais encore d'avoir trahi l'idéal de l'institution scientifique.

Giorgio de Santillana n'a pas eu tort de souligner le rôle du *lobby* militaire et parlementaire de l'Air Force dans le cas d'Oppenheimer en l'estimant très proche de celui qu'ont joué des Jésuites dans la mise en accusation de Galilée [1]. Face au climat d'hystérie de la guerre froide à l'époque, aux craintes soulevées par une supériorité des Soviétiques en matière nucléaire, s'opposer aux projets de superbombe et parler de négociations en faveur du désarmement, ce n'était pas seulement se heurter aux ambitions du Stategic Air Command, c'était tourner le dos aux intérêts de l'État, tout comme Galilée a été accusé de tourner le dos aux intérêts de l'Église – en un mot trahir, ici la cause du dogme, là celle de la nation. Dans les deux cas, il y eut des interventions occultes de la part de la bureaucratie et des inimitiés conduisant au règlement de compte (le cardinal Bellarmin n'avait pas plus d'indulgence pour Galilée que Lewis Strauss, président de l'AEC, n'en a eu pour Oppenheimer). Les imputations mensongères, comme les insinuations perfides, n'ont pas manqué ici et là, ni de fermes rancunes personnelles : dans les deux cas, on peut effectivement parler de complot.

COMMENT VA LE CIEL

Galilée n'a pas cessé – en vain – d'essayer de convaincre ses adversaires que, loin de présenter une nouvelle métaphysique (comme Descartes, par exemple), il cherchait surtout à les rappeler à la leur : c'est en croyant

---

1. Giorgio DE SANTILLANA, *Le Procès de Galilée*, trad. franç. A. Salem, revue par J.-J. Salomon, Paris, Club du meilleur livre, 1955.

sincère qu'il leur a tenu tête, soucieux de dissocier la vérité révélée par les textes sacrés de la vérité démontrée par l'enquête expérimentale. Il proclamait que les propositions scientifiques servent les intérêts même de la foi, alors que ses adversaires, donnant « comme bouclier à leur raisonnement erroné le manteau d'une feinte religion », compromettaient la religion et l'institution de l'Église[1]. La campagne de style maccarthyste menée contre Oppenheimer, conjonction de l'Air Force et des scientifiques, tels Edward Teller et Ernest Lawrence, qui misaient sur la bombe H, tendait à montrer que ses réticences mettaient en danger le salut même de la nation, alors qu'il considérait qu'il y avait déjà assez de bombes à fission et qu'on pourrait encore les multiplier, pour faire face à la menace soviétique.

Les différences entre les deux affaires sont tout de même plus grandes que les similitudes. Certes, elles se ressemblent encore en ce qu'elles dépassent ceux qui en furent victimes, comme toute grande affaire judiciaire où la culpabilité présumée d'un individu met en cause le comportement global d'une société : elles importent dans la mémoire par la valeur de symbole qu'elles ont aussitôt acquise en dénonçant, au-delà des faiblesses de l'accusé, le fanatisme et l'injustice des accusateurs. Mais, de l'une à l'autre affaire, cette valeur de symbole a profondément changé : elle éclaire très explicitement des engagements qui renvoient à des enjeux de nature très différente. La confrontation de Galilée à l'Église ouvrait un débat théologique qui se rapporte à un enjeu métaphysique (oui ou non, l'héliocentrisme met-il en question la Bible, la doctrine de l'Église, les choses du ciel par rapport à celles de la terre ?), alors que celle d'Oppenheimer à l'Air Force mettait en question des choix stratégique renvoyant à un enjeu politique (oui ou non, la superbombe est-elle faisable et si oui est-elle indispensable au salut du pays ?).

Avec Galilée, il s'agit bien d'un conflit d'autorité où la science en tant que telle est suspecte d'hérésie dès lors qu'elle refuse dans son domaine tout autre magistère qu'elle-même. Galilée récuse l'empire de la religion sur des questions où elle n'a pas à trancher ; et comme il le dit, on l'a vu, dans une formule définitive à Christine de Lorraine, « l'intention du Saint Esprit est de nous enseigner *comment on va* au ciel et non *comment va* le ciel ». En revanche, sur la base d'un problème technique (les bombes nucléaires tactiques contre des bombes thermonucléaires), c'est un différend politico-

---

1. GALILÉE, « Lettre à Christine de Lorraine... », trad. citée, p. 340.

stratégique qui oppose Oppenheimer aux « faucons » de l'AEC et de l'Air Force : le terrain sur lequel se place le débat n'est plus celui de la vérité scientifique qui se heurte au dogme de l'Église, mais celui de l'expertise qui ne se plie pas aux pressions du *lobby* le plus puissant au sein du Pentagone et du Congrès. Le procès dont Galilée est victime vient de ce que l'Église ne veut pas reconnaître l'attitude *méthodologique* du chercheur par rapport à la vérité. Celui dont Oppenheimer fait les frais découle de ce que l'État ne veut pas admettre l'attitude *politique* de l'expert par rapport au problème technique sur lequel il est appelé à donner son avis : il ne fait pas le jeu des aspirations de ses adversaires dans un contexte strictement daté – problème conjoncturel, qui explique qu'il suffira d'un autre contexte politique, d'une autre majorité parlementaire et d'un autre président pour qu'Oppenheimer revienne en cour, alors qu'il faudra des siècles pour que l'Église rouvre le dossier Galilée en considérant que la cause du dogme a l'éternité pour elle.

Ces différences entre les deux affaires consacrent un changement essentiel dans l'image du rôle que les pouvoirs, ici politiques et là religieux, assignent aux scientifiques : la loyauté qu'ils doivent à la vérité par vocation entre ici en conflit avec celle que l'État attend de leur fonction. Accusation d'hérésie dans le cas de Galilée, suspicion de trahison dans le cas d'Oppenheimer : le premier met en cause une idée du ciel comme fondement de la foi, le second une idée de l'expertise comme fondement de la décision politique. Ainsi, parmi toutes les raisons qui ont conduit à la chute d'Oppenheimer, celle-ci n'aura pas été la moins déterminante : « Il est possible qu'il soit sorti de son rôle de conseiller scientifique pour exercer une influence hautement persuasive dans des affaires où ses convictions n'étaient pas nécessairement le reflet d'un jugement technique ni nécessairement liées à la sauvegarde des intérêts militaires du pays les plus puissamment offensifs [1]. »

Comme si l'avis technique d'un Teller et de l'Air Force militant en faveur de la superbombe, alors qu'on ne savait pas comment la réaliser ni même si c'était possible, n'était pas *aussi* « le reflet de convictions » : l'avis technique n'allait pas tout simplement dans le sens « des intérêts militaires du pays les plus puissamment offensifs ». En somme, la vocation du chercheur est désormais menacée de s'aliéner dans sa fonction, alors qu'elle ne pouvait d'aucune façon pour Galilée s'y plier : le problème n'est

---

1. *In the Matter of J. R. Oppenheimer, op. cit.*, p. 19-20.

plus de trancher entre comment on va au ciel et comment va le ciel, il est de choisir au nom de la compétence du spécialiste entre deux types de convictions dont la finalité n'est ni la vérité ni la foi, mais la décision.

L'EXPERTISE ET LA CONVICTION

Parmi les « considérations générales » que le comité de sécurité a exposées pour justifier son verdict, la dernière traite explicitement du « rôle des scientifiques en tant que conseillers dans la formulation d'une politique gouvernementale », et rien ne dit mieux que ce texte la contradiction dans laquelle le rôle nouveau qu'il doit exercer enferme le scientifique. Le comité s'y inquiète de la nature de plus en plus technique qui caractérise les décisions politiques et de « l'amplification exponentielle de l'influence exercée par les spécialistes qui est beaucoup plus vaste que celle du citoyen individuel [1]. » Il y a donc danger que « les avis donnés par des spécialistes sur des questions d'ordre moral, militaire et politique aient un poids injustifié et dans certains cas décisif. Aussi importe-t-il que les avis des scientifiques et des techniciens soient antiseptiquement purifiés *(sic)* de considérations d'un caractère émotionnel ». Et de poursuivre sur cette lancée : « Nous comprenons l'engagement émotionnel de scientifiques qui ont aidé à lâcher dans le monde une force qui pourrait conduire à la destruction de la civilisa-

---

1. Ce texte est cité dans Ph. STERN, *The Oppenheimer Case...*, *op. cit.*, p. 378-379. En fait, il a été rédigé par la majorité du comité, c'est-à-dire Gray, et Morgan, le troisième membre s'opposant au retrait de la *clearance* d'Oppenheimer dans une page et demie intitulée « Rapport minoritaire du Dr Evans », où il écrit : « Lui dénier cet accès aux secrets défense aujourd'hui pour ce dont on l'avait disculpé en 1947, quand nous devons savoir qu'il est maintenant un moindre risque pour la sécurité qu'il n'était alors, semble difficilement une procédure à suivre dans un pays libre. [...] Ses déclarations lors du contre-interrogatoire le montrent encore naïf, mais extrêmement honnête et militent en sa faveur dans mon jugement. » Quant au reproche qu'on lui a fait d'avoir empêché le développement de la bombe H, « il n'y a absolument rien dans les témoignages qui montre que ce fut le cas ». Et il conclut : « Je considère personnellement que notre échec à le disculper sera une tache noire pour la réputation de notre pays. Ceux qui l'ont défendu durant cette audition sont la colonne vertébrale de notre nation dans le domaine scientifique, et je crains l'effet qu'une décision inappropriée peut avoir sur le développement scientifique de notre pays. Telle est mon opinion en tant que citoyen d'un pays libre. »

tion », et si Oppenheimer s'est trouvé le premier parmi eux, « l'engagement émotionnel dans cette période de crise, comme toutes les autres choses, doit néanmoins contribuer à la sécurité de la nation ». Les représentants du gouvernement doivent être sûrs que tout avis donné par des scientifiques ou des techniciens représente « une conviction solidement fondée [...] ni colorée ni influencée par des considérations de caractère émotionnel ».

Mais cela ne suffirait encore pas : le comité insiste sur le fait que, même si un conseiller technique pouvait se transformer en une sorte de robot ou d'ordinateur déshumanisé, il lui resterait à passer cette autre épreuve, manifester « la conviction que le pays ne peut avoir moins dans l'intérêt de la sécurité que les capacités les plus puissamment offensives en une période de danger national ». Autrement dit, dans l'esprit du comité, on ne peut pas permettre de soulever la moindre question sur n'importe quelle arme nouvelle si celle-ci doit accroître les « capacités les plus puissamment offensives » du pays. Mais, comme plus loin, le comité proclame « l'opinion profonde et positive suivant laquelle aucun homme ne devrait être poursuivi pour l'expression de ses opinions », on voit la contradiction dans laquelle sa fonction piège le conseiller scientifique : il doit à la fois purifier sa conviction de tout biais émotionnel et être parfaitement libre de formuler son opinion... à condition que celle-ci aille dans le sens des « capacités les plus puissamment offensives ». De ce point de vue, le comité aurait pu tout aussi bien considérer comme des risques aussi importants pour la sécurité les scientifiques qui, comme Oppenheimer, ont été à un moment ou à un autre opposés à la superbombe, notamment Fermi, Rabi, Conant ou Bethe.

La plupart des scientifiques appelés comme témoins à l'audition d'Oppenheimer ont eu conscience de ce changement dans l'image qu'ils offraient — et devaient assumer — de leur rôle dans la société : l'entrée dans l'ère atomique a transformé les chercheurs en agents de l'État, leur loyauté à l'égard de la vérité se prolonge et se compromet en loyauté à l'égard du pouvoir politique, et l'expertise ne fait plus nécessairement bon ménage avec la conviction. Le spectacle qu'Oppenheimer a alors donné les découvrait eux-mêmes à la fois comme détenteurs des recettes les plus rationnelles de la puissance et comme dépassés par les conséquences non maîtrisables de cette puissance. Et tous — sauf Teller, Lawrence et son disciple Alvarez — se sont demandés, face à la responsabilité morale qui était la leur dans l'escalade de l'armement nucléaire, si en tant que chercheurs ils n'avaient pas failli.

Nécessairement un mal

On peut en fait se demander en quoi Oppenheimer devrait assumer une plus grande responsabilité que celle de tous ses collègues associés au programme Manhattan. Un livre récent présente son ami le prix Nobel Hans Bethe comme ayant été d'une « moralité supérieure » à celle d'Oppenheimer, au sens où Bethe aurait pris non pas une part moins grande à la conception de l'armement nucléaire, mais montré plus de réserves d'ordre moral. Et du coup ne faut-il pas aussi se demander qui est en mesure – et en droit – de jauger ces degrés différents de moralité ? Bethe a pu dire de la bombe H que « ce n'était plus une arme de guerre, mais un moyen d'extermination de l'ensemble des populations. Y recourir serait tourner le dos à toutes les normes de la morale et de la civilisation chrétienne ». Oppenheimer n'a pas tenu des propos très différents : il lui est arrivé de dire que les armes nucléaires sont des « instruments d'agression, de surprise, et de terreur » et que « le développement de la bombe à hydrogène poursuit bien plus profondément que la bombe atomique elle-même la politique d'extermination des populations civiles ». L'hommage rendu par l'auteur de cette biographie à Bethe tient essentiellement au fait qu'après l'aventure du *Manhattan Project* il retourna à ses travaux universitaires comme à l'innocence du giron maternel, ce qui ne l'a pas retenu de continuer à conseiller le Pentagone sur la construction et le développement de la « Super »[1].

Ce plaidoyer en faveur de son « intégrité » moins compromise que celle d'Oppenheimer est pour le moins fragile. Oppenheimer a longtemps été une figure aussi engagée dans les allées du pouvoir qu'exposée sur la place publique, et même après sa chute, il demeurait assurément tenu au devoir de réserve des hauts fonctionnaires de Washington soumis en outre au « secret défense ». Cela ne l'a pas empêché de professer, parmi beaucoup d'autres, ce propos peu administratif : « Que sommes-nous, de nous satisfaire d'une civilisation qui a toujours considéré l'éthique comme une part essentielle de la vie humaine et qui n'a pas été capable de parler de tuer presque le monde entier autrement qu'en termes prudents et de théorie des jeux ? »

---

1. S. S. Schweber, *In the Shadow of the Bomb : Oppenheimer, Bethe and the Moral Responsibility of the Scientist*, Princeton University Press, 2005. Il est vrai que l'auteur, physicien devenu historien des sciences, a été l'élève de Bethe.

Hans Bethe avait été directeur de la division théorique durant le programme Manhattan. De retour à l'université, il s'est senti remobilisé à la suite de la guerre de Corée, et « de toute façon, a-t-il dit, si ce n'était pas moi, un autre aurait pris ma place ». Revenant plus tard sur son engagement dans le complexe militaro-industriel, il a écrit qu'il aurait aimé être « un idéaliste plus consistant. [...] J'ai toujours le sentiment que c'était mal, mais je l'ai fait ». Oppenheimer n'a d'aucune façon été l'exception, et s'il a assumé un poids plus lourd (et plus douloureux) de responsabilité, c'est qu'il fut effectivement à la tête du programme dont les bombes ont frappé Hiroshima et Nagasaki. Dans une interview à la télévision pour le vingtième anniversaire d'Hiroshima, comme on lui demandait s'il éprouvait un remords, il répondit : « Quand vous jouez un rôle substantiel dans la mise à mort de quelque 100 000 personnes et les blessures d'un nombre comparable, il est naturel que vous ne soyez pas à l'aise en pensant à cela[1]. » La vérité est qu'il ne suffit pas de se référer au poème légendaire de la mystique hindoue pour comprendre la « nécessité organique » qui préside aux motivations du scientifique mué en guerrier.

Oppenheimer n'a d'ailleurs pas été l'opposant le plus acharné au projet de la bombe H. James Conant, en particulier, président de Harvard University, avait proclamé que la « bombe serait construite sur son cadavre », et Hans Bethe a commencé par s'associer aux démarches de Victor Weiskopf contre ce type de bombes qui, utilisées dans une guerre, déboucheraient « sur un monde qui ne serait pas celui que nous voulons préserver[2] ». Nombre des scientifiques revenus de Los Alamos ont en fait changé d'opinion à l'égard de la « Super », leur dénonciation du mal ne résistant pas aux tensions de la situation internationale. On ne peut pas comprendre, en effet, tout le débat auquel a donné lieu la question de savoir s'il fallait ou non construire la bombe thermonucléaire, sans le resituer dans le contexte historique de la guerre froide. Edward Teller avait eu l'idée de la bombe à fusion dès le début du programme Manhattan, mais nul ne savait

---

1. Interview à CBS Evening News, 5 août 1965.

2. Voir Peter GALISON et B. BERNSTEIN, « In any Light : Scientists and the Decision to build the Superbom : 1952-1954 », *Historical Studies in the Physical and Biological Sciences*, 19, 2, Berkeley, 1989, p. 324-328 – récit le plus précis du débat auquel donna lieu cette décision, avec celui de Richard RHODES, *Dark Sun : The Making of the Hydrogen Bomb*, New York, Simon & Schuster, 1995.

comment la réaliser. Les lendemains de la guerre sont loin d'assurer la paix, les Américains se méfient de Staline, et Staline se méfie des Américains. L'espionnage atomique a commencé dès le programme Manhattan, et il est sûr que la mise au point de la première bombe nucléaire soviétique a été favorisée par les fuites auxquelles ont participé Fuchs et Pontecorvo. Quand on s'aperçut, en septembre 1949, que celle-ci avait explosé, le projet d'une bombe à fusion devint l'ambition prioritaire de l'Air Force, mais le programme destiné à la réaliser démarrera très lentement, même après la décision publiquement annoncée de s'y lancer, le 11 janvier 1950, par le président Truman.

À tort ou à raison l'état-major américain craint une invasion de l'Europe occidentale par les Soviétiques ; Churchill comme le général de Gaulle est convaincu qu'une Troisième guerre mondiale est inévitable. Le mur que Churchill dénonce entre l'Europe de l'Ouest et l'Europe de l'Est, celle-ci peu à peu entièrement soumise à des régimes communistes, consacre le démarrage de la guerre froide dont beaucoup pensent qu'elle doit conduire à une confrontation armée. De fait, l'invasion de la Corée du Sud par la Corée du Nord a entraîné l'intervention de l'armée américaine et sa confrontation directe avec la Chine, et le général McArthur en a vainement appelé à Washington pour répliquer à l'offensive chinoise par des bombardements atomiques.

Dans ce contexte de tensions idéologiques et politiques, la décision de construire (si elle est possible) la bombe H divise immédiatement les scientifiques – surtout les physiciens théoriciens qui sont invités à y participer, parce que sans eux le projet est sans espoir : la conception et la mise au point d'une « Super » dépendent de calculs qui relèvent d'abord de la physique la plus théorique. Et le débat, les scrupules exprimés par les uns et les autres deviendront peu à peu publics, au grand dam de l'Air Force, et surtout du Strategic Air Command pressé de voir ses bombardiers disposer de la bombe H au cas où elle serait réalisable. Oppenheimer était alors devenu la cible privilégiée de ce groupe de pression parce qu'il apparaissait à la fois comme le plus prestigieux aux fonctions qu'il exerçait et le plus vulnérable en raison de ses fréquentations d'avant-guerre à gauche, mais il n'a été ni le seul contestataire ni le plus obstiné.

Présidé par Oppenheimer, le Comité consultatif (le GAC) fut chargé de définir des priorités dans le programme de recherches nucléaires, parmi lesquelles la bombe H. Il conclut à l'unanimité que « cette arme ne peut pas être exclusivement utilisée pour la destruction d'installations militaires matérielles ou semi-militaires », et qu'elle « entraîne beaucoup plus loin la politique d'extermination des populations civiles ». À l'unanimité encore, il exprima le souhait que, « par un moyen ou un autre, son développement puisse être évité », la majorité de ses membres s'y opposant par un engagement sans nuance, la minorité par un engagement conditionnel en fonction de la réponse que les Soviétiques donneraient à une proposition en faveur d'une commune renonciation.

Deux annexes au rapport furent ajoutées. La première, rédigée par Conant, contresignée par Oppenheimer et trois autres membres du GAC, déclara que la « Super » *pouvait* devenir une arme de génocide et qu'elle ne devrait jamais être construite : « Les dangers extrêmes d'un tel projet pour l'humanité surpassent totalement tout avantage militaire qui pourrait résulter de son développement. » Jugeant les termes de ce refus encore trop tièdes, Rabi rédigea la seconde annexe, contresignée par Fermi, pour souligner que la « Super » *est* pratiquement une arme de génocide : « Le fait qu'il n'existe aucune limite à la puissance de destruction de cette arme fait de son existence même et du savoir de sa construction un danger pour l'humanité. C'est nécessairement un mal, de quelque façon qu'on le considère *[It is necessarily an evil thing considered in any light]*[1]. » Néanmoins le refus exprimé par Rabi et Fermi demeurait suspendu à la possibilité d'un accord avec les Soviétiques, et l'un et l'autre travaillèrent par la suite à la « Super ».

L'opposition exprimée par Oppenheimer lui valut la haine du *lobby* politico-militaire attaché aux ambitions de l'Air Force, et il fut accusé, dans des lettres adressées à Truman par plusieurs scientifiques (Urey, Pitzer, Latimer), de retarder délibérément le programme en raison notamment d'« une mystique philosophie pacifique[2] ». Toutefois, c'est Teller le dénonçant auprès du chef du FBI, Edgar Hoover, non pas comme déloyal, mais comme l'irréductible obstacle au succès des recherches sur la « Super », qui déclencha la campagne dont il fit les frais. Invité à démissionner de toutes ses fonctions de conseiller, Oppenheimer s'y refusa et demanda afin de

---

1. Tous ces textes se trouvent dans H. F. YORK, *The Advisors : Oppenheimer, Teller and the Superbomb, op. cit.*

2. P. GALISON et B. BERNSTEIN, « In any Light... », art. cité, p. 288-289 ; voir aussi R. RHODES, *Dark Sun : The Making of the Hydrogen Bomb, op. cit.*

se justifier de passer devant le comité de sécurité du personnel de l'AEC qui mettra en question sa loyauté et son patriotisme. Il fut pleinement réhabilité par le président Kennedy qui, la veille même de son assassinat (22 novembre 1963), avait fait annoncer qu'il le décorerait de la « médaille Fermi » (le président Johnson la lui remettra en décembre).

Le thème suivant lequel, obéissant à son *dharma*, Oppenheimer se serait défendu de toute prise de position d'ordre politique est aussi inexact que partial. Résolument opposé au projet de superbombe, il considérait que l'arsenal des bombes A dont disposaient alors les États-Unis devait suffire à relever le défi soviétique et qu'il fallait négocier avec Staline pour empêcher l'escalade et la prolifération. Très tôt il a pensé que faire reposer exclusivement la sécurité des États-Unis sur l'armement nucléaire pouvait être une dangereuse illusion. Ainsi, dans une lettre au secrétaire à la Défense (17 août 1945), affirmait-il que « la sécurité de la nation, qui ne se confond pas avec son aptitude à infliger des dommages à la puissance d'un ennemi, ne peut pas reposer entièrement sur ses prouesses scientifiques et techniques. Elle ne peut se fonder qu'en rendant impossibles toutes les guerres dans l'avenir ». Cette conviction, qu'il partageait avec son maître Niels Bohr, avec Einstein comme avec Linus Pauling, l'a fait constamment militer comme eux en faveur d'une négociation avec les Soviétiques pour l'arrêt de l'escalade – et il fut d'autant plus honni par ceux qui, au contraire, industriels, scientifiques et militaires, en ont tiré parti.

Dans les raisons d'ordre à la fois moral et stratégique qui l'ont engagé à s'opposer à la bombe H, il fut loin d'être le seul. Par exemple, dans une émission importante de la télévision, animée par l'épouse du président Roosevelt, il s'est retrouvé aux côtés d'Einstein, de Bethe et de Lilienthal pour en dénoncer les répercussions probables, en déclarant notamment que les problèmes soulevés par la politique d'armement « sont des sujets techniques complexes, mais qui affectent les fondements mêmes de notre moralité ». Il est vrai qu'à l'époque il ne croyait pas que la « Super » fût réalisable, et il misait précisément sur le perfectionnement et la multi-plication d'armes nucléaires tactiques. C'est bien pourquoi le thème du chercheur qui se prétend « détaché des fruits de ses actes » est un lieu commun idéologique de l'institution scientifique, qui appelle à mes yeux un éclairage tout à fait indépendant de celui de la *Bhagavad-Gîtâ* – et ne concerne pas seulement Oppenheimer : il faut aller plus loin dans la compréhension de ce qui entretient tant de scientifiques dans la bonne conscience du travail et du devoir accompli, alors même qu'ils ont tant de raisons de s'interroger sur le dévoiement du rôle qu'ils exercent par rapport à l'ethos dont ils se réclament.

Dans la course et l'escalade des armements, il faut évidemment tenir compte de l'intérêt que représentent pour certaines industries les investissements immenses auxquels ces armements donnent lieu, et par suite ne pas méconnaître les pressions que le complexe militaro-industriel peut exercer sur les instances politiques. Nul n'en a parlé avec plus de compétence que Herbert York, qui fut le conseiller scientifique le plus longuement attaché au Pentagone, puisqu'il dirigea sous trois présidents l'Agence des systèmes d'armes avancés (ARPA). Entre de nombreux autres exemples, il commente celui du programme d'un bombardier nucléaire poursuivi pendant des années aux États-Unis sur la foi d'un projet équivalent en Russie – qui n'existait pas : « C'est là un exemple classique des peurs et des anxiétés du public à travers l'utilisation de renseignements imaginaires. L'exemple montre des gens sincères qui, souhaitant fortement ne pas être trompés, peuvent facilement se tromper eux-mêmes : le pseudo-renseignement utilisé en soutien d'un *crash program* se fondait sur un article qui avait effectivement été publié dans la presse russe, mais comme une prospective proche de la science-fiction. Il était aisé pour des gens prêts à croire que les Russes nous précédaient de le croire avec passion. L'histoire de notre avion nucléaire montre comment une organisation industrielle, dans ce cas General Electric, ne se contente pas de faire simplement ce que le gouvernement lui demande de faire, mais travaille plutôt très fort, à travers tous les canaux possibles, à s'assurer que le gouvernement lui demande de faire ce qu'elle veut faire en premier lieu[1]. »

Les travaux de recherche-développement menés pour ce programme de 1946 à 1961, avec un budget passant de 1 million à plus de 8 millions de dollars par an, s'arrêtèrent pour deux raisons : on découvrit finalement que les Soviétiques n'avaient eu aucun projet de ce genre, et surtout la chute possible d'un tel avion risquait de faire retomber une énorme quantité de combustible radioactif sur des villes américaines. « L'exemple montre, conclut Herbert York, comment les avocats militaires et industriels du programme, surtout si celui-ci engage plusieurs agences, prennent avantage

---

1. Herbert YORK, *Race to Oblivion. A Participant's View of the Arms Race*, New York, Simon & Schuster, 1970, chap. IV, p. 73-74.

des rivalités et des tensions internes qui existent afin de trouver avec succès une voie qui assure la réalisation de ce qu'ils croient – très sincèrement, cela va de soi – essentiel, et qui justifie donc à leurs yeux le recours à n'importe quelle tactique pour faire en sorte que les gestionnaires soient hors d'état de faire passer "le budget avant la survie". »

Mais ici encore on ne peut se satisfaire de cette explication : les dessous économiques des énormes contrats passés par le Pentagone – ou tout autre ministère de la Défense dans d'autres pays – qui augmentent toujours au fur et à mesure que dure un programme de recherche-développement ne sont qu'une face, si importante qu'elle soit, du dynamisme de la course aux armements. Encore faut-il prendre en compte le rôle déterminant qu'y jouent la personnalité et les motivations des scientifiques : ceux-ci sont, en effet, les *seuls* techniciens qui puissent agir sur la nature elle-même, proposer d'en changer l'état et les conditions, déterminer des informations et des produits dont la nouveauté transforme à son tour les termes du processus militaire et politique. Ils ont donc l'initiative quand il s'agit de proposer des programmes dont ils sont les seuls à entrevoir les promesses et les conditions d'application et à en maîtriser les développements. Au-delà du *dharma* de chacun, vocation ou destin, il est impossible de sous-estimer le plaisir qu'ils y prennent.

Entre Éros et Thanatos

Comme la très grande majorité des scientifiques, chercheurs ou non à l'université, travaille aujourd'hui pour le complexe militaro-industriel, il est assurément peu convaincant d'invoquer l'innocence des scientifiques non seulement dans le domaine des armes de destruction massive, mais encore dans bien d'autres domaines les plus avancés de la recherche, qu'il s'agisse de physique, de chimie ou de biologie, même quand ils n'ont que peu à voir – du moins apparemment – avec des objectifs militaires. Une infime partie de ce que nous appelons « recherche fondamentale » n'est pas associée de nos jours, d'une manière ou d'une autre, à des projets qui intéressent les militaires ou l'industrie et qui bénéficient, directement ou non, de leur soutien. Or, ce que nous avons appris depuis Hiroshima de la bouche même de nombre de scientifiques, c'est que prédominent en eux des mécanismes de désinvestissement partiel de la réalité qui leur permettent, comme ce fut le cas d'Oppenheimer, de Bethe et de tant d'autres, d'assumer des rôles absolument contradictoires.

Dois-je préciser, en me référant à ce thème si profondément inscrit dans la pensée freudienne, que je ne suis pas psychanalyste et surtout que je ne prétends pas en être un, d'autant que je n'ai aucune expérience du divan ? Ma lecture de Freud est celle d'un amateur éclairé, ou simplement d'un honnête homme au sens du XVIIIᵉ siècle, qui ne se retient pas de le considérer comme un grand esprit et d'admirer certaines de ses démonstrations. Par exemple, cette lecture m'a appris, ce que tout lecteur de Freud accessible à l'acuité de ses réflexions doit avoir compris, que les hommes se trompent par une sorte de nécessité interne dans leurs évaluations sur eux-mêmes. Et il est impossible de prendre à la légère sa découverte de l'inconscient comme lieu du refoulement et du fantasme, et l'importance qu'y tient la sexualité.

Mais s'il faut à sa suite reconnaître le poids des pulsions dans nos comportements, on sait que même certains de ses fidèles ont accueilli avec moins de faveur le dualisme entre l'instinct de plaisir et l'instinct de mort inauguré dans *Au-delà du principe de plaisir*. C'était introduire un thème, sinon un principe d'éclairage et même d'explication, au sein de toute culture comme entre les cultures : l'interaction constante entre les deux pulsions définit la vie même, une force d'où proviennent fracas et tumulte, mais qui fournit en même temps son énergie à Éros et à une autre puissance, Thanatos, qui en tant qu'instinct de mort veut tout détruire et ramener ce qui vit à l'état d'inanimé. En ce qui me concerne, je suis plus que sensible à ce sujet, et voici pourquoi.

Freud est certainement l'un des premiers à avoir eu conscience des ambiguïtés de la vocation du scientifique, et il en a lui-même été un exemple aussi douloureux qu'exemplaire. Dans *Malaise dans la civilisation*, il manifestait un pessimisme proche du désespoir sans appel, et dressait la liste des « constructions adjuvantes » qui permettent (éventuellement) d'y faire face[1]. Mais comment pouvait-on être optimiste à la veille de la

---

1. Sigmund FREUD, *Malaise dans la civilisation*, stupidement traduit dans la nouvelle édition des PUF, coll. « Quadrige », 1995, par *Malaise dans la culture*, comme si *Kultur* en allemand n'avait pas les deux sens et, en l'occurrence, comme si le thème freudien de ce livre n'allait pas très au-delà de ce qu'on entend en français par « culture ». De plus, cette traduction se veut si proche de la lettre freudienne qu'elle donne lieu à des barbarismes

catastrophe en Europe que les démocraties ont été incapables (ou n'ont pas même eu l'idée) de prévenir ? Les « constructions adjuvantes » sont de trois sortes : « de puissantes *diversions [je souligne]* qui nous permettent de faire peu de cas de notre misère ; des satisfactions *substitutives* qui la diminuent ; des *stupéfiants* qui nous y rendent insensibles ». En somme, d'abord les diversions dont Voltaire, dit-il, nous a donné le modèle avec le conseil, dans la phrase finale de *Candide*, de « cultiver son jardin » ; puis l'art ou la religion, de toute façon à ses yeux une illusion ; la drogue enfin, qui influence notre être corporel en changeant son chimisme – expérience dont Freud, frappé d'un cancer de plus en plus douloureux, s'est de moins en moins privé.

Or, ajoute-t-il aussitôt, l'activité scientifique est une diversion au sens de l'accord final de *Candide* : c'est, parmi d'autres, une technique de défense contre la souffrance, qui se sert des déplacements de libido pour que les buts pulsionnels ne tendent pas à refuser le monde extérieur. « Contre le monde extérieur redouté, on ne peut se défendre autrement qu'en s'en détournant d'une façon ou d'une autre, si l'on veut à soi seul résoudre cette tâche. Il y a certes une autre et meilleure voie : en tant que membre de la communauté humaine, on passe à l'attaque de la nature avec l'aide de la technique guidée par la science, et on soumet cette nature à la volonté humaine. On travaille alors avec tous au bonheur de tous. »

L'essor de la terreur liée aux totalitarismes, la menace croissante du nazisme d'étendre son « espace vital » et de passer à l'acte dans sa haine anti-sémite, la prétention soviétique de résoudre par la dictature les inégalités dont souffre l'humanité, et surtout l'irrésistible marche de la militarisation vers la guerre en Europe entraînent peu à peu Freud à douter de la thérapie du malheur dont la science, et la sienne en particulier, seraient l'instrument idéal : c'est que, déjà à ses yeux, la science elle-même se range résolument du côté de Thanatos.

Écrit en 1929, publié en 1930, *Malaise dans la civilisation* dénonçait la puissance des moyens résultant du progrès scientifique, technique et industriel comme la menace à la source même de l'angoisse existentielle de l'humanité : faute d'être prophète, Freud demandait à ses semblables de l'excuser « de n'être pas à même de leur apporter le réconfort, car c'est cela

---

ou à des mots prétentieux tels *desaide, désirance, refusement*, qui laissent pour le moins perplexe le lecteur qui n'appartient pas à la tribu.

qu'au fond tous réclament, les plus sauvages révolutionnaires non moins passionnément que les plus braves et pieux croyants ». Et il précisait, dans un paragraphe d'une prescience inouïe – quelques années à peine avant le développement de l'armement nucléaire – l'« intérêt particulier » que méritait justement à ses yeux cette époque de pré-guerre mondiale : « Les hommes sont maintenant parvenus si loin dans la domination des forces de la nature qu'avec l'aide de ces dernières il leur est facile de s'exterminer les uns les autres jusqu'au dernier. Ils le savent, de là une bonne part de leur inquiétude présente, de leur malheur, de leur fond d'angoisse. »

Il y a aujourd'hui, de toute évidence, dans l'inconscient d'un grand nombre de scientifiques, ce mélange entre l'instinct de plaisir et l'instinct de mort qui peut tout aussi bien devenir le théâtre d'une lutte consciente que l'occasion de manifestations de refoulement non maîtrisées. La jouissance de la recherche, de la poursuite d'un savoir qui débouche sur des résultats assouvissant l'instinct de mort est alors dénoncée soit comme relevant d'un autre que soi-même, comme dans le modèle psychologique du somnambulisme, soit comme pleinement assumée, au nom du patriotisme, des convictions politiques et de la concurrence idéologique mortelle avec l'adversaire, comme dans le modèle cinématographique du Dr Folamour : dans tous les cas, il s'agit bien d'une exaspération de narcissisme qui conduit à aller de l'avant, quelles que soient les conséquences, parce que cela fait partie de la vocation autant que de la fonction. À d'autres le soin – la responsabilité – de gérer et d'orienter « les fruits de l'action ».

UNE COMMUNAUTÉ DU DÉNI

Le thème de la dénégation paraît particulièrement s'appliquer au rôle qu'exercent un grand nombre de scientifiques dans nos sociétés et à l'image qu'ils en donnent ou entendent en donner. Dans la dénégation, dirait Freud, l'instinct de mort se cache sous les dehors de l'instinct de plaisir. Il est difficile, en fait impossible, de ne pas voir un dévoiement de la science dans ces liaisons dangereuses avec des institutions, des intérêts et des valeurs qui ne sont pas ceux dont se réclamait le scientifique au XIXe siècle, dont Pasteur et tant d'autres étaient encore les modèles – statues de commandeurs d'une science exclusivement vouée à la santé et au mieux-être de l'humanité. Pour reprendre la formule d'Oppenheimer dans ses adieux à son équipe de Los Alamos, les acteurs au XIXᵉ siècle pouvaient encore se confondre avec les instruments parce que ceux-ci n'en menaçaient ni la vie, ni l'intégrité, ni l'avenir. Aujourd'hui, en prétendant séparer l'acteur de l'instrument comme s'ils n'étaient pour rien dans les risques auxquels leurs travaux exposent l'humanité, on dirait au contraire que la dénégation fait désormais intrinsèquement partie de leur vocation autant que de leur profession.

Laissons la parole aux scientifiques eux-mêmes pour que je n'aie pas l'air d'usurper en quoi que ce soit ce qui légitime mon propos : une très grande partie des scientifiques constituent aujourd'hui une communauté qui s'identifie et se soude dans le déni, alors que l'invocation même de cette communauté permet précisément à chacun de renforcer un déni personnel. L'idée de la communauté de déni revient à Michel Fain, qui l'a utilisée notamment pour l'analyser dans le cas de la communauté familiale en montrant qu'elle revient à opposer deux parties au sein d'une même personne : « Il va de soi, écrit-il, que peuvent être alors affirmés comme d'une seule envolée une chose et son contraire et que, symétriquement, une interprétation peut être en même temps entendue et déniée[1]. » Ce qui vaut pour une communauté familiale me paraît exactement s'appliquer à la communauté professionnelle des scientifiques : le travail de mise en commun du déni de l'instinct de mort revient toujours à consolider un déni personnel.

Mais pourquoi aller jusqu'à Freud et la psychanalyse ? Il suffit de s'en tenir au bon La Fontaine qui, dans « La chauve-souris et les deux belettes », a très bien décrit comment, pour ne pas être dévorée par les belettes, la chauve-souris sait présenter ce qu'elle est sur le mode de ne l'être pas :

> *Moi souris !*
> *Je suis oiseau, voyez mes ailes*
> *Vive la gent qui fend les airs !*

Deux jours plus tard, à nouveau piégée, le mammifère rongeur a cette fois affaire à une belette ennemie des oiseaux :

---

1. Michel FAIN, *Le Désir de l'interprète*, Paris, Aubier-Montaigne, 1982, p. 36. Cette notion de « communauté de déni » a pris valeur de concept dans la littérature psychanalytique française et internationale. Je dois à mon ami Michel Neyraut d'avoir attiré mon attention sur ce thème éminemment éclairant.

Moi pour telle passer ! Vous n'y regardez pas.
Qui fait l'oiseau ? c'est le plumage.
Je suis souris : vivent les Rats

Écoutons pour commencer Freeman Dyson, grand physicien théoricien, membre à vie de l'Institute for Advanced Study [Institut des sciences avancées] de Princeton qui hébergea Albert Einstein lorsqu'il émigra aux États-Unis et dont Oppenheimer fut l'un des directeurs. Dyson a beaucoup écrit sur son propre parcours, et il n'a jamais caché sa mauvaise conscience dès lors qu'il participa à Los Alamos, très jeune, aux côtés de son ami Richard Feynman, futur prix Nobel, aux calculs qui débouchèrent sur la bombe. « Les physiciens de Los Alamos, écrit-il, n'ont pas péché pour avoir construit une arme meurtrière. Construire la bombe atomique, alors que leur pays était engagé dans un conflit désespéré contre Hitler, était un acte moralement justifiable. Mais ils ne s'étaient pas contentés de construire la bombe, *ils avaient pris plaisir à la faire [je souligne]* ; ils avaient vécu la meilleure période de leur vie à Los Alamos. Voilà, je pense, ce que voulait dire Oppie en disant qu'ils avaient connu le péché. Et il avait raison[1]. » Il y a, il est vrai, suivant tous les mystiques, quelque plaisir aussi à commettre des péchés et même de la gourmandise dans le péché de chair.

Le même Dyson raconte comment « les quinze mois pendant lesquels [il] travailla au projet Orion furent les plus passionnants et à bien des égards les plus heureux de [sa] vie scientifique ». Qu'était-ce que le projet Orion ? C'était un rival du projet Apollon, la construction d'un vaisseau spatial capable de voyager à travers l'espace grâce à un moteur nucléaire : « Transporter des charges lourdes et les mettre en orbite au coût de quelques milliers de dollars par chargement, c'est-à-dire pour cent fois moins cher qu'avec des fusées chimiques » ; le rêve, en somme, d'expéditions prévues en 1968 sur Mars et en 1970 vers les satellites de Jupiter et de Saturne grâce à une motorisation qui, comme celle du sous-marin atomique, *Nautilus*, lui permettrait de circuler à travers l'espace pendant des mois sans avoir à renouveler son combustible. Le coût : 100 millions de dollars par an, une paille par rapport aux 5 milliards de dollars par an pendant dix ans qu'Apollo devait coûter.

---

1. Freeman DYSON, *Les Dérangeurs de l'univers* [*Disturbing the Universe*], Paris, Payot, 1986, p. 68.

Quand le projet fut officiellement lancé en 1958, Dyson écrivit un article, « Manifeste du voyageur dans l'espace », où il ne cacha pas son enthousiasme exalté : « Nous avons enfin trouvé, écrivait-il, un moyen d'utiliser nos énormes stocks de bombes dans un but meilleur que celui de tuer des gens. Notre objectif est que les bombes qui ont tué et blessé des hommes à Hiroshima et Nagasaki ouvrent un jour les portes du ciel à l'humanité[1]. » Le discours mobilisateur des chercheurs en faveur d'un méga-projet n'omet jamais d'évoquer les monts et merveilles, la corne d'abondance, l'infinité des bienfaits que sa réalisation apportera au mieux-être de l'humanité : cette fois, ce n'était rien de moins que les portes du ciel qu'on ouvrirait. Heureusement, après deux années de calculs théoriques, d'expérimentations et de tests, on se rendit compte que le vaisseau spatial, tout comme le bombardier nucléaire du Pentagone, pouvait retomber sur terre ou simplement exploser avant de s'envoler et donc exposer les habitants des États-Unis — et toute la planète — à des millions de débris radioactifs : le rêve se révélait un cauchemar, et s'arrêta là.

« En 1958, écrit Dyson, l'idée de s'élancer vers le ciel dans une gerbe de feu nucléaire était encore une pensée euphorique. L'ensemble des essais effectués aux États-Unis représentait déjà plusieurs mégatonnes par an. » En 1979, quand il écrit *Disturbing the Universe*, le fanatisme qu'il éprouvait à l'égard du projet est devenu répulsion : il déclare que « par sa nature même, Orion est une ignoble créature qui déverse ses immondices radioactives un peu partout. Pendant les vingt années écoulées depuis la naissance d'Orion, les critères de jugement sur la pollution de l'environnement ont prodigieusement changé. Bien des choses qui étaient acceptables en 1958 ne le sont plus aujourd'hui. Mes propres critères ont changé aussi[2]. »

C'est là un parfait exemple de comportement du déni : la mémoire de l'horreur, de l'inconséquence et de la stupidité du projet n'est pas refoulée, mais elle se présente sur le mode de ne l'être plus. « Orion a eu sa chance et a échoué », dit Dyson, et bien que les critères aient changé, les années qu'il y a consacrées demeurent bien « les plus heureuses de sa vie ». Le narcissisme poussé jusqu'à la sublimation renvoie à la jouissance d'une recherche que seuls le temps qui passe, les changements d'opinion, la prise de conscience des problèmes de l'environnement ont rendu contradictoire.

---

1. *Ibid.*, p. III *sq.*
2. *Ibid.*, p. 113 et 117.

Je suis oiseau, voyez mes ailes... Mais non : *pour telle passer ! Je suis souris : vivent les Rats !*

Sakharov travaillant à la bombe H n'a pas tenu des propos différents : « Quelle était notre attitude, et en particulier mon attitude, à l'égard du côté humain et moral du travail auquel nous participions si activement : [...] la première raison (mais non la principale) était que c'était de la superbe physique [c'était, dit-il, l'expression de Fermi à propos de la bombe atomique] [...]. De fait, la physique des explosions atomiques et thermonucléaires est le paradis du théoricien. » L'autre raison, « l'essentiel pour moi, comme pour Tam et pour les autres collaborateurs du groupe, c'était la conviction que c'était indispensable ». Or, Sakharov raconte que la bombe H une fois expérimentée, il prit conscience qu'elle ne pouvait pas être transportée par les missiles alors à la disposition des Soviétiques. Du coup il se mit à concevoir une gigantesque torpille lancée depuis un sous-marin géant, équipée d'un moteur à réaction nucléaire capable de détruire les plus grands ports américains. En proposant le projet Torpedo, il fut tout surpris de voir la réaction de l'amiral Tomine. Celui-ci, « déconcerté et dégoûté par l'idée d'un massacre aussi impitoyable, me fit remarquer que les officiers et les soldats de sa flotte étaient habitués à combattre uniquement des adversaires armés, en bataille ouverte. Je me sentis profondément mal à l'aise, et ne parlai plus de ce sujet à qui que ce soit[1]. »

---

1. Andreï SAKHAROV, *Memoirs*, New York, Knopf, 1990, p. 96-97.

13.

Le paradoxe de Sakharov

Nombre de ces scientifiques ont assumé deux rôles, deux engagements très différents, deux visions de « l'éthique du savoir » dont le basculement, entre conviction et responsabilité, signale des allégeances contradictoires que Max Weber, dans sa fameuse conférence sur *Le Savant et le Politique*, était fort loin d'imaginer. On les voit tantôt sous l'uniforme du soldat, tantôt sous celui du missionnaire, tantôt partisans de la culture de guerre, tantôt ralliés au parti de la paix – sans qu'ils cessent de travailler avec zèle aux systèmes d'armes de destruction massive. Mais, plus significatif encore, ces rôles contradictoires peuvent être assumés *simultanément*, et nous sommes dès lors tout à fait dans la communauté du déni.

Par exemple, on peut être comme Freeman Dyson, conseiller du Pentagone pour la conception de nouveaux systèmes d'armes et prendre part chaque dimanche, dans l'Église presbytérienne de Nassau, aux prières pour le désarmement, être bouleversé par le témoignage de cette pédiatre spécialiste de leucémie qui dénonce les overdoses de radiations à Hiroshima et le jour suivant aller à Washington pour discuter avec des officiers généraux des moyens d'améliorer les bombes nucléaires. C'est ce que l'anthropologue et psychanalyste Gregory Bateson a appelé le *double bind*, la situation dans laquelle on est contraint, ou l'on se contraint soi-même, à affronter deux termes d'une alternative absolument contradictoires, très exactement impossibles à vivre, telles que l'impossibilité même de les surmonter peut conduire à la folie. Il est vrai qu'il est arrivé à Dyson de se définir comme « un chrétien pratiquant qui ne croit pas en Dieu ».

GUERRIERS ET VICTIMES

De fait, pour le scientifique-guerrier, les deux termes de l'alternative sont apparemment très conciliables, quelle que soit l'intensité des troubles de conscience qu'il affronte et qu'assurément il ne refoule pas : Dyson est entré sans trop de difficultés dans les raisons des deux mondes auxquels il se sent également appartenir, « le monde des guerriers et celui des victimes ». Sa propre description mérite d'être citée : « Le monde des guerriers est celui que je vois quand je me rends à Washington ou en Californie pour conseiller les militaires sur leurs problèmes techniques » ; un monde dominé par les mâles, qui comprend des faucons et des colombes, des généraux et des professeurs, qui parle la même langue, avec le même style délibérément froid, sans émotion ni rhétorique, qui applaudit à l'humour sec et abhorre la sentimentalité. « Le point de vue des guerriers, dit-il, est fondamentalement conservateur, même quand ils se considèrent eux-mêmes comme libéraux et révolutionnaires. Ils acceptent le monde avec toutes ses imperfections comme une donnée ; leur mission est de préserver et de corriger ses imperfections, non de le reconstruire à partir de ses fondations[1]. » C'est le monde de John von Neumann, de Herman Kahn, d'Edward Teller, entre autres, de tous ceux pour lesquels la guerre, ses enjeux, ses coûts et ses victimes se ramènent à des calculs quantitatifs du style coûts-bénéfices : le plaisir de chercher et la griserie de la technique y rivalisent avec la conviction politique.

À l'autre extrême, ajoute Dyson, « le monde des victimes est celui que je vois quand j'écoute les contes de fées de ma femme du temps de son enfance pendant la guerre en Allemagne, quand nous emmenons nos enfants visiter le musée du camp de concentration de Dachau, quand nous allons voir au théâtre *Mère Courage* de Brecht, quand nous lisons *Hiroshima* de John Hersey ou *Pluie noire* de Masuji Ibuse, [...] quand nous sommes assis avec une foule d'étrangers dans une église et l'entendons prier pour la paix, ou quand je me livre à mes propres rêves de la fin du monde ». Un monde dominé par les femmes et les enfants, où les jeunes sont plus nombreux que les gens âgés, où l'on prête attention aux poètes plutôt qu'aux mathématiciens : le monde des pacifistes et des écologistes,

---

1. Freeman DYSON, *Weapons and Hope*, New York, Harper and Row, 1985, p. 4-6.

celui aussi des scientifiques chez lesquels le respect de la nature et de la vie rivalise avec la passion pour la science – et le plaisir de chercher.

Ces deux mondes s'opposent comme la nuit et le jour, avec des règles du jeu, des arguments et des valeurs irréconciliables : « Le monde des guerriers décrit le résultat de la guerre dans la langue des ratios d'échanges et de coût-efficacité ; celui des victimes le décrit dans la langue de la comédie et de la tragédie. » Il n'empêche : dans les habits de la victime, Freeman Dyson ne désespère pas de voir l'humanité quitter les habits du guerrier. Peut-être le lecteur presbytérien en lui se souvient-il du gage d'espoir offert par les prophètes, le lion s'allongeant auprès de l'agneau et les épées se transformant en charrues. *Je suis oiseau, voyez mes ailes... Je suis souris : vivent les Rats !*

Cette ambivalence – contradiction, dichotomie ou même schizophrénie – éclaire la spécificité du rôle que les scientifiques-guerriers assument aujourd'hui dans nos sociétés. Et qu'on ne parle pas du patriotisme ou de l'idéologie comme de l'aiguillon majeur de leur comportement ! Nul, assurément, ne songerait à leur reprocher de contribuer, comme tout citoyen, à la défense de leur pays, fût-ce en travaillant au renouvellement des arsenaux. Personnellement, compte tenu de ma propre expérience durant la Seconde Guerre mondiale, je serais le dernier à dire qu'un pays, et le nôtre en particulier, peut se passer des militaires et d'une politique de défense à laquelle les scientifiques, comme tout autre citoyen mobilisable, sont appelés à prendre part. De plus, il faut bien rappeler que très rares ont été les scientifiques qui, comme Einstein, se sont proclamés pacifistes en se réclamant de la non-violence. Mais Einstein lui-même admettait, tout comme du reste Gandhi, que l'usage de la force s'impose si l'on est confronté à un ennemi qui poursuit la destruction de la vie *comme une fin en elle-même.*

Le problème moral que les chercheurs affrontent ne réside pas dans le fait qu'ils soient ainsi mobilisables au sein de leurs laboratoires, il tient d'abord à la *nature* même des armes de destruction massive qu'ils sont les seuls à être en mesure de concevoir, d'inventer et de mettre au point, c'est-à-dire à leur gigantesque capacité de destruction. Ici abondent les témoignages de chercheurs associés au complexe militaro-industriel qui les montrent découvrant, comme des apprentis sorciers, qu'ils « sont allés trop loin ». Mais il y aussi autre chose dans cette prise de conscience : ce qui a fait d'eux des guerriers n'est pas tant le sens du devoir que le plaisir irrésistible de la recherche. En termes freudiens, la culture de mort dont peut se nourrir l'art militaire trouve dans la recherche vouée aux armes de destruction massive une véritable source d'érotisation et de narcissisme. Et de ce point de vue, la mise en lumière du déni n'est pas qu'ils soient allés trop loin, mais qu'à leurs yeux ils ne vont jamais assez loin.

L'ÉLITE SCIENTIFICO-TECHNIQUE

Les spécialistes des sciences de la nature – physiciens, chimistes, biologistes – ont l'initiative dans la conception et la mise au point des armes nouvelles et des systèmes qu'elles entraînent : les problèmes qui leur sont posés sont la plupart du temps ceux qu'ils ont *eux-mêmes* choisis. Et, plus significatif encore, ils entendent aller *au-devant* et même *au-delà* du possible dans la mise au point d'armes nouvelles, comme l'a raconté Herbert York, un des plus grands experts en la matière, je l'ai déjà souligné, puisqu'il dirigea pendant plus d'une décennie l'Agence du Pentagone pour les systèmes d'armes avancés (ARPA). La « philosophie » – c'est son mot – qui inspira le début de ses fonctions à la tête de l'ARPA n'avait pas d'autre objectif que l'innovation à tout prix. Je cite : « [...] toujours pousser aux extrêmes de la technologie. Nous n'attendions pas des autorités plus élevées du gouvernement ou de l'armée qu'elles nous disent ce qu'elles voulaient pour nous mettre seulement à y pourvoir. Bien plutôt nous décidions dès le départ de construire les dispositifs nucléaires qui [...] poussaient l'état de l'art au-delà des frontières explorées sur le moment[1]. »

Fort de cette doctrine, Herbert York proposa au général Eisenhower, à peine élu à la Maison Blanche, de construire une bombe thermonucléaire considérablement plus puissante que tout ce qu'on avait réalisé jusqu'alors, près de vingt mégatonnes, et il eut la surprise de voir le général-président entrer dans une violente colère et lui répliquer de façon très analogue à l'indignation de l'amiral Tomine face à Sakharov : « Mais tout cela, c'est de la pure folie ! Il faut que cela change ! » Le même général, à la veille de quitter ses fonctions de président, a prononcé un discours-testament, où il a mis en garde ses compatriotes sur les risques que court la politique

---

1. Herbert YORK, *Making Weapons, Talking Peace. A Physicist's Odyssey from Hiroshima to Geneva*, New York, Basic Books, 1987, p. 75.

« de devenir elle-même prisonnière de l'élite scientifico-technique et du complexe militaro-industriel auxquels celle-ci doit son influence ». Reconnaissant que le développement des recherches militaires était essentiel à la défense de son pays, il ajoutait néanmoins : « Nous ne pouvons pas manquer d'en comprendre les implications. Le potentiel de la montée désastreuse d'un tel pouvoir existe et persistera. Nous ne devons jamais laisser le poids de cette combinaison mettre en danger nos libertés ou les processus démocratiques. »

Un général dénonçant le pouvoir dont disposent les scientifiques associés aux militaires comme une menace sérieuse pesant sur le fonctionnement même de la démocratie, voilà qui avait de quoi stupéfier la presse, hérisser les membres du Congrès, embarrasser le Pentagone et choquer une bonne partie de la communauté scientifique américaine ! C'était tout simplement mettre à nu le déni d'une communauté qui, se prévalant des beautés et des vertus morales de la poursuite du savoir pour lui-même, utilisait ce leurre pour masquer le désir d'aller toujours plus avant dans l'œuvre de mort.

On trouvera peut-être que j'insiste trop sur ce plaisir de la recherche qui se manifeste même – ou à plus forte raison – dans la conception et la mise en œuvre d'armes de destruction massive, mais voici une citation d'un autre expert : Ken Alibek, biologiste soviétique aujourd'hui émigré aux États-Unis, est « l'homme qui a dirigé le plus grand programme clandestin d'armes biologiques au monde » – c'est le sous-titre de présentation de son autobiographie dans sa version originale américaine. Dans son livre, il concède avec une ingénuité digne d'un déni d'enfant de la maternelle : « Les résultats de mes travaux pouvaient servir à tuer des gens, mais je ne pouvais pas concevoir comment réconcilier ce savoir avec le plaisir de la recherche [1] ». De son vrai nom Kanjantan Alibekov, il a été le directeur adjoint de *Biopreparat*, le réseau soviétique de laboratoires voués aux armes biologiques, qui comprenait trente-cinq mille chercheurs et a entreposé des centaines de tonnes de microbes et de virus (variole, peste, anthrax, etc.). Depuis, il est conseiller du Pentagone sur les armes chimiques et biologiques de destruction massive.

---

1. Ken ALIBEK et Stephen HANDELMAN, *Biohazard : The Chilling True Story of the Largest Covert Biological Weapons in the World Told from the Inside by the Man who Ran it*, New York, Delta, 2000 ; *La Guerre des germes : l'histoire vraie du secret le plus terrifiant de la guerre froide*, trad. franç. J.-Ch. Provost, Paris, Presses de la Cité, 2000.

Plus révélateur encore de l'intense plaisir qui s'attache à la fabrication d'armes de destruction massive est le récit que le *Los Angeles Times* a fait de la compétition à laquelle se livrent actuellement aux États-Unis les deux grands laboratoires producteurs de bombes, Los Alamos et Livermore : l'enjeu est la mise au point d'un nouveau modèle de bombes nucléaires destinées à remplacer les milliers de celles qui, dans l'arsenal disponible, menacent avec le temps de ne plus fonctionner (le matériau fissile se détériore avec le temps)[1]. Depuis le programme Manhattan, les États-Unis ont toujours misé sur deux voies concurrentes dans les recherches consacrées aux bombes nucléaires. Joseph Marz, à la tête de ce programme au laboratoire de Los Alamos, a déclaré au journaliste venu l'intervie-wer : « Mes hommes y travaillent nuit et jour et le week-end ; je dois leur dire de rentrer chez eux et je ne peux les extraire de leurs bureaux. C'est aujourd'hui la chance d'exercer des talents que nous n'avons pas eu la chance d'exercer depuis une vingtaine d'années » (le mot chance apparaît bien deux fois dans l'interview). À plus de mille kilomètres de là, Bruce Goodwin, l'un des dirigeants du même programme au Livermore Laboratory, tient des propos aussi enfiévrés en insistant sur « l'excitation » qui a saisi son équipe à l'idée de précéder celle de Los Alamos dans la mise au point de têtes nucléaire plus sûres et plus efficaces.

Le programme, approuvé par le Congrès en 2005, vise à mobiliser de nouveau le complexe nucléaire des États-Unis autour d'une dissuasion qui repose non plus sur le maintien de dépôts d'armes nucléaires, mais sur la capacité d'en fabriquer de nouvelles, plus fiables, au rythme de trois ou plus par semaine. Le programme n'en est qu'au stade de la recherche et nécessite-rait l'approbation du Congrès pour passer à l'exploitation industrielle. Il y faudrait aussi des expérimentations interdites en principe par le moratoire péniblement acquis grâce à l'un des Traités de non-prolifération[2]. Mais à ce stade, c'est l'enthousiasme parmi ces mathématiciens, physiciens et

1. R. VARTABEDIAN, « Rival U.S Labs in Arms Race to Build Safer Nuclear Bomb », *Los Angeles Times*, 13 juin 2006.

2. D'où la réaction de Sydney Drell, ancien directeur du Centre de l'accélérateur linéaire de l'université de Stanford et conseiller pour la défense au département de l'énergie : « Je ne connais pas un général, un amiral, un président ou quiconque en position de responsabilité qui accepterait une arme non expérimentée différente de celles qui existent dans nos arsenaux et qui leur ferait confiance sans reprendre les essais » (cité dans le même article).

chimistes qui, manifestement, étaient frustrés depuis la fin de la guerre froide de n'avoir plus de mission urgente à remplir. Joseph Marz, quarante et un ans, qui a passé toute sa carrière à Los Alamos (depuis l'âge de dix-huit ans, à peine sorti du lycée), a déclaré : « Notre modèle est le meilleur, pas de doute ». Bruce Goodwin, cinquante-cinq ans, du Livermore réplique . « Nous avons choisi un dispositif particulièrement efficace. C'est nous qui avons effectué le meilleur *job*. » Chacun des deux n'a pas de mots pour décrire l'enthousiasme que son équipe éprouve à rivaliser sur cet enjeu et son plaisir surtout comme motivation majeure à mener ces recherches : Éros est ici au cœur de la culture de guerre qui conditionne l'essor de la science contemporaine.

De toute évidence il convient de rappeler une fois de plus cet autre aspect des changements depuis la dernière guerre mondiale : celui du scientifique devenu mercenaire. Wernher von Braun et son équipe de Pennemünde ont allégrement échangé leurs services rendus aux nazis pour le service des Américains, réalisant le rêve de leur vie de passer des V1 et V2 à la production et au succès de la fusée Apollo. Ce précédent annonçait l'essor des scientifiques trafiquants qui, émigrant des pays ex-communistes, menacent de travailler au service d'États ou de groupes terroristes. Et il y a effectivement mieux encore : c'est le cas d'Abdul Qadeer Khan, l'ingénieur qui a mis au point les missiles et les bombes pakistanaises, et qui a vendu ses secrets nucléaires soit par conviction religieuse, soit plus simplement par appât du gain, à la Libye, à l'Iran et à la Corée du Nord. Après un *mea culpa* télévisé devant des millions de Pakistanais à la fois médusés et très fiers, il a présenté « ses excuses pour ses activités de prolifération » et s'est retrouvé à la tête de l'Académie des sciences du Pakistan. Ce pays est devenu l'allié des États-Unis dans leur lutte anti-terroriste. Comment châtier ce héros de la science pakistanaise qui fait la gloire de la nation [1] ? Dans l'histoire des efforts fort peu couronnés de succès pour réduire la prolifération nucléaire, dans quelle catégorie universitaire faut-il ranger l'impunité dont a bénéficié ce scientifique grand trafiquant : l'histoire des sciences, l'histoire du commerce, l'histoire de l'espionnage, l'histoire diplomatique ?

---

[1]. Voir en particulier l'enquête de V. JAUVERT, « Abdul Khan ou l'homme qui vendait la bombe », *Le Nouvel Observateur*, 30 septembre-6 octobre 2004, p. 38-43.

DE L'EXPIATION À LA RÉDEMPTION

Il est vrai, et il importe de le souligner, que tous les scientifiques ne sont pas engagés dans le complexe militaro-industriel, c'est-à-dire subordonnés aux intérêts soit des états-majors, soit des conseils d'administrations (soit des deux à la fois). Il en est même qui, comme Norbert Wiener au lendemain de la Seconde Guerre mondiale, choisirent de refuser toute collaboration avec les militaires. Dans une lettre publique où il annonçait sa rupture après la guerre, le père fondateur de la cybernétique écrivit : « Je ne peux que protester pour la forme en vous refusant quelque information que ce soit sur mon travail passé. [...] Je n'ai pas l'intention de publier dans l'avenir un travail qui puisse causer un préjudice s'il tombe aux mains de militaristes irresponsables [1]. » La prise de parole, au sens d'*Exit and Voice* d'Albert Hirschmann, peut alors aller plus loin que la défection, jusqu'à la dissidence, le renoncement à sa propre carrière et le sacrifice, c'est-à-dire la fin des contrats et l'exclusion de la communauté bien-pensante [2].

Dans un pays totalitaire, l'esprit de dissidence peut aller jusqu'à la torture, la déportation et la mort ou – dernier raffinement – l'asile psychiatrique. En ex-Union soviétique, sous Brejnev, les intellectuels dissidents, dont plusieurs scientifiques, ont longtemps croupi dans ces asiles dépendant du KGB. Parmi ces « Antigone sous insuline », comme Pierre Schaeffer les a appelés, l'internement du mathématicien A. Essénine-Volpine a néanmoins entraîné des réactions de soutien de la part de quatre-vingt-quinze mathématiciens soviétiques. On aura une idée des pressions dont ils ont été l'objet quand, après une lettre adressée par des mathématiciens américains à l'ambassade de Washington demandant des clarifications, neuf parmi les mathématiciens soviétiques les plus réputés, tous académiciens, rédigèrent une réponse expliquant que Essénine-Volpine « était depuis plusieurs années en observation pour une maladie mentale [...] et qu'il était traité par des spécialistes de premier rang ». Or, parmi ces neuf chercheurs aux ordres du parti, on trouva les noms de deux des signataires de la pétition des protestataires. « Créon ne disposait pas d'insuline », a écrit Pierre Schaeffer : Antigone bâillonnée et traitée comme folle à coup de

---

1. Norbert WIENER, *Bulletin of the Atomic Scientists*, vol. 3, n° 1, janvier 1947.
2. Albert O. HIRSCHMANN, *Défection et prise de parole* (1970), Paris, Fayard, 1995.

piqûres et d'électrochocs était assurément une invention de la modernité, à laquelle la médecine psychiatrique la plus savante a prêté ses bons offices [1].

Le cas récent de Hussein al-Shahristani est à cet égard exemplaire : en 1979, ayant refusé de travailler à une bombe nucléaire pour Saddam Hussein, il fut torturé durant vingt-deux jours et nuits et passa, seul dans une cellule, onze années et treize mois de sa vie. Il put finalement s'évader et s'installer en Angleterre jusqu'à la fin du régime. Dans le témoignage qu'il a présenté lors d'une conférence Pugwash (j'en reparlerai plus loin), il a déclaré : « J'avais à faire un choix : ou travailler pour Saddam Hussein ou payer un prix. Ce choix était simple, et le prix se révéla raisonnable [2]. » Il a ajouté, plaidant vigoureusement pour la responsabilité sociale des scientifiques : « Le régime irakien n'a pas moins réussi à mobiliser un grand nombre de scientifiques et d'ingénieurs se consacrant aux armes chimiques et biologiques, et quant à son programme nucléaire, il n'a finalement débouché sur rien. » Les Américains lui proposèrent de devenir le Premier ministre du nouveau gouvernement qu'ils ont installé, mais il refusa pour se consacrer au combat contre la science vouée à la guerre.

On trouve aussi, et en grand nombre, des scientifiques qui, travaillant ou ayant travaillé pour la défense, sont en même temps militants de l'*arms control*, du désarmement et de la paix. C'est, si je puis dire, la version apparemment réconciliatrice de la communauté du déni. À propos des bombes d'Hiroshima et de Nagasaki comme, un peu plus tard, à propos du programme menant aux bombes thermonucléaires des millions de fois plus puissantes, l'histoire du combat mené par certains, tels Szilard, Bohr, Franck, Bethe ou Rabi, pour peser sur la décision et tenter (vainement) de la changer est bien connue. Je ne veux pas y revenir ici, sinon pour souligner que les scrupules de ces chercheurs ont tout de même conduit à la création de l'association américaine des Atomic Scientists dont le *Bulletin*, qui existe toujours, est devenu la tribune de ceux qui militent en faveur d'une réduction des armements nucléaires, sinon du désarmement général.

Non pas qu'il s'agisse de pacifistes : la plupart d'entre eux sont au

---

1. Voir Elizabeth ANTÉBI, *Droit d'asile en Union soviétique*, préface d'Eugène Ionesco, Paris, Julliard, 1977 ; et Pierre SCHAEFFER rendant compte de ce livre dans « De l'insuline pour Antigone », *Le Matin de Paris*, 4 juillet 1977.

2. Hussein AL-SHAHRISTANI, « Science and Politics : Lessons from Iraq », 54th Pugwash Conference on Science and World Affairs, Séoul, 4-9 octobre 2004.

contraire étroitement solidaires du complexe militaro-industriel, mais ils considèrent que les programmes auxquels ils prennent part doivent connaître un frein ou même une fin, conformément à la conclusion que Herbert York avait tirée très tôt de la confrontation entre les États-Unis et l'Union soviétique : « Le dilemme entre l'accroissement constant de la puissance militaire et la diminution constante de la sécurité nationale n'a pas de solution technique. En l'absence d'un accord politique, la situation ne peut qu'empirer, constamment et inexorablement [1]. »

Nul plus que Leo Szilard n'incarne le piège dans lequel le scientifique s'empêtre quand il croit pouvoir peser sur la décision politique. Dès le milieu des années 1930, il avait vainement demandé à ses collègues anglais et américains – contrairement à la tradition de publicité des résultats dont se réclamaient les chercheurs depuis le XVIIe siècle – de ne plus rien publier sur les recherches dans ce domaine, par crainte de voir les physiciens allemands en tirer parti pour mettre au point une bombe avant les Alliés. C'est lui qui alerta Roosevelt, par la fameuse lettre qu'il fit signer à Einstein, sur la menace d'un armement nucléaire nazi, et la bombe américaine une fois au point, c'est encore lui qui adressa au président américain une lettre, à nouveau signée par Einstein, pour l'alerter sur la nécessité d'un contrôle international de l'armement nucléaire – lettre que Roosevelt ne lira pas, puisqu'il est mort peu auparavant, et c'est Truman qui la recevra sans y répondre.

Dès le lancement du programme américain, le secret militaire s'imposa rigoureusement sur les recherches menées par les Alliés, de sorte que le même homme qui avait vainement plaidé cette cause ferait les frais de la censure qu'il avait recommandée : en effet, animateur du rapport Franck qui insista en juillet 1945, avant tout bombardement d'une ville japonaise, sur une démonstration de l'explosion atomique dans un désert ou sur une île déserte du Pacifique, il organisa une pétition, signée par cent cinquante-cinq scientifiques du *Manhattan Project*, quand le rapport Franck fut

---

1. Herbert YORK, « Military Technology and National Security », *Scientific American*, vol. 221, n° 2, août 1969. Cette mise en garde valait pour l'antagonisme entre les deux superpuissances, et il n'est pas sûr qu'elle s'applique de la même manière à la guerre contre le terrorisme. Il est clair que les investissements gigantesques effectués par l'administration Bush depuis le 11 Septembre dans la recherche-développement vouée à la défense (une augmentation supplémentaire en 2002 de 50 milliards de dollars et de même en 2005) tournent résolument le dos à ce type de raisonnement. La lutte antiterroriste relève plus de la guérilla, du contre-espionnage et de mesures de police que de la stratégie nucléaire.

tout simplement ignoré, pour presser le président des États-Unis de bien « mesurer ses responsabilités ». La pétition fut bloquée par l'armée et classée « secret défense » jusqu'en 1963, un an avant la mort de Szilard. Après la guerre, il lui est arrivé de proclamer que l'arme la plus puissante qui résulta du *Manhattan Project* fut non pas la bombe A, mais le « tampon secret » compromettant définitivement le déroulement traditionnel des relations scientifiques internationales fondées sur la coopération et la publicité des résultats [1].

Einstein a dit que ceux qui avaient travaillé à la bombe atomique étaient poussés à œuvrer pour la paix comme en expiation, et il m'est arrivé de présenter les discussions sur la maîtrise des armements, l'*arms control*, comme le lieu de rédemption de la science qui a connu le péché [2]. Il y eut assurément quelque chose d'une trêve de Dieu, une pause de caractère religieux dans les conférences Pugwash où, pendant les pires moments de la guerre froide, des scientifiques américains, soviétiques et européens se sont rencontrés pour préparer les négociations des traités menant à l'arrêt des essais et à une réduction des armes nucléaires.

L'initiative en revient à Bertrand Russell, qui a lancé en 1954 un manifeste, signé par Einstein deux jours avant sa mort, contre les risques de l'escalade des armements nucléaires. À la suite de ce manifeste, l'industriel Cyrus Eaton a accueilli en 1957 un groupe de scientifiques venus de l'Ouest et de l'Est dans son village natal, Pugwash, en Nouvelle-Écosse, d'où le nom donné à ces réunions qui se renouvelèrent chaque année en dehors du Canada au sein d'une organisation très souple. Au plus fort de la guerre froide, ces rencontres entre scientifiques des deux bords ont permis de préparer les premiers traités de réduction des armements nucléaires. La course aux méga-bombes thermonucléaires entraînait des tests dont les retombées ne pouvaient d'aucune façon être maîtrisées. L'essai américain en 1954 de la bombe à hydrogène sur l'atoll de Bikini dans les îles Marshall avait surpris par sa puissance tous les physiciens qui l'avaient préparé (des journalistes de tous les continents étaient présents pour la première

---

1. Voir William Lanouette, « Leo Szilard : Baiting Brass Hats », in C. K. Kelly (éd.), *Remembering the Manhattan Project : Perspectives on the Making of the Atomic Bomb and its Legacy*, New Jersey, Hackensack, 2004, p. 73-77.

2. Jean-Jacques Salomon, « La terreur et le scrupule », in J.-J. Salomon (dir.), *Science, guerre et paix*, Paris, Economica, 1989, p. 38.

fois), et le nuage de poussières radioactives retombant, à 167 kilomètres au nord-ouest du site de l'explosion, sur le bateau de pêcheurs japonais, le *Fukuryu Maru n° 5*, avait alerté le monde entier : de retour au port de Yaizu, préfecture de Shinoza, les vingt-trois pêcheurs se plaignirent de lésions de la peau, d'une chute de cheveux, de symptômes généraux tels que malaises, diarrhées, vomissements, saignements. La dose totale de particules radioactives que l'équipage avait subie variait entre 200 et 400 rems (ce dernier seuil étant alors considéré comme mortel). Les Soviétiques de leur côté expérimentèrent une superbombe de plus de 60 mégatonnes.

La surenchère des tests menés du côté des États-Unis comme de l'ex-Union soviétique (de 20 à 60 mégatonnes explosant dans l'atmosphère) revenait à contaminer des populations très éloignées des lieux de l'expérimentation – éventuellement celles qui appartenaient aux pays mêmes dont les militaires et les scientifiques avaient organisé ces campagnes d'explosions. Le poids des discussions entre scientifiques des deux bords au sein des conférences Pugwash, mais aussi l'impossibilité d'occulter auprès du public l'importance des effets de contamination transportés par les nuages radioactifs affectant tout ce qui vit, hommes, animaux et végétaux, entraînèrent en 1963 la signature du « Traité d'interdiction des essais nucléaires dans l'atmosphère, l'espace cosmique et sous l'eau ». Si la question, suivant le mot de Cocteau, est de savoir jusqu'où on peut aller trop loin, cette retenue soudaine manifestée par les deux grands de l'époque, quel que fût le heurt de leurs idéologies et de leurs intérêts stratégico-diplomatiques, signalait précisément le caractère inacceptable du degré de déraison commune auquel entraînait l'escalade des armements nucléaires.

Si cet accord n'affectait pas les explosions souterraines, il envisageait néanmoins « la conclusion d'un traité interdisant d'une façon permanente toutes les expériences nucléaires, y compris les explosions souterraines, traité à la conclusion duquel les parties, ainsi qu'elles l'ont déclaré dans le préambule, s'efforcent de parvenir ». Plus de trente ans plus tard, le Traité d'interdiction complète des essais nucléaires a été finalement signé en 1996, mais il demeure en suspens de ratification : ni les pays formellement « dotés » parmi les plus importants (États-Unis, Chine) ni Israël officieusement « doté » ou des pays non encore « dotés » (Iran, Égypte, Indonésie, Colombie, Vietnam) ne l'ont ratifié, et l'Inde, pas plus que le Pakistan et la Corée du Nord, ne l'a au reste signé. Mais il est vrai que les pays « dotés »

officiellement ou non, tout comme ceux qui sont dits « au seuil », se sont
gardés jusqu'à présent de renouveler leurs campagnes de tests : l'objectif
du traité est une réalité qui est prise au sérieux indépendamment de son
entrée en vigueur, tant l'atome militaire a mauvaise réputation aux yeux de
la « société planétaire » qui fait pression, incontestablement, sur les grands
de ce monde comme le fait de plus en plus la société civile dans un cadre
national sur ses dirigeants. À la suite des attentats du 11 Septembre, les
États-Unis ont néanmoins laissé entendre qu'ils envisageaient de reprendre
des essais pour expérimenter des « mini-bombes » d'ordre tactique.

On verra plus loin combien les accords de désarmement nucléaire sont
un long et décevant chemin de croix, où les pays qui ont fait officiellement
exploser des bombes atomiques, membres permanents du Conseil de
sécurité (États-Unis, Russie, Angleterre, France et Chine dans l'ordre
chronologique de leur accès au « club atomique »), entendent donner
des leçons de retenue aux pays qui sont officieusement équipés d'armes
nucléaires et plus encore à ceux qui, dits du « seuil », n'ont pas mené à
terme leurs ambitions parce qu'ils en étaient incapables, ou que c'était trop
coûteux, ou encore qu'ils ont eu d'autres priorités, quitte à y revenir s'ils
avaient à affronter un contexte stratégico-politique nouveau. L'atome et
l'ordre mondial font un ménage toujours au bord du divorce : la manière
dont évolue le respect du Traité de non-prolifération (TNP), qui a organisé
ce régime de légitimité parfaitement inégalitaire à l'échelle de la planète et
dont les pays « dotés » sont les premiers à ne pas respecter les obligations,
est l'un des aspects de la malédiction qui pèse sur l'histoire et l'avenir de
l'énergie nucléaire.

Les conférences Pugwash continuent d'avoir lieu tous les ans, elles
réunissent des scientifiques de toutes les disciplines, sciences de la nature
et sciences sociales, venant de tous les pays, favorisant des contacts de
personne à personne, à l'abri de la langue de bois ou de la propagande
des gouvernements. J'ai moi-même participé à certaines d'entre elles, et il
est vrai qu'elles favorisent des échanges, comme on dit, non formels entre
scientifiques, politologues et nucléocrates venant de pays passionnellement
adversaires. Par exemple, en Afrique du Sud, j'ai assisté lors d'un petit
déjeuner à une discussion des plus aimables entre un Pakistanais et un
Indien sur leur commune stratégie nucléaire, alors que leurs deux pays se
déchiraient à propos du Cachemire : l'un et l'autre physiciens, dûment
mandatés, bien entendu, par leurs gouvernements, étaient apparemment

prêts à trouver un terrain d'entente si leurs autorités en prenaient la décision. L'influence que ces réunions ont exercée en faveur du rapprochement
entre les deux superpuissances, alors qu'elles étaient engagées dans les
surenchères de la course aux armements, est incontestable. De ce point de
vue, peu de prix Nobel de la paix auront été plus légitimement décernés
que celui qui a été simultanément attribué en 1995 au mouvement Pugwash
et à son secrétaire général, Joseph Rotblat.

Une fois rendu cet hommage à Pugwash et aux succès – très relatifs –
remportés sur le terrain des armements nucléaires, il faut bien prendre acte
des limites que rencontre ce type de dialogue transfrontière, transnational
et surtout transidéologique entre scientifiques. Le langage commun, l'objectivité de la méthode, l'habitude d'échanger des informations et de participer à des réunions dont l'enjeu est de s'entendre sur des démonstrations
rigoureuses permettent assurément aux scientifiques d'isoler leurs échanges
des passions et des violences dont témoignent l'histoire et ses fanatismes.
La bonne entente dans les rencontres scientifiques, fût-ce au cours de
tensions entre les États et parfois en temps de guerre, est le signe qu'un
consensus technique peut non seulement entraîner la compréhension
de l'adversaire, mais surtout interdire la « diabolisation de l'autre » dans
laquelle un anthropologue, Nur Yalman, a vu – non sans raison – la source
privilégiée des malentendus et des guerres entre nations[1].

Toutefois, Pugwash n'a vraiment conduit à des accords que sur le terrain
hautement spécialisé des armes de destruction massive, celui où les scientifiques qui participent étroitement à ces programmes ont assurément *une
compétence exclusive – et une responsabilité privilégiée*. Or, quand Pugwash
se consacre à d'autres tensions ou confrontations que celles de la guerre
froide, son influence apparaît beaucoup moins évidente et, pour tout dire,
si l'on songe au conflit entre la Grèce et la Turquie ou encore à la guerre
dont l'ex-Yougoslavie a été le théâtre et, à plus forte raison, au drame du
Proche-Orient, on ne voit pas en quoi la « diplomatie parallèle » exercée par
Pugwash a pesé d'une quelconque manière. Ici, nous ne sommes plus sur

1. Nur YALMAN, « Science and Scientists in International Conflicts : Traditions and
Prospects », in J. H. AUSUBEL, A. KEYNAN et J.-J. SALOMON (éd.), *Technology in Society*,
numéro spécial : *Scientists, Wars and Diplomacy : A European Perspective*, vol. 23, n° 3, août
2001, p. 489-503. L'auteur traite en particulier des tensions entre la Grèce et la Turquie et
entre l'Inde et le Pakistan.

le terrain étroitement circonscrit des problèmes dont la solution appartient aux instruments et aux méthodes des sciences de la nature, par exemple distinguer une explosion nucléaire souterraine d'un tremblement de terre ou mesurer le degré de toxicité d'une arme chimique. En réalité, les voies de la négociation politique ou de la paix ne relèvent pas de la méthode et de la rationalité scientifiques en tant que telles. D'autant moins que, dans tous les nouveaux conflits – sans exception – auxquels nous avons assisté depuis la fin de la guerre froide, la « diabolisation de l'autre » a eu une dimension religieuse qui rend encore plus irrationnelles les racines des heurts entre peuples ou nations.

À plus forte raison quand point la menace d'actes terroristes à coup d'armes de destruction massive : par définition les réunions de Pugwash ne voient pas comparaître les kamikazes potentiels, on s'y étonne au contraire que les échanges raisonnables, sinon rationnels, auxquels elles donnent lieu ne soient pas à même de convertir les terroristes à plus d'esprit de paix. Tous les membres de Pugwash ne sont pas associés au complexe militaro-industriel, mais en très grande majorité ils le sont ou l'ont été, de sorte qu'ici encore, si vertueux que soient leurs efforts et leur bonne volonté, nous avons une fois de plus affaire à une communauté du déni. Assurément, il y a du pompier auteur des incendies qu'il tient à cœur de réduire ou d'éteindre chez nombre de ces scientifiques à la fois guerriers et missionnaires de la paix. Et il n'y a pas plus grande illusion du scientisme que d'attendre du modèle des sciences de la nature l'instrument « opérationnel » destiné à résoudre les conflits qu'affrontent les sociétés, à plus forte raison ceux qui les opposent les unes aux autres.

LE COMPLEXE DU DÉLICE TECHNIQUE

À Sarov, le site nucléaire soviétique homologue de Los Alamos, Sakharov s'est arrêté un jour de 1961 dans le bureau de son jeune collègue, Victor Adamsky, pour lui montrer les nouvelles de science-fiction publiées la même année par Leo Szilard sous le titre *La Voix des dauphins*[1]. Sakharov lui fit lire en particulier « Mon procès comme criminel de guerre »,

---

1. L'anecdote figure in R. RHODES, *Dark Sun : The Making of the Hydrogen Bomb, op. cit.*, p. 582. La nouvelle de Szilard a paru en français dans *La Voix des dauphins*, Paris, Denoël, 1962, p. 21-40.

qui raconte comment l'auteur, après une guerre dévastatrice perdue par les États-Unis contre l'Union soviétique, est arrêté avec nombre de ses collègues physiciens pour être jugé par un tribunal international. Szilard a beau avoir mené une croisade contre l'utilisation de la bombe sur le Japon et multiplié ses articles en faveur d'accords de désarmement avec les Russes dans le *Bulletin of Atomic Scientists*, on le considère comme un criminel de guerre. Par bonheur, son procès, comme celui de ses compatriotes, sera finalement interrompu, et tous les accusés seront remis en liberté à la suite d'une catastrophe provoquée par les Soviétiques eux-mêmes : une énorme épidémie virale, alors que les grandes quantités de vaccin tenues en réserve pour protéger du virus leur propre population se sont révélées inefficaces. Les désordres qui s'ensuivirent mettent finalement les physiciens américains à l'abri des poursuites.

Victor Adamsky raconte qu'ayant lu, lui, Sakharov et certains de ses collègues, la nouvelle de Szilard, ils se sont tous étonnés que, dans ce récit de science-fiction, ni les physiciens accusés ni leurs avocats ne purent exposer la moindre preuve cohérente en faveur de leur innocence : « Nous étions stupéfaits par ce paradoxe. Nous ne pouvions échapper au fait que nous développions des armes de destruction massive. Nous pensions que c'était nécessaire. C'était notre conviction intime. » Et de fait, c'est bien plus tard seulement que « l'aspect moral de la chose », suivant la formule d'Adamsky « s'est mis à hanter Sakharov et certains de ses collègues, ne les laissant plus vivre en paix ».

C'est ce témoignage repris dans les *Mémoires* de Sakharov qui a conduit le philosophe et épistémologue anglais Karl Popper à juger très sévèrement celui qui, néanmoins, devint par la suite un grand dissident, fondateur et champion du comité des droits de l'homme, dont le combat contribua assurément à la fin du régime soviétique. « Vous pouvez constater que Sakharov n'est pas un travailleur passif obéissant à des ordres, mais quelqu'un qui se consacra activement à sa tâche. [...] Je garde, je le répète, une très haute opinion de la dernière partie de la vie de Sakharov, mais à mon grand déplaisir, je dois corriger mon jugement d'ensemble sur lui. Pour moi, il a d'abord été un criminel de guerre, et cela ne peut être excusé par ce qu'il a fait ultérieurement[1]. »

---

1. Karl POPPER, *La Leçon de ce siècle, Entretien avec Gian Carlo Bosetti*, Paris, Éditions Anatolia, 1993.

Voilà le grand mot lâché, sans concession ni compassion – et pas par n'importe qui : le scientifique qui travaille à des armes de destruction massive, inattentif aux conséquences de ce qu'il fait, voué au seul plaisir de la recherche dans l'obsession et le narcissisme, relève-t-il d'un tribunal international pour crime contre l'humanité ? Ce qui a pu passer aux yeux de Sakharov et de son équipe pour un paradoxe et qui, comme tout paradoxe, n'en est pas un, mérite d'être analysé plus avant. Rien n'était plus intellectuellement excitant que la solution à trouver au problème théorique de la bombe H, et rien n'avait de raison de retenir le chercheur de s'y attaquer avec la plus grande excitation : « l'intellect séparé de l'affectif » est ici à l'œuvre, qui fonde l'élan de la poursuite du savoir indépendamment de toute autre considération.

C'est très exactement ce que j'ai appelé il y a longtemps, dans *Science et politique*, le « complexe du délice technique », par référence à la formule fameuse de Robert Oppenheimer qui s'était opposé contre Edward Teller au programme visant à la construction de la bombe thermonucléaire[1]. Il s'y était opposé en premier lieu, on l'a vu, parce qu'il considérait que les armes nucléaires alors disponibles suffiraient à tenir tête à la menace soviétique, mais aussi, et surtout, parce qu'il pensait alors le projet tout simplement voué à l'échec. Quand Teller et Ulam démontrèrent que c'était possible, il s'y rallia aussitôt en déclarant : « Le programme que nous avions en 1949 était une chose torturée dont on pouvait fort bien démontrer qu'il n'avait pas grand sens technique. Il était donc possible de démontrer aussi qu'on n'en voulait pas, même si on pouvait l'avoir. Le programme en 1951 était si *techniquement délicieux [technically sweet]* qu'on ne pouvait s'interroger à son sujet. Il y avait purement et simplement le problème militaire, politique et humain de ce qu'on en ferait lorsqu'on l'aurait. » Avant même de rappeler pourquoi il s'était rallié à la « Super », il avait déjà utilisé la même formule du « délice technique » à propos de son engagement dans la mise au point des bombes A : « C'est mon jugement en ces matières que, lorsque vous voyez quelque chose qui est techniquement délicieux, vous allez de l'avant et vous le faites et vous ne vous demandez ce qu'il faut en faire qu'après avoir obtenu votre succès technique[2]. »

En somme, il y a, d'un côté, le narcissisme et la sublimation, la griserie

1. J.-J. SALOMON, *Science et politique*, op. cit., p. 255 sq.
2. *In the Matter of J. R. Oppenheimer*, op. cit., p. 251 et 81. *(Je souligne.)*

technique, le plaisir, le délice de la recherche, de ses problèmes excitants à résoudre et de ses trouvailles à engendrer : puisque c'est possible, il faut le faire avec l'enthousiasme irrépressible qui mène à la découverte du Nouveau Monde. De l'autre côté, il y a l'ambiguïté de l'histoire, des conflits de valeurs et de responsabilité qui ne sont pas l'affaire (prétendument) du scientifique, mais celle de la société qui y trouvera ou n'y trouvera pas son compte. *Ce qu'on en fera sur le plan militaire, politique et humain* soulève des questions qui, au-delà de l'éros du chercheur, ne relèvent pas plus de son imaginaire que de sa conscience. C'est là le modèle même de la communauté du déni : *vous ne vous demandez ce qu'il faut en faire qu'après avoir obtenu votre succès technique.* Pour de bonnes raisons plutôt que de mauvaises – au mieux le patriotisme – le chercheur a travaillé à la mise au point d'armes de destruction massive et si, tel Richard Garwin, il n'a pas eu l'occasion d'assister aux tests de l'engin dont il se proclame non sans fierté l'architecte, il espère bien ne jamais le *voir* exploser. Mais si précisément l'explosion doit avoir lieu, quel est le lien entre l'acteur et l'instrument [1] ?

SCIENCE ET DROITS DE L'HOMME

À la fin de sa vie, René Cassin, inspirateur et principal rédacteur de la Déclaration universelle des droits de l'homme, a prononcé un discours qui laissait peu d'illusions sur ce qu'on peut attendre de la science comme facteur de paix et source de résolution des conflits. Rappelant que le respect de la Déclaration universelle des droits de l'homme est trop souvent démenti par les faits, il considérait que le progrès de la science peut lui-même être un obstacle au progrès des droits de l'homme : « Parmi les nombreux problèmes qui se posent lorsqu'on cherche à éliminer les causes nombreuses qui font obstacle au respect effectif des droits de l'homme, on n'en rencontre pas de plus immédiats et de plus graves que ceux soulevés par les liens entre le progrès scientifique et celui des droits de l'homme [2]. »

---

1. *AAAS News*, 17 janvier 2006. Il s'agit d'une conférence donnée le 10 janvier précédent au Center for Science, Technology and Security rattaché à l'Association américaine pour l'avancement de la science (AAAS), où Garwin pronostiquait 50 % de chances pour qu'un attentat à coup d'arme nucléaire ait lieu aux États-Unis dans les quatre ou cinq ans.

2. René CASSIN, « La science et les droits de l'homme », *Impact : science et société*, vol. XXII, n° 4, Paris, UNESCO, 1972.

Ce texte est remarquable à la fois par son absence de conformisme et par ses aspects visionnaires. Absence de conformisme : n'est-ce pas une fois de plus un paradoxe, à nos yeux de rationalistes héritiers des Lumières, que la science ne soit pas comme par nature et nécessairement l'instrument du progrès des droits de l'homme ? Certes, dans la première partie de ce texte iconoclaste, René Cassin soulignait bien que, d'un point de vue normatif, le courant qui, à partir du XVIᵉ siècle et plus encore du XVIIᵉ, a vu l'essor conjoint de la science moderne, de la liberté d'examen et de l'esprit de tolérance, a très évidemment contribué à poser les fondements des droits que la Déclaration universelle, à la suite des précédents américains et français, a fini par énumérer et sanctionner : le progrès des Lumières, la rencontre de l'humanisme et du rationalisme, par conséquent le progrès même du savoir, sont allés dans le sens de la reconnaissance des droits de l'homme. Nul ne songerait à contester cet argument, en quelque sorte au cœur de l'histoire de la rationalité occidentale : comment ne pas partager cette vision « des bienfaits dont la science a été et est toujours la source pour l'homme » ?

La plupart des droits énumérés par la Déclaration universelle, dit René Cassin, « ont bénéficié, dans leur contenu et leurs moyens de satisfaction, de l'influence directe des principes scientifiques découverts au cours des derniers siècles ». Et si les inégalités demeurent, en particulier si « les deux tiers de la population croissante de la terre sont victimes de la sous-alimentation », il n'y a pas lieu de s'en prendre « à l'insuffisance de l'esprit inventif des savants » : le seul frein au respect de ces droits est soit l'inégalité des ressources, soit la volonté de certains États « de murer matériellement ou intellectuellement leurs ressortissants dans leurs frontières ». Ce thème profondément kantien renvoie à l'idée que la science, au même titre que l'éducation, joue le rôle d'une médiation positive dans le parcours historique qui doit mener l'humanité de la culture de la guerre, héritée de l'état de nature, à la culture de la paix fondée sur le partage des démonstrations de la Raison. La paix, comme le respect des droits de l'homme, est moralement nécessaire, disait Kant, elle dépend étroitement du travail du savoir, du progrès de l'éducation et des connaissances qui doivent déboucher – pour finir – sur « la constitution républicaine de tous les États en un ensemble unifié ». En ce sens, la science porte la marque d'une inspiration et d'une aspiration à l'universel qui ne sont pas très différentes de celles des droits de l'homme.

Mais, dans la deuxième partie – après avoir noté en passant que sa Déclaration est déjà dépassée, puisqu'elle ignore les enjeux de l'environnement –, René Cassin rappelle les massacres, les exactions, les tortures dont le XXe siècle a été le théâtre, des camps de la mort à la bombe atomique, et parle de la « barbarie scientifique » qui y a étroitement contribué. Il distingue entre les crimes individuels ou collectifs qui ont existé de tout temps et en tout lieu – ceux dont Jacques Callot, Francisco de Goya ou Théodore Géricault ont gravé les horreurs – et les menaces ou les dangers pesant aujourd'hui sur l'intégrité morale ou matérielle de l'homme et sur sa sécurité, qui résultent directement à ses yeux des développements scientifiques. Il note surtout ce qui s'est passé à la veille et durant la Seconde Guerre mondiale, des camps de concentration aux bombes atomiques, et grand blessé durant la Première Guerre mondiale, il a toute raison de se souvenir des gaz asphyxiants, point de départ du soupçon jeté sur l'« amoralité » de la science. Le revenant des tranchées qu'était Jules Isaac a publié en 1936 un livre oublié, dont le titre était *Paradoxe sur la science homicide et autres hérésies*[1]. Depuis, bien sûr, on a fait beaucoup mieux. Jules Isaac parlait de paradoxe et d'hérésie, René Cassin n'hésite pas à parler de barbarie : dénoncer la science dans ces termes, n'est-ce pas aller très exactement à l'encontre de l'idée héritée des Lumières d'une science vouée exclusivement au bien de l'humanité ? Ou plus exactement souligner le dévoiement d'une institution, dont beaucoup de ses membres ont à ce point *séparé en eux l'intellectuel de l'affectif* que celui-ci est tout simplement exclu de l'horizon de leurs préoccupations et de leurs comportements ?

René Cassin a parfaitement perçu l'enjeu de toutes ces questions : concilier les découvertes scientifiques et techniques contemporaines avec le maintien et même le développement des droits fondamentaux de l'homme suppose que l'on prenne « franchement parti sur le problème de la liberté de la recherche scientifique ». La première réponse, immédiate, est bien sûr que la soif de connaître fait partie de la nature humaine et que toute borne imposée à la poursuite du savoir est irrecevable. Mais aussitôt René Cassin nuance cette réponse par l'idée que le droit de s'informer, la liberté d'exprimer ses opinions et de fournir des informations ne sont pas la même chose que la liberté d'agir : celle-ci exige une « responsabilité corrélative », c'est-à-dire à la mesure des dangers qu'elle comporte.

---

1. Jules ISAAC, *Paradoxe sur la science homicide et autres hérésies*, Paris, Rieder, 1936.

Voilà en quoi ce texte de 1972 annonce les politiques de prévention et de précaution qui se sont multipliées depuis la fin du xxᵉ siècle. René Cassin suggérait la création d'un « corps permanent ou occasionnel de médecins et de juristes auquel soumettre certains projets d'expériences ou d'opérations dangereuses » : c'était déjà concevoir l'ébauche de l'institution des comités d'éthique. L'idée d'une régulation du changement technique, dont les procédures affectent jusqu'à la recherche scientifique, est déjà présente dans ce texte, où René Cassin soulignait que tout dépend finalement de la conscience des scientifiques : ceux-ci devraient, par leur vocation autant que par leur éducation, « être mis en état de résister à la tentation d'user de leur pouvoir ».

Dotés et non dotés

Soixante ans après Hiroshima, il n'y a pas eu de guerre nucléaire, et l'on a toute raison de s'en réjouir. La menace demeure néanmoins, qu'il s'agisse de « la montée aux extrêmes » toujours possible entre États ou d'attentats terroristes menés à coup de bombes nucléaires ou de pollutions radioactives. Avec la fin du communisme, nous voyons bien que le déséquilibre actuel de la terreur s'accompagne d'une prolifération au terme de laquelle la dissuasion peut ne plus fonctionner. Les pays membres permanents du Conseil de sécurité, pays vainqueurs de la Seconde Guerre mondiale et premières puissances nucléaires (États-Unis, Russie, Angleterre, France, Chine) sont d'autant moins en mesure de maîtriser la prolifération qu'ils ne sont plus seuls au sein du club.

Il faut d'ores et déjà compter avec Israël, l'Inde et le Pakistan, sans oublier les nouveaux candidats que sont la Corée du Nord et l'Iran. Du jour au lendemain, au reste, le Japon peut aussi se doter d'un armement nucléaire : ses réserves de plutonium ne cessent pas de s'accroître, et l'amendement de la Constitution actuellement en discussion, alors que la Constitution inspirée après la défaite par les Américains lui interdisait de se reconstituer une véritable armée, aura tôt fait de l'autoriser à se doter d'un armement nucléaire pour faire face à la prolifération en Asie. La vérité est que les États dotés d'un arsenal nucléaire (les EDAN) donnent un fort mauvais exemple à ceux qui n'en sont pas dotés (les ENDAN). Comme l'a dit le Dr El Baradei, directeur général de l'Agence internationale de l'énergie nucléaire rattachée aux Nations unies (AIEA, Agence internationale de l'énergie atomique), « la double crise concernant le respect des obligations envers le Traité de non-prolifération (le TNP) a mené à une crise de confiance : certains des États non dotés se sont lancés dans des activités nucléaires clandestines menant à des armes nucléaires, et les États dotés manquent à leur devoir de prendre des mesures concrètes et irréversibles afin d'éliminer leur arsenal nucléaire ». L'Afrique du Sud, qui disposait de six bombes au moment de la fin de l'apartheid, est le seul pays au monde qui se soit débarrassé de cet arsenal.

L'Inde, Israël et le Pakistan n'ont pas signé ce traité, l'Iran qui l'a signé tend à se soustraire à ses obligations, et la Corée du Nord s'en est retirée, puis y est revenue tout en prétendant mener à terme son programme d'armement nucléaire. Mais, simultanément, alors qu'un groupe de pays pressaient les EDAN, par une résolution aux Nations unies, de mettre en application leur engagement de désarmement, les États-Unis, la Grande-Bretagne et la France ont voté contre cette résolution. L'ancien président Jimmy Carter n'a pas hésité à écrire que « les États-Unis sont le principal coupable de l'érosion du TNP : tandis qu'ils prétendent protéger le monde des menaces que représente la prolifération en Irak, en Libye, en Iran et en Corée du Nord, leurs dirigeants ont non seulement abandonné les restrictions que ce traité implique, mais ils ont aussi revendiqué des projets destinés à tester et à développer de nouvelles armes, le *bunker buster* ultra-pénétrant (le casseur de bunkers) et peut-être aussi quelques nouvelles "petites" bombes ». Et surtout, ajoutait l'ancien président, « ils menacent à présent d'utiliser en premier recours les armes nucléaires contre des États non nucléaires [1] ».

Ce traité avait été conçu en 1970 dans le cadre de la guerre froide « en considérant les dévastations qu'une guerre nucléaire ferait subir à l'humanité », et les parties signataires déclaraient « leur intention de parvenir au plus tôt à la cessation de la course aux armements nucléaires ». Du temps de la guerre froide, la dissuasion entre les deux superpuissances avait parfaitement fonctionné : chacune savait que saisir l'occasion d'une

1. Jimmy CARTER, éditorial dans le *Washington Post*, 28 mars 2005, p. A17. Ce texte a précédé la conférence d'examen du Traité, qui s'est réunie au mois de mai et n'a mené nulle part, sinon pour souligner, comme l'a écrit J. Carter, que « le sort du Traité semble en fait indifférent tant aux États-Unis qu'à d'autres puissances nucléaires ».

première frappe l'exposerait à la destruction totale à cause des fusées porteuses de multiples bombes H lancées par les sous-marins nucléaires, impossibles à détecter. Au plus fort de la crise de Cuba, quand Fidel Castro a supplié Khrouchtchev de lancer ses missiles pourvus de têtes nucléaires sur la Floride, c'est la retenue qui l'a emporté, malgré le blocus de la flotte soviétique par la marine des États-Unis. Comme l'a dit le général Poirier, grand théoricien de la stratégie nucléaire, alors la bombe était aussi un *répresseur de violence* : les adversaires-partenaires devaient « agir et s'interdire d'agir dans un halo d'incertitudes partagées, mais génératrices de modération politique et de prudence stratégique dès lors que chacun savait au moins une chose : une erreur d'interprétation serait fatale à tous. Paradoxalement, ici, l'incertitude est créatrice d'ordre [1] ».

L'après-11 Septembre introduit dans les possibilités de confrontation nucléaire un facteur absolument aléatoire de désordre : le terrorisme par l'atome est l'un des scénarios que la fin de la guerre froide nous a laissés en héritage, et il n'est jamais à exclure qu'un petit pays détenteur de la bombe ou un groupe terroriste ignore le prix qu'il aurait à payer s'il prenait l'initiative d'une guerre ou d'un attentat à coup d'arme atomique, chimique ou biologique. Réciproquement, les États-Unis n'excluent plus le recours à une première frappe contre un État « terroriste », serait-il non nucléaire, à plus forte raison s'il l'était. Et l'on peut interpréter le discours du président Chirac de janvier 2006 sur notre doctrine de la dissuasion comme allant exactement dans le même sens.

La conférence d'examen qui s'est réunie en mai 2005 s'est soldée par des résultats tout à fait décevants, la scène étant occupée par trois « précédents » paralysant toutes les discussions : signataire du Traité, l'Iran menace de reprendre ses travaux d'enrichissement de l'uranium destiné à la fabrication de bombes, et les États-Unis le menacent de sanctions de la part du Conseil de sécurité, malgré tous les efforts fournis par la Russie et la Chine pour les lui épargner ; la Corée du Nord tente de négocier dans ce domaine un accord de coopération technologique avec les États-Unis, tout en affichant également son désir de disposer de bombes nucléaires ; enfin il y avait le cas de l'arsenal nucléaire irakien, que les États-Unis avaient utilisé auprès du Conseil de sécurité pour justifier leur entrée en guerre contre Saddam Hussein, dont l'AIEA avait fini par mettre en doute l'existence avant même

---

1. L. POIRIER, *Stratégie théorique II*, Paris, Economica, 1987, p. 324-325.

l'intervention des États-Unis et dont effectivement depuis on n'a jamais trouvé de trace. Ces précédents rendaient plus confuses que jamais les conditions dans lesquelles la conférence d'examen s'était ouverte ; elle ne pouvait que se clore dans la confusion en attendant les rapports d'évaluation de l'AIEA et la transmission de ses conclusions au Conseil de sécurité.

Rappelons qu'après plus de trente ans, le Traité d'interdiction complète des essais nucléaires a finalement été signé en 1996, mais qu'à la suite des attentats du 11 Septembre, les États-Unis ont laissé entendre qu'ils envisageaient de reprendre des essais pour expérimenter des « mini-bombes » d'ordre tactique. Au total, toute l'expérience des accords internationaux dans ce domaine montre de la part de tous ces pays une intense gesticulation en faveur de la « maîtrise des armements » *(arms control)* et un progrès très relatif dans la retenue en matière d'expérimentations sous forme de tests d'explosions (que l'on peut néanmoins étudier et calculer en ordinateurs par des voies virtuelles) [1]. Mais simultanément elle montre aussi l'impossibilité de maîtriser la prolifération, et une telle discrimination dans les légitimités nucléaires de la part des pays donneurs de leçons qu'ils apparaissent comme les plus mauvais exemples en matière de désarmement : un bilan qui, comme celui des causes humanitaires ou du droit d'ingérence, demeure pour le moins très ambigu et surtout peu rassurant pour l'avenir.

Le précédent de la Convention de La Haye interdisant en 1899 l'usage des gaz asphyxiants n'est guère encourageant, puisque cela n'a pas retenu les belligérants de la Première Guerre mondiale d'y recourir. Sans doute s'est-on gardé de les utiliser sur les champs de bataille de la Seconde Guerre mondiale, mais ce fut moins par respect de la Convention de La Haye que parce que l'humeur changeante des vents en fait une arme qui peut se retourner contre ceux-là mêmes qui en prennent l'initiative. En outre, il faut bien souligner les contradictions – le paradoxe ? – de ceux des pays officiellement membres du « club atomique » qui entendent, d'un côté, empêcher l'Iran de se doter d'un armement nucléaire parce que ce pays

---

1. Les expériences au Nevada ont fait des victimes non seulement parmi les soldats (les « vétérans »), exposés au plus près du « point zéro » pour être familiarisés avec une guerre nucléaire, mais aussi dans la population civile, en particulier chez les Mormons, que les retombées radioactives ont frappé de plusieurs maladies, dont des cancers et des malformations chez les nouveau-nés. Voir C. GALLAGHER, *America Ground Zero : The Secret Nuclear War*, Cambridge, MIT Press, 1993.

contrevient au TNP dont il est signataire, de l'autre côté fermer les yeux sur l'existence de l'arsenal nucléaire israélien, et qui en même temps se sont récemment résolus, comme les États-Unis et la France, à proposer des contrats à l'Inde pour y assurer le développement de ses réacteurs dits civils, alors que ce pays n'est pas plus qu'Israël partie prenante du TNP et dispose déjà, comme celui-ci, d'un armement nucléaire.

L'Inde est certes une démocratie, la plus grande de la planète, et entend bien désormais se comporter et se faire reconnaître comme une grande puissance exerçant un rôle sur le plan international qui ne soit plus celui d'un « non-aligné » (ce qui avait été sa politique du temps de la guerre froide). L'Iran a d'immenses réserves de pétrole, et ses aspirations au club des « dotés » n'ont évidemment pas d'autre raison que stratégique dans « la mer de tous les dangers » que constituent le Proche et le Moyen-Orient. Le pays est aux mains de fondamentalistes qui menacent d'entrer en conflit direct à moyen terme avec Israël à coups de missiles nucléaires. La communauté internationale, comme on l'appelle, a toute raison de se méfier de ceux qui le dirigent et qui n'hésitent pas à parler d'éradiquer un État membre des Nations unies comme d'un objectif allant de soi. De son côté, l'Inde ne dispose pas d'assez d'uranium pour alimenter ses réacteurs depuis les restrictions imposées par les fournisseurs occidentaux, à la suite de son refus de se soumettre aux procédures de contrôle du TNP. Alors qu'elle maintient ce refus au moins pour les réacteurs destinés à l'armement nucléaire, les États-Unis et la France ont pudiquement décidé de ne pas tenir compte de cette entorse à l'une des obligations essentielles du TNP. Sur un parc prévu de vingt-trois réacteurs, onze y compris des surgénérateurs seront très officiellement voués à alimenter l'armement en plutonium et en tritium, et seront donc considérés comme bénéficiant d'un privilège d'exterritorialité par rapport à l'AIEA, qui doit en revanche contrôler l'usage militaire des centrales iraniennes. On estime que la production indienne de plutonium s'élève déjà à 9 tonnes, de quoi alimenter plusieurs centaines de bombes.

Grâce à ces accords, l'Inde aura accès à des transferts de technologie et à l'importation d'uranium destinés en principe exclusivement à ses réacteurs civils, mais dont les spécialistes pourront toujours détourner une partie à des fins militaires. Peu de temps avant la signature de l'accord entre George Bush Jr et le Premier ministre Manmohan Singh, le président de la Commission indienne de l'énergie atomique, le Dr Anil Kakodkar, avait souligné dans une interview que « les sphères civiles et militaires du nucléaire indien sont intimement entrelacées ». L'atome est par définition l'exemple parfait d'une « technologie duale » bonne pour la paix comme pour la guerre. Avec la bénédiction de l'Occident, l'Inde pourra ainsi poursuivre son programme de bombes A et H dans le « parc réservé » des réacteurs échappant aux foudres de l'AIEA. De plus elle se réserve le droit d'affecter tout nouveau réacteur à une fin soit civile, soit militaire.

Deux poids deux mesures et même trois : le TNP passait pour l'un des rares accords « universels » acquis par les Nations unies, mais il introduisait en fait une discrimination entre trois types de légitimités nucléaires que la majorité des pays en développement n'a pas cessé de contester. Au nom d'objectifs commerciaux qui se préoccupent peu des répercussions à long terme, c'est surtout de la part de l'Occident donner aujourd'hui le pire exemple, c'est-à-dire *institutionnaliser la prolifération* dans une région particulièrement sensible. La doctrine indienne en matière de stratégie nucléaire tient en six pages : son principe est « une dissuasion minimale crédible », où l'Inde s'engage « à ne pas employer l'arme nucléaire en premier » et donc entend disposer « de forces nucléaires capables d'infliger des dégâts intolérables à l'agresseur, forces basées à terme sur les trois composants air, mer et terre ». La légitimité reconnue au parc de réacteurs destinés aux bombes s'applique donc à la promotion d'un arsenal nucléaire devenant plus important.

L'Inde a quelques contentieux sérieux avec la Chine comme avec le Pakistan : ces nations sont toutes trois des puissances nucléaires, et il est donc essentiel que dans « l'équilibre de la terreur », à la base de la dissuasion sur laquelle repose leur stratégie défensive, aucune des trois n'ait l'impression d'un désavantage : c'est dire que seule une escalade dans la capacité de réplique à une première frappe sera la réponse à cet enjeu. De fait, l'accord signé par George Bush Jr promet d'accroître l'avance technologique de l'Inde dans ce domaine, même si la « dissuasion du faible au fort » de la part du Pakistan peut apparemment et pendant quelque temps compenser ses retards. Mais simultanément la Chine s'empresse de signer des accords avec les États-Unis pour rajeunir son parc de centrales nucléaires, de sorte que le prétexte d'accords commerciaux dans le secteur civil peut au contraire contribuer à augmenter les arsenaux nucléaires dans toute la région et du même coup délégitimer tous les efforts menés jusqu'à présent contre la prolifération.

Le hasard d'une conférence donnée en 1999 à l'Institut des sciences avancées de Bengalore m'avait fait participer à un séminaire organisé par des politologues, des physiciens et des militaires indiens sur le thème de leur doctrine nucléaire. Certains s'y montrèrent publiquement très opposés au nom de la tradition de non-violence du pays, signe de plus de la profondeur de son imprégnation démocratique (les instances compétentes françaises ne m'ont jamais invité à discuter de la nôtre...). Mais d'autres insistèrent sur le mauvais exemple offert par les membres du « club atomique » : au nom de quoi cela devrait-il les détourner de se doter, eux aussi, d'un armement nucléaire ? La liberté des débats était telle que mes hôtes finirent, politesse ou curiosité, par me demander ce que j'en pensais. Pris de court, je ne pus qu'évoquer les raisons très parallèles qui avaient poussé la France à se doter d'un tel armement, en soulignant que leur doctrine stratégique était très exactement calquée sur celle dont le général de Gaulle s'était réclamé au nom de l'indépendance face à l'exclusivité américaine des décisions nucléaires au sein de l'OTAN. La grande différence était que nous n'avions en face de nous qu'une seule puissance nucléaire menaçante, l'ex-Union soviétique, et que le combustible de notre force de frappe ne dépendrait d'aucun fournisseur parmi les pays « dotés ». Peut-être aussi, dans la vision gaullienne de la grandeur de la France, était-ce une manière d'imposer une image ou une façade de plus grande puissance par rapport à l'Allemagne en voie de retrouver son rang en Europe et dans le monde. Or, le Pakistan et la Chine, voisins de l'Inde, rivaux sinon ennemis potentiels, avec une tradition d'accrochages sérieux aux frontières qui les met toujours au bord de la guerre, disposent aussi d'un armement nucléaire : il était difficile d'imaginer que l'Inde puisse s'en priver, quel que soit l'héritage pacifiste de Gandhi.

Les accords en cours de signature avec les États-Unis et la France définissent une situation tout à fait nouvelle : c'est tout le continent asiatique auquel ils reconnaissent, malgré le Traité de non-prolifération ou à cause de son caractère rendu tout simplement caduc, la légitimité d'une stratégie de dissuasion nucléaire. On voit mal le Japon ou même les deux Corées rester indifférents. Les jeux de guerre auxquels les stratèges de la RAND Corporation se sont livrés étaient déjà très complexes et hasardeux, à deux partenaires ; à trois et davantage, ils impliqueraient des calculs bien plus difficiles à maîtriser — en un mot, une rationalité tout à fait aléatoire Nul ne sait si les règles du jeu de « l'équilibre de la terreur » y seront honorés comme ce fut le cas durant la guerre froide entre les États-Unis et l'ex-

Union soviétique. Ce qui était défini comme la certitude d'un processus de destruction mutuelle – démence absolue suivant les initiales MAD de cet équilibre *(Mutual Assured Destruction)* – entraînait néanmoins un certain respect de chacune des deux puissances bipolaires pour l'autre. Dans une surenchère multipolaire, le scénario de l'erreur de calcul est, par définition, plus vraisemblable. Pour les États-Unis, bien sûr, entretenir la dissension entre l'Inde et la Chine, dont la montée en puissance menace de compromettre, sinon de ruiner leur propre hégémonie, est une manière classiquement diplomatique de gagner du temps et de diviser pour régner. Et peut-être de réussir à faire de l'Inde, hier proche de la Russie, une solide alliée face aux tentations d'expansion d'une Chine qui pourrait avoir des ambitions impérialistes ou à la perspective d'un Pakistan tombant aux mains de fondamentalistes, talibans et mouvances d'Al-Qaida.

On comprend que la grande majorité des scientifiques indiens – en tête bien entendu l'actuel président de la commission indienne de l'énergie atomique, le Dr Anil Kakodkar, et son prédécesseur le Dr R. Chidambarm – ait aussitôt applaudi à l'accord. La réputation des ingénieurs électroniciens n'était plus à faire, mais le monde et les médias ignoraient l'héritage remarquable des Raman et Bhaba formés en Angleterre, qui ont mis en route des institutions de recherche fondamentale et appliquée dignes des meilleurs laboratoires occidentaux. Considérée pendant trente ans comme une « paria nucléaire » en raison de son refus d'adhérer au TNP, voici l'Inde reconnue puissance nucléaire sans avoir à soumettre tous ses réacteurs au contrôle de l'AIEA. Je suis prêt à parier que, lors de la réforme des Nations unies, les États-Unis soutiendront sa candidature comme membre permanent du Conseil de sécurité. Le gain sur le plan de la stratégie et du prestige est considérable.

Sur le plan de la paix on peut s'interroger : la surenchère des industries nucléaires des États-Unis, de la France, mais aussi de la Russie, qui en Inde construit déjà deux nouveaux réacteurs, n'a évidemment rien de raisonnable. Il est difficile ici de minimiser le poids qu'exercent les scientifiques sur les affaires du monde et leurs désordres : dans ce domaine, « la voix de son maître » passe fatalement et inextricablement par celle des experts, seuls capables de dire ce qui est faisable et non faisable et de conduire la mise en œuvre des programmes de recherche-développement, si ce n'est de les orienter et d'en décider. Il y a longtemps que C. P. Snow a mis en garde sur ce rôle qu'exercent les scientifiques dans les « choix cruciaux qui doivent être faits par une poignée d'hommes qui ne peuvent pas avoir une connaissance de première main de ce dont ces choix dépendent et de ce à quoi ils peuvent aboutir. Or ces choix décident au sens le plus cru du terme de notre vie et de notre mort[1]. » Il pensait que ce rôle des scientifiques inspirant la décision politique était réservé aux sociétés industrielles avancées. L'Inde aujourd'hui, malgré ses immenses poches de misère et d'analphabétisme, tend à en être une − et le devient à bien des égards. Depuis Nehru, les conseillers scientifiques du gouvernement ont toujours été soutenus, et leurs ambitions prises en compte.

LES DONNEURS DE LEÇONS

En mal de marchés extérieurs sur le dos d'un traité qu'ils font mine de concevoir comme essentiel à la paix du monde, les pays membres perma-nents du Conseil de sécurité offrent ainsi le pire exemple, en particulier au « Club de Londres », qui réunit les quarante-cinq pays fournisseurs de combustibles et de technologies nucléaires : ceux-ci se sont interdit d'en vendre à des pays non signataires du TNP, les voici incités à le faire. Désavouant les obligations mêmes qu'ils se sont imposées et qu'ils entendent imposer aux autres, États-Unis et France n'étaient-ils pas tenus par les termes optimistes du TNP, qui les dit « désireux de promouvoir la détente internationale et le renforcement de la confiance entre États afin de faciliter la cessation de la fabrication d'armes nucléaires, la liquidation de tous les stocks existants desdites armes et l'élimination des armes nucléaires et de leurs vecteurs des arsenaux nationaux » ?

Il est vrai que le Congrès des États-Unis n'a pas ratifié le TNP, et qu'il est possible qu'il ne ratifie pas davantage l'accord signé en Inde par George Bush Jr. Sur-le-champ les organisations non gouvernementales aux États-Unis, qui s'intéressent de près à ces problèmes, en particulier l'Association pour la maîtrise des armements (ACA), ont formulé des réserves sévères, contestant notamment les termes du communiqué de presse de la Maison Blanche qui a tout de suite cherché à prévenir les critiques : on y dit que « cet accord est historique », l'ACA réplique qu'il

---

1. Charles Percy SNOW, *Science and Government*, New York, Mentor Books, 1re éd. 1960 ; rééd. The New American Library, 1962, p. 9.

s'agit en effet d'un renversement historique des règles que les États-Unis se sont imposées depuis longtemps ; on y lit aussi que « les États-Unis n'ont pas reconnu pour autant l'Inde comme une puissance nucléaire », et l'ACA a beau jeu de répondre que si la formule se défend en un sens étroitement officiel, les États-Unis ont implicitement accepté le fait que l'Inde possède un armement nucléaire, ce qui va à l'encontre de la résolution 1172 du Conseil de sécurité, soutenue sinon initiée par les États-Unis eux-mêmes, demandant à la fois à l'Inde et au Pakistan « d'arrêter leurs programmes de développement des armes nucléaires[1] ».

Le Traité de non-prolifération, déjà en médiocre état de survie, est décidément mis à mal : comment s'opposer désormais au souhait d'autres pays dits « du seuil » de devenir à leur tour membres du club ? Le transfert clandestin de technologies nucléaires par des voies privées n'est jamais à exclure, et l'impossibilité même de circonscrire la prolifération ne peut donc que contribuer à rendre plus réelle la menace d'actes de terrorisme menés à coup d'armes ou de combustibles nucléaires transitant de pays « dotés » à des pays « du seuil » ou rêvant d'y accéder, sans parler des mouvements non étatiques à l'affût d'armes de destruction massive.

Peut-être faut-il remonter plus haut dans l'histoire pour admettre sans illusions que les efforts visant à empêcher la prolifération et l'usage d'une arme nouvelle ne seront jamais couronnés de succès. Les premières arbalètes à trait ont été déclarées « haïssables à Dieu et impropres aux chrétiens » par le pape Innocent II qui en interdit l'usage, mais cet édit du deuxième concile de Latran (1139) fut très vite amendé pour légitimer le recours contre les musulmans à cette arme très meurtrière et précise jusqu'à 150 mètres. Et plus vite encore la nouvelle arme devint tout aussi licite dans les guerres entre chrétiens. De même l'Occident a-t-il cherché à interdire aux flottes de l'Empire ottoman l'usage des premières batteries de canon embarquées sur ses galères. Il n'a pas fallu longtemps pour que la flotte turque apprenne (plus ou moins bien au début) à s'en servir, grâce à l'« assistance technique » des officiers mercenaires, ingénieurs-canonniers, venus d'Europe. En 1571, la flotte espagnole commandée par don Juan d'Autriche, fils naturel de Charles Quint et demi-frère du roi Philippe II, rencontra la flotte ottomane du sultan de Constantinople dans le golfe de

---

1. *Seeing Through the Spin* : « *Critics* » *Rebut White House on the US-India Nuclear Cooperation Plan*, communiqué de presse, Washington, ACA, 9 mars 2006.

Lépante. Ignorant le type de manœuvres qu'il fallait faire pour exploiter les avantages des canons embarqués, l'amiral Ali Pacha subit une défaite totale, fut arrêté et décapité, et plus de deux cents vaisseaux d'une flotte qui en comptait trois cents furent coulés. Mais peu d'années plus tard, la maîtrise de l'artillerie embarquée n'était pas moins tactiquement raffinée du côté musulman que du côté chrétien.

En somme, l'hypocrisie et le cynisme de donneurs de leçons du « club atomique » au sein du Conseil de sécurité n'ont rien de nouveau : les frontières de la sécurité internationale sont délimitées par les intérêts nationaux. De son côté, la Russie de Poutine propose d'enrichir chez elle l'uranium destiné à l'Iran, quitte à ce que les scientifiques iraniens en détournent une partie pour leurs bombes : il n'y a pas de frontières pour un trafic étatique. On n'est pas loin au niveau des États, « monstres froids » suivant Hegel, de la communauté du déni où s'expriment par excellence aujourd'hui les scientifiques qui, ayant travaillé aux bombes nucléaires, sont parfaitement conscients de leur spécificité et œuvrent dans les conférences Pugwash à en interdire l'usage. Je ne connais pas de témoignage plus porteur de dénégation que celui, déjà évoqué, de Richard Garwin, qui fut l'architecte – ce sont ses mots – de la première bombe H conçue par Ulam et Teller et que le journaliste l'interrogeant présente comme « ayant passé sa vie dans les laboratoires et les couloirs du pouvoir » : on l'a entendu simultanément dire tout l'intérêt de ce qu'il a fait et dire que c'est précisément ce dont il ne veut pas. Ainsi, manifestant ses inquiétudes à l'idée d'une telle arme aux mains de terroristes, il commençait par déclarer : « Je n'ai jamais vu personnellement une explosion nucléaire du temps où je développais ces armes, et j'espère bien n'en jamais voir [1]. »

De la même façon, États-Unis et France entendent bien que le continent asiatique ne se laisse pas aller à une guerre nucléaire – « Fermons nos yeux à ce spectacle inconcevable ! » –, mais cette prédication de bonne conscience ne les retient pas de rivaliser entre eux pour un marché considérable et plein d'avenir, quitte à ce que leurs centrales exportées servent clandestinement ou ouvertement à rendre plus hasardeux le maintien de la paix en Asie – et dans le monde. Pendant ce temps Washington entretient les bruits d'une intervention militaire en Iran, y compris à coups d'armes nucléaires tactiques, pour bien souligner combien ce pays se met hors la loi en

---

1. *AAA News*, 17 janvier 2006.

prétendant à un arsenal nucléaire. De leur côté les spécialistes de l'*arms control* à l'université Harvard et au MIT ont proposé, avec la contribution d'un haut dignitaire iranien, des solutions de compromis, par exemple une organisation commerciale de coopération américano-russe pour l'enrichissement de l'uranium iranien, en tenant pour acquis que ce qui est en jeu c'est l'usage plutôt que l'autonomie de l'usage des centrifugeuses destinées à enrichir l'uranium [1]. Il suffirait donc de les louer sous contrôle de l'AIEA pour à la fois mener l'Iran à des sentiments pacifiques et contrôler les bons offices russes, tandis que simultanément les États-Unis s'interdiraient toute agression contre l'Iran. « Moyennant quoi l'Iran, tout en se voyant reconnaître le droit d'enrichir lui-même l'uranium, accepterait pour le moment de ne pas exercer ce droit tout comme, dit curieusement ce projet, chaque Américain a le droit constitutionnel de posséder une arme, mais beaucoup choisissent de ne pas en avoir. »

Irrésistible tentation de rapporter le monde à son propre modèle : mais là où il s'agit aux États-Unis d'un droit qui concerne les individus, on a toute raison de douter que l'État iranien se plie à ce modèle – auquel de surcroît, comme on sait, la majorité des Américains tourne le dos. L'Association nationale du fusil (NRA) est, en effet, l'un des *lobbies* les plus importants des États-Unis qui non seulement s'est toujours vu reconnaître par le Congrès et la Cour suprême, au nom du deuxième amendement, le droit de posséder chez soi des armes de tous genres, mais encore ne se prive pas d'en faire la propagande sur son site. Manifestement, la possession de ces centrifugeuses (faciles à dissimuler, car elles ne constituent pas un équipement encombrant) garantit aux yeux des fondamentalistes la possibilité d'une force de frappe nucléaire, ce que ni les États-Unis ni Israël ne sauraient tolérer.

Les bruits de bottes font craindre une confrontation armée mais une négociation n'est jamais exclue, qui permettrait d'éviter le bourbier dans lequel l'invasion de l'Irak a empêtré les États-Unis. Ce dialogue de sourds

---

1. Voir Abbas MALEKI (ancien ministre adjoint des Affaires étrangères en Iran et proche de l'ancien président de la République Hashemi Rafsanjani) et Matthew BUNN (ancien conseiller de la Maison Blanche en matière de non-prolifération), « Finding a Way Out of the Iranian Crisis », *Science, Technology and Public Policy Program*, Belfer Center for Science and International Affairs, John F. Kennedy School of Government, Harvard University, 7 avril 2006.

évoque en effet un circuit de pressions au sein des Nations unies très analogue à ce qui a précédé l'intervention contre Saddam Hussein et dont nul ne sait sur quelle confusion de plus la « guerre préemptive » revendiquée par les États-Unis peut déboucher. Plus que jamais, en tout cas, la prétention des EDAN à choisir leurs élus parmi les ENDAN, excluant les uns et légitimant les autres, renforce le poids de l'asymétrie entre les nations : si la voix de chaque pays au sein des Nations Unies est égale à celle de tous les autres, la force des choses – ce que les Allemands appellent la *Sachzwang* – explique qu'il y ait toujours en matière nucléaire des voix moins (ou plus) égales dans ce qui passe pour être le rêve d'une gouvernance mondiale échappant aux passions et aux intérêts des États nations.

Soixante ans après Hiroshima, la planète se trouve ainsi confrontée à une situation d'incertitude plus redoutable que ne l'était celle de la guerre froide. Une situation où, à l'angoisse de la guerre et de l'holocauste nucléaires, succède la crainte du terrorisme atomique et des armes silencieuses de destruction massive, chimiques ou biologiques – crainte qui pourrait entraîner une première frappe dévastatrice et un dérèglement des affaires du monde plus dramatique que celui qu'a entraîné l'invasion américaine de l'Irak au prétexte mensonger que Saddam Hussein possédait des armes nucléaires et était en complicité étroite avec Ben Laden. Or, les mercenaires de la science peuvent à peu de prix sinon livrer directement ces armes au tout-venant, du moins aider des groupes ou des pays à s'en doter : ce mercenariat est la dimension nouvelle qu'a prise l'internationale de la science depuis l'effondrement du communisme, et ce n'est certes pas par philanthropie si les subventions les plus importantes des États-Unis à la Russie de Poutine sont destinées à l'aider à mieux gérer ses stocks de plutonium et à augmenter le salaire de ses scientifiques pour les dissuader de vendre leurs services à des groupes ou à des États terroristes.

À Genève, en octobre 2001, lors des renégociations du projet de traité visant au bannissement des armes biologiques, plusieurs délégations se sont battues en faveur de l'article du traité qui dénonce comme « ennemis du genre humain » *(hostes humani generis)* les scientifiques, les politiques, les militaires et les marchands contribuant à la conception, à la production ou au trafic de ces armes. Ces négociations ont tourné court, les Américains s'étant retirés des discussions à la suite des attentats du 11 Septembre[1]. Ce

---

1. Il convient de rappeler que, sous la présidence Nixon, les États-Unis prirent l'initia-

n'est peut-être que partie remise, et le temps peut donc encore venir où cette science qui, en termes freudiens, exploite avant tant d'inconscience ou de non-conscience l'Éros de la recherche, à partir et en faveur des instruments de Thanatos, serait effectivement sanctionnée comme l'ennemie du genre humain.

On sait combien Freud « croyait » dans la science, par une foi de véritable scientiste, mais il n'avait pas prévu que la science, la rationalité et nombre de scientifiques, dans lesquels il voyait les modèles du perfectionnement des intérêts et des valeurs les plus élevés, contribueraient à ce point à compromettre – quels que soient leurs bienfaits et leur capacité à rendre à certains et même à beaucoup la vie plus facile et plus longue – les chances d'un monde moins vulnérable à une catastrophe sans précédent.

Si, comme il l'a dit, « névroses il y a, sous l'influence des tendances même de la culture », le rôle qu'assume la grande majorité des scientifiques dans le monde contemporain n'y est pas pour rien. Et s'ils ne sont pas seuls, assurément, à y être pour quelque chose, ils ne peuvent plus, d'aucune façon, prétendre déplacer sur les autres – les ingénieurs, les industriels, les militaires, les politiques, les capitalistes ou le diable – leur part de responsabilité : ces acteurs se confondent fatalement avec leurs instruments. Freud concluait *Malaise dans la civilisation* par ces mots : « Et maintenant, il faut s'attendre à ce que l'autre des deux puissances célestes, l'Éros éternel, fasse un effort pour s'affirmer dans le combat contre son adversaire tout aussi immortel, Thanatos[1]. » Dans une édition ultérieure, il ajouta cette phrase finale, comme pour rappeler sans trop d'illusions que la partie n'est jamais jouée à l'avance : « Mais qui peut présumer du succès et de l'issue ? »

---

tive de renoncer à ces armes et de proposer une première version du traité interdisant les armes biologiques, version qui fut adoptée par les Soviétiques. Mais quelques années plus tard, sous la présidence Clinton, les Américains découvrirent que les Russes continuaient à mener des recherches, dans de gros laboratoires clandestins, sur la mise au point et l'amélioration de ces armes.

1. *Malaise dans la culture*, PUF, 1995, p. 89

14.

Le terrorisme d'État

À suivre l'évolution du rôle des scientifiques depuis les débuts de la science moderne, on voit combien ils en sont venus à peser sur les affaires du monde – tout en professant, pour la grande majorité d'entre eux, n'être pour rien dans les menaces et les dérives qui en résultent. Les « fruits de leurs actes » sont en dehors de leur *dharma*, si *dharma* il y a. Et en termes moins sensibles aux séductions de la philosophie védique, on dira que cette communauté du déni exerce en fait une influence si déterminante sur le cours du monde qu'on a toute raison de se méfier de ses initiatives. Dire cela n'est pas sans péril : c'est vous exposer immédiatement à passer pour un suppôt de l'anti-science, passéiste ou écolo-gauchiste, qui récuse tous les bienfaits – incontestables – que le progrès et la rationalité scientifiques ont apportés à l'humanité.

Pourtant, on aura remarqué, je l'espère, que je m'en suis tenu aux témoignages des scientifiques *eux-mêmes* parmi ceux qui s'interrogent ou se montrent lucides sur les limites qu'il importe d'assigner à leurs fantasmes de pouvoir. Et ce qu'ils ne cessent de dire, les uns avec réticence, les autres avec révolte, c'est que le malaise dans la civilisation vient d'abord du malaise dont témoigne l'institution scientifique elle-même. Il est au contraire parfaitement irrationnel de prétendre que l'on peut dissocier aujourd'hui le scientifique des « fruits de ses actes » : le partenariat entre la science, l'industrie et la politique – à plus forte raison les armées – est devenu si étroit qu'on ne peut plus y distinguer l'acteur de l'instrument, à moins de se raconter des histoires et d'en raconter.

LE GRAND ÉCART

Mais si, précisément, « ils y sont pour quelque chose » et d'abord parce qu'ils sont consciemment ou non à la source des problèmes nouveaux qu'ils font subir à l'humanité, il faut bien se demander s'il est possible de combler l'écart grandissant entre leur capacité d'intervention et le savoir correspondant – le nôtre, mais aussi le leur. Combler cet écart ne dépend pas seulement, cela va de soi, des régulations que la société est désormais tenue d'imposer à l'institution scientifique, notamment par les procédures des comités de bioéthique. Tout l'enjeu dans un régime démocratique revient, comme l'a bien vu René Cassin, à concilier la liberté de la recherche scientifique avec la nécessité de parer aux catastrophes. C'est que « la liberté d'exprimer ses opinions et celle de fournir des informations ne sont pas la même chose que la liberté d'agir[1] », fût-ce dans et par la recherche scientifique : « celle-ci exige, disait-il, une responsabilité corrélative, c'est-à-dire à la mesure des dangers qu'elle comporte ». Il y va aussi – ou il doit dépendre aussi – de l'aptitude des scientifiques à s'imposer eux-mêmes de nouvelles règles de conduite, et d'abord en cessant de considérer, au nom de la liberté de la recherche, que tout ce qui est possible est réalisable et doit donc être réalisé.

Certaines percées scientifiques et leurs développements signalent *à la fois* un triomphe de la rationalité et son échec : ainsi des armes de destruction massive, bien sûr, mais aussi des restrictions inhérentes à la généralisation de l'énergie nucléaire, et de tout ce qui affecte l'intégrité et la diversité du vivant, dont les progrès de la reproduction asexuée, de la transgénèse et demain des nanotechnologies ouvrent des portes que nous franchissons allégrement sans savoir où elles mènent. On pourrait d'ailleurs relever beaucoup d'autres exemples en apparence moins dramatiques, où la science en tant que telle est apparemment moins présente et en fait, indissociable des développements techniques : ainsi de la conception et de la production de l'industrie automobile, dont la prolifération mondiale non seulement accroît la pollution et l'engorgement sans issue de la

---

1. René CASSIN, « La science et les droits de l'homme », *Impact : science et société*, vol. XXII, n° 4, Paris, UNESCO, 1972.

civilisation urbaine, mais encore bute inévitablement sur le double mur de l'épuisement des ressources fossiles et du réchauffement du climat.

Quels que soient les avantages à moyen et le plus souvent à court terme que l'humanité croit pouvoir en tirer sur le plan individuel comme sur le plan collectif, ce sont là autant de domaines où *les instruments dépassent les acteurs*, qui posent en fait plus de problèmes qu'ils n'en résolvent, et où sous le beau nom ou le prétexte – et assurément le plaisir – de la poursuite du savoir, les scientifiques ne cessent pas d'engager l'humanité dans un monde dont la maîtrise devient en fait de plus en plus douteuse. « Maître et possesseur de la nature », suivant le mot d'ordre cartésien, l'homme est d'autant moins maître aujourd'hui de son destin que les progrès de la science ajoutent précisément à sa vulnérabilité et à celle de la planète[1].

LA MÉTAPHORE DE TCHERNOBYL

Peu de domaines illustrent mieux l'ambivalence du rôle des scientifiques que celui des activités de recherche vouées à la défense : guerriers et donneurs de leçons morales, on les voit éluder avec art leur responsabilité dans les incertitudes et les menaces auxquelles leurs activités de recherche exposent l'humanité. Et à plus forte raison les contraintes qui en ont résulté : il y a d'abord l'état de qui-vive éternel auquel sont condamnées les relations internationales – du risque d'une guerre nucléaire entre nations tournant le dos aux règles du jeu de la dissuasion à la menace d'armes de destruction massive manipulées par des États ou des groupes terroristes –, et il y a aussi les contraintes d'ordre politique qui pèsent sur les activités de recherche-développement menées non seulement pour la mise au point d'un armement nucléaire, mais aussi pour l'exploitation de l'énergie nucléaire à des fins civiles.

Le destin de l'énergie nucléaire est à cet égard aussi révélateur qu'exem-

---

1. Sur les limites que rencontre l'accélération même du progrès scientifique et technique, voir A. LEBEAU, *L'Engrenage de la technique : essai sur une menace planétaire, op. cit.* : « Par la puissance des outils mis en œuvre et par le "succès reproductif de l'espèce" qui l'accompagne, [la technique que pratique l'homme] se heurte aux limites des ressources et de l'espace planétaire. De la maîtrise de cette interaction nouvelle dépendent non seulement l'avenir de l'homme, mais l'existence même de cet avenir » (p. 12-13).

plaire. Assurément, certains pays parmi les plus industrialisés – dont le
nôtre – ne pourront pas s'en passer face à l'épuisement des ressources
fossiles et du renchérissement inévitable du prix du pétrole : plus de
100 dollars le baril est un scénario vraisemblable dans un avenir proche
(certains économistes estiment déjà qu'il devrait être supérieur à 300 dollars
par rapport aux années de crise 1973-1974). Mais si le nucléaire devient
alors plus attrayant, parce que plus compétitif, il est exclu qu'il se généralise
à beaucoup de pays : c'est qu'il n'est pas « à mettre entre toutes les mains ».
D'ailleurs les ressources en uranium ne sont elles-mêmes pas inépuisables,
et l'échec des surgénérateurs (Phénix et Superphénix) interdit de rêver
de centrales produisant plus de combustibles qu'elles n'en consomment.
Restent les espoirs placés dans la fusion contrôlée (le conglomérat européen,
américain, japonais, chinois et coréen de recherche ITER à Cadarache), et
le rêve est effectivement de parvenir par ce type de réacteur à une énergie
quasi inépuisable, produisant des déchets en moindre quantité et de très
faible activité. Mais les problèmes soulevés par la maîtrise des matériaux
et des technologies, à supposer qu'on parvienne à les résoudre sur les
prototypes, sont bien plus difficiles que ne l'était celui du confinement du
sodium dans les tuyauteries de Superphénix : le passage très incertain à
l'ère industrielle n'est pas envisageable sans d'énormes efforts d'ingénierie.
Et ici encore la production, la gestion et la maintenance de ce type de
réacteur « mise en boîte du soleil » seront toujours réservées à un très petit
nombre de pays.

　　« Comment s'en débarrasser ? » : il n'y a pas de réponse satisfaisante à la
question posée à la façon de Ionesco pour les déchets nucléaires à vie longue.
Le plutonium 239 en particulier, de très forte toxicité, a une période ou
demi-vie de 24 000 ans, ce qui signifie qu'à l'issue de cette période la moitié
seulement des atomes de plutonium auront disparu en se transformant
en d'autres éléments. Soit on les maintient en surface, quitte à tout faire
(jusqu'à quel point de certitude ?) pour éviter un accident ou un attentat,
soit on les enfouit en couches profondes, quitte à ce que des fuites aient lieu
à une échéance indéterminée, soit encore on les propulse dans l'espace en
espérant que les fusées poubelles n'exploseront pas et ne contamineront pas
la terre : l'enjeu du risque porte sur le présent comme sur les générations à
venir, et il faudra bien choisir en pariant sur l'une ou l'autre des solutions
ou les trois ensemble, en sachant que la zone d'indétermination dans le
temps sera toujours sous bénéfice d'inventaire. Chaque centrale nucléaire,

même à destination civile, produit du plutonium. En France, les réacteurs d'EDF en produisent environ 11 tonnes par an.

Si l'on songe aux milliers de tonnes de plutonium issues des bombes rendues inutiles par la fin de la guerre froide et dont les stocks, en Russie en particulier, sont remisés dans des conditions douteuses, les problèmes posés par la gestion de ces déchets sont sans précédent dans l'histoire de l'humanité. Le nom même de Tchernobyl est devenu une métaphore : celle d'une catastrophe qui désigne un avant et un après illustrant l'impuissance des hommes face à l'étalage de la puissance dont ils disposent par leur science[1]. Et si les arsenaux nucléaires ont certes désarmé une partie des vecteurs chargés de bombes thermonucléaires, il en reste assez parmi les membres du « club atomique » (et ses prochains membres) pour un assaut ou une réplique génocidaire.

Le mot constant de l'économie libérale, en particulier dans l'école de Chicago, est qu'il « n'y a pas de repas gratuit », ce qui est incontestable, mais tout dépend encore du prix à payer et de ses modalités[2]. La sagesse populaire dit de la même manière qu'il n'y a pas de progrès sans coût, et l'on n'imagine pas qu'il y ait une quelconque production sans déchets. Mais les déchets qui résultent du fonctionnement des réacteurs nucléaires illustrent le type de difficultés que la gestion de cette forme d'énergie peut soulever – au moins dans le cadre d'un régime démocratique : des difficultés non seulement d'ordre technique, mais encore et surtout d'ordre politique, le domaine du nucléaire étant celui qui illustre le mieux combien les productions de la science sont devenues des objets et des enjeux politiques. Ainsi le secret qui a longtemps entouré et de fait continue d'entourer dans nombre de pays, dont le nôtre, les risques associés à l'industrie nucléaire, en particulier la nature, la quantité, le transport de ces déchets et les conditions dans lesquelles ils sont sous le contrôle des autorités de

---

1. S. ALEXIEVITCH, *La Supplication, chronique du monde après l'apocalypse* (1997), Paris, J.-Cl. Lattès, 1998 ; rééd. J'ai lu, 2000 ; A. PETRYNA, *Life exposed : Biological Citizens after Chernobyl*, Princeton University Press, 2002 ; G. GRANDAZZI et F. LEMARCHAND (dir.), *Les Silences de Tchernobyl : l'avenir contaminé*, Paris, Autrement, 2004 ; V. TCHERTKOFF, *Le Crime de Tchernobyl*, Paris, Actes Sud, 2006 ; Jean-Pierre DUPUY, *Retour de Tchernobyl : Journal d'un homme en colère*, Paris, Le Seuil, 2006.

2. Par exemple, le prix Nobel d'économie Robert W. Fogel, y revient dans *The Escape from Hunger and Premature Death, 1700-2100 : Europe, America, and the Third World*, Cambridge University Press, 2004, p. 65.

sûreté – plus ou moins indépendantes des opérateurs – explique combien la confiance du public a pu être entamée.

Le nuage de Tchernobyl « qui n'a pas traversé le Rhin », épargnant tout le territoire français comme par miracle, est exemplaire du tribut en crédibilité que les instances responsables s'imposent à elles-mêmes par leurs pratiques du secret ou du « bourrage du crâne ». « Opacité et irresponsabilité, commentait en 2005 un éditorial du journal *Le Monde*. Dix-neuf ans après l'explosion du réacteur nucléaire de Tchernobyl en Ukraine, il paraît de plus en plus évident que ces deux mots résument l'attitude des pouvoirs publics de l'époque face aux conséquences de la catastrophe [1]. » Le jour anniversaire des vingt ans de l'accident, le même journal notait l'incroyable écart – de un à mille ! – des mesures estimant l'importance des retombées radioactives sur le sol français résultant du nuage de Tchernobyl (de 25 à 500 becquerels par m² à 20 000 becquerels, avec des pointes supérieures à 40 000 becquerels, pour les dépôts du seul césium 137 en Alsace, dans la région niçoise et le sud de la Corse). Chargé par le gouvernement d'animer un groupe de travail sur le sujet, le professeur Aurengo, spécialiste de médecine nucléaire, s'est dit « consterné » par les résultats de l'Institut de radioprotection et de sûreté nucléaire (IRSN), les qualifiant de « méthodologiquement contestables et très probablement faux [...] diffusés sans aucune validation scientifique [2] ».

Comment ne pas évoquer un mensonge délibéré, une manipulation d'État ? Dès 2001, la Crii-raad, laboratoire indépendant, se portait partie civile avec l'Association française des malades de la thyroïde dans une plainte contre X pour « défaut de protection des populations », et en 2006 l'Assemblée de Corse votait à l'unanimité une motion pour une enquête épidémiologique. Il y a sans doute depuis un peu plus de transparence dans l'action des pouvoirs publics (en particulier, l'intervention de MétéoFrance dans le réseau d'alerte et les moyens de contrôle), mais demeurent de si solides raisons de s'interroger et de douter qu'on ne voit pas pourquoi le public accorderait plus de crédit aux autorités : en 2005, le baromètre

---

1. *Le Monde*, « L'après Tchernobyl », 26 avril 2005, p. 13 : « L'assurance avec laquelle la Société française d'énergie nucléaire (SFEN) écarte aujourd'hui encore toute idée que le nuage de Tchernobyl ait pu avoir des conséquences sanitaires en France, laisse perplexe. »

2. Voir H. MORIN, « L'effet de Tchernobyl en France a été jusqu'à mille fois sous-évalué », *Le Monde*, 25 avril 2006, p. 7.

annuel de l'IRSN indiquait que seules 16,7 % des personnes interrogées pensaient qu'on leur dit la vérité sur le nucléaire.

À plus forte raison a-t-on de bonnes raisons de soupçonner de sous-estimations grossières les rapports des autorités internationales (AIEA et OMS) sur le nombre de victimes de la catastrophe dans l'ex-Union soviétique : de toute évidence, les enquêtes épidémiologiques n'ont pas été menées comme elles auraient dû l'être, d'une part parce que les « liquidateurs » et les personnes qu'il a fallu déplacer se sont dispersés dans tout le pays, d'autre part parce que les moyens de suivre dans le long terme les effets des radiations sur l'accroissement de la mortalité et du taux de cancers n'ont pas été mis en œuvre. On s'est contenté d'une modélisation linéaire pour estimer à 4 000 le nombre des morts sur une population directement touchée elle-même estimée à 600 000 personnes (200 000 « liquidateurs », 120 000 personnes évacuées, 270 0000 autres résidant dans les zones les plus contaminées) sans prendre en compte le nombre de personnes – des millions – qui ont pu, elles aussi, être affectées non seulement dans l'ex-Union soviétique, mais aussi dans tous les autres pays que le nuage radioactif a survolés. Dès lors c'est à plus d'une *dizaine de milliers de morts* qu'une estimation « aussi rationnelle que raisonnable » doit élever le nombre des victimes *à l'échelle de la planète*, comme l'a soutenu Georges Charpak, prix Nobel de physique[1]. L'estimation très officielle de l'AIEA, à laquelle l'OMS a donné, hélas, sa caution, a une manière toute particulière d'induire l'art mathématique de la modélisation à réduire le coût humain d'une tragédie mondiale à ses effets strictement locaux et momentanés.

Comme l'a souligné un rapport américain, « en un sens très concret, il est improbable que l'on puisse trouver des solutions au problème de la gestion des déchets nucléaires en l'absence d'un fondement solide de confiance de la part du public[2] ». Face à l'épuisement des ressources d'énergie fossiles, le raisonnement qui consiste à dire que le nucléaire

---

1. G. CHARPAK, R. GARWIN et V. JOURNÉ, *De Tchernobyl en Tchernobyls*, Paris, Odile Jacob, 2005.

2. Voir *Earning Trust and Confidence, Requisites for Managing Radioactive Waste, Final Report of the Secretary of Energy Advisory Board Task Force on Radioactive Waste Management, Washington, USGPO*, 1994 ; et Jean-Jacques SALOMON, « De la transparence », in *Le Risque technologique et la démocratie*, Rapport du Collège de la prévention des risques technologiques, Paris, La Documentation française, 1994, p. 19-33.

est tout à la fois plus économique, inépuisable et surtout moins polluant, exige à tout le moins d'être publiquement nuancé avec plus de circonspection : les investissements sont très lourds (recherche, construction, gestion, surveillance, entretien, sans parler des sommes considérables à prévoir pour le démantèlement des installations quand le cycle de vie d'une quarantaine d'années s'achève). S'il est vrai qu'une centrale nucléaire pollue moins dans son exercice au quotidien qu'une centrale au charbon ou au pétrole, la technologie a peu de chances de se répandre dans le monde entier : l'opinion publique dans nombre de pays industrialisés n'en veut plus, et quelles que soient les pressions du prix du pétrole, ces réticences ne contribueront pas à une reprise conséquente de l'industrie nucléaire. Pas davantage n'imagine-t-on d'en confier la maintenance, dans la grande majorité des pays en développement, à des opérateurs qui seraient aussi peu fiables que ceux de Tchernobyl.

Aucune autre technologie ne pèse du même poids sur le fonctionnement même – et la sécurité – des démocraties, au point qu'on a pu dire qu'elle serait éternellement associée à un régime policier. En tout cas, même quand elle est gérée par des opérateurs privés, elle est toujours et partout sous la surveillance des militaires et des services de contre-espionnage : menaces de fuite et de terrorisme sur le plan national d'un côté, et de l'autre risque de prolifération sur le plan international ; il n'est *aucun autre exemple* dans l'histoire technique de l'humanité d'un domaine qui soit ainsi voué à être pour toujours sous la tutelle et le contrôle des États. Et qui surtout soit condamné à demeurer strictement circonscrit à un si petit nombre de pays. La métaphore de Tchernobyl ne pèse pas moins lourdement que le précédent d'Hiroshima sur l'avenir de ce qui a été, incontestablement, une exceptionnelle aventure dans l'histoire de l'imagination humaine, pour parler comme Gerald Holton – de la recherche la plus théorique à la technologie la plus savante : le parcours qui a mené si rapidement de la découverte des rayons X à celle de la radioactivité artificielle et de là aux centrales et aux arsenaux nucléaires est certes une histoire intellectuellement passionnante et même exaltante pour ceux qui l'ont vécue ; mais le prix payé en menaces de mort pour la civilisation n'est-il pas trop élevé ? Car là où l'on a rêvé, triomphe de la rationalité, d'une source d'énergie inépuisable et de compromis tels entre nations que la paix perpétuelle serait à portée de mains, il n'y a à l'ombre de l'atome qu'incertitudes et menaces, quels qu'en soient les avantages.

Un prix Nobel parmi d'autres

Il faut revenir sur le cas de Fritz Haber, dont la trajectoire incarne deux des plus grandes folies que le génie scientifique ait fait naître au dernier siècle. Et qui en même temps est l'exemple le plus parfait du scientifique insensible et inhumain, obsédé par ses ambitions d'ascension sociale, de pouvoir et d'argent : en voilà un qui, ayant fait profession de l'idée que la science est indifféremment bonne pour le bien comme pour le mal, ne s'est jamais fait scrupule de sacrifier à celui-ci plutôt qu'à celui-là.

Ce thème permet très idéologiquement non pas tant de dissocier la découverte de ses usages que de privilégier l'usage qui passe pour bon en occultant celui qui a mauvaise réputation : la plupart de ses collègues, fût-ce parmi les Alliés de la Première Guerre mondiale, ont beau avoir été choqués par le recours aux gaz de combat, ils n'ont pas trop insisté sur l'usage du mal pour continuer à honorer l'image vouée au bien : une sorte de solidarité corporatiste aidant, « le service de la science » si éminemment rempli – et consacré par le prix Nobel l'année même de la fin de la Première Guerre mondiale – devait le faire bénéficier d'un non-lieu devant l'histoire. Et certes Haber n'a jamais très bien compris pourquoi son engagement à la fois scientifique et patriotique, qui l'a conduit à inventer la première arme de destruction massive et à l'expérimenter en personne sur le champ de bataille, n'est pas apparu comme une justification suffisante aux yeux de ceux de ses collègues qui ont vu au contraire en lui un criminel de guerre. Réfugié à Cambridge après 1933, il s'est étonné que Rutherford, qui avait organisé l'accueil en Angleterre de tout un groupe de scientifiques allemands menacés par le nazisme, ait refusé de lui serrer la main.

Assurément, il a été l'un des plus grands chimistes du XXᵉ siècle, et sa carrière est celle d'un chercheur dont la puissance de travail était à la mesure de ses talents. Né juif en 1868 dans une famille aisée de Breslau en Prusse (aujourd'hui Wroclaw en Pologne), il s'est converti au protestantisme moins par conviction que par ambition, très conscient du fait que l'accès au professorat des universités n'allait pas de soi pour les juifs dans l'Allemagne de la fin du XIXᵉ siècle. Dès lors il a affiché un nationalisme fanatique au service de l'État et de l'armée. Professeur à Karlsruhe, il se rend à Berlin-Dahlem en 1911 pour prendre la direction de l'Institut de chimie-physique et d'électrochimie que l'on vient de créer au sein de l'Association Kaiser-

Wilhelm, institut largement financé par un célèbre banquier, Léopold Koppel. Il y recruta comme directeurs de recherche James Franck, Herbert Freundlich, Michael Polanyi. Et dans son zèle patriotique, il fut l'un des premiers à signer le manifeste des 93 (avec Planck, Harnak, Ehrlich) récusant toute responsabilité dans le déclenchement de la guerre, justifiant la violation de la neutralité belge et réfutant les atrocités attribuées aux troupes du Kaiser.

Sa grande découverte est celle de la fixation de l'azote de l'air débouchant sur l'ammoniac, grâce à un catalyseur soumis à de très hautes pressions et températures, composé d'un mélange de fer, d'oxydes d'aluminium, de calcium et de potassium (plus tard il trouva dans l'uranium et l'osmium les meilleurs catalyseurs). Il n'a pas fallu moins de quatre mille essais pour aboutir à la formule idéale, dont le développement à l'échelle industrielle a été rendu possible grâce à sa collaboration avec Carl Bosch, associé à la BASF, la Badische Anilin und Soda Fabrik : le procédé Haber-Bosch est pratiquement inchangé depuis lors. Les réserves de guano du Chili s'épuisant, l'agriculture du monde entier était menacée de manquer d'engrais, et la découverte de Haber a permis la production d'une quantité prodigieuse d'engrais azotés. D'où sa réputation de bienfaiteur de l'humanité, puisque ces engrais ont contribué, ne cesse-t-on de proclamer, à nourrir une population mondiale s'élevant à plus de 6 milliards d'individus, alors qu'on l'estimait limitée à 3,6 milliards. Un tel tribut néglige néanmoins les contributions à la croissance démographique de la médecine pastorienne et de ses vaccins, autant que le développement des politiques d'hygiène et de quarantaine menées contre les grandes épidémies même dans des pays non industrialisés.

Sa réputation a bien vite été ternie au point de paraître usurpée. D'abord, le même procédé conduit aussi à produire des explosifs de très grande puissance, ce qui a permis à l'Allemagne, privée de ses sources chiliennes de nitrates et de salpêtre à cause du blocus anglais, de prolonger les combats pendant la Première Guerre mondiale (nourrir les populations menacées de famine dans le monde n'était guère son souci). Après la défaite, l'hommage rendu par le ministre de la Défense, Heinrich Scheüch, a été très explicite : « Grâce à la haute estime de vos collègues, vous avez été capable de mobiliser la chimie allemande. L'Allemagne n'était pas appelée à sortir victorieuse de cette guerre. Qu'elle n'ait pas succombé dès les premiers mois à la force supérieure de ses ennemis à cause du rationnement des munitions, de la dynamite et d'autres produits, cela vous revient en priorité[1]. »

Ensuite et surtout, pionnier du premier complexe militaro-industriel au monde, conseiller privé au sommet de l'État *(Geheimrat)*, il s'efforce de convaincre l'état-major qu'il dispose d'une arme capable d'emporter rapidement la décision : le gaz chlorine d'abord, ensuite moutarde. La Convention internationale de La Haye (29 juillet 1899) interdisait d'employer « des projectiles qui ont pour but unique de répandre des gaz asphyxiants » – traité dont l'Allemagne était signataire. En audience privée, l'empereur le nomme d'office capitaine pour le féliciter de son initiative et le mettre mieux en mesure de discuter avec les militaires. À Ypres, en 1915, accompagné d'un régiment pourvu grâce à ses soins de protections minimales au visage (il ne s'agit pas encore de masques à gaz), il surveille lui-même l'installation de 5 830 fûts et bouteilles contenant 150 tonnes de gaz moutarde.

Le nuage d'ypérite – c'est le nom que l'on donnera à cette arme chimique – poussé par les vents sur les lignes adverses s'en prend aux yeux et au système respiratoire, provoque quelques 1 500 à 2 000 décès dans d'atroces souffrances et environ 5 000 personnes intoxiquées (dont la plupart ne se remettront jamais). Haber, maître d'œuvre de l'opération, n'est pas le seul scientifique sur le champ de bataille : l'accompagnent de jeunes chercheurs, James Franck, Gustav Herz et Otto Hahn qui seront plus tard, eux aussi, prix Nobel. L'attaque, suivie de plusieurs autres, déchaîne des débuts de panique dans le camp franco-canadien, mais ne permet pas de percées au-delà de quelques heures : c'est que l'état-major allemand n'a vu dans cette initiative qu'une expérimentation et n'a pas songé à exploiter l'effet de surprise par une offensive généralisée[2]. Loin de

---

1. Fritz STERN, *Grandeurs et défaillances de l'Allemagne du XXᵉ siècle*, Paris, Fayard, 1999, p. 131. L'auteur, filleul de Haber, consacre un chapitre, « Ensemble et à part », aux relations d'amitié qui existaient entre Haber et Einstein, alors que leurs idées étaient en tout radicalement opposées (sur l'Allemagne, le militarisme, la guerre, le sionisme, etc.). En réalité, ils n'ont plus été vraiment « ensemble » dès le déclenchement de la Première Guerre mondiale.

2. Voir en particulier O. LEPICK, *La Grande Guerre chimique 1914-1918*, PUF, Paris, 1998, qui rappelle que les juristes allemands ne se sont pas privés d'affirmer que l'usage des gaz ne contrevenait pas à la Convention de Genève dans la mesure où ils étaient stockés dans des cylindres et non pas dans des projectiles. Et que le *Kölnische Zeitung* a

se démontrer décisive, l'arme menace aussi de faire des victimes du côté allemand au gré des changements de vent. Haber déclarera plus tard que « le commandement militaire a reconnu après coup que si l'on avait suivi [ses] conseils et préparé une attaque de large envergure, au lieu de faire à Ypres une vaine expérimentation, l'Allemagne aurait gagné la guerre ». Cela ne l'empêcha pas de déplacer sur le champ de bataille russe des quantités bien plus grandes de fûts remplis de gaz, ni de blâmer les généraux de l'état-major qui renâclaient à en étendre systématiquement l'usage. La veille de son départ sur le front de l'Est, son épouse Clara, la première Allemande à avoir conquis un doctorat en chimie, horrifiée par le recours aux gaz asphyxiants, se saisit du pistolet d'ordonnance de son mari et se tua.

D'un côté, amélioration des rendements agricoles et protection de la population allemande en temps de guerre contre les risques de famine, d'un autre des explosifs et des gaz visant à l'extermination de l'ennemi : pour justifier de nos jours l'ambivalence de ces ressources de l'ammoniac, on parlerait de « technologie duale » que la science fait surgir de sa corne d'abondance tout comme Pandore, dans le mythe de Prométhée, fait sortir de sa jarre des maux inextricablement mêlés aux biens. Haber n'a jamais trouvé à redire à cette ambivalence des applications de sa découverte. À la fin du conflit, les Alliés le tiendront pour un criminel de guerre, et il se réfugiera quelque temps en Suisse pour échapper aux poursuites. Celles-ci n'allèrent pas très loin et s'arrêtèrent dès qu'il reçut en 1919 le prix Nobel de chimie pour l'année 1918 (il lui fut remis en 1920). On raconte qu'il fut hué lors de son discours de réception [1]. *Entre génie et génocide* est sa biographie la plus récente, qui conclut que son patriotisme n'avait d'égal

---

publié un article où l'on pouvait lire : « Est-il un plus doux procédé de guerre, est-il un procédé plus conforme au droit des gens que de lâcher une nuée de gaz qu'un vent léger emporte vers l'ennemi ? »

1. Cette remise de prix au lendemain de la Première Guerre mondiale, hommage assourdissant de la Fondation Nobel à la science allemande, réunit curieusement Léonard Stark pour le prix de 1919, Max Planck pour le prix de physique non attribué en 1918, et Fritz Haber pour le prix de chimie de 1918 : Stark était un antisémite notoire, qui se rallia très tôt à Hitler, Planck rétif au régime nazi lui fit néanmoins des concessions dégradantes, et Haber tout grand patriote qu'il fut ne put échapper à l'exclusion dont les juifs furent frappés sous Hitler. Comme le dit John Heilbron, « ces hommes devaient respectivement jouer les rôles d'agresseur, de conciliateur et de victime dans le drame qui devait bientôt anéantir la physique allemande » (« Planck, la révolution quantique », *Pour la science – Les génies de la science*, n° 27, mai-juillet 2006, p. 71.

que « son désir de servir tout maître qui pourrait renforcer sa passion pour le savoir et le progrès. [...] Les choix moraux auxquels il s'est confronté n'étaient pas si différents de ceux que nous affrontons aujourd'hui[1] ».

Je doute, pour ma part, que Haber ait jamais hésité moralement dans son zèle pour les militaires et les gaz de combat. Très clairement, ses choix moraux étaient univoques, c'est-à-dire sans scrupule, et donc sans remords ni regret. Marqué d'un penchant prussien pour la discipline et la hiérarchie, grand organisateur et bâtisseur d'empire au sein de l'industrie de paix comme de l'industrie de guerre, il ne lui est pas venu à l'esprit que l'arme de destruction massive dont il rêvait aurait à ce point mauvaise réputation. Travailleur infatigable au service d'une cause qu'il tenait pour moralement exaltante, il se considérait comme un savant en uniforme dont les produits mortels correspondaient à sa vocation tout autant qu'aux besoins de son pays.

Avec la défaite de 1918, son univers volait en éclats, mais il n'a pas moins continué à servir son pays avec le même dévouement fanatique. De la République de Weimar à l'arrivée au pouvoir de Hitler, il a cru que ses titres d'ancien combattant et ses immenses services rendus au Reich le mettraient à l'abri du déferlement antisémite. Il travailla à la reconstruction, s'attaquant même, avec l'ambition de payer *à lui seul* les réparations dues aux Alliés, au projet d'extraire de l'or de l'eau des mers et

---

1. D. CHARLES, *Between Genius and Genocide : The Tragedy of Fritz Haber Father of Chemical Warfare*, Londres, Jonathan Cape, 2005. L'auteur présente une autre version du suicide de Clara : elle aurait trouvé son mari, de retour du front, à une réception, dans « une position embarrassante » avec celle qu'il devait épouser par la suite (et rendre tout aussi malheureuse), dont il divorça au bout de dix ans. D. Charles s'appuie sur un témoignage auquel il accorde quelques réserves. J'y vois, pour ma part, un racontar de plus (« macho-nationaliste » ?) visant à disqualifier ce geste de révolte en le présentant comme le résultat d'une vulgaire déconvenue conjugale. Il est certain que, renonçant dès son mariage à sa vocation de chercheur, Clara a souffert d'être condamnée à jouer le rôle de l'« épouse du Herr Professor ». Peu de temps après la réussite de la synthèse de l'ammoniac, elle déclara : « Ce que Fritz a gagné pendant ces huit années, je l'ai perdu. » Mais la frustration ne suffit pas à expliquer le suicide. Un ami commun du couple, Paul Krassa, a écrit en 1957 que, lui rendant visite quelques jours avant le suicide, Clara « se serait montrée désespérée des conséquences de la guerre des gaz dont elle avait vu la préparation avec les tests sur les animaux ». C'était, aurait-elle dit, « une perversion de la science » (p. 166). Curieusement, comme pour le racheter, la tombe de Fritz Haber à Bâle a accueilli les cendres de sa première femme, dont le nom figure sous le sien, Clara née Immerwahr.

s'embarqua sur un laboratoire flottant qui parcourut en vain plusieurs océans[1]. Face aux désordres que la République de Weimar affrontait – chômage, inflation, assassinats politiques, montée en puissance du nazisme, concurrence du communisme –, il aspirait à des remèdes autoritaires, rêvant d'une dictature capable de planifier toute l'économie et de remettre l'Allemagne et la science allemande sur la voie du renouveau.

N'eût été l'acharnement de l'antisémitisme, il aurait pu céder à l'attraction de Hitler (bien des juifs assimilés de la bourgeoisie allemande, incapables d'imaginer que les choses iraient si loin, s'en seraient accommodés face aux désordres grandissants et à la menace communiste). En tout cas, il renoua avec les milieux militaires, et l'on n'exclut pas qu'il ait participé aux délibérations ultra-secrètes sur l'usage des gaz toxiques dans un conflit à venir[2]. La dimension faustienne de son parcours – le savant pris au piège de son contrat avec le diable – n'a pas trouvé pire illustration que son invention du gaz Zyklon : c'est en travaillant sur les insecticides qu'il le mit au point avec ses assistants les Dr Bruno Tesch et Walter Heerdt. Les SS l'utiliseront, on l'a vu, dès 1940 pour liquider les handicapés et les vieillards et pour exterminer à partir de 1943 des millions de ses anciens coreligionnaires dans les camps de concentration, où périront plusieurs membres de sa famille.

Fort de ses titres d'ancien combattant et des services rendus au Reich, il aurait pu demeurer (quelque temps) à la tête de son Institut Kaiser-Wilhelm. Après la loi d'avril 1933 sur «le rétablissement de la fonction publique», qui n'avait d'autre objectif que d'en expulser les juifs, il se résigna à prendre sa retraite parce qu'il était tenu de destituer tous ceux qui, parmi son personnel, étaient «non aryens». Max Planck qui, sans approuver le régime, se défendait de toute révolte pour préserver l'avenir de la science allemande, plaida sa cause auprès de Hitler. «Un juif est un juif» fut la réponse. Planck écrivit une lettre moins pour s'excuser de sa propre impuissance que pour engager Haber à se résigner : «Nous devons en

---

1. Le suédois Svante Arrhenius avait trouvé une infime fraction d'or dans l'eau de mer et calculé qu'une tonne d'océan pouvait contenir 6 milligrammes d'or. Après de nombreuses expérimentations et croisières à travers les océans, Haber finit par admettre qu'Arrhenius s'était largement trompé : l'eau de mer contient au mieux 0,01 milligramme d'or par tonne.

2. Voir Fr. STERN, *Grandeurs et défaillances de l'Allemagne du XXe siècle*, op. cit., p. 139-140.

grande partie endurer ce qui advient comme un phénomène naturel, sans nous torturer pour savoir si les choses auraient pu tourner autrement[1]. » Résignation qui évoque la célèbre formule par laquelle Walter Benjamin a défini l'expansion du nazisme : « Que cela suive ainsi son cours, voilà la catastrophe... » Le vide se faisait autour de Haber, la plupart de ses collègues et ses amis dans les grandes entreprises (BASF et IG Farben) lui tournaient le dos. Dans une lettre où il exprimait son désarroi à Einstein, celui-ci lui répondit en mettant sur le même pied la foi en l'Allemagne et le crédit accordé à une fausse théorie scientifique : « Je puis imaginer vos débats intérieurs. C'est un peu comme de devoir renoncer à une théorie sur laquelle on a travaillé toute sa vie. Il n'en va pas de même pour moi, parce que je n'y ai jamais cru le moins du monde[2]. »

Haber se réfugia en Angleterre, et mourut un an après, en 1934, au cours d'un voyage en Suisse d'où il comptait, dit-on, rejoindre Israël à l'invitation du chimiste britannique Chaim Weizmann, futur premier président de l'État israélien : les brouillards et le peu de chaleur de ses collègues britanniques avaient accéléré le déclin de sa santé. Mais il est plus vraisemblable qu'il s'apprêtait à rejoindre le Japon à l'invitation de Hojime Hoshi, le patron de la Hoshi Pharmaceutical, avec qui il entretenait d'étroites relations (il le rencontra notamment à Tokyo, qui lui fit un accueil princier, et Hoshi subventionna son institut durant la crise inflationniste que l'Allemagne connut dans les années 1923-1924[3]). Peut-

---

1. *Haber Nachlass*, 1er août 1933, Archives Max-Planck, Berlin. « Patriote aveuglé », dit de lui John Heilbron, Max Planck a perdu un fils pendant la Première Guerre mondiale et un autre a été exécuté pour avoir fréquenté les conjurés du complot contre Hitler de juillet 1944. Les réserves qu'il pouvait avoir à l'égard du régime hitlérien ne l'ont pas retenu de donner des conférences jusqu'en 1945, devant des clubs d'officiers nazis allemands et étrangers.

2. Fr. STERN, *op. cit.*, p. 163.

3. Voir « V. Japan-(Chemie-) Ausschuss », *Dritter Bericht der Notgemeinschaft der deutschen Wissenschaft*, p. 33-35 (Bl. 41-42), et la lettre de Haber du 19 mars 1925 prenant acte de la fin des subventions Hoshi à la suite des pertes résultant du tremblement de terre de Tokyo. Hojime Hoshi avait fait fortune dans la commercialisation de la morphine, de la quinine et de la cocaïne (dont la structure a été déterminée en 1894 par la thèse du meilleur ami de Haber, Richard Willstätter, prix Nobel en 1915, pour ses travaux sur la chlorophylle). Je dois ces précisions à David Vandermeulen dont la « science Haber » est inépuisable. Willstätter, qui avait succédé à son maître Baeyer à la tête de l'Institut de chimie de Munich, démissionna dès 1924 de son poste de professeur

être même l'état-major nippon espérait-il, sous le couvert de recherches pharmaceutiques, tirer parti de ses compétences dans le domaine de la guerre des gaz.

L'Association Kaiser-Wilhelm est devenue après la Seconde Guerre mondiale la Société Max-Planck, et l'Institut de chimie-physique de Berlin-Dahlem qui lui est rattaché est devenu l'Institut Fritz-Haber. Dans la très longue biographie que la Fondation Nobel consacre à Haber, la mention de ses travaux sur les gaz de combat apparaît dans ces lignes succinctes – et pudiques : « Quand éclata la Première Guerre mondiale, il fut recruté comme consultant de l'Office de guerre allemand, et organisa des attaques au gaz et des moyens de défense contre elles. Cela et d'autres travaux ruinèrent sa santé et il se consacra pour quelque temps à des tâches administratives. Il aida à créer l'Organisation allemande de secours et servit au Comité sur les armes chimiques de la Société des Nations. »

LA SCÈNE PRIMITIVE

Pour comprendre pleinement ce que Haber incarne à la fois comme précédent et comme symbole – la science associée aux armes de destruction massive –, il faut tenir compte des commentaires récents du philosophe Peter Sloterdijk. Certes, le style amphigourique de cet auteur a de quoi agacer, il a trop appris de Heidegger à s'égarer et à divaguer à travers les mots. Et il y a de quoi aussi s'indigner du cynisme qu'il affiche en se réclamant de Diogène, ce qui lui permet avec quelque jubilation – *Schadenfreude* – de mettre sur le même plan bourreaux et victimes, coupables et innocents. Mais il lui arrive également de faire mouche dans sa dénonciation des « monstruosités de la modernité », et du coup il apparaît comme un procureur dont le réquisitoire (ou l'intuition) ne peut laisser indifférent, même si le contenu et l'objectif – tout rendre équivalent jusqu'à se complaire aux désordres du monde – reviennent à se donner bonne conscience de simplement dénoncer le mal.

Ainsi voit-il dans les gaz asphyxiants introduits par Haber sur les champs de bataille comme une « scène primitive » des tragédies dont

---

afin de protester contre les pressions antisémites ; échappant en 1938 à la Gestapo grâce à un de ses étudiants, il se réfugia près de Locarno, en Suisse, où il mourut en 1942.

le xxᵉ siècle a surabondamment témoigné : il s'agit d'un terrorisme d'État qui revient à s'attaquer « aux fonctions vitales primaires de l'ennemi, liées à son environnement ; je veux parler de la respiration, des régulations du système nerveux central, de conditions supportables de température et de radioactivité[1] ». L'enjeu militaire n'est plus seulement de croiser le fer avec l'ennemi ou de tirer sur lui des projectiles, la terreur opère au-delà des armes les plus meurtrières : elle consiste « à retourner contre ceux qui respirent l'indispensable habitude de respirer », autrement dit, à faire de son environnement même l'arme qui annule pour l'ennemi les conditions implicites de sa vie. Il est difficile de ne pas retenir le sens de cette analyse : la guerre chimique − ou nucléaire − a pour vocation de rendre le milieu invivable à l'homme.

Souvenons-nous de la formule qu'Albert Camus a eue, bien seul alors dans la presse mondiale à réagir ainsi à l'« exploit scientifique » d'Hiroshima : « Notre xxᵉ siècle est le siècle de la peur. On me dira que ce n'est pas là une science. Mais d'abord la science y est pour quelque chose, puisque ses derniers progrès théoriques l'ont amenée à se nier elle-même et puisque ses perfectionnements pratiques menacent la terre de destruction. De plus, si la peur en elle-même ne peut être considérée comme une science, il n'y a pas de doute qu'elle ne soit cependant une technique[2]. » Dans un style, un registre et un contexte très différents, c'est ce thème de la science devenue technique de terreur que Sloterdijk développe en insistant sur la privation, la pollution et la contamination de l'air qui constituent aujourd'hui la cible prioritaire de *toutes* les armes de destruction massive. Ce terrorisme « abolit la distinction entre la violence contre les personnes et contre les choses du côté de l'environnement : il est une violence contre les choses qui entourent les hommes et sans lesquelles les personnes ne pourraient rester des personnes[3] ». Le déplacement qu'il institue signale très exactement un *attentat* au sens latin du terme, non pas seulement une guerre, « mais l'exploitation maligne des habitudes de vie de la victime ».

Dans les sciences militaires, note Sloterdijk, on a gardé ce qu'on appelait

---

1. Peter SLOTERDIJK, *Écumes − Sphères III*, Introduction, « Tremblement d'air », Paris, Maren Sell, 2005, p. 85.

2. Albert CAMUS, « Le siècle de la peur », article de *Combat*, novembre 1946, in *Essais*, Paris, Gallimard, coll. « Bibliothèque de la Pléiade », 1965, p. 331.

3. P. SLOTERDIJK, *Écumes − Sphères III*, *op. cit.*, p. 93 *sq.*

le facteur de mortalité de Haber, produit de la concentration du toxique par la durée d'exposition (c par t). Après la Première Guerre mondiale, le même calcul s'appliquera aux travaux menés sur les insecticides avec la mise au point du Zyklon A destiné à la lutte contre les nuisibles. L'objectif était d'abord d'attaquer « les espaces d'habitude envahis par la vermine ». La même entreprise, Tesch et Stabenow (Testa), qui fit de son brevet un succès commercial sur le marché civil, proposera à la Wehrmacht et aux SS ses services non moins efficaces contre la « vermine humaine », avec un produit à peine amélioré, le Zyklon B, plus facile à transporter et à utiliser que sous la forme liquide et fugitive du Zyklon A. Dès 1939, l'entreprise avait donné des cours de désinfection et diffusé une brochure, *Le Petit Manuel Testa sur le Zyklon*, où l'on pouvait lire que l'élimination de la vermine « ne répond pas seulement à un impératif de l'intelligence, mais constitue aussi un acte de légitime défense ».

L'atmo-terrorisme est toujours lutte contre des nuisibles : l'ennemi en temps de guerre ne se distingue plus du sous-homme en temps de paix et fait apparaître, ajoute Sloterdijk, une climatologie spéciale : « Avec elle, la manipulation active de l'air que l'on respire devient une affaire culturelle, même si ce n'est, dans un premier temps, que dans la dimension la plus destructive qui soit. Elle porte d'emblée les traits d'un acte de *design* au cours duquel on dessine et l'on produit "dans les règles de l'art" des microclimats délimitables » dans et par lesquels des hommes donnent la mort à d'autres hommes [1]. Assurément, l'armement nucléaire répond aux mêmes critères de ce design en ajoutant aux effets de souffle et de chaleur propres à toute explosion les effets de la radioactivité et des impulsions

---

1. *Ibid.*, p. 103 et 112. Comme Sloterdijk n'est jamais en reste d'équivalences, il évoque l'année 1924 qui voit les chambres à gaz « entrer dans le droit pénal d'un État démocratique », les États-Unis, et va jusqu'à comparer les parois vitrées permettant à des témoins invités « de se persuader de l'efficacité des conditions atmosphériques à l'intérieur de la chambre » aux « œilletons de verre » dans les portes des chambres à gaz des camps de concentration « qui permettaient aux exécuteurs de jouir du privilège de l'observateur ». Dans les deux cas, écrit-il, « il s'agit de penser l'administration de la mort comme une production », mais la pendaison et la guillotine étaient-elles plus humaines ? Le parallèle est ici insoutenable et pour tout dire odieux : d'un côté l'énorme massacre de masse des « vermines humaines » par un ordre secret donné oralement, de l'autre le résultat public du jugement de tribunaux concernant des individus – fût-ce au prix d'erreurs judiciaires (p. 104-108).

électromagnétiques : ce n'est pas seulement priver d'air l'environnement de l'ennemi, c'est l'enfermer dans un environnement qui le contamine et le paralyse dans le temps suivant sa proximité du « point zéro » et son exposition aux retombées.

Ceux qui disent non

Curieusement, Sloterdijk omet d'ajouter cet autre exemple de *design* tout à fait proche du précédent par ses effets à long terme : durant la guerre américaine du Vietnam, le recours aux herbicides et aux défoliants (les agents orange, blanc et bleu). L'opération « Traînée de poussière » (Trail Dust) baptisée par la suite « Hadès », du nom du dieu des morts, puis « Ranch Hand » (pour lui donner sans doute un air de convivialité rurale), s'étendit de 1962 à 1971. C'était déverser quelque 77 millions de litres d'agents actifs porteurs notamment de dioxine, dont la toxicité est très grande et surtout peut s'étendre de génération en génération, tout comme les effets ionisants des armes nucléaires. Les surfaces vaporisées une ou plusieurs fois ont été estimées à 1,36 million d'hectares, entraînant non seulement déforestation et contamination des terres, mais encore de 3 à 4 millions de victimes humaines, parmi lesquelles beaucoup d'enfants nés anormaux.

Pourtant ici, tout comme pour certains des essais nucléaires, les « règles de l'art » qui devaient présider à l'« acte de *design,* au cours duquel on dessine et l'on produit [...] des microclimats délimitables », ont été délibérément si peu observées ou maîtrisées – peut-être en fait non maîtrisables – qu'elles se sont retournées contre leurs auteurs. Parmi les soldats et officiers américains qu'on envoya au plus près du site des explosions dans les campagnes de tirs nucléaires au Nevada (pour mesurer l'angoisse ou les risques des troupes exposées à une « vraie » guerre nucléaire), un grand nombre s'est plaint d'avoir souffert des effets de la radioactivité, et plusieurs associations de « vétérans » ont dû batailler pour obtenir que le gouvernement fédéral reconnaisse et indemnise les dommages qu'ils avaient subis [1]

---

1. Voir C. Gallagher, *American Ground Zero : The Secret Nuclear War, op. cit.* Après bien des péripéties judiciaires, le Congrès demanda en 1988 au département des Anciens combattants d'indemniser ceux des « vétérans atomiques » qui avaient souffert, à la suite

Il en est de même de certains des soldats français du contingent ou des militaires de carrière exposés à des tests nucléaires au Sahara ou dans le Pacifique, qui ont déposé des recours contre le gouvernement français [1].

Dans le cas des herbicides au Vietnam, les effets de l'atmo-terrorisme sur le contingent américain renvoient tragiquement à l'anecdote de l'arroseur arrosé. Ils ont été dénoncés au Congrès par l'amiral E. R. Zumwalt, qui avait lui-même fait « épandre ces produits le long des canaux et des fossés dont il avait la charge, afin d'éviter les embuscades des forces de la guérilla ». Il se trouve que son fils, « le capitaine Elmo Zumwalt, commandait durant cette même période un bateau patrouilleur de rivière dans une région vaporisée et avait l'habitude de nager dans les rivières et de manger sur les marchés le long des rives des cours d'eau [2] ». De retour aux États-Unis, il se maria, eut un fils affecté de déficience mentale, et lui-même développa des cancers dont il mourut en 1988. C'est son père, l'amiral, qui entraîna un groupe de scientifiques à rouvrir le dossier des précédents programmes de recherche, où les anomalies médicales avaient été dénoncées, outre les dégâts causés à l'environnement, et il obtint du Congrès qu'une enquête publique eût lieu sur les effets de l'agent orange. Son témoignage, rapportant que vingt-huit maladies différentes étaient en rapport avec l'agent orange et la dioxine, conduisit le Congrès à imposer au département des Anciens combattants de commander à l'Académie des sciences une évaluation indépendante et exhaustive. En mai 1996, le président Clinton approuva la législation accordant des indemnités à ces vétérans et parla « de la souffrance causée involontairement par notre nation à ses propres fils et filles en les exposant à l'agent orange au Vietnam ».

---

de tests atmosphériques au Nevada remontant aux années 1950 et 1960, d'un des treize types de cancers identifiés comme résultant directement de ces explosions (p. XVI-XVIII).

1. Voir J.-P. Desbordes qui s'appuie sur le rapport « secret » que le général Gallois lui aurait remis et sur les témoignages de « vétérans » français exposés à des tests nucléaires pour montrer les conditions dans lesquelles ils auraient été « familiarisés » à ce type de risques : « Rapport sur l'essai atomique du 5 mai 1955 au centre d'essais atomiques du Nevada », *Atomic Park*, Arles, Actes Sud, 2006, p. 59 *sq.*

2. Voir *L'Agent orange au Vietnam : crime d'hier, tragédie d'aujourd'hui*, Préface de François Gros, Paris, Éditions Tirésias, 2005, p. 39 *sq.* ; J. B. NEILANDS, *Chemical Warfare*, in M. BROWN (éd.), *The Social Responsibility of the Scientist*, New York, The Free Press, 1971 ; A. H. WESTING, *Herbicides in War : The Long Term Ecological and Human Consequences*, Londres, SIPRI, Taylor & Frances, 1984 ; E. ZUMWALT, *My Father, my Son*, Londres, Macmillan, 1986.

En fait, bien avant l'intervention de l'amiral Zumwalt, vingt-neuf scientifiques et médecins (une majorité venant de Harvard University) avaient signé dès 1966 une déclaration dénonçant l'usage de produits chimiques pour détruire les cultures et exigeant du président Johnson que toute arme chimique et biologique fût prohibée au Vietnam. En septembre de la même année, vingt-deux autres scientifiques dont sept prix Nobel publiaient dans *Science* un appel au Président lui demandant de mettre un terme à l'usage de gaz et de défoliants. Cet appel fut signé par 5 000 scientifiques dont 17 prix Nobel et 127 membres de l'Académie des sciences. Le mouvement de protestation d'un grand nombre de scientifiques américains prit plus d'ampleur encore à partir de 1968 en parallèle (ou en liaison dans certaines universités) avec le mouvement contestataire des étudiants. La guerre du Vietnam a été l'occasion de mouvements « radicaux » parmi ces scientifiques, dont certains ont pu obtenir des documents classifiés qu'ils ont rendus publics en mettant en cause leurs collègues associés au complexe militaro-industriel, en particulier ceux qui, à l'Institute of Defense Analysis (IDA), consacraient leurs efforts au développement des armes utilisées dans cette guerre. Certains, notamment E. W. Pfeiffer et Arthur Westing, sont allés plusieurs fois mener des enquêtes au Sud-Vietnam et au Cambodge, en revenant avec des rapports qui leur ont permis de mobiliser leurs collègues aux États-Unis, mais aussi, sur le plan international, leurs collègues européens. Jamais on n'a vu un tel nombre de scientifiques prendre politiquement parti pour dénoncer la catastrophe sanitaire et environnementale provoquée par les chercheurs travaillant pour le Pentagone. L'atmo-terrorisme s'est retourné contre lui-même – un aspect qui n'apparaît pas dans le procès qu'en dresse Diogène-Sloterdijk – encore que les dégâts des herbicides et des défoliants persistent aujourd'hui encore au Vietnam.

À tout le moins peut-on dire que la réaction de ces scientifiques, assurément dissidents par rapport à la doctrine officielle qui prévalut de Kennedy à Nixon dans la guerre du Vietnam, démontre que pour certains et dans certaines circonstances la pratique de la science n'interdit pas de prendre position ni de s'opposer à la subordination de l'institution scientifique aux gestionnaires du complexe militaro-industriel. Ils n'ont pas seulement empêché la perpétuation d'un terrorisme d'État directement tributaire de la recherche scientifique, ils ont sauvé l'honneur d'une certaine idée de la science. Et au contraire de ce que professe Sloterdijk, tout n'est pas équivalent : innocents et coupables ne se retrouvent pas noyés dans les mêmes tourbillons de l'histoire, les bourreaux ne sont pas sur le même plan que les victimes, les résistants dénoncés comme « terroristes » ne sont pas seulement la version humaniste – renversée – des tyrans et des tortionnaires. Dans certaines circonstances, précisément, il y a des scientifiques qui savent dire non, s'exposant à la limite à passer pour des traîtres, alors qu'en fait ils incarnent le refus de la complaisance au désastre. La philosophie cynique dont Sloterdijk se réclame revient à dire que pour toute l'humanité « la modernité, c'est le renoncement à la possibilité d'avoir un alibi[1] ». Cependant, sur les lieux du crime – là où s'étalent les monstruosités de la modernité – il y a des témoins qui ne se satisfont pas d'être des spectateurs et qui, loin de chercher à se donner un alibi, refusent tout simplement de désavouer les valeurs auxquelles ils croient. Ceux-là nous réconcilient avec l'irrépressible sens de la dignité humaine, et ce n'est pas parce que la modernité nous habitue à une pratique de la science sans conscience que, dissidents, ils n'incarnent pas ce par quoi la poursuite du savoir se veut aussi et d'abord le refus de l'instinct de mort.

À l'opposé, la même année où des scientifiques de Harvard signaient le premier manifeste contre la guerre chimique menée au Vietnam, le secrétaire d'état à la Défense, Robert McNamara, invitait un groupe de scientifiques « distingués » – c'est sa formule – qui travaillaient sous contrat pour la division JASON de l'Institute for Defense Analysis (ISA) du Pentagone, à évaluer l'efficacité des bombardements – ceux non pas des nuages chimiques d'herbicides et de défoliants déversés dans le plus grand secret, mais des bombes au napalm et autres destinées à détruire des sites militaires sans épargner la population civile. Ce groupe distingué, parmi lesquels les anciens conseillers scientifiques des présidents Eisenhower et Kennedy – George Kistiakowsky et Jerome Wiesner –, conclut sans hésiter, après trois mois de réflexion, que jamais les bombardement ne pourront mettre à merci la résistance des Vietnamiens. McNamara était conscient du fait que, derrière cette question, se jouait l'avenir même de la guerre menée au Vietnam, dont il considérait depuis longtemps qu'elle menait au désastre. Il avait su résister aux pressions des chefs d'état-major qui recommandaient le recours à des bombes nucléaires, il ne pouvait

---

1. P. SLOTERDIJK, *L'Heure du crime et le Temps de l'œuvre d'art, op. cit.*, p. 10.

pas résister à leur demande d'un nombre toujours plus grand de troupes venant renforcer le corps expéditionnaire.

Or, ces scientifiques distingués rejoignaient ses propres conclusions, ils allaient même jusqu'à dire qu'il n'y a «aucune base adéquate pour prédire les niveaux de l'effort militaire qui seraient requis des États-Unis pour atteindre les objectifs fixés ; en fait, il n'existe aucune base solide qui permette de déterminer si un quelconque niveau d'effort réalisable pourra y parvenir». Autrement dit, il n'y avait aucun espoir, absolument aucun, de voir les États-Unis l'emporter, malgré leur supériorité technologique. Cependant, comme saisis de mauvaise conscience à l'idée de se séparer sur des conclusions aussi négatives, ces scientifiques proposèrent aussitôt une «alternative technologique» au problème dont McNamara lui-même, depuis des années, savait qu'il n'avait pas d'autre solution que politique : un barrage fondé sur les systèmes électroniques et acoustiques les plus avancés, truffé de mines destinées à endommager les jambes de l'ennemi et de mécanismes permettant de guider les avions sur les véhicules qui oseraient traverser cette «frontière idéale» dessinée et mise en œuvre par la science.

Un programme de 800 millions de dollars, qui fut effectivement réalisé et fit beaucoup de victimes, sans d'aucune manière empêcher l'infiltration massive du Vietcong ni la défaite des États-Unis.[1] La logique de la rationalité l'a emporté sur le courage du bon sens : ces scientifiques n'ont pas pu se retenir de proposer une solution technique de plus, alors qu'ils savaient que la partie ne pouvait pas être gagnée, tout comme McNamara lui-même, très tôt conscient qu'elle était en fait perdue, n'osait pas donner sa démission par un souci de loyauté qui n'exprimait pas autre chose que la même logique de rationalité : l'incapacité d'entrer en dissidence.

1. Voir Robert S. McNAMARA, *In Retrospect : The Tragedy and Lessons of Vietnam*, New York, Vintage Books, 1995, p. 246 ; *The Pentagon Papers*, édition du *New York Times*, Bantam Books, 1971, p. 483-485 et annexe 117, p. 502-509.

15.

La quête du Graal

Jusqu'à la fin des années 1950, la biologie n'intéressait pas les militaires, à l'exception des travaux menés sur les armes chimiques et biologiques (gaz asphyxiants et paralysants, herbicides, défoliants, etc.) et sur les moyens de les contrer. Ce domaine de recherche sous « secret défense » n'attirait pas les meilleurs biologistes, et la très grande majorité des spécialistes dans les universités n'avait pas de rapport avec les programmes consacrés à la défense. D'autant moins que plusieurs des physiciens qui avaient travaillé sur les bombes atomiques dans le cadre du programme Manhattan choisirent de se convertir à la biologie pour échapper précisément au complexe militaro-industriel : ainsi, et non des moindres, Maurice Wilkins, futur prix Nobel avec Watson et Crick pour leur découverte de la structure en double hélice de l'ADN.

C'est pourtant cette découverte même et les promesses d'ingénierie du vivant qu'elle a immédiatement laissé entrevoir, qui suscitèrent l'intérêt des militaires : la détermination de composants physico-chimiques du vivant et la maîtrise annoncée de leur structure suggéraient tout un ensemble de possibilités d'intervention sur leurs fonctions, donc la perspective et la menace de nouvelles armes, dont l'efficacité pouvait se révéler sans commune mesure avec celle des armes chimiques et biologiques jusque-là disponibles. Le double mouvement classique en politique de la science de reconnaissance et de dépendance réciproques des deux institutions conduisait l'armée à soutenir les recherches menées en biologie moléculaire dans les universités, tandis que les universitaires spécialistes de la nouvelle discipline devenaient membres des comités scientifiques chargés de conseiller les états-majors. Comme dans le conte soufi où celui qui a rendez-vous avec la mort croit l'éviter en allant à Samarcande, les biologistes qui avaient tourné le dos à leur carrière de physiciens pour récuser les contrats des militaires se retrouvaient bientôt parmi leurs programmes prioritaires.

La nouvelle croisade

Les progrès des techniques de recombinaison ouvrent la voie, très vite, à l'essor du génie génétique. On s'oriente sur la mise au point de « marqueurs » capables de désigner des points de repères tout au long des chromosomes afin d'identifier les gènes responsables des maladies. L'ingénierie génétique se développe à partir des années 1970 sur deux plans étroitement liés, les plantes transgéniques et le clonage animal. Simultanément naît l'idée du méga-projet du *Human Genome* comme l'occasion pour les biologistes de passer à une vitesse, à une échelle et donc à un style d'intervention supérieurs. C'est ici que les heures de gloire de la physique des particules incarnées par la succession d'accélérateurs de plus en plus grands et d'équipes multidisciplinaires de plus en plus nombreuses serviront de modèle aux spécialistes. Biologiste, Robert Sinsheimer, chancelier de l'Université de Californie, avait déjà par ses fonctions administratives l'expérience des grands investissements en physique et en astronomie : il proclame dès 1984 que la biologie, habituée à de modestes projets de recherche menés à coups d'éprouvettes et de pipettes sur la paillasse artisanale des laboratoires pastoriens, doit jouer la carte de la *big science* dont les instruments (ordinateurs, microscopes électroniques, machines en parallèle, manipulations microchimiques automatisées, etc.) appellent tout à la fois une coopération étroite entre plusieurs institutions et un engagement financier sans précédent[1]. En 1985, il réunit un groupe de biologistes parmi lesquels Walter Gilbert, prix Nobel de l'université Harvard, qui envisagea aussitôt la création d'un institut où l'on s'attaquerait au séquençage des bases du génome humain tout entier.

---

1. Voir en particulier J. Bishop et M. Wadholz, *Genome : The Story of the Astonishing Attempt to Map all the Genes in the Human Body*, New York, Simon & Schuster, 1990 ; P. Kourilsky, *Les Artisans de l'hérédité*, Paris, Odile Jacob, 1990 ; M. Crook-Deegan, « The Genesis of the Human Genome Project », *Molecular Genetic Medicine*, Academic Press, t. I, 1991 ; Daniel J. Kevles, *The Code of Codes*, Harvard University Press, 1992 ; E. Fox Keller, *Le Siècle du gène*, Paris, Gallimard, 1993.

À grand projet grand financement, mais ni le secteur privé (l'industrie chimique et pharmaceutique) ni le secteur public éventuellement concerné par ces recherches (les NIH, Instituts nationaux de la santé) n'étaient disposés à se lancer dans une telle aventure, surtout si l'on devait privilégier un laboratoire universitaire parmi d'autres. C'est alors que le modèle de la physique triomphante du temps de guerre et d'après-guerre conduit tout naturellement les biologistes à se tourner vers les militaires. L'interlocuteur qui favorisera cette nouvelle alliance entre la science et l'armée, Charles De Lisi, est un biophysicien, directeur de la santé et de l'environnement au DOE, le département de l'Énergie, ministère qui coiffe aux États-Unis toutes les recherches dans le domaine nucléaire, l'armement atomique comme les centrales civiles. Par ses fonctions mêmes, De Lisi sait que les effets biologiques des radiations, en particulier les mutations génétiques, sont un sujet d'étude essentiel à Los Alamos, l'un des laboratoires où l'on construit les bombes et où la division des sciences de la vie a établi dès 1984 une banque des gènes. Il se dit qu'en comparant tous les éléments du génome entre eux, on accédera à une meilleure connaissance tout à la fois des bases génétiques des maladies et des mutations provoquées par les radiations ionisantes.

D'une pierre deux coups, et même un troisième : le nucléaire n'avait pas bonne presse depuis l'accident de Three Mile Island, et les grands projets du DOE conçus en réponse à la crise du pétrole dans les années 1970 (liquéfaction et gazéification du charbon) avaient perdu toute priorité depuis que les prix du gaz et du pétrole étaient retombés. En le dotant d'un nouveau grand programme, le génome offrait en outre au DOE la bonne conscience de s'attaquer aux maladies. Tout est donc réuni, en mars 1986, pour que la conférence convoquée par De Lisi à Santa Fe – près de Los Alamos, mais pas sur son site dont le passé évoque trop de choses plus proches de la thanatocratie que de la biocratie – attire l'attention du Congrès et entraîne son soutien généreux. Du même coup le DOE peut se prévaloir de recherches fondamentales qui ne sont pas asservies – apparemment – à des fins étrangères à celles des milieux universitaires. La conférence déchaîne un enthousiasme général, et Walter Gilbert proclame alors que « le séquençage du génome humain est le Graal de la génétique humaine » – une formule que nombre de commentateurs parmi ses collègues reprendront avec allégresse comme s'il s'agissait d'une nouvelle croisade des chevaliers de la Table ronde. Et comme cette métaphore mystique ne lui paraît pas suffire, Gilbert ajoutera dans un autre propos, inspiré celui-là de Socrate : « Le séquençage est l'ultime réponse au commandement : Connais-toi toi-même. »

D'entrée de jeu le projet est placé sous la bannière de la lutte contre le cancer par Renato Dulbecco, autre prix Nobel, qui écrit dans un éditorial de *Science* que ce tournant dans les recherches sur les oncogènes « exige un effort national dont la signification sera comparable à la conquête de l'espace et avec le même esprit ». Comment mieux « vendre » aux membres du Congrès un programme qui appelle des milliards de dollars, qu'en évoquant en même temps la concurrence d'autres pays, celle du Japon en particulier ? De fait, des rapports circulent qui tendent à montrer l'avance nippone en matière de séquençage. Tout comme la crainte du *missile gap* a relancé, durant les années Kennedy, les investissements dans le domaine de l'espace et du nucléaire, on n'est pas loin, déjà, d'invoquer le *biological gap* qui laisserait la grande Amérique distancée par son ex-ennemi d'Extrême-Orient, tout à la fois allié et redoutable rival.

« Fais-moi peur » est le slogan qui a nourri, durant toute la guerre froide, les coups de pouce donnés par le Congrès des États-Unis au financement des programmes de recherche-développement voués à la défense. Le thème de l'écart technologique, du *nuclear gap* au *missile gap*, a été le meilleur moyen de mobiliser l'effort national de recherche-développement et d'assurer l'hégémonie technologique du pays. Le mur de Berlin tombé et avec lui le système soviétique hors jeu, le slogan a néanmoins pris une nouvelle jeunesse depuis les attentats du 11 Septembre : l'idée d'un retard technologique par rapport à tous les adversaires concevables – États rivaux, « voyous », ou groupes terroristes – servira une fois de plus de stimulant à l'accroissement constant des ressources affectées à la science et à la technologie. Et si elle n'y sert pas assez, il y a toujours des scientifiques, des ingénieurs ou des industriels pour sonner l'alarme en dénonçant les menaces de déclin dont souffrirait à moyen terme la nation la plus avancée et la plus vigoureuse en matière de recherche scientifique et technique.

En 1986, derrière l'affiche d'une victoire prochaine – à portée de main ! – sur le cancer et l'ambition de maîtriser toutes les maladies, les métaphores de l'utopie servent de paravent aux intérêts de l'économie et du complexe militaro-industriel : si écart il y a, l'avenir des industries pharmaceutiques est en jeu, tout comme l'était celui des industries aéronautiques et spatiales dans les mots d'ordre de la confrontation avec les Soviétiques. Ainsi la biologie moléculaire renoue-t-elle avec les discours mobilisateurs qui ont permis aux politiques de la science, depuis la Seconde Guerre mondiale, de répondre à la crainte, le plus souvent imaginaire, de l'« écart techno-logique » par des coups d'accélération et un renouvellement constant des programmes de recherche – un processus de décision, de réaction et de surenchère qui, durant la guerre froide, a toujours paru plus proche de l'hystérie que de la rationalité [1].

Le théâtre du fantasme

Ce qu'il importe de retenir dans les débuts de cette quête du Graal génétique, c'est l'importance simultanée des enjeux économiques, straté-giques et éthiques : nous ne sommes plus sur le terrain d'une recherche fondamentale qui serait indifférente, *sub specie aeternitatis*, aux promesses d'applications, aux calculs des banquiers et des industriels, aux réactions du pouvoir politique, à l'intervention du public – et aux objections d'ordre moral. Comme pour l'atome et l'armement nucléaire, il y va d'intérêts et de rivalités qui opposent entre elles les nations, sinon les continents. Les décisions qui portent sur le partage des informations et les actions de coopération sont ambiguës, toujours sous bénéfice d'inventaire, révocables suivant l'évolution du climat politique, la pression des concurrents, les points marqués (ou perdus) par l'avance acquise. Plus directement encore que pour l'atome et l'armement nucléaire, puisqu'il s'agit de travailler sur le vivant et que le spectre d'une nouvelle forme d'eugénisme est à l'horizon, la pratique des chercheurs est suspendue au nom de l'éthique à des contrôles et à des modes de régulation qui ne sont plus du seul ressort des milieux scientifiques. Il faut donc assurer aux promesses d'interventions bienfaisantes de la science le maximum de publicité dans une surenchère de déclarations, où l'argument des finalités thérapeutiques voisine avec celui des intérêts nationaux – et la beauté, bien sûr, de la poursuite du savoir. Gaston Bachelard parlait de la science comme du théâtre de la

---

1. Voir J. Bouchard, *Comment le retard vient aux Français. Analyse d'une rhétorique de la planification de la recherche* (thèse de doctorat, Paris, CNAM, 2004), qui montre dans le cas de la France la constance du thème de l'écart technologique et de la menace associée du déclin comme argument mobilisateur dans la politique de la science.

preuve. Ces biologistes l'affichent désormais comme la scène sur laquelle tous les fantasmes de la raison sont appelés à légitimer le soutien du public et des instances politiques.

Il y va d'abord de l'appropriation commerciale des applications, c'est-à-dire des brevets : comment empêcher telle entreprise privée de déposer un brevet sur tel chromosome, tel groupe de gènes, tel gène ? Les États-Unis avaient été le premier pays à reconnaître la brevetabilité d'un vivant. Dans le sillage de ce précédent, pourquoi ne pas traiter de la même manière les informations issues des laboratoires universitaires ? C'est du pays qui se prévaut d'être le plus libéral au monde que la tentation de restreindre la publicité des résultats de la recherche fondamentale a été la plus grande – dans les milieux scientifiques presque autant que dans les milieux politiques. Hors des États-Unis, la plupart des biologistes réagirent aussitôt avec fermeté à cette menace : ces données ne sauraient demeurer la propriété d'une seule entreprise ni d'un seul pays, une découverte fondamentale n'est pas brevetable. Pourtant, l'hostilité manifestée par les Européens, la France en tête, rencontrait vite ses limites : comment interdire à une firme privée de s'approprier le bénéfice de ces recherches menées avec son soutien dans des laboratoires universitaires ? Et du côté américain, la tentation est toujours présente au sein du Congrès et des NIH d'exercer un monopole sur toutes les recherches financées par des fonds publics.

Mais s'agit-il bien encore de recherche fondamentale ? La pratique même des recherches sur le génome est liée à une instrumentation (ordinateurs, logiciels, machines automatisées, etc.) qui les rapproche plus de la technologie des robots que de la spéculation intellectuelle. Et la mise au point de la carte des gènes conduit à des localisations spécifiques, sur lesquelles chacun peut espérer intervenir « à sa façon » et donc définir des « tours de main » que l'industrie privée a de bonnes raisons de s'approprier. Dans l'histoire de la géographie, aucune carte n'a jamais été innocente dans la confrontation des rivalités économiques ou militaires entre nations. Et si la métaphore du Graal renvoie à la vision d'un trésor mystique, les nouveaux chevaliers comptent parmi eux des représentants d'intérêts, d'ambitions et d'entreprises, dont la mystique n'est d'aucune façon celle du Ciel.

Plus profondément encore, le Graal génétique en vue, force est de se demander quels pouvoirs la biologie rend ainsi disponibles – à qui, pour quel usage, pour qui et à quel prix ? La médecine prédictive, dont Jacques Ruffié a montré les limites tout autant que les promesses, est assurément la voie d'accès la plus scientifiquement fondée à des pratiques eugénistes [1]. De la médecine prédictive à la police préventive il n'y a qu'un pas, et les biologistes américains l'ont allégrement franchi quand ils ont prétendu avoir isolé les gènes (ou l'absence de gène) responsables du crime ou de l'homosexualité. Le rôle de l'ADN en tant que porteur d'information devient celui d'un marqueur du destin sur lequel les individus ou les groupes n'ont aucun pouvoir : l'éducation ou la culture ne pourrait rien pour contrecarrer l'inscription physique du déterminisme de la nature. Dès lors ce théâtre du fantasme entraîne à ne plus voir dans le droit qu'une convention révisable en fonction des progrès de la science et des intérêts des firmes pharmaceutiques.

Le cas de l'« enfant donateur » est l'exemple le plus révélateur de l'embarras auquel est condamnée la réflexion éthique faute de convictions « supérieures » – spécifiquement religieuses – pour tracer une limite : notre Comité consultatif national d'éthique (le CCNE) s'est vu poser la question de savoir si le diagnostic préimplantatoire (DPI) peut être appliqué non seulement dans l'intérêt de l'enfant à naître, mais encore dans celui d'un tiers. Autrement dit, peut-on faire un dépistage de compatibilité immunologique pour faire naître un enfant qui pourrait servir de donateur à un frère ou à une sœur malade ? Le CCNE a commencé par souligner « les risques de dérive eugénique » qui peuvent résulter du DPI, puis il a conclu que « la sélection d'un embryon et la mise en route d'un enfant *conçu seulement* comme un donneur potentiel n'est pas pensable au regard des valeurs [qu'il] a toujours soutenues [2] ». Mais comment s'en tenir là face à la guérison possible – au fantasme de la guérison – d'une personne sauvée par un don d'organe de son frère ou de sa sœur ? Irrésistible est la pente, qui fait aussitôt ajouter à l'avis du CCNE cette formule : « En revanche, permettre qu'un enfant désiré représente, de plus, un espoir de guérison pour son aîné, *est un objectif acceptable, s'il est second.* » Rien d'étonnant dès lors si les réserves formulées à propos du clonage thérapeutique ont été levées, avec le temps, à condition d'arrêter le processus du développement embryonnaire à partir d'un nombre donné de cellules : le passage de

---

1. Jacques RUFFIÉ, *La Médecine prédictive*, Paris, Odile Jacob, 1993.
2. CCNE, Avis n° 72 du 4 juillet 2002 *(c'est moi qui souligne)*.

l'embryon à la « dignité de la personne humaine » ne relève pas d'une casuistique moins subtile que celle de l'enfant donateur.

DU BON SAUVAGE AU BON GÈNE

Il est clair que le questionnement sur les limites des applications de la biologie moléculaire renvoie toujours à des arrière-pensées religieuses même dans des sociétés, comme la nôtre, qui n'entretient plus qu'un rapport très lointain au sacré. Là où la science s'interroge avec succès sur le *comment*, les questions posées par le *pourquoi* relèvent de croyances et de convictions dont la démarche scientifique n'a que faire. Et donc il faut bien se demander s'il y a les arguments laïques, dépourvus de tout préjugé religieux, pour légitimer la *critique des limites*. La réponse, on le sait, est donnée par le statut de la personne humaine tel qu'il est inscrit et défini dans la Déclaration des droits de l'homme : l'homme est un universel abstrait, qui naît libre et doué de raison, et qui est égal à tous les hommes, donc ni chose ni animal. On peut toujours dire que même ce traitement laïque est le fruit de l'héritage occidental qui renvoie aux religions du Livre, cela n'empêche pas que l'interdiction de traiter l'homme comme une chose ou un animal désigne une identité propre à l'espèce humaine qui n'a pas besoin des croyances religieuses pour fonder sa propre légitimité. Mais, si la personne humaine est au principe des droits fondamentaux, la porte demeure ouverte à toutes les casuistiques pour fonder un consensus sur le temps qu'il faut, le nombre de cellules, le passage du blastocyte à l'embryon et de l'embryon au fœtus, qui répondent avec un peu plus de précision à la définition de la dignité de la personne humaine.

Ainsi la science telle qu'elle se développe, en particulier dans le domaine de la biologie, impose-t-elle aujourd'hui aux sociétés postindustrielles qui se veulent laïques de trancher les questions mêmes dont les réponses relevaient hier du monopole religieux : à quel moment, dans quelles conditions, sur quels critères, devant quels arbitres faut-il s'arrêter de penser et de faire que la terre tourne – ou que les gènes, tout comme les cellules embryonnaires, soient un matériau expérimental parmi d'autres ? La tâche des Comités d'éthique est précisément d'inspirer et d'orienter le droit dans le sens de ce que souhaitent simultanément les scientifiques et les industriels – au risque de faire du droit la caisse enregistreuse des progrès irrésistibles de la science. Les minutes des discussions du Comité consultatif national d'éthique pour les sciences de la vie sont-elles vouées à apparaître aussi pertinentes que les débats auxquels donna lieu la découverte, avec le Nouveau Monde, des « bons sauvages » par les Espagnols : *le clone a-t-il une âme ?* Ou encore : *à partir de combien de cellules l'embryon est-il une personne humaine ?*

C'est toute la question, et elle est inextricable dans une société dont les repères religieux – le sens de la transgression – s'évanouissent de plus en plus dans le quotidien des références économiques et des exigences de la poursuite du savoir. Partout, de Bill Clinton à Jacques Chirac, on a vu les chefs d'État se tourner vers les scientifiques pour en trancher, comme hier Charles Quint consultait ses théologiens sur le statut du sauvage et le sort à lui réserver. En 1550, plus d'un demi-siècle après l'arrivée des Espagnols en Amérique, l'empereur introduisait une sorte de moratoire dans l'exploration du Nouveau Monde pour savoir si, oui ou non, les « Indiens emplumés » étaient des sous-hommes que l'on pouvait massacrer ou domestiquer avec bonne conscience comme des animaux. Les juges qui participèrent à la grande polémique de Valladolid se gardèrent de trancher, malgré le plaidoyer de Bartolomé de Las Casas qui considérait avec passion que les « naturels », raisonnables, civilisés et évolués à leur façon, méritaient d'être traités comme des hommes, et christianisés. Le successeur de Charles Quint décida que finalement ces « naturels » avaient bien une âme et que, convertis à la saine religion, ils méritaient d'être pleinement reconnus comme de bons chrétiens. Cela n'a certes pas retenu les descendants de Cortés de les massacrer en grand nombre.

C'est bien le paradoxe des sociétés industrielles, laïques et « désenchantées » par la science, qu'elles attendent des scientifiques de dire le droit sur le terrain des religions : l'institution scientifique occupe la place désertée de la théologie. Rien d'étonnant, donc, si l'on se tourne, comme hier les sociétés religieuses en appelaient aux commissions d'ecclésiastiques, vers les comités de scientifiques pour dire « jusqu'où on peut aller trop loin ». Mais précisément *jusqu'où* ? La science est par nature « frontière sans limites », et la société est prise aux pièges des valeurs dont la science se réclame : la poursuite du savoir est une valeur *en soi* qu'on ne saurait brider. Rationalité, démocratie, libéralisme vont étroitement de conserve pour exclure toute limitation à la poursuite du savoir, même si le couplage de la science et de la technique est devenu si étroit qu'il est impossible de dire à partir de quel moment les excès de bricolage technique peuvent contrevenir aux normes idéales des exigences de la dignité humaine. Toute réserve formulée à l'encontre de l'institution scientifique apparaît ainsi comme résultant d'un réflexe soit de nostalgie, soit d'indignation (soit des deux) : une bataille d'arrière-garde, face à l'évidence des espoirs de bien-être renouvelé que les scientifiques font lever dans leur campagne de mobilisation des esprits et des crédits.

De fait, comme hier le bricolage dans le cas de l'atome menait aux centrales et aux bombes, le bricolage dans le cas de l'ingénierie génétique mène à toutes sortes de manipulations, dont la légitimité n'est apparemment assurée que par les professions de foi des spécialistes. Et comme ces manipulations sont en même temps à la source de connaissances et d'applications, dont on ne peut jamais dire à l'avance qu'elles seront ou ne seront pas utiles ou bienfaisantes, les chercheurs s'y consacrent dans une sauvage compétition au risque tantôt d'en faire trop (les expériences inutiles ou qui tournent mal), tantôt de n'en faire pas assez (l'espoir de techniques, de prothèses ou de thérapies nouvelles). Comment dès lors s'étonner de l'« essentialisme génétique » dont témoignaient les films, les séries télévisées, les bandes dessinées, dont la culture américaine s'est alimentée en traitant des « pouvoirs » que les biologistes eux-mêmes attribuent aux gènes comme de forces égales au destin du panthéon grec[1] ?

Le fantasme déterministe de la biologie ne pouvait pas être pris à la légère : mettre au point des tests génétiques qui prédisent non seulement des maladies, mais encore tous les désordres, plus ou moins complexes qui ont une composante génétique ; bref, anticiper, diagnostiquer, dénoncer – avant tout symptôme des comportements – la déviance biologique pour la corriger ou la guérir. Le projet eugénique qui s'était épanoui entre les deux guerres mondiales sous une forme coercitive par des interventions sociales revenait sur la scène de régimes libéraux à la faveur des interventions du génie génétique. Walter Gilbert ne s'est pas privé, en ouvrant une conférence scientifique, de se présenter comme le Laplace de la biologie – celui qui prend la figure et le pouvoir de Dieu puisque, connaissant toutes les conditions de départ, il serait en mesure de prévoir tous les événements à

---

1. Voir Dorothy NELKIN et L. TANCREDI, *Dangerous Diagnostics : The Social Power of Biological Information*, New York, Basic Books, 1989 ; et Dorothy NELKIN et S. LINDEE, *La Mystique de l'ADN*, Paris, Belin, 1998.

venir : « Donnez-moi un ordinateur assez puissant et la séquence complète
d'un organe, je pourrai calculer la totalité de l'organisme, son anatomie, sa
physiologie, son comportement ! »

Le rêve de parvenir le premier au clonage reproductif chez l'homme
hante de la même manière certains biologistes : au nom de quoi les sociétés
laïcisées trouveraient-elles sérieusement à y redire ? On pourra toujours
invoquer l'argument d'une bienfaisance thérapeutique même dans le cas
du clonage reproductif pour légitimer celui-ci : l'idée de se cloner soi-
même, fût-ce pour disposer de cellules ou d'organes de « réserve » en cas
de maladies ou d'accidents, ne parcourt pas seulement la littérature de
science-fiction, elle fait partie de l'imaginaire de certains biologistes qui ne
voient pas pourquoi la création de doubles ne conduirait pas à un réservoir
de services médicalisés pour ceux qui auraient les moyens de se les offrir.
Le thème de la pente glissante – la rupture du barrage –, dont Habermas
a essayé de tirer des principes permettant de résister aux dérives de la
recherche biologique, peut tout aussi bien passer pour une défense d'arrière-
garde face à « la concurrence des visions du monde » qu'entretient toute
société libérale. Et Habermas lui-même, à court d'arguments « moraux », a
reconnu que l'eugénisme positif auquel conduisent le DPI et la recherche
sur les cellules souches de l'embryon humain est si difficile à récuser
qu'il lui a fallu invoquer en dernier ressort la défense d'une « fonction
symbolique[1] ».

On a déjà oublié, ou plutôt – comme le souligne le biologiste et historien des sciences Michel Morange – *les spécialistes* ont oublié la naïveté
avec laquelle ils ont investi le gène de pouvoirs extraordinaires : « La
conception un gène/un caractère était par sa simplicité attrayante. Elle
renvoyait inconsciemment à l'idée que quelque part étaient inscrites les
caractéristiques du vivant et de l'homme. Aux généticiens, elle apportait
une valorisation de leur discipline, les gènes étaient, selon l'expression
largement diffusée par Jean Rostand, "les atomes de la biologie", et en les
étudiant, les généticiens montraient qu'ils avaient acquis le même niveau

---

1. J. HABERMAS, *L'Avenir de la nature humaine : vers un eugénisme libéral?*, *op. cit.*,
p. 137 *sq.* « D'un point de vue moral, il n'y a pas de différence significative entre le fait
d'utiliser des embryons "surnuméraires" à des fins de recherche, et celui de les produire à
cette seule fin instrumentale » (p. 145).

de scientificité que les physiciens[1]. » Le rêve était, en effet, de démontrer, suivant une approche strictement réductionniste, que les variations individuelles ou sociales sont inscrites dans leurs composants physico-chimiques : une seule cause, le gène, à tout ce qui passe pour ordre ou désordre dans l'histoire et l'évolution du vivant. La simplicité du raisonnement induisait sur la même lancée à renouer avec les fantasmes eugénistes : la structure expliquant à elle seule la fonction, il suffirait d'agir sur la première pour transformer la seconde en vue des « meilleurs intérêts » de l'individu et de la société.

Le développement des outils du génie génétique a montré, au contraire, qu'un grand nombre de gènes sont impliqués dans le comportement d'un organisme vivant : les composants moléculaires forment des voies et des réseaux complexes, à l'intérieur desquels on ne sait pas déterminer la contribution de chacun, et l'inactivation d'un de ces composants a en outre des effets imprévisibles. En fait, chaque gène impliqué contribue à la réalisation de multiples fonctions et structures, et les réseaux qu'il contribue à former sont eux-mêmes « recyclés » de multiples fois au cours de la vie de l'organisme. Le généticien de Harvard University Richard Lewontin a été l'un des premiers à dénoncer les illusions de cette mystique du gène, qu'il a rapportée aux fantasmes de pouvoir, dont les physiciens de l'atome ont témoigné au lendemain de la Seconde Guerre mondiale : « Au sommet du prestige et du succès des sciences physiques, des physiciens et des chimistes commencèrent à émigrer dans le domaine de la biologie, devenant les fondateurs de la biologie moléculaire moderne. Ce mouvement apparemment paradoxal était en partie le reflet de l'*hubris* de physiciens qui, pris de vertige à l'idée du succès remporté en faisant exploser la matière, ne doutaient pas que le type de science habituée à casser les atomes pourrait résoudre le problème bien plus complexe de la dissection du protoplasme[2]. »

En traitant le gène comme l'atome de la biologie, les généticiens n'ont pas seulement rêvé d'atteindre par ce concept « dur » le même pouvoir

---

1. Michel MORANGE, « Déconstruction de la notion de gène », in M. FABRE-MAGNAN et P. MOULLIER (dir.), *La Génétique science humaine*, Paris, Belin, 2004, p. 110 ; voir, du même, *La Part des gènes*, Paris, Odile Jacob, 1998.

2. Richard LEWONTIN, *It Ain't Necessary So : The Dream of the Human Genome and Other Illusions*, Londres, Granta Books, 2000, p. VII-VIII.

de compréhension et de manipulation que celui des physiciens, ils ont surtout réussi à convaincre les instances politiques que cette capacité d'intervention sur le vivant – des « secrets » de la vie aux prouesses thérapeutiques assurant la maîtrise de toutes les maladies et pourquoi pas l'immortalité – méritait un soutien prioritaire à la mesure du programme Manhattan ou du programme Apollo, l'homme sur la Lune. Comme l'écrit Richard Lewontin, « rien n'illustra plus ce changement de priorités que la suppression par le Congrès du projet immensément coûteux de super-accélérateur (le *Super Conducting Supercollider*, le collisionneur géant de particules) destiné à découvrir les blocs ultimes de construction de la matière, tout en approuvant le projet de génome humain non moins coûteux destiné à décrire la séquence complète d'ADN qu'on dit construire l'être humain ».

Or, l'évolution des recherches – ou la résistance de la nature – a conduit à ce que Michel Morange a appelé « un processus de déconstruction », au terme duquel le concept du gène s'est révélé « flou, au contenu multiple et aux limites mal définies [1] ». Les espoirs de trouver dans les séquençages du génome l'accès ultime aux secrets de la vie, la clé en particulier de ce que nous sommes en tant qu'êtres vivants, ont été entièrement déçus : le séquençage achevé, nous n'en savons guère plus qu'avant. L'effet d'annonce – le théâtre du fantasme – a été spectaculairement mis à l'épreuve : ceux-là mêmes qui faisaient du gène le porteur d'une fonction spécifique ont déjà oublié, souligne Michel Morange, toute l'importance qu'ils accordaient à ce déterminisme physico-chimique. « Le discours actuel a occulté la vision antérieure : tout se passe comme si elle n'avait jamais existé. » Le commentaire qu'il offre de cette amnésie a un intérêt tout autant épistémologique que sociologique : c'est « le besoin de faire rapidement oublier le *soufflé* du séquençage du génome humain, c'est-à-dire d'une découverte qui ne débouche immédiatement sur rien. Peut-être cette amnésie est-elle (en partie) une composante de l'activité scientifique normale, le prix à payer pour que, malgré les erreurs du passé, puisse demeurer l'illusion que les découvertes faites aujourd'hui sont fondamentales, et ne se verront pas contestées dans le futur [2] ». Qu'à cela ne tienne : le décryptage du génome s'étant révélé décevant, les spécialistes se sont aussitôt lancés sur

---

1. M. MORANGE, « Déconstruction de la notion de gène », art. cité, p. III.
2. *Ibid.*, p. 116-117.

les recherches « post-génomiques » appelant des investissements tout aussi importants et la même conviction.

Faute de contemplation

On pourrait penser que les débordements et les surenchères de promesses auxquels cette mystique du gène a donné lieu ne prêtaient pas à conséquence, mis à part les énormes investissements publics et privés qu'ils ont entraînés. Ce serait oublier tous les espoirs de guérison rapide qu'ils ont pu susciter dans les familles où l'on compte des maladies incurables, et la précipitation avec laquelle on est passé de l'animal à l'homme dans les essais de thérapie génique. Ici les fantasmes des scientifiques les induisent à assumer un rôle qui manifestement n'a plus rien d'innocent. Philippe Moullier, directeur de recherche à l'INSERM, spécialiste de ce domaine (il dirige le laboratoire de thérapie génique de Nantes), a évoqué avec une honnêteté exemplaire les dégâts causés par cette précipitation. Non que le principe même de transférer à titre expérimental un gène dans un mammifère (la souris, entre autres) ne puisse pas avoir d'effet thérapeutique dont on pourra toujours tirer des leçons pour des applications futures à l'homme, mais si la souris permet de « décortiquer les bases fondamentales du système immunitaire », elle demeure un modèle insuffisant et même inadéquat « pour prédire le comportement de ce système chez des patients humains après transfert de gène [1] ».

Le transfert de gène chez un animal est une opération qui n'est pas seulement complexe, elle est porteuse de risques dont on est loin d'avoir fait le tour. Le risque d'apparition de mutations relève du calcul des probabilités, et l'on ne sait pas quelles sont les conséquences à long terme – les effets secondaires – de l'introduction d'une ou plusieurs copies d'un gène thérapeutique sur l'expression de gènes endogènes. Or il y eut dès 1980 aux États-Unis des essais de thérapie génique sur l'homme (précédés d'irradiations « pour faire un peu de place » à la reconstitution de la moelle). Les cliniciens-chercheurs qui procédèrent à ces essais furent désavoués, expulsés même de la communauté médicale et scientifique « au motif qu'ils

---

1. *Ibid.*, p. 139 et 141.

n'avaient pas reçu l'autorisation des institutions compétentes[1] ». En 1999, après la mort d'un jeune patient qui avait reçu un vecteur dérivé d'un adénovirus, « habituellement anodin », l'enquête révéla que ce transfert s'était traduit par des effets secondaires dramatiques chez d'autres patients. Le consentement éclairé du jeune patient avait certes été obtenu, tout comme les autorisations des commissions chargées de régir les essais cliniques. On peut toujours se dire que ces patients atteints de maladies incurables ont délibérément choisi d'être traités comme des cobayes, que la hâte de les soumettre à des essais a rencontré leur désir de traitement, sinon de guérison, tout comme le désir d'intervention des chercheurs dans un amalgame douteux.

La raison profonde de ces dérives, dit Philippe Moullier, c'est qu'on ne s'est pas donné le temps du recul, un recul que les incertitudes des essais menés sur les animaux et surtout le constat de leurs conséquences négatives (infections, cancers) devraient situer dans un espace de temps beaucoup plus long, bien au-delà d'une génération. En s'interrogeant sur cette précipitation, il ne retient pas la course à la publication comme un facteur déterminant, car les instances chargées d'évaluer le travail des chercheurs accordent un « crédit temps » aux essais cliniques. Mais il voit dans la « cléricature » exercée par ces scientifiques pressés le résultat à la fois de la confiance aveugle du public à l'égard des « miracles » que l'institution scientifique doit accomplir et du « discours espérantiste » que nombre d'entre eux ne se privent pas de répandre. Le public accorde aux scientifiques « le même degré de confiance que celui qu'il accordait au Moyen Âge au pouvoir religieux », et certains se voient ou se croient dotés d'« une mission d'une telle noblesse » qu'ils se prennent pour Dieu[2]. Cette mission « fait appel à une telle "révolution biotechnologique à fort potentiel" que nos politiques, nos divers comités de suivi, de contrôle, d'éthique, etc., baissent la garde et sont tentés de participer au rêve ».

À quoi s'ajoute, bien sûr, ce que Dorothy Nelkin a appelé la « connexion médiatique », l'interaction entre la fièvre d'intérêt induite par les médias et l'excitation extravertie des chercheurs heureux de faire parler d'eux. Le Téléthon est l'exemple parfait du théâtre du fantasme auquel se prêtent en chœur journalistes, scientifiques, associations de malades et pouvoirs

---

1. *Ibid.*, p. 123.
2. *Ibid.*, p. 131-132.

publics, opération de grand marketing qui certes permet de drainer d'importantes ressources : « Je reconnais volontiers, écrit Philippe Moullier,
qu'au cours du Téléthon, nous scientifiques manquons de retenue, même
si la plupart d'entre nous sommes persuadés de l'inverse. » Et comme les
enjeux financiers sont considérables – la possibilité de remèdes nouveaux
mis sur le marché –, la recherche universitaire associée aux industries
pharmaceutiques réagit au mot d'ordre de la compétitivité « en changeant
l'ordre de priorité des échéances. [...] À ce stade, le scientifique mal à
l'aise avec la maturation chaotique de la thérapie génique rappelle qu'il a
fallu trente ans à la transplantation d'organes pour être une activité quasi
routinière à l'hôpital [1] ».

Le principe de vecteurs d'origine virale capables de transférer de façon
efficace des gènes thérapeutiques chez un mammifère (souris, singe, chien)
est hors de cause. L'animal devient alors un « modèle » d'une maladie
génétique (hémophilie, myopathie, déficit enzymatique, etc.) soit spontanément développée, soit expérimentalement créée par transgénèse. Les
résultats prouvent que ces transferts de gènes peuvent avoir un effet thérapeutique (jusqu'à un certain point et sous réserve d'effets secondaires à
mesurer dans le temps), mais de là à les appliquer directement à l'homme,
le saut clinique apparaît d'autant plus complexe et aventureux qu'il n'y a
pas nécessairement la même « traduction » chez l'homme. « À ce titre, écrit
Philippe Moullier, la thérapie génique est un exemple de subordination
quasi totale de la technologie (ou "biotechnologie") sur la pensée du
scientifique. »

Aussi ses commentaires reviennent-ils à recommander à ses collègues
une démarche de bon sens, le retour à un peu plus de réflexion « contemplative » au sens de ce qu'était la démarche de la science grecque. Il cite à
cet égard le passage d'un essai remarquable de Pierre Thuillier, qui n'a pas
eu l'audience que méritait la profondeur de sa culture de philosophe et
d'historien des sciences, un livre de prospective dont l'ironie voltairienne
est fort critique à l'égard des présupposés et de l'« objectivisme » où s'incarne la démarche de la rationalité occidentale depuis Bacon et Descartes :
le refus même de cette attitude contemplative. Et Philippe Moullier ne
se contente pas de dénoncer l'absence de recul dont témoignent les essais
de thérapie génique sur l'homme, il souligne le décalage croissant entre la

---

1. *Ibid.*, p. 136.

formidable capacité de criblage des outils désormais à la disposition des biologistes et le déficit de capacité théorique qui menace de « stériliser la réflexion scientifique [1] ». C'est pourquoi il plaide pour un apprentissage de la science expérimentale qui passe, dès les premières années, par une formation systématique aux sciences humaines et sociales : « la priorité serait d'apprendre aux étudiants des disciplines scientifiques et médicales à réfléchir, à discuter, à questionner, à remettre en cause les dogmes, bref à contempler », faute de quoi « notre potentiel contemplatif sera réduit à l'état de fossile ».

LE ROYAUME DES CHIMÈRES

On voit ici combien la science est devenue le théâtre du fantasme, dont l'autre nom est tout simplement « marketing » : puisque tout est possible, il faut aller de l'avant sans trop savoir où l'on va. Il y aura toujours de bonnes raisons – dans le domaine du vivant, l'argument thérapeutique des services que l'avenir rendra à la santé est toujours irrésistible – pour légitimer après coup des investissements et des expérimentations dont il n'est pas établi qu'ils débouchent sur quoi que ce soit d'utile, étant admis que de toute façon le progrès des connaissances y trouvera toujours son compte. En 2004, Philippe Moullier n'hésitait pas à exprimer ses doutes : « Les questions soulevées par la thérapie génique concernent bien sûr l'ensemble des "biothérapies", terme à la mode qui regroupe la thérapie cellulaire, l'immunothérapie et la vaccination. Les cellules souches embryonnaires en font partie, sans qu'il y ait encore la moindre preuve, à l'aide d'un modèle pathologique, de leur réel potentiel thérapeutique [2]. » À l'heure où je termine ce livre, les recherches en biothérapie font feu de tout bois, mais rien n'est venu encore démontrer la réalité de ce potentiel. Les cellules souches donnent lieu à des recherches « tous azimuts » où les chimères

---

1. *Ibid.*, p. 133 et 142. Le livre de Pierre THUILLIER est *La Grande Implosion : rapport sur l'effondrement de l'Occident, 1990-2002*, Paris, Fayard, 1995. Ce rapport, exercice d'anti-utopie ou de dystopie, est le fruit d'un groupe de recherche imaginaire qui s'interroge sur les raisons d'ordre spirituel qui ont fait que le « monde civilisé » n'a pas pris au sérieux les avertissements le mettant en garde contre les catastrophes à venir et sa disparition.

2. M. MORANGE, « Déconstruction de la notion de gène », art. cité, p. 141.

constituent un terrain d'expérimentation privilégié – terrain dont on ne sait pas davantage en quoi, au-delà du bricolage, ce qu'il apporte fait progresser notre compréhension des phénomènes et des processus vivants.

La chimère au sens de la mythologie grecque est l'organisme composé d'éléments vivants issus de plus d'une autre espèce biologique : c'est l'animal fantastique, tête de lion, corps de chèvre et queue de dragon tué par le héros Bellérophon chevauchant le cheval ailé Pégase. La création de chimères est une banalité de l'embryologie contemporaine : en France, Nicole Le Douarin, professeur au Collège de France, s'est illustrée en créant des chimères poussin-caille pour étudier le développement du système nerveux. Les animaux chimères deviennent le terrain d'élection des recherches consacrées à la différenciation cellulaire. En théorie, les cellules prélevées sur un embryon humain soulèvent l'espoir que, transplantées chez des patients humains, elles leur fourniront de nouveaux tissus. Mais les obstacles qui restent à franchir ne sont pas seulement sérieux et complexes sur le plan technique, ils renvoient à la question, autrement plus difficile, qui est de savoir ce qui contrôle la différenciation des cellules et ce qui les induit à développer des tumeurs. Plutôt que d'étudier l'action des cellules souches sur des sujets humains, on comprend qu'on choisisse d'abord de les injecter dans des animaux en essayant de comprendre comment elles se développent.

Le projet de clonage thérapeutique tournait autour de la question « éthique » de savoir si l'embryon peut être traité comme matériau d'expérimentation – au terme de combien de cellules « la dignité de la personne humaine » s'y oppose : à partir de la réunion de deux gamètes, au stade du blastocyte ou au-delà ? Avec les travaux sur les chimères, le débat se déplace sur une toute autre question : combien d'éléments humains ne dépose-t-on pas dans les animaux chimériques que l'on crée au risque de faire émerger en eux un comportement humain, et pourquoi pas une conscience ? On a déjà pu doter une souris d'un système immunitaire entièrement humain. Que dirait-on d'une souris d'aspect apparemment normal dont la tête serait pleine de cellules cérébrales humaines ? Ou de moutons dont le foie serait « humanisé » au point d'avoir des unités structurelles pompant uniquement des protéines humaines ?

Les travaux consacrés aux cellules souches conduisent à des recherches sur ce type de chimères, et des comités d'éthique ont déjà eu à statuer sur les limites dans lesquelles elles doivent ou ne doivent pas être poursuivies –

c'est-à-dire menées jusqu'à un certain stade du développement des animaux chimères ainsi traités. Un projet de loi circule même au Congrès de Washington tendant à interdire la création de chimères ou d'hybrides à partir de cellules ou de chromosomes humains. Alors que le Canada a interdit le transfert de toute cellule humaine dans un embryon non humain (et réciproquement celui de toute cellule non humaine dans un embryon humain), le comité consultatif scientifique du Parlement britannique a proposé d'autoriser la création de chimères à condition qu'elles soient détruites dans les quatorze jours. Or, il est concevable que le transfert de cellules souches humaines dans l'embryon d'une souris entraîne une différenciation de ces cellules dans toutes les lignées de cellules de l'embryon, y compris celles qui finiront par reproduire les cellules reproductives de l'animal. Donc, si la souris est un mâle, une partie de son sperme pourrait être humain, et si c'est une femelle une partie de ses ovules pourrait être humaine. On pourrait donc imaginer un scénario au terme duquel des souris porteuses de sperme et d'ovocytes humains auraient la possibilité de s'accoupler et d'engendrer on ne sait quelle espèce d'être vivant.

Ce n'est pas de la science-fiction, mais une possibilité qui suppose au préalable que ces chimères de souris soient nées afin de pouvoir s'accoupler. Le biologiste Ali Brivanlou de l'Université Rockefeller à New York n'exclut pas d'y parvenir, tout en insistant sur le fait qu'il ne les laisserait pas aller à terme : il les ferait avorter au bout de sept jours pour en étudier les cellules. L'enquête de Jamie Schreeve consacrée aux travaux menés aux États-Unis sur les chimères a de quoi donner le vertige – ou le dégoût : il est de fait concevable de développer un cerveau en partie humain chez un primate, et la question se pose aussitôt de savoir combien d'éléments humains significatifs peuvent être ainsi implantés dans un organisme non humain sans que lui soit conférées des bribes ou une partie de la définition même de l'humanité[1].

Une fois de plus c'est poser les limites de l'acceptable. Le professeur Léon Kass, qui présidait le Conseil de bioéthique créé auprès de la Maison

---

1. Jamie SHREEVE, « L'avenir des chimères : l'autre débat sur les cellules souches », *Futuribles*, n° 312, octobre 2005, p. 5-21, traduction de l'article publié dans *The New York Times Magazine*, 10 avril 2005. L'auteur a publié notamment *The Genome War : How Craig Venter Tried to Capture the Code of Life and Save the World*, New York, Knopf, 2004.

Blanche par George Bush Jr, a parlé du *yuck factor* – le facteur « berk »
ou « pouah » – pour désigner l'espèce de répulsion instinctive que l'on
peut éprouver à l'égard des résultats (ou des promesses) de certaines de
ces recherches en biologie. Ce facteur agit comme un signal d'alarme sur
« la ligne à ne pas franchir », mais il ne définit pas pour autant le principe
qui pourrait exclure la tentation – et les tentatives – de doter un primate
en cours de développement, par exemple un chimpanzé, d'un cerveau
humain embryonnaire pour voir jusqu'à quel point il ne finirait pas par
réagir comme un enfant. Au Burnham Institute de La Jolla, l'équipe du
professeur Evan Snyder a déjà implanté des cellules souches neuronales
humaines dans le cerveau de fœtus de macaques au stade de douze semaines.
On les a fait avorter quatre jours plus tard pour constater que les cellules
humaines avaient effectivement migré et s'étaient différenciées dans les
deux hémisphères cérébraux, y compris dans des régions du cortex en
développement des singes. À supposer que ceux-ci aient été menés à
terme, Evan Snyder écarte toute possibilité que le petit nombre de cellules
humaines dans leur cerveau ait pu avoir un quelconque effet sur leur
comportement.

Mais alors, à quoi bon toutes ces expérimentations ? La réponse est :
en savoir plus dans l'espoir de tout savoir. Comme le souligne Richard
Lewontin dans son procès des illusions qu'ont suscitées les fantasmes de
pouvoir de la biologie moléculaire, « il n'y a pas de technique d'observation
concevable qui puisse mesurer la multitude des forces à l'œuvre en biologie
qui, prises individuellement, sont si faibles ». Toutes les publications de ce
biologiste, en particulier ses critiques de la mystique du gène et du projet
de génome humain, reviennent à souligner « les limitations qui obèrent la
possibilité de notre savoir. La science est une activité sociale menée par une
espèce remarquable, mais qui n'est d'aucune façon omnipotente. Même
les Olympiens étaient limités dans leurs pouvoirs [1] ».

LA MACHINE PORTEUSE

La dernière des chimères en date – non plus au sens de la mythologie,
mais au sens figuré suivant Littré, c'est-à-dire de folie, de mirage ou de

---

1. R. LEWONTIN, *It Ain't Necessarily So, op. cit.*, p. XXI.

fantasme – apparaît dans le livre du biologiste, philosophe et talmudiste Henri Atlan, *L'Utérus artificiel*, aussi fascinant que divertissant par les perspectives qu'il ouvre sur les retombées socio-culturelles d'une telle innovation. C'est la machine porteuse, comme il y a aujourd'hui des mères porteuses, principe de la gestation extra-corporelle qui rendait possible *Le Meilleur des mondes* d'Aldous Huxley : une société totalitaire où les hommes et les femmes nés en dehors de toute relation sexuelle sont conditionnés à ne jamais se révolter. Henri Atlan reprend le thème de cette utopie, ou plutôt dystopie sociale, en le situant dans le cadre libéral des recherches consacrées à l'utérus artificiel. Il rappelle que l'idée et le mot de l'ectogenèse – grossesse et enfantement hors de l'utérus maternel – ont été lancés par John B. S. Haldane lors d'une conférence à Cambridge, le même Haldane inspirateur du roman de Huxley, qui fut eugéniste convaincu et militant jusqu'au moment où, se rapprochant du communisme, il fut horrifié par les stérilisations forcées et le passage à l'acte des nazis. Haldane est parti du mythe de Dédale l'architecte, qui a su mettre au point un appareil permettant à Pasiphaé d'assouvir son désir d'être pénétrée par un taureau sacré. D'où la naissance du Minotaure qui fut, dit Haldane, « un succès en génétique expérimentale que la postérité n'a jamais égalé [1] ».

Après l'insémination artificielle et la fécondation *in vitro*, dont la fonction fut moins de répondre à des finalités médicales (la stérilité ou les avortements à répétition) que de satisfaire à des « désirs d'enfant » échappant au lien entre sexualité et procréation, pourquoi pas l'utérus artificiel ? Ainsi Henri Atlan voit-il l'avenir, c'est-à-dire la fin de « l'asymétrie immémoriale entre les hommes et les femmes grâce à l'utérus artificiel », qui ne fera que prolonger et confirmer l'évolution initiée par la procréation médicalisée et les possibilités ouvertes par le clonage : « La nouvelle biologie retrouverait l'artifice des naissances sans mère et des mères masculines du jardin d'Éden qu'évoque la Genèse avant la chute [2]. » Ce thème souligne assurément la double tendance dans les sociétés postmodernes à la désexualisation de la procréation et au renforcement de l'affranchissement des femmes de la tutelle (pour certaines de la dictature) masculine.

---

1. Conférence publiée sous le titre *Daedalus or Science and the Future*, Londres, Kegan Paul, 1923.
2. Henri ATLAN, *L'Utérus artificiel*, Paris, Le Seuil, coll. « Librairie du XXIe siècle », 2005, p. 163.

Le biopouvoir qu'on a vu à l'œuvre dans l'histoire de l'eugénisme se retrouve ici sur le devant de la scène, plus soucieux que jamais de peser sur l'évolution biologique de l'humanité. Le cahier des charges est clair, il n'y a donc plus qu'à aller de l'avant. Car il n'y a pas que du fantasme dans ce projet de machine-mère : Henri Atlan décrit les techniques auxquelles on a déjà travaillé pour la réaliser sur des souris et des moutons, et s'il reconnaît qu'on est très loin encore de la mettre au point pour en faire une machine porteuse de bébés humains, il considère néanmoins que les difficultés techniques pourront être surmontées « dans un avenir peut-être pas éloigné. [...] Il ne s'agit, en forçant le trait, que d'un problème de tuyauterie très compliqué[1] ». Je ne suis pas sûr du tout, personnellement, que ce problème ressemble à celui que pose, par exemple, le pontage coronarien en chirurgie cardiaque : il ne s'agit pas que de tuyauterie, et le simple recours à cette image suggère en somme que l'embryologie n'est aux yeux d'Atlan qu'une affaire de mécanique.

On peut certes imaginer la performance technique que serait une telle machine incubatrice assurant les fonctions conjointes de l'utérus, du placenta et de l'organisme maternel en tant qu'appareil de nutrition et d'excrétion, sans parler de la maîtrise des échanges et des stimulations entre le placenta et les substituts du sang maternel dont les propriétés, en outre, devraient évoluer suivant les différentes étapes du développement. Cette vision réductrice peut laisser rêveur ceux qui savent combien le problème de l'oxygénation des grands prématurés, alors que les poumons ne sont pas fonctionnels, est à la limite du bon sens médical au point d'entraîner des anomalies cérébrales. Mais ne chicanons pas sur le cahier des charges, et admettons qu'une ventilation liquide permettra à la tuyauterie de fonctionner dans les meilleures conditions. On sait déjà, somme toute, développer un œuf après fécondation *in vitro*, jusqu'au stade de blastocyte (jusqu'au cinquième jour), le congeler et le maintenir en vie pendant des années pour l'implanter dans un utérus, tout comme l'on sait faire se développer dans des couveuses des bébés prématurés (à partir de la vingt-quatrième semaine de gestation).

Une ectogenèse complète reviendrait donc à combler l'écart actuel d'environ six mois entre le traitement de l'embryon en éprouvette et le développement du fœtus dans la machine porteuse, et c'est à cette

---

1. *Ibid.*, p. 29.

fin, nous dit Henri Atlan, que des expériences ont déjà été menées avec des embryons d'animaux et plus récemment même avec des embryons humains. Par exemple, au Japon, Yoshinori Kuwabara de l'Université de Tokyo a entrepris dès 1990 de faire se développer des fœtus de chèvre retirés de leur mère dans des réservoirs en plastique remplis de liquide amniotique, le cordon ombilical étant relié à des machines éliminant les déchets et fournissant les éléments nutritifs. Les fœtus furent maintenus en vie jusqu'à trois semaines dans ces conditions. L'intérêt pour ce projet de machine-mère est tel qu'en 2002, une conférence internationale s'est déjà tenue à l'université d'État d'Oklahoma sur le thème « Fin de la maternité naturelle? La matrice artificielle et les bébés du design [1]. »

Ce qu'il faut retenir de ces développements et des commentaires qu'en donne Henri Atlan, ce n'est pas tant le problème technique de l'utérus artificiel que celui des répercussions éventuelles de ce « *design* de bébés », que manifestement il se fait un plaisir de décrire : l'objectif est avant tout de « faire des bébés à la demande, par tri génétique, éventuellement par clonage » [2]. Autrement dit, l'eugénisme réapparaît une fois de plus sur la scène mythique du biopouvoir – et du féminisme. Car l'ectogenèse est la possibilité pour la femme de mettre au monde un enfant sans passer par les contraintes de la grossesse ni par les douleurs de l'enfantement. Henri Atlan voit déjà se diviser les écoles, tout comme aux débuts de la rencontre entre féminisme et eugénisme, sur les enjeux de l'ectogenèse. Pour les un(e)s, cela va dans le sens d'une plus grande liberté de la femme, achevant de séparer le plaisir sexuel de la procréation et surtout tournant le dos à la malédiction biblique de l'enfantement dans la douleur. Pour les autres, voilà au contraire le corps de la femme plus dépossédé que jamais, privé des privilèges (et du bonheur) de la grossesse et de l'enfantement, la machine-mère concurrençant la déesse-mère, féconde et nourricière, de toutes les mythologies. L'association du clonage et de l'ectogenèse permettrait de supprimer toute notion de parenté et de filiation : ce qui était strictement biologique n'est plus que symbolique dans la « guerre » entre hommes et femmes, les uns et les autres étant strictement à égalité grâce à la machine porteuse.

---

1. *Ibid.*, p. 32-33 (« The End of Natural Motherhood? The Artificial Womb and Designer Babies) ».
2. *Ibid.*, p. 33.

Le programme baconien

L'intention médicale – thérapeutique – du projet est claire, qui fait avancer le plus possible l'âge de viabilité des prématurés (l'âge minimal requis par les unités de réanimation est aujourd'hui de vingt-quatre semaines). Mais c'est occulter à la fois les risques avérés d'anomalies cérébrales résultant de cette course à la prématurité et les raisons profondes qui président à ce désir d'*ersatz* d'utérus. Comme dit Henri Atlan, « personne n'est dupe. On sait bien que les techniques de procréation initialement développées avec des finalités médicales de traitement de la stérilité ou d'avortements à répétition, débordent inévitablement ces indications strictement thérapeutiques [1] ». À ses yeux, les finalités médicales ne sont jamais qu'un prétexte pour répondre à un désir d'enfant hors procréation naturelle ; à mes yeux elles sont l'alibi du plaisir que le scientifique ne cessera jamais de prendre à l'idée d'aller toujours plus loin.

Je passe sur toutes « les retombées sociales et culturelles, voire métaphysiques et religieuses » que l'on peut attendre de ces développements, dont Henri Atlan semble se délecter. Au bout il voit la perspective « de la fabrication d'hommes artificiels ou d'artefacts humains selon la dénomination que l'on préfère utiliser » en considérant qu'il ne s'agirait pas d'un passage à la posthumanité, puisque « de toute façon le propre de l'espèce humaine est de fabriquer des artefacts. » Et c'est bien ici que s'éclaire tout cet imaginaire de l'utérus artificiel : « Le propre de l'espèce humaine est de fabriquer des artefacts non seulement dans son environnement, mais encore en elle-même, dans les individus qui la constituent », et par conséquent ni le clonage, fût-il reproductif, ni la machine porteuse, fût-ce d'êtres hybrides sans parenté, ne sont à écarter ou à condamner – la rupture selon lui ne serait pas plus affolante que le passage au néolithique ou l'invention de l'écriture.

« On peut voir là, écrit-il, un prolongement du programme baconien qui mettait l'accent sur l'efficacité technique de transformation expérimentale. Francis Bacon, avant Descartes, Hobbes et Spinoza, avait tracé le programme de la science moderne, en rupture avec la magie naturelle de la Renaissance, du point de vue de la méthode, mais en continuité

---

1. *Ibid.*, p. 41.

avec elle du point de vue de sa finalité : maîtriser la nature en lui faisant dévoiler ses secrets[1]. » Effectivement tel est bien le programme, mais c'est précisément sur ce point qu'il faut s'interroger. Henri Atlan reconnaît que « les performances techniques en biologie sont très en avance sur la théorie », et s'il ne désespère pas de voir la théorie rattraper les pratiques expérimentales, c'est qu'il pense que les phénomènes vivants peuvent se ramener aux structures et aux fonctions physico-chimiques de la matière, dont les théories physiques ont su si efficacement rendre compte jusqu'à l'échelle la plus lointaine ou la plus petite.

La perspective d'une société où la dissociation entre la sexualité et la procréation serait généralisée lui paraît tout aussi plausible. Mais c'est qu'il ne peut pas écarter la vision du pouvoir baconien dont les biologistes sont appelés à disposer au même titre que les physiciens : « L'offre et la demande des nouvelles techniques de procréation se renforcent l'une l'autre », et cette dissociation serait précisément le résultat de l'intervention des biologistes « dans des domaines jusque-là réservés à la vie privée et à sa régulation par les mœurs et le droit[2] ». Le retour de l'eugénisme – Phénix qui ne cesse jamais de renaître de ses cendres – se traduit ici par une régulation aux mains des biologistes, les mœurs et le droit devant s'aligner sur les progrès strictement techniques qui les font rêver. Talmudiste, Henri Atlan admet tout de même que « le meilleur, pas plus que le pire, n'est pas toujours sûr. Certaines conditions devront être réunies pour que le retour à l'Éden ne se transforme pas en cauchemar d'une nouvelle chute dans la barbarie ».

De la mystique du gène et des essais de thérapie génique au bricolage des chimères et à l'utérus artificiel, on voit que la quête du Graal revient à concevoir et à traiter le vivant comme un mécano, dont le montage s'applique tout aussi bien à l'homme qu'à n'importe quelle entreprise mécanique. Dans tout ce parcours, je rappelle que les scientifiques eux-mêmes ont eu la parole. À les lire et à les entendre, il est clair que, pour la plupart d'entre eux, tout ce qui est possible est toujours conçu non seulement comme réalisable, mais aussi comme souhaitable, c'est-à-dire comme devant être réalisé, quelles qu'en soient les répercussions : la connaissance, c'est le pouvoir suivant le mot d'ordre baconien, et tout comme l'intervention de l'homme sur les choses, la nature et la vie est

---

1. *Ibid.*, p. 50.
2. *Ibid.*, p. 157 et 177.

fonction du progrès de la connaissance, ce progrès est simultanément fonction de l'accroissement indéfini de pouvoir. La question des limites est donc par définition hors de la sphère de la rationalité scientifique. C'est pourtant la question que nos sociétés sont contraintes d'affronter au péril même de leur survie.

On peut certes penser, comme Jacques Monod, dans *Le Hasard et la Nécessité*, que cette alarme renvoie à l'« écœurant mélange de religiosité judéo-chrétienne, de progressisme scientifique, de croyance en des droits naturels de l'homme et de pragmatisme utilitariste ». Et donc que ces sociétés doivent « leur faiblesse morale aux systèmes de valeurs, ruinés par la connaissance elle-même, auxquels elles tentent encore de se référer[1] ». En ce cas, en effet, « l'éthique de la connaissance » dont il se réclamait devrait se substituer à toutes les réserves et réticences « vieilles européennes » que l'héritage humaniste croit encore devoir formuler, comme un rempart désespéré, contre toutes les sources de barbarie. Le discours scientiste du biologiste Jacques Monod était sans nuance ni concession : « Les sociétés modernes ont accepté les richesses et les pouvoirs que la science leur découvrait. Mais elles n'ont pas accepté, à peine ont-elles entendu, le plus profond message de la science : la définition d'une nouvelle et unique source de vérité, l'exigence d'une révision totale des fondements de l'éthique... » Et dans ce discours, une fois de plus, il faut distinguer le bon grain de l'ivraie, la science de la technologie, celle-ci responsable éventuellement de tous les maux (la bombe, dit Monod, la destruction de l'environnement, la démographie menaçante), celle-là pure comme l'enfant qui vient de naître et dont le postulat d'objectivité définit la seule valeur qui se tienne – elle-même.

Le message essentiel est bien que « la science attente aux valeurs [...] qu'elle ruine toutes les ontogénies mythiques ou philosophiques sur lesquelles la tradition animiste, des aborigènes australiens aux dialecticiens matérialistes, faisait reposer les valeurs, la morale, les devoirs, les droits, les interdits ». Le scientisme ici ne fait pas de quartier, qui voit dans toute réflexion sur les valeurs un reliquat d'inculture animiste. Et s'interdit de voir que la science elle-même peut être source de barbarie. Ce qui éclaire la nature du rôle que les scientifiques exercent désormais dans nos sociétés :

---

1. Jacques MONOD, *Le Hasard et la Nécessité : essai sur la philosophie naturelle de la biologie moléculaire*, Paris, Le Seuil, 1970, p. 186 *sq.*

le pouvoir de la science se confond – est confondu par la majorité d'entre eux – avec la fatalité de la transgression, quitte à ce que la société adapte ses mœurs, ses structures, sa jurisprudence et son droit aux conséquences qui en résultent, et quel qu'en soit le prix. La métaphore du Graal ne nous fait pas seulement entrer dans un monde où la science est réconciliée avec la religion. Dans les certitudes du postmodernisme et les incertitudes de la posthumanité, c'est en somme la science qui est la religion révélée.

16.

Le grand schisme

Tous les scientifiques, bien entendu, ne sont pas l'instrument de mort incarné par ceux qui, subordonnés au complexe militaro-industriel, travaillent aux armes de destruction massive. Nombreux sont à bien des égards ceux d'entre eux qui sont un instrument de vie et même de survie : leurs prouesses ont effectivement eu pour conséquence qu'une grande partie de l'humanité a été délivrée de la peine physique de remuer la terre, de porter des charges et de circuler sans véhicule, de souffrir pour se procurer son gagne-pain et de lutter en vain contre les épidémies ou la proximité de la mort. De ce point de vue, la recherche scientifique est incontestablement le socle de tout ce qui a permis l'augmentation de la durée de vie et l'abondance des biens et des services non seulement dans les pays industrialisés, mais encore dans beaucoup de pays en développement.

L'ensemble de ce qui a déterminé les progrès inouïs qu'ont connus la santé, le cadre de vie, les conditions de travail, de transport, de loisirs, tout autant que le niveau d'éducation et de culture, est dû en grande partie aux avancées théoriques et appliquées de la science, en particulier à l'accumulation de connaissances, dont la diffusion et la pratique ont fait sortir l'humanité des superstitions et de sa subordination aux aléas et aux contraintes des phénomènes naturels. Il suffit de lire Lucrèce et Spinoza, sans même se reporter aux multiples démonstrations des philosophes des Lumières, pour apprécier le prix de chaque parcelle de savoir nouveau acquise par le travail de l'intelligence et de l'imagination à l'œuvre dans toute démarche rationnelle.

Le prix Nobel d'économie Robert Fogel voit dans ce qu'il appelle l'évolution techno-physiologique la source de la croissance des pays industrialisés et de nombre de pays en développement : c'est la conjonction du cheval-vapeur et de la machine humaine *(human engine)*, de la mécanisation du travail et de conditions physiologiques améliorées (malnutrition maîtrisée, alimentation meilleure et plus abondante, mesures de santé publique efficaces contre les maladies chroniques, systèmes de gestion des eaux rendant plus salubre le développement des villes, etc.). Je doute qu'on puisse, comme il le soutient, mettre sur le même plan – à égalité mathématique, selon lui, par rapport à la quantité de travail et de loisir rendue disponible – la capacité énergétique développée par le progrès technique depuis les années 1700 et celle qu'ont libérée simultanément les progrès physiologiques de l'humanité (longévité doublée, poids plus important et taille augmentée de plus de 50 %), mais il est certain que la synergie entre les deux phénomènes dont « l'effet total est plus grand que la somme de ses parties » a été liée – et continue de l'être – à l'accroissement des connaissances. Pour reprendre son langage, dans l'interaction entre les facteurs thermodynamiques et les facteurs physiologiques qui fonde la croissance économique, il est impossible de minimiser les contributions strictement dues aux progrès de la science, en particulier au cours du xxᵉ siècle[1].

La figure de la vaccine

L'importance de ces contributions suffit-elle, sinon à effacer, du moins à minimiser les problèmes que posent aujourd'hui certains développements scientifiques ? Par exemple, on reconnaît volontiers, mais comme en passant, la menace que constituent l'arsenal des armes de destruction massive, les dérives possibles des recherches menées en ingénierie biologique, ou les questions que soulève l'évolution projetée des nanotechnologies, mais cela ne peut pas mettre en question les conditions de la poursuite du savoir, où les scientifiques apparaissent comme extérieurs aux répercussions de leurs travaux. Plus précisément, on peut bien évoquer, pour reprendre la formule d'André Malraux, ces aspects négatifs au bilan de la science, mais c'est pour aussitôt retrouver avec plus de conviction le

---

1. R. W. Fogel, *The Escape from Hunger and Premature Death, 1700-2100 : Europe, America and the Third World, op. cit.* ; voir Jean-Jacques Salomon, « Ces équations qui mènent à l'utopie », *Le Banquet*, nº 22, septembre 2005, p. 419-431.

thème du bon et du mauvais usage de la science auquel le scientifique se dit étranger et entend passer pour tel.

On est proche ici de ce que Roland Barthes a appelé le mécanisme tout moderne de la vaccine de la vérité. C'est « la figure très générale qui consiste à confesser le mal accidentel d'une institution pour mieux en masquer le mal principiel. On immunise l'imaginaire collectif par une petite inoculation de mal reconnu : on le défend ainsi d'une subversion généralisée[1] ». Ce traitement libéral appliqué à la rhétorique du mythe bourgeois suivant Roland Barthes, il aurait été inconcevable de l'appliquer il y a seulement cent ans au rôle du scientifique dans la société : c'est que l'institution scientifique n'avait pas alors à composer, dans la raideur du positivisme et le triomphe sans réserve de l'idéologie du progrès, avec les inquiétudes de la société civile. Aujourd'hui, en revanche, le vaccin permet une économie de compensation par laquelle l'institution reconnaît en somme quelques subversions localisées pour se prémunir contre une mise en question plus généralisée.

Ces subversions localisées ne sont pourtant pas d'importance minime ; elles interdisent au contraire de traiter à la légère la rhétorique de ceux des scientifiques pour lesquels la recherche fondamentale n'est pour rien dans les dérives ou les menaces auxquelles est suspendu le destin de l'humanité. « Par un petit mal confessé, dit Roland Barthes, fixé comme une légère et disgracieuse pustule, on détourne du réel, on évite de le nommer, on l'exorcise[2]. » La figure de la vaccine rend parfaitement compte des voies que prend la communauté scientifique du déni. Certes, il y a Hiroshima, ou Minimata, Bhopal, Tchernobyl, les défoliants au Vietnam, les fantasmes de clonage, les questions que soulèvent les OGM (Organismes génétiquement modifiés) ou les chimères à venir et l'expansion aventureuse des nanotechnologies, mais cela n'entache ni surtout ne doit en rien compromettre la poursuite *sans limites* du savoir. Et pour tout dire, cette légère et disgracieuse pustule n'autorise d'aucune façon un procès plus large, dont les procureurs sont de toute façon partiaux, incompétents, antiscience et essentiellement définis par la peur : la figure de la vaccine permet simultanément d'exorciser le mal et d'excommunier ceux qui le dénoncent.

---

1. Roland BARTHES, *Mythologies* (1957), Paris, Le Seuil, coll. « Points », 1970, p. 238-239.

2. *Ibid.*, p. 68.

On n'en est pas quitte pour autant : évoquer les aspects négatifs du progrès ne peut d'aucune façon conduire à en occulter ou à en sous-estimer le bilan positif, mais celui-ci ne peut pas davantage conduire à ignorer le coût humain des transformations auxquelles le progrès a donné lieu – des luttes sociales aux conflits armés – ni les menaces qu'il fait peser sur l'environnement et l'avenir même de l'humanité. Personne ne dispose de la balance qui autoriserait à dire, *tous comptes faits*, vers quel plateau son fléau penche de préférence ou même s'il y a une quelconque préférence : comment prendre en compte dans ces bilans les victimes des tragédies que l'histoire a connues depuis trois siècles ou même les laissés-pour-compte actuels du progrès dans les inégalités de la croissance économique ? Le prix payé par les changements que la révolution industrielle a provoqués est une question que ses succès mêmes, incontestables et prodigieux, ne sauraient esquiver.

Pourtant, au-delà même de cette question à laquelle nul n'a en vérité de réponse, une chose est sûre aujourd'hui : le rapport établi par Francis Bacon entre savoir et pouvoir à l'aube de la révolution scientifique du XVIIᵉ siècle a profondément changé. Tout le parcours des progrès que l'humanité a connus, vaille que vaille, à travers toutes les tragédies de l'histoire, a été défini et anticipé par Bacon en fonction du lien de causalité réciproque qu'il projetait entre savoir et pouvoir, les deux devant aller de pair et du même pas : « La connaissance, c'est le pouvoir. » Tel est le foyer intellectuel à partir duquel les braises du rationalisme ont enflammé le siècle des Lumières jusqu'à répandre l'idée d'une correspondance étroite, inscrite comme dans un processus de causalité mécanique, entre progrès scientifique, progrès social et progrès moral.

Non seulement l'histoire, du XIXᵉ siècle au nôtre, a montré que cette correspondance n'était ni établie ni même évidente, mais surtout il en ressort que l'équation baconienne entre savoir et pouvoir ne fonctionne plus de la même manière. Comme l'a dit Claire Salomon-Bayet, manifestement depuis un demi-siècle nous *pouvons bien plus* que nous ne *savons* : « Pour nous autres contemporains, nous ne sommes plus certains de savoir quel est exactement l'écart entre le savoir et le pouvoir et dans quel sens cet écart se manifeste. [...] Ce que nous pouvons faire et ce que nous faisons échappe au savoir, et cela pour une raison de temps. Nous sommes submergés par les termes de risque, de catastrophe, de prévention, de précaution. Or, tous ces termes, analysés philosophiquement, expriment l'écart dont il vient d'être question [1]. » C'est dire que l'humanité fonctionne à coup de découvertes et d'innovations que sa capacité de compréhension et de gestion ne peut maîtriser, et qu'elle va de l'avant comme si ce processus devait et pouvait encore conduire, comme on le croyait du temps où savoir et pouvoir coïncidaient sous l'oriflamme des Lumières, vers la promesse d'un progrès continuel non seulement sur le plan matériel, mais encore sur le plan social et moral. Notre rapport à la technique contemporaine – à la technologie, précisément, au sens où c'est la technique sous l'emprise et la tutelle absolues de la science – est fait de désarroi, d'ignorance et d'aliénation.

Certains voient dans les contradictions et les horreurs de ce que fut le XXᵉ siècle – dont la condition de possibilité fut l'obéissance passive des masses à des dictateurs – comme l'annonce de la fin des Lumières au sens où Kant rêvait, tout au contraire, de voir chaque individu s'affranchir de la « minorité intellectuelle qui le rend dépendant » : oser penser par soi-même, c'est-à-dire « par un effort de volonté » refuser de se soumettre à toute autre tutelle que celle de la raison, tel était à ses yeux l'enjeu du siècle à venir. Et les exemples qu'il donnait illustraient en effet les cas d'obéissance aveugle – de soumission de l'esprit – menant à tous les excès [2]. Il se pourrait en fait que, loin de sortir de cette minorité, l'humanité soit condamnée à une minorité de plus, différente de celle que Kant dénonçait, sous la domination conjointe de la technologie (dont la publicité et le marketing font partie) : une minorité non pas seulement intellectuelle, mais aussi pratique dans son assujettissement à une société de consommation, dont les sources et le fonctionnement lui échappent de plus en plus. C'est bien cette forme nouvelle d'aliénation qui a été la cible de toutes les critiques

---

1. Claire SALOMON-BAYET, « Variations sur le temps, » *Bulletin de la Société française de philosophie*, janvier-mars 2004 (98ᵉ année, n° 1), p. 23-24.

2. « Pour ces lumières, il n'est rien requis d'autre que la liberté ; et à vrai dire la liberté la plus inoffensive de tout ce qui peut porter ce nom, à savoir celle de faire un usage public de sa raison dans tous les domaines. Mais j'entends présentement crier de tous côtés : « Ne raisonnez pas » ! L'officier dit : Ne raisonnez pas, exécutez ! Le financier : (le percepteur) « Ne raisonnez pas, payez ! » Le prêtre : « Ne raisonnez pas, croyez : » (Il n'y a qu'un seul maître au monde qui dise « Raisonnez autant que vous voudrez et sur tout ce que vous voudrez, mais obéissez ! ») Il y a partout limitation de la liberté. Mais quelle limitation est contraire aux lumières ? » (KANT, *Qu'est-ce que les Lumières ?*, 1784, traduction St. Piobetta, Paris Flammarion, 1990).

des pièges et des travers de la société industrielle, de Packard, Mills ou Galbraith à Ellul et Marcuse, pièges qui n'ont fait que s'approfondir avec la « sophistication » croissante de nos moyens techniques. On peut douter que le XXIᵉ siècle échappe mieux que le précédent au poids de cette tutelle. En ce sens, l'idée même de l'autonomie de la pensée, permettant à chacun d'accéder à l'âge adulte de la raison, aurait fait son temps dans le sillage de toutes les aliénations auxquelles condamne l'univers des « boîtes noires » technologiques dans lequel nous vivons.

L'homme de tous les jours, l'homme quelconque, et ce peut être un adolescent, quelles que soient sa formation et ses compétences (et précisément s'il n'en a aucune), dispose de moyens qu'il manipule à loisir sans savoir ni avoir besoin de savoir comment ils fonctionnent (que l'on songe à l'exemple si banal du chauffeur d'automobile qui roule à 160 kilomètres à l'heure, éventuellement éméché par l'alcool ou la drogue, et qui tue sur la route). La génération des débuts du moteur à explosion était capable, sans trop d'initiation technique, de les réparer. La nôtre est entourée de moteurs et d'objets techniques de tous ordres, dont la complexité (en particulier à cause de la diffusion de l'électronique) est telle qu'il est hors de question, à moins d'être un spécialiste, « d'y aller voir » pour en comprendre le fonctionnement, comme il était possible à des enfants, pour comprendre le mécanisme des montres, de les démonter et de les remonter. Les hommes (et les femmes) de notre siècle vivent dans un environnement technique où l'on se contente de remplacer les pièces qu'on ne peut ni ne sait réparer : moteurs et machines deviennent des « boîtes noires » qui relèvent de la magie. Le consommateur qui n'a pas été formé à les maîtriser tire son quotidien d'un environnement technique opaque dont les sources et les arcanes lui sont parfaitement étrangers. Il entre dans Internet sans connaître le fonctionnement de l'ordinateur et encore moins le système d'algorithmes et de réseaux qui permet de se relier et de converser d'un bout du monde à l'autre. Et il est d'autant plus aliéné que l'institution scientifique se présente comme la gardienne du temple d'un savoir exclusif dont le langage échappe à la compréhension commune des hommes.

Hannah Arendt a très bien perçu le coût politique de cette aliénation, une « situation créée par les sciences » qui se joue d'abord et essentiellement sur le terrain du langage : « Dès que le rôle du langage est en jeu, le problème devient politique par définition, puisque c'est le langage qui fait de l'homme un animal politique. Si nous suivions le conseil, si souvent répété aujourd'hui, d'adapter nos attitudes culturelles à l'état actuel des sciences, nous adapterions en toute honnêteté un mode de vie dans lequel le langage n'aurait plus de sens[1]. » L'écart entre ceux qui ont accès au langage scientifique et ceux qui ne le pratiquent pas est aussi grand que celui qui séparait hier, avant l'imprimerie, les croyants du Moyen Âge des prêtres interprètes de la Bible, et cet écart se situe sur tout terrain défini par une spécialisation du savoir, dont la gestion est par définition entre les mains des « spécialistes ». Et quels sont les domaines de la vie quotidienne qui échappent encore à de telles spécialisations ? Dès lors il y a de l'extralucide dans l'image que le public et les médias se font de l'autorité du scientifique, comme si le vide provoqué par l'incompréhension du langage impénétrable de la science ne pouvait être comblé que par l'affirmation d'un élément de mystère ou même de magie.

Quand Einstein est arrivé pour la première fois aux États-Unis, l'accueil que les journalistes lui ont réservé était celui d'une sorte de mage dépositaire de tous les secrets du monde. Incarnant « une science qui brouille les évidences du sens commun et capable au même moment de changer le monde », il apparaissait, a écrit Merleau-Ponty, comme « le lieu consacré, le tabernacle de quelque opération surnaturelle[2] ». Aucun de ces journalistes ne pouvait imaginer que le père de la théorie de la relativité pût s'exprimer dans le langage de tout un chacun : son interview ne pouvait être que d'un magicien ou d'un grand prêtre officiant en dehors de toute espèce de communication entre « humains ».

« S'il est bon, peut-être, dit encore Hannah Arendt dans le prologue à la *Condition de l'homme moderne*, de se méfier du jugement politique des savants en tant que savants, ce n'est pas principalement en raison de leur manque de "caractère" (pour n'avoir pas refusé de fabriquer les armes atomiques), ni de leur naïveté (pour n'avoir pas compris qu'une fois ces armes inventées ils seraient les derniers consultés sur leur emploi), c'est en raison précisément de ce fait qu'ils se meuvent dans un monde où le langage a perdu son pouvoir. » C'est que le langage de la science est inaccessible pour tous ceux qui n'y sont pas formés, et le langage, tout

---

1. Hannah ARENDT, *La Condition de l'homme moderne*, Paris, Calmann-Lévy, 1961, Prologue, p. 10-11.
2. Maurice MERLEAU-PONTY, « Einstein et la crise de la raison », *Éloge de la philosophie et autres essais*, Paris, Gallimard, 1960, p. 315.

comme la maîtrise, de la technologie, se trouve désormais hors de la même portée commune : « Les hommes en tant qu'ils vivent et se meuvent et agissent en ce monde, n'ont l'expérience de l'intelligible que parce qu'ils parlent, se comprennent les uns les autres, se comprennent eux-mêmes. » Et c'est à ce titre que, pour Hannah Arendt, ils sont pleinement des animaux politiques. La démobilisation des électeurs dans les démocraties (partout l'importance du nombre des abstentions) me paraît être étroitement liée à ce partage de plus en plus brouillé et dévalorisé du langage commun, qui débouche inévitablement sur la politique-spectacle. On le voit bien dans le rôle qu'exerce la télévision dans les débats politiques en substituant la simple image de l'acteur au contenu de son discours, si bien que, *a contrario*, la retransmission des échanges au sein d'une assemblée politique apparaît comme un montage « rétro » de l'époque assurément dépassée – remontant aux sources mêmes de la démocratie grecque – où la parole comptait pour elle-même : c'est seulement dans les pays où les libertés font défaut que la parole reprend le dessus sur l'image.

À quoi s'ajoute, à la fois cause et effet, la division du système d'éducation moderne contemporain en deux mondes hétérogènes : un continent « actif » qui incarne l'esprit et les méthodes scientifiques, et un autre dont la définition « humaniste » le fait passer pour sans intérêt pratique. Définition essentiellement négative : cette culture humaniste qui n'est pas censée agir sur les choses est en même temps présentée comme « passéiste », là où la culture scientifique s'affiche comme résolument tournée vers l'avenir. Les expressions « sciences dures » *(hard sciences)* et « sciences douces ou molles » *(soft sciences)* en disent long sur nos préjugés, et plus encore sur la mesure de l'écart qui sépare le poids de la rationalité au sein de ce que C. P. Snow a appelé les « deux cultures[1] ». Car cet écart ne renvoie pas seulement, comme il le pensait, à deux ordres rivaux de goûts, d'aptitudes ou de qualifications, il détermine en les opposant des fonctions que le système industriel tient pour irréconciliables. Derrière ces deux cultures qui se juxtaposent, il y a deux familles séparées non seulement par l'esprit et le langage, mais aussi par le statut social et éventuellement le salaire. C'est d'ailleurs ce qui explique que la lutte des fonctions au sein des sociétés postindustrielles se substitue à la lutte des classes : les « cols blancs » et les classes moyennes, poids lourds

---

1. C. P. Snow, *Les Deux Cultures*, Paris, J.-J. Pauvert, 1968.

des sociétés de la connaissance et de l'information, ont pris le relais des classes ouvrières sur le terrain des luttes sociales.

Or, la spécialisation même des formations, donc des compétences, fait que même ceux qui passent par l'enseignement supérieur sont condamnés à vivre dans un environnement qui demeure pour eux, en dépit de leur savoir, une « boîte noire » en dehors de leur spécialité même. D'un côté, le public profane montre apparemment une inculture, sinon une inaptitude en matière de science, qui le sépare de la rationalité dominante comme s'il n'y prenait aucune part ; de l'autre, les spécialistes sont la plupart du temps ignorants dans les domaines de spécialité qui ne sont pas les leurs : l'hiatus culturel par rapport à notre environnement technique est en fait de plus en plus partagé, d'une façon ou d'une autre, par tous. Comme dit Jean-Marc Lévy-Leblond dans un court essai sur les problèmes que soulève la place de la science dans la culture, « si les non-scientifiques ne sont pas des non-experts universels, les scientifiques ne sont pas davantage des experts universels[1] ». Ils le sont d'autant moins que, même dans leur domaine, ils leur arrive d'avancer sans trop savoir où ils vont et donc sans se préoccuper de ce que peuvent être les conséquences de ce qu'ils font : on l'a vu à propos de l'atome comme du gène, le modèle hégémonique du savoir qu'ils incarnent trouve sa limite dans les limites même de leur savoir, c'est-à-dire dans l'écart croissant entre leur capacité d'agir et les connaissances dont ils disposent pour être en mesure de la contrôler : le pouvoir de la science n'a plus nécessairement pour corollaire la même étendue ni la même portée de savoir. À plus forte raison pour celui ou celle qui n'a pas de compétence scientifique : pour reprendre le thème kantien des Lumières, il est toujours possible dans le cadre privé de la pensée de s'affranchir de la tutelle des superstitions, il est beaucoup plus difficile dans le cadre public de la vie quotidienne d'échapper à la « boîte noire » des techniques qui la conditionnent.

---

1. Jean-Marc LÉVY-LEBLOND, *La Science en mal de culture*, Paris, Futuribles/Perspectives, 2004, p. 41, qui reprend et résume certains des thèmes développés dans *La Pierre de touche. La science à l'épreuve*, Paris, Gallimard, coll. « Folio », 1996.

LES FANTASMES DU NANOMONDE

Aucun domaine n'est, à cet égard, plus révélateur que celui des nano-technologies. Le discours mobilisateur des spécialistes qui accompagne leur essor évoque un changement radical de paradigme non seulement dans les sciences de la nature, mais encore dans la civilisation même. Le rapport de la National Science Foundation qui leur a été consacré en 2002 se présentait comme un coup de clairon annonçant vraiment l'aube d'un nouveau monde. Plus encore que son titre, « Faire converger les technologies pour améliorer les performances humaines », toutes les contributions revenaient à promettre une série de prouesses techniques destinées à transformer de part en part la condition humaine : je cite, rien de moins que « la paix mondiale, la prospérité universelle et la marche vers un degré supérieur de compassion et d'accomplissement ». Ainsi, au-delà de l'unification des sciences et des techniques, verrait-on triompher l'interaction pacifique et mutuellement avantageuse entre les hommes et les machines, assurer un bien-être matériel et spirituel universel, supprimer définitivement tout obstacle à la communication (notamment la diversité des langues), accéder à des sources d'énergie inépuisables tout en se débarrassant des soucis liés à la dégradation de l'environnement, et bien entendu maîtriser toutes les épidémies et maladies [1].

Il n'y a pas, de toute évidence, dans les affirmations de ce rapport la moindre frontière entre ce que le savoir scientifique peut proposer et les fantasmes à l'œuvre dans toute science-fiction : « L'humanité, y lit-on, pourrait bien devenir comme un cerveau unique dont les éléments seraient répartis et interconnectés par des liens entièrement nouveaux parcourant la société. » Or, l'un des deux auteurs de ce rapport, William Sims Bainbridge, est un sociologue spécialiste de l'étude des sectes religieuses, qui ne se cache pas de prêcher le « transhumanisme », le dépassement de la très imparfaite condition humaine par les perfectionnements techniques de la cyberhumanité [2]. On voit que la perspective religieuse n'est pas absente des

---

1. *Converging Technologies for Improving Human Performance*, Washington, NSF, 2002.
2. Voir Jean-Pierre DUPUY, « Quand les technologies convergeront », et l'encadré traitant du transhumanisme, *Futuribles*, n° 300, septembre 2004. Ce texte a d'abord été publié dans la revue des polytechniciens, *La Jaune et la Rouge*, n° 590, p. 47-52.

postures dont cet auteur très officiellement adoubé par la National Science Foundation, dote les promesses du nanomonde.

La conjonction des biotechnologies, des neurosciences, des technologies de l'information et de la robotique est certes la visée même de ces programmes de recherche. À l'issue de quoi, peut-être, la nano-échelle ferait disparaître toute distinction entre les disciplines classiques telles que la physique, la chimie, la biologie et, dans une certaine mesure, la médecine elle-même : c'est que, du micro au nano, on passe à des technologies portant sur la manipulation d'atomes et de molécules dont l'échelle est le milliardième de mètre. Mais ce n'est pas seulement ce progrès considérable dans l'échelle de l'intervention technique qui caractérise les fantasmes de l'empire à venir des nanotechnologies, au sens où Richard Feynman en a génialement pressenti et indiqué en 1959 les possibilités dans sa conférence au California Institute of Technology (Caltech) : « Il y a abondance de place au bas de l'échelle [1]. » Pourquoi, demandait-il, ne pourrait-on pas écrire la totalité des vingt-quatre volumes de l'*Encyclopédie britannique* dans la tête d'une épingle ?

Suivirent l'énoncé et la description des multiples possibilités ouvertes par l'extrême miniaturisation dans le domaine des ordinateurs comme dans celui des phénomènes vivants. Feynman était parfaitement conscient du fait que le changement d'échelle peut entraîner, avec la construction de synthèses, de moteurs et de machines absolument nouveaux, des effets d'un type inédit obéissant à des lois différentes de celles qui prévalent à notre échelle. Tout en décrivant certaines applications d'ordre économique, il se demandait pour conclure qui devrait s'y attaquer et pourquoi. « La raison pour laquelle on doit s'y mettre devrait tout simplement être : pour s'amuser *(for the fun)* », et il invitait ses collègues et successeurs à s'y attaquer « pour se faire plaisir ». Il proposa d'organiser un concours pour les laboratoires et un autre pour les lycées, dont l'enjeu serait la réalisation d'un nanomoteur et d'une page de livre réduite 25 000 fois de façon à être lue par un microscope électronique (il offrait lui-même de sa bourse deux prix de 1 000 dollars chacun à qui seraient les premiers à y parvenir) [2].

---

1. Richard Feynman, « There's Plenty of Room at the Bottom » (29 décembre 1959), conférence publiée pour la première fois dans *Engineering and Science*, Caltech, février 1960. Extraits en français dans *Futuribles*, n° 278, septembre 2002.

2. Un an plus tard, un ingénieur en électricité réalisait « le plus petit moteur au

Le défi lancé par Feynman *for the fun* a pris un demi-siècle pour commencer à être relevé dans un cadre industriel, et sa clairvoyance quant aux changements que peut connaître la nature des effets se déployant dans le nanomonde est plus pertinente que jamais : ce n'est pas seulement un changement de dimension ou d'échelle, c'est un changement de propriétés physiques et chimiques qui émerge des effets quantiques. Et nul ne sait quelles peuvent être ou seront effectivement ces nouvelles propriétés. C'est bien pourquoi tous les développements et discours futuristes sur les nanotechnologies ne manquent jamais de sacrifier à la « figure de la vaccine » qui revient, en évoquant comme en passant les conséquences négatives possibles, à les exorciser.

Par exemple, après l'énumération de l'« éventail impressionnant » des applications du nanomonde à venir, il faut attendre les toutes dernières pages du numéro spécial de *Clés*, la revue du CEA qui lui est consacré, pour voir abordées certaines « questions d'ordre éthique », par exemple la toxicité éventuelle des nanoparticules, risque pour la santé le plus couramment reconnu aujourd'hui (la possibilité d'explosions de poussières dont les effets seraient analogues à ceux des pollutions urbaines sur la fonction respiratoire et sur le système cardio-vasculaire). La figure de la vaccine fonctionne parfaitement quand on explique que « sans attendre les conclusions de la recherche sur la toxicité des nanoparticules, le CEA applique le principe de précaution en mettant en œuvre des techniques de confinement utilisées dans le nucléaire pour la protection de l'environnement et de son personnel travaillant dans le domaine des nanoparticules[1] ».

Dans cette figure de la vaccine, on évoque (rapidement) les problèmes

---

monde » Feynman lui remit un chèque de 1 000 dollars tout en regrettant que son invention « n'ait pas exigé le recours à une technique majeure nouvelle ». En 1986, c'est un jeune diplômé de Stanford qui réussit à imprimer la première page d'un roman de Dickens 25 000 fois plus petite et qui pouvait être lue (il utilisa des faisceaux d'électrons pour tracer les lettres faites de points correspondant à 60 atomes, la technique même que Feynman avait suggérée un quart de siècle plus tôt), et Feynman lui remit aussitôt son prix. Voir Christopher SYKES (éd.), *No Ordinary Genius. The Illustrated Richard Feynman*, New York, Norton, 1994, p. 175 et 189. Néanmoins, ces deux exploits de miniaturisation étaient très loin encore des nanotechnologies contemporaines, dont les plus petites dimensions sont inférieures à 100 nanomètres (1 nanomètre valant un milliardième de mètre).

1. *Clés – CEA*, numéro spécial : « Le nanomonde : de la science aux applications », n° 52, été 2005, « Les nanotechnologies en débat », p. 119-125.

que soulève la nécessité d'une régulation de la recherche et de ses applications dans ce domaine, thème majeur de la conférence qui s'est tenue en 2004 à Alexandria (Virginie), sur « L'impact sociétal des nanotechnologies ». Mais c'est que les mises en garde venant des spécialistes, tout autant que des auteurs de science-fiction qui s'en sont inspirés, se sont multipliées depuis l'assaut des discours mobilisateurs qui ont réussi à collecter, dans la plupart des pays industrialisés, de considérables financements publics – en fait, une ruée d'investissements. Le domaine ne constitue ni un secteur ni une branche au sens des comptabilités nationales, pas même une filière en référence à l'économie industrielle ; il ne figure dans aucune nomenclature d'activité et de produit, et l'OCDE, gardienne du temple international des statistiques économiques, ne le mentionne pas dans ses tables de correspondance, et pour cause : il est très exactement dans une première enfance qui explique qu'il soit en cours de définition et de classification (par exemple, on se demande encore s'il faut ranger certains nanoproduits parmi les substances chimiques).

Bref, on ne sait vraiment pas où l'on va, mais on y va comme vers la conquête de l'or et des pierres précieuses du Nouveau Monde, avec des estimations du marché mondial en puissance qui n'ont d'autre source que les fantasmes de leurs auteurs. Ainsi, Nano Business Alliance, qui regroupe aux États-Unis les principaux acteurs privés du secteur, estimait en 2001 à 45,5 milliards de dollars la taille du marché mondial, tablant sur un marché de 700 milliards de dollars en 2008. De son côté, la National Science Foundation s'est livrée à des projections encore plus fantastiques (et aventureuses) sur les montants comme sur les échéances : 1 000 milliards de dollars à l'horizon 2015, dont 57 % pour l'informatique, 32 % pour les matériaux, 17 % pour les sciences de la vie. Peu importe qu'on ignore sur quelles méthodologie et consultation des experts ces estimations se fondent, la grande majorité des pays industrialisés (et quelques pays en développement comme la Chine et l'Inde) ont déjà considérablement investi dans ce domaine tout comme la reine d'Espagne avait misé sur les navires de Christophe Colomb qui croyait rejoindre les Indes en évitant la route du cap de Bonne-Espérance : tous pays confondus, 3,5 milliards d'euros en 2003 avec une croissance de 40 % par an (1 070 pour les États-Unis, 350 millions pour le budget de l'Union européenne, l'Allemagne 350, la France 180, la Grande-Bretagne 130, etc.). En 2006, le budget des États-Unis prévoyait déjà une dotation de près d'un milliard de dollars.

Une ruée vers le Colorado, qui nulle part, bien entendu, ne laisse indifférents les militaires : dans la course aux applications, des nanopuces aux nanomatériaux en passant par les nanomolécules et les nanostructures (qui pourraient reproduire des virus), l'image de l'ennemi en puissance capable de vous précéder est la hantise des états-majors. Déjà le département américain de la Défense prévoit de dépenser 5,5 millions de dollars en 2005, ne serait-ce que pour étudier et prévenir la toxicité des nanoparticules, et 20 millions pour préciser les conditions dans lesquelles les nanostructures peuvent détecter et protéger des rayonnements ionisants comme des agents bactériologiques. Le seul État de Californie, qui s'inquiète de la fin du règne du silicium dans les ordinateurs, a investi 100 millions de dollars dans la création du California Nanosystems Institute où la recherche s'attaque, entre autres, aux structures photoniques pour la connectique optique et à l'électronique moléculaire, qui intéressent au plus près le Pentagone. La course aux nano-armes laisse déjà entrevoir des bouleversements stratégiques dans la mise en œuvre de nouvelles armes de destruction massive permettant de maîtriser à très grande distance l'ennemi sans avoir à exposer ses propres troupes sur le terrain : le nanomonde militarisé – comble de l'atmo-terrorisme d'État – laisse espérer des champs de bataille où les fantassins n'ont à intervenir qu'une fois assurée l'éradication totale de l'ennemi.

Ce domaine de recherche montre, plus que jamais, l'effacement des frontières entre la recherche fondamentale et la recherche appliquée, entre les universités et les industries, entre le statut de chercheur et celui d'intervenant direct dans les affaires du monde, entre la formulation des énoncés proprement scientifiques et la vision prospective de leurs répercussions économiques et sociales : le mélange des genres est à la mesure d'une institution scientifique de plus en plus étroitement associée aux intérêts économiques et militaires. Alors qu'on n'en est encore qu'au tout début des recherches – la flotte de Colomb est à peine sortie du port –, aucun domaine ne montre mieux que celui-là combien la production de la science est devenue un objet politique dont les applications possibles, aux dires mêmes des spécialistes qui en font la propagande, promettent d'affecter non pas seulement l'économie, mais le sens et l'avenir même de la condition humaine. Et, plus que jamais, la question des limites est posée, celle du possible comme celle du souhaitable.

Pouvoir n'est plus savoir

Parmi les promesses d'applications « fabuleuses » du nanomonde, on cite toujours les deux domaines les plus manifestement voués à en tirer parti, l'informatique et les biotechnologies. D'abord, on prévoit une augmentation considérable de la capacité de calcul et de traitement des ordinateurs, tout autant que de leur rapidité (plus de 10 000 fois plus grande), grâce aux progrès de l'électronique moléculaire : ceux-ci seront d'autant plus bienvenus que la miniaturisation des microprocesseurs fondés sur le silicium atteindra bientôt ses limites physiques. Ensuite, on annonce un bouleversement de l'ingénierie génétique avec des perspectives « extraordinaires » grâce à des nanopuces et à des nanomachines qui, circulant comme des sous-marins dans les cellules, pourront cibler étroitement les tumeurs pour les phagocyter ou les détruire.

Mais l'idée majeure qui exalte les spécialistes – le projet de convergence des disciplines déjà en jeu, biotechnologies, neurosciences, technologies de l'information et robotique – va bien au-delà d'un perfectionnement des technologies connues et disponibles : c'est que le paradigme de la nano-échelle doit ouvrir la voie à la création de cellules et à la maîtrise de fonctions qui soient plus efficaces que celles du « bricolage », pour reprendre la formule fameuse de François Jacob, caractéristique du vivant dont témoignent les processus naturels [1]. Réduire, reproduire, doubler, multiplier en termes d'algorithmes et de constructions « en legos », comme brique par brique, les molécules indispensables au métabolisme cellulaire avec leurs propriétés d'auto-organisation, d'autoréplication et même d'autocomplexification – en un mot, *créer la vie* et dans des conditions telles que « ce soit mieux » que le bricolage de la nature elle-même, telle est l'ambition démiurgique que l'un des pionniers des nanotechnologies, Eric Drexler, a revendiquée dans son livre-programme, *Engines of Creation*, et aussitôt mise en œuvre dans son institut californien, le Foresight Institute [2].

On sait certes déjà isoler et manipuler les molécules grâce au microscope

---

1. François Jacob, *Le Jeu des possibles : essai sur la diversité du vivant*, Paris, Fayard, 1981, chap. ii : « Le bricolage de l'évolution ».
2. Eric Drexler, *Engines of Creation : The Coming Era of Nanotechnology*, New York, Anchor Books, 1986.

à effet tunnel ; la découverte des fullerènes en 1985, atomes de carbones de la taille des nanomètres, puis celle des nanotubes de carbone en 1995, laissent effectivement entrevoir la construction possible de nouveaux matériaux extrêmement résistants, légers et d'une élasticité exceptionnelle ; il y a déjà de nombreuses démonstrations de calculs quantiques qui, se substituant aux circuits électroniques, promettent de révolutionner une fois de plus la puissance de calcul des ordinateurs : et le rêve est déjà de réaliser des nanosystèmes (par exemple des nanoparticules comportant de l'oxyde de fer) capables d'assurer la « vectorisation » par aimantation des remèdes chimiothérapiques, c'est-à-dire le ciblage d'une tumeur ou de dysfonctionnements cellulaires, sans endommager les cellules saines, etc. Mais la fameuse convergence des disciplines est encore loin ne serait-ce que d'imaginer l'architecture d'un ordinateur quantique ; et si les travaux se multiplient sur l'étude des propriétés des nano-objets – nanotubes, nanocristaux, nanofils, etc. – comme sources des matériaux du futur, il reste à savoir comment les intégrer dans des assemblages optimisés : les briques du nanomonde n'ont pas encore trouvé la formule de leur architecture, ni les moyens, ni peut-être les architectes capables d'en réaliser l'assemblage. Le passage de la micro-mécanique à la maîtrise du nano-organique est en fait loin d'être acquis.

Il n'empêche : comme l'on *peut* dans ce domaine manifestement *plus* qu'on ne *sait*, les mises en garde sur les risques qu'entraîne l'accélération des recherches sont à la mesure des discours mobilisateurs légitimant crédits et fantasmes. Et ces discours donnent sans pudeur dans une telle volée d'affirmations hyperboliques, qu'on peut se demander jusqu'à quel point certains scientifiques ne rougissent pas de parler comme des charlatans. Jean-Pierre Dupuy, mathématicien et philosophe, professeur à l'École polytechnique, n'hésite pas à dénoncer sévèrement le double langage dont témoignent ces postures de charlatanerie : « La vérité est que la communauté scientifique tient un double langage, ainsi qu'elle l'a souvent fait dans le passé. Lorsqu'il s'agit de vendre son produit, les perspectives les plus grandioses sont agitées à la barbe des décideurs. Lorsque les critiques, alertés par tant de bruit, soulèvent la question des risques, on se rétracte : la science que nous faisons est modeste. Le génome contient l'essence de l'être vivant, mais l'ADN n'est qu'une molécule comme une autre – et elle n'est même pas vivante ! Grâce aux OGM, on va résoudre une fois pour toutes, le problème de la faim dans le monde, mais l'homme a pratiqué le génie génétique depuis le néolithique. Les nanobiotechnologies permettront de guérir le cancer et le sida, mais c'est simplement la science qui continue son bonhomme de chemin[1]. »

Ainsi le best-seller de science-fiction de Michael Crichton, *La Proie*, n'a-t-il fait que reproduire l'alerte lancée par Eric Drexler lui-même envisageant un accident de programmation, par exemple la diffusion de *gray goo* – le risque d'une autoréplication sauvage des nanostructures débouchant sur une « écophagie » planétaire : tout ou partie de la terre étant alors détruit par épuisement du carbone. Ce risque n'est pas sans rappeler celui que certains des scientifiques du programme Manhattan, lors de la première explosion de la bombe atomique dans le Nouveau-Mexique, avaient très sérieusement envisagé : une réaction en chaîne qui ne s'arrêterait pas à l'explosion, mais qui se transmettrait de proche en proche à toutes les particules de la matière jusqu'à faire sauter la planète.

Le prix Nobel Enrico Fermi n'avait pas hésité à proposer un pari : « Oui ou non la bombe mettrait-elle le feu à l'atmosphère, et dans ce cas détruirait-elle New Mexico ou l'ensemble du monde ? » Teller avait effectivement envisagé l'embrasement de l'atmosphère, et le général Farrell, témoin de l'explosion, souligna dans son rapport au département de la Défense : « Nous nous dirigions vers l'inconnu et ne savions pas ce qui pouvait en résulter[2]. »

Mais le thème de Drexler rejoint surtout celui sur lequel Bill Joy a cru

---

1. J.-P. DUPUY, « Quand les technologies convergeront », art. cité, p. 16. Voir, du même, avec F. ROURE, « Les nanotechnologies : éthique et prospective industrielle », t. I et II, Conseil général des mines et Conseil général des technologies de l'information, Paris, 15 novembre 2004, (accessible sur Internet). Dénonçant les hyperboles auxquelles donne lieu ce domaine de recherche, le rapport n'y cède pas moins dès la page 2 : « Le principal argument en faveur des nanotechnologies, qui explique que leur développement est inéluctable, est qu'*elles seules* [c'est moi qui souligne] seront à même de résoudre, en les contournant, les difficultés immenses (climat, vieillissement, santé, pollutions, énergie, développement équitable et durable...) auxquelles ont à faire face les sociétés industrielles et postindustrielles dans leurs dimensions privée et publique. » Plus loin on parle d'effets ontologiques (p. 20) et métaphysiques (p. 23) : « L'effet le plus troublant est sans conteste le brouillage des distinctions catégorielles au moyen desquelles l'humanité, depuis qu'elle existe, s'est toujours repérée dans le monde. Le naturel non vivant, le vivant et l'artefact sont en bonne voie de fusionner. »

2. Voir notamment J. CONANT, *109 East Palace – Robert Oppenheimer and the Special City of Los Alamaos*, New York, Simon & Schuster, 2005, p. 305 et 307.

bon d'alerter la communauté des spécialistes engagés dans les recherches sur la robotique. Frappé par l'essor des nanotechnologies et par la possibilité de remplacer les puces des ordinateurs par des organismes vivants, il a exprimé la crainte de voir dans « les trois grandes aventures du XXIe siècle » – génétique, nanomonde, robotique – la promesse de technologies en mesure de remplacer les êtres humains : le fantasme de robots capables de se reproduire eux-mêmes laisse entrevoir « un avenir qui n'a pas besoin de nous[1] ». Je n'ignore pas les réactions indignées que ce texte a provoquées auprès de ses collègues voués à l'optimisme, mais les titres de cet informaticien de génie sont tels qu'on ne peut pas ne pas prêter attention à sa mise en garde de Cassandre : inventeur du langage Java, cofondateur de Sun MicroSystems, président de la commission créée par Bill Clinton sur l'avenir des technologies de l'information, il a longtemps contribué aux progrès dans ce domaine sans avoir la moindre raison de s'inquiéter de ses répercussions sociales ; et soudain, le voilà qui s'interroge sur la possibilité d'une histoire dont le terme serait non plus la fabrique de l'homme nouveau, comme l'ont rêvé tous les messianismes du XIXe et du XXe siècles, mais un monde dont les machines vivantes se passeraient des hommes – un avenir qui n'aurait plus besoin de nous.

La fabrique de l'homme nouveau

Je crois vraiment qu'il existe un lien – difficile à mesurer, je le concède, mais évident à mes yeux – entre l'empressement des décideurs et des médias à souscrire à ce discours mobilisateur des scientifiques et les raisons d'inquiétude que ce début du XXIe siècle véhicule dans les sociétés les plus industrialisées : la possibilité d'une répétition de Tchernobyl, les menaces terroristes, les armes de destruction massive, l'épuisement des ressources naturelles, le réchauffement du climat, etc.[2] J'abrège une liste bien connue qui fait partie, à tort ou à raison, du catalogue de ce qui définit assurément le « malaise dans la civilisation » dont Freud avait souligné quelques raisons

---

1. Bill Joy, « Why the future doesn't need us », *Wired*, 8 avril 2000 (voir http://www.wired.com/wired/archive/8.04/joy-pr.htm).
2. Voir Jean-Jacques Salomon, *Une civilisation à hauts risques*, Paris, Éditions Charles-Léopold-Mayer, Paris, 2006.

dès le premier tiers du XXᵉ siècle, mais que la fin de ce dernier siècle et le début du nouveau ont en quelque sorte « enrichi » (si je puis dire) de thèmes et d'exemples nouveaux liés aux risques planétaires.

D'un côté, il serait beau, réconfortant, rassurant que les ressources de la science et de la technologie soient en mesure de faire face à tous ces risques et de surmonter tous les problèmes d'ordre économique, politique et social que la moindre prospective désigne comme les défis majeurs de notre temps. Mais, de l'autre côté, la fin de l'impérialisme des philosophies de l'histoire qui ont tant pesé sur la naissance et l'évolution des totalitarismes, jusqu'à déterminer une cascade de crimes et d'horreurs à une échelle sans précédent, laisse un vide de croyances, de convictions et d'engagements qui explique à la fois la chute des passions révolutionnaires et le regain d'attention portée aux religions – quelles qu'elles soient –, en somme une soif de sens d'autant plus grande que la démarche rationnelle incarnée par la science est hors d'état de l'assouvir.

C'est effectivement à partir du XIXᵉ siècle, avec les confrontations liées aux luttes ouvrières et aux nationalismes, à plus forte raison aux lendemains de la Première Guerre mondiale avec la compétition et les surenchères des idéologies totalitaires, que l'histoire a pris la place des divinités et des croyances religieuses dans la toute-puissance qui régit le destin messianique de l'humanité. À droite comme à gauche, le repère commun devait conduire le monde à un avenir radieux : le sens de l'histoire invoqué par les idéologies rivales devait non seulement transformer la société, mais encore changer la nature humaine. Du côté du nazisme comme du communisme, les masses entraînées par le messianisme de la doctrine devaient converger sur « la fabrique de l'homme nouveau ». On aurait pu croire que la fin du communisme et du nazisme, vouant ces messianismes à n'être plus qu'un objet d'histoire pour historiens, aurait suffi à démystifier une fois pour toutes les mythes que les grands monstres du XXᵉ siècle ont entretenus dans et par la terreur, et d'abord celui de l'homme nouveau à construire par et dans la glaise des mouvements de l'histoire.

Pas du tout : les sensibilités, les passions, les utopies qui ont conduit à professer, sous les décombres apparents de l'humanisme, qu'il y a toujours une place pour la fabrique de l'homme nouveau, semblent se prolonger, sinon se renouveler, dans les fantasmes que suscitent les bio- et nanotechnologies. À croire que celles-ci sont appelées à sauver le monde de ses

angoisses, là où l'héritage du scientisme montre au contraire tout l'écart
qui existe, plus béant que jamais, entre les voies du savoir et la quête
de sens. Les régimes totalitaires ont été vaincus non pas parce qu'ils ont
insuffisamment malaxé la pâte humaine, mais parce que la résistance de
la pâte humaine a eu raison de leurs idéologies. Et voici qu'à nouveau le
fantasme reprend pied sur la scène du monde à la faveur des promesses
qui alimentent le discours mobilisateurs des nanotechnologies, comme
s'il suffisait de substituer à l'impérialisme de la pâte de l'histoire celui
d'une pâte réduite à ses composants physico-chimiques. Je crois que l'on
peut voir là une des raisons du discrédit dont souffrent aujourd'hui les
études scientifiques : l'excès de démonstrations scientistes dans ce discours
mobilisateur, d'autant plus aventureux que bien des menaces pesant sur
le monde sont liées aux développements mêmes de la science, conduit
au contraire à suspecter l'institution scientifique de déraison, alors que la
quête du sens entraîne à renouer avec toutes les formes de religion, de la
foi la plus simple au fanatisme militant des intégrismes.

L'homme du XXIᵉ siècle serait voué, comme le héros des *Particules
élémentaires* de Houellebecq, à se satisfaire de la jubilation du désastre,
c'est-à-dire à voir disparaître en lui et autour de lui tout ce dont la science
ne rend pas compte et qu'elle ne maîtrise pas : cet homme ferait définitivement le deuil de l'humanisme, repère bourgeois une fois de plus
dépassé, pour s'en tenir exclusivement au poids des faits et aux réalisations
scientifiques, sans autre espoir métaphysique que de prolonger sa vie
et ses plaisirs en échappant à toutes les humiliations de la maladie et
du vieillissement. Houellebecq appartient assurément à la cohorte des
prophètes qui déclinent la fabrique de l'homme nouveau en se réclamant
des conquêtes et des promesses irrépressibles de la biologie moléculaire,
avec des fantasmes de domination qui rappellent toutes les dérives du
biopouvoir à l'œuvre dans l'histoire de l'eugénisme.

Dans une conférence récente, où il invite les chercheurs en sciences
sociales à prendre en compte cette résistance du fait religieux, Clifford
Geertz souligne combien le schéma d'un passage inévitable et cumulatif des
sociétés traditionnelles à une modernité laïcisée et désenchantée, suivant
la célèbre formule de Max Weber, a été controuvé par les faits[1]. L'idée
de la société occidentale considérée comme l'objectif et le stade le plus

---

1. Clifford GEERTZ, « La religion : sujet d'avenir », intervention au colloque sur « Les

avancé de la civilisation légitimait pour toutes les sociétés le passage de la tradition à la modernité, c'est-à-dire de la magie à la raison – du désordre de l'archaïsme à l'ordre d'une gestion scientifique. Hegel, Marx, Comte, Durkheim, chacun suivant des modes, des étapes et des finalités différentes, ont tous professé que les sociétés passent irrésistiblement d'un stade arriéré à un stade avancé qui s'affranchit du poids de la religion en fonction même des progrès de la rationalité. Comme disait Marx, l'histoire a reçu « la mission, une fois que l'au-delà de la vérité s'est évanoui, d'établir la vérité de l'ici-bas ».

Mais l'impérialisme de cette vision messianique dominée par les progrès de la science et de la technologie n'a fait que dissimuler – occulter – la persistance des croyances religieuses. Tout se passe même comme si les succès et les déboires de la vérité de l'ici-bas assuraient une nouvelle jeunesse à la vérité de l'au-delà. On l'a bien vu dans les pays européens ex-communistes, où ni la terreur ni les prédicats du matérialisme dialectique n'ont entraîné l'indifférence religieuse. On le voit dans les pays en développement, où la pseudo-sécularisation résultant de la colonisation européenne a tout autant masqué la présence ou l'attirance des croyances et des démonstrations religieuses – jusqu'à transformer le ressentiment contre l'Occident en actions terroristes sacrificielles qui rappellent le temps des « Assassins » du Moyen Âge[1]. On le voit de manière encore plus surprenante dans tous les pays industrialisés – de l'Europe aux États-Unis – où les communautarismes de toute obédience, catholique, protestante, juive, musulmane, se développent de plus en plus ouvertement et souvent fanatiquement : naguère encore, l'adhésion aux religions du Livre relevait de la vie privée sous l'orthodoxie apparemment consensuelle de la laïcité, aujourd'hui elle coexiste publiquement et du même coup difficilement avec, simultanément, l'essor des sectes et, celui des fondamentalismes.

Plus curieux encore, l'Église a réédité en 2006 le *Rituel de l'exorcisme*, datant de 1614, pour le distribuer à l'occasion du discret congrès des prêtres exerçant cette spécialité. Le livre est traduit du latin vers les langues nationales, notamment le français, et on y invite très clairement les prêtres

---

sciences sociales en mutation », Centre d'analyse et d'intervention sociologiques (Cadis), Paris, 3 mai 2006.

1. Voir Bernard LEWIS, *Les Assassins : terrorisme politique dans l'Islam médiéval*, Bruxelles, Complexe, 1984 ; et ma présentation dans *Futuribles*, n° 275, mai 2002, p. 51-53.

exorcistes à se rapprocher de la médecine et de la psychiatrie pour affiner leur discernement. En somme, la rencontre entre la science et la religion se fait aujourd'hui sous couvert de la démonologie. Du côté de la Mission interministérielle de lutte contre les dérives sectaires (Miviludes), comme du côté de l'Église, on constate la résurgence de pratiques satanistes. Le grand schisme se manifeste avec éclat dans cette confrontation entre une science qui se donne tout pouvoir pour changer la nature de l'homme et la réapparition sur la scène publique des croyances religieuses accompagnées des figures de Satan[1]. Peut-être faut-il reconnaître avec Jean-Marc Lévy-Leblond dans un joyeux jeu de mots que « si ces frères ennemis, le scientisme et l'irrationalisme, prospèrent aujourd'hui, c'est que la science inculte devient culte ou occulte avec la même facilité[2] ».

« Jamais depuis la Réforme et les Lumières, dit Clifford Geertz dans sa conférence déjà citée, la lutte à propos du sens général des choses et des croyances qui le fondent n'a été aussi ouverte, aussi large et aussi aiguë. » En raison, en effet, du tourbillon de changements et de catastrophes, la comparaison avec l'environnement technologique, politique et religieux de la Réforme est plus que tentante, et je l'ai esquissée en me disant qu'elle a au moins ceci de rassurant : c'est qu'elle laisse entrevoir, au terme des grandes menaces, des troubles, des délestages, des disparités croissantes et des délocalisations de la mondialisation, une nouvelle Renaissance plutôt que la fin de l'histoire au sens néo-hégélien d'un Fukuyama[3]. On peut ainsi rapprocher terme à terme la révolution de l'imprimerie et celle des ordinateurs, la guerre impitoyable des paysans tentant de s'émanciper de la tutelle des monarques et du Vatican et les deux guerres civiles que l'Europe s'est infligées sous forme de guerres mondiales, l'éveil des nationalités

1. Voir L. Espieu, « Laïcs et religieux s'inquiètent du retour de Satan », *Libération*, 5 mai 2006, p. 18, qui cite le père B. Domergue, prêtre bordelais auteur d'une thèse en démonologie : « Nous sommes face à une explosion de l'occultisme. [...] On le retrouve partout, dans les films, les séries télé comme *Buffy* ou *Charmed*, un certain nombre de BD et tout un pan de la culture rock accompagné d'un culte du désespoir et de l'ultraviolence. »
2. Jean-Marc Lévy-Leblond, *La Science en mal de culture, op. cit.*, p. 51.
3. J.-J. Salomon, *Survivre à la science : une certaine idée du futur, op. cit.*, et « Mondialisation et sociétés du risque », in A.-M. Le Gloannec et A. Smolar (dir.), *Entre Kant et Kosovo. Études offertes à Pierre Hassner*, Paris, Presses de Sciences-Po, chap. XVI, p. 223-239.

dans le premier cas et l'effacement des nations dans le second, « la fin des empires archaïques » et l'épuisement des impérialismes européens, l'émergence des armées de professionnels et la privatisation croissante des armées, l'hémorragie humaine, « catastrophe sans précédent » qui affecta le cœur de l'Europe et la non moins effroyable catastrophe des millions de morts qui endeuilla toute l'Europe[1], la découverte du Nouveau Monde et nos périples interspatiaux hors de l'attraction terrestre, les débats au cœur de la chrétienté sur le salut de l'âme et les nôtres sur l'âme à attribuer aux futurs humains clonés, l'expansion de l'influence politique des jésuites sur la plupart des monarques catholiques et les évangéliques contemporains à l'assaut du monde comme agents d'influence géopolitique des dirigeants américains, la transition du Moyen Âge à la Renaissance marquée par tant de convulsions, de massacres, de ruptures, et notre transition de la modernité aux incertitudes de la postmodernité sous le signe des menaces planétaires, réchauffement du climat, épuisement des ressources fossiles, engorgement démographique, luttes moins pour la conquête de territoires que pour l'accès aux ressources les plus naturelles, l'air et l'eau, etc. La comparaison (non le parallèle) peut se poursuivre à loisir, et dans les deux cas on assiste à la confrontation du politique et du religieux sous l'horizon des mutations scientifiques et techniques, à une redistribution des cartes entre nations et continents, ainsi qu'au renouvellement des économies-mondes au sens de Braudel, avec leurs réseaux métamorphosés de communication transfrontières, transocéaniques et transcontinentaux. Nous vivons une époque où l'accélération des changements techniques donne l'illusion que la pâte humaine, elle aussi, a si rapidement changé qu'elle a déjà donné congé à tout ce qui la définit comme crédule, vulné-rable et finalement immuable dans ses pulsions de fanatisme comme dans ses accès de superstition. Aucune des réalités matérielles qui nous font adhérer à l'idée de progrès n'a jamais entamé l'incommensurable résistance de la nature humaine au changement.

Mais jamais non plus n'a-t-on tant prétendu disposer des moyens de changer du tout au tout la nature humaine : il y a, dans le discours mobilisateur des scientifiques et dans les fantasmes qu'il entretient, comme une religion de la science qui chercherait à se substituer, après celle des

---

1. Les deux formules entre guillemets sont de Pierre CHAUNU, *La Civilisation de l'Europe classique*, Paris, Arthaud, 1971, p. 42.

philosophies de l'histoire, aux présupposés dont s'alimentent toutes les croyances religieuses. Le passage de la tradition à la modernité devait effacer tout autre sens que celui de la rationalité, c'est pourtant au cœur même des sociétés les plus laïcisées que les prétentions du scientisme vont de conserve avec cette résurgence agressivement publique du sentiment religieux et de ses pratiques. Clifford Geertz s'étonne de la capacité qu'a le fait religieux non seulement de ne pas s'affaiblir en tant que force sociale, mais encore de se renforcer. Je ne sais s'il faut considérer, comme il le fait, que la religion a « changé – et change de plus en plus – de forme », alors que le schisme ne cesse de se creuser entre les prétentions de la science à transformer la nature humaine et la résistance de cette nature à quitter le terrain des croyances et des convictions les plus traditionnelles.

UNE ÉPISTÉMOLOGIE CIVIQUE

Ce schisme dans l'opinion publique entre le pouvoir dont disposent les scientifiques et la portée réelle de leur savoir explique aussi les limites, sinon les échecs, des programmes publics visant à légitimer les investissements publics dans les activités scientifiques et techniques. Il n'a pas suffi des programmes lancés dans les années 1970 par la National Science Foundation au titre du *Public Understanding of Science* (compréhension de la science par le public), très vite repris en Europe sous la forme de la « promotion de la culture scientifique et technique », pour venir à bout du malaise que suscitent certains développements scientifiques et la bonne conscience, si ce n'est l'arrogance, de certains représentants, parmi les plus éminents, de la communauté scientifique.

Aux États-Unis, dès le milieu des années 1960, des auteurs ont dénoncé l'exubérance des crédits affectés à la science, accompagnés de favoritismes et de prévarications dans la distribution des contrats, notamment H. L. Nieburg soulignant les dérives économiques liées à la « mystique de la science », à plus forte raison Lewis Mumford décrivant la déshumanisation provoquée par le « mythe de la machine » et surtout le pouvoir tentaculaire exercé par le Pentagone sur les activités scientifiques et, à travers elles, sur l'évolution politique de la société américaine [1]. Ces réactions et ces critiques

---

1. H. L. NIEBURG, *In the Name of Science, Chicago*, Quadrangle Books, 1966 ; Lewis

se plaçaient sur le terrain d'un humanisme de plus en plus en recul par rapport à l'idéologie du progrès et de la puissance technique alors que, sur le terrain politique, aucune dénonciation n'est apparue plus rigoureuse – ni dès lors plus scandaleuse – que celle du président Eisenhower qui, au moment de quitter la Maison Blanche, souligna les risques courus par le fonctionnement même de la démocratie sous l'influence croissante de l'« élite scientifico-technique liée au complexe militaro-industriel ». Le culte du marché et de l'innovation forcenée sous le couvert de l'obsession des menaces stratégiques de la guerre froide ne pouvait effacer le malaise et les inquiétudes non seulement de certains milieux universitaires, mais encore de la société civile. Les soulèvements étudiants de 1968 liés à la guerre du Vietnam et l'accident de la centrale nucléaire de Three Miles Island ont précipité la diffusion de réactions moins uniformément dociles aux orientations prises par les activités scientifiques et techniques.

Dans une étude récente, comparaison approfondie des réactions aux biotechnologies en Angleterre, en Allemagne, dans d'autres pays de l'Union européenne et aux États-Unis, la spécialiste des études sociales sur la science de l'Université Harvard, Sheila Jasanoff, montre combien ces réactions se réduisent peu au schéma unidimensionnel des programmes assurément bien intentionnés du *Public Understanding of Science* : induire le public, à travers l'excitation de la science, ses beautés, ses conquêtes et les services qu'elle rend, à légitimer l'importance croissante des budgets affectés aux activités de recherche-développement. Toutes les enquêtes chargées d'évaluer l'efficacité ou simplement l'utilité de ces programmes (National Science Foundation et Eurobaromètres) montrent au contraire que, loin de dissiper le malaise, ils l'ont souvent renforcé. Comme le souligne Sheila Jasanoff, « ces programmes en disent moins sur la manière dont les différents publics connaissent les choses dans les sociétés contemporaines, que sur les présomptions des scientifiques (et secondairement des États) quant aux attentes de ce que le public devrait savoir [1] ».

On considère que celui-ci « n'en sait pas assez », écrit Sheila Jasanoff, et qu'il y va d'une menace pour l'entreprise scientifique : l'écart entre ce que

---

MUMFORD, *The Myth of the Machine*, New York, Harcourt Brace, 1967 et *The Pentagon of Power*, New York, Harcourt Brace, 1970.

1. Sheila JASANOFF, *Designs on Nature : Science and Democracy in Europe and the United States*, Princeton University Press, 2005, p. 252 et 287-290.

le public sait ou croit savoir et ce qu'on estime qu'il devrait savoir explique aux yeux des propagandistes du *Public Understanding of Science* le succès des pseudo-sciences et des médecines alternatives, mine le soutien qu'il convient d'accorder à la recherche fondamentale et conforte aux États-Unis les partisans du créationnisme. Combler cet écart ne serait donc qu'un problème de communication et de relations publiques. Or, d'une part, toutes les enquêtes montrent que, quelles que soient les ignorances du public, celui-ci n'est ni passif ni rétif aux progrès scientifiques et techniques et, d'autre part, qu'il y a une grande variété de « compréhensions publiques de la science », variété qui éclaire précisément la diversité des réactions nationales, sur le plan culturel comme sur le plan législatif, aux enjeux notamment des OGM ou du clonage thérapeutique.

Chacun de ces enjeux a donné lieu à des débats qui se sont inscrits « dans les approches institutionnelles de représentation, de participation et de délibération politiques propres à chacun des pays. Mais ces approches à leur tour ont délimité sélectivement qui parlait pour les gens et les problèmes, comment les problèmes étaient posés, et comment ils étaient pris en compte dans les processus officiels de prises de décision ». L'enquête comparative de Sheila Jasanoff met en lumière des « réserves de pouvoir cachées » incarnées par la diversité des pressions que la société civile exerce : ainsi celle-ci intervient aux États-Unis sur l'autorité cognitive transcendantale de la science – dont l'Académie des sciences, en particulier, apparaît dépositaire aux yeux du public –, en Angleterre sur le prestige et l'influence des rapports d'experts que l'*establishment* prend à la lettre, en Allemagne sur le poids de la rationalité institutionnelle de la loi.

La légitimité des décisions prises en matière d'OGM ou de clonage ne s'arrête pas aux instances politiques traditionnelles ; celles-ci au contraire doivent tenir compte des contributions extérieures, qui renvoient précisément à des repères culturels différents et déterminent d'un pays à l'autre une relation spécifique de la science aux instances politiques. Sheila Jasanoff n'a pas étendu son enquête à la France, mais on imagine quelle leçon elle aurait pu tirer, d'un côté, du poids qu'exerce dans notre pays la technostructure traditionnelle des polytechniciens, référents comme de droit divin des intérêts des technosciences au sein des ministères et, d'un autre, l'influence grandissante des associations représentant la société civile (Crii-rad, Criigène, Greenpeace, etc.) qui intercèdent et interviennent dans les processus de décision au grand dam des « bureaux techniques » détenteurs du droit régalien d'administration et d'interprétation des modalités du changement technique. En particulier, les conférences de citoyens organisées par l'Office parlementaire des choix scientifiques et techniques ont effectivement fait ressortir les points de vue de la société civile avec des « réserves de pouvoir » qui s'expriment et pèsent de plus en plus en dehors des voies traditionnelles de la représentation politique.

Au moins dans les pays démocratiques, Sheila Jasanoff conclut qu'il existe une « épistémologie civique » caractéristique des pratiques institutionnelles, par lesquelles les membres d'une société donnée mettent à l'épreuve les revendications de connaissances utilisées dans les choix collectifs portant sur la science et la technologie. « Tout comme n'importe quelle culture a établi des voies propres pour donner sens à ses interactions sociales, les cultures technoscientifiques modernes ont développé des voies tacites de connaissances, à travers lesquelles elles évaluent la rationalité et la solidité des revendications *(claims)* qui visent à ordonner leurs vies. » Ces voies collectives du savoir, loin de se traduire en incompétences, constituent « une culture civique épistémique distincte, systématique, souvent institutionnalisée et articulée à travers des pratiques plutôt qu'à travers des règles formelles [1]. »

Autrement dit, il y a dans le public non pas un déficit de savoir, mais un savoir spontané et averti en quête de sens, qui ne prend pas pour argent comptant le discours des experts. « L'idée de l'épistémologie civique prend comme point de départ que les êtres humains dans les débats politiques contemporains sont des agents bien informés *(knowledgeable)*, menant leurs vies en relation aux gouvernements, et que toute théorie démocratique qui en vaut la peine doit tenir compte de la capacité humaine de connaître des choses en commun. [...] Le savoir collectif est un aspect de la vie politique qui doit être étudié pour lui-même ; c'est être réductionniste à l'extrême que de présumer que les connaissances sociétales sont simplement la somme de la compréhension par une population d'un petit nombre de faits scientifiques isolés. Le savoir public que j'appelle épistémologie civique ne peut pas se réduire aux différences binaires de connaissances et de perceptions entre profanes et experts [2]. »

Encore faut-il, et Sheila Jasanoff le souligne fortement, que l'institution

---

1. *Ibid.*, p. 255.
2. *Ibid.*, p. 270.

scientifique, de son côté, ne succombe pas à la corruption des intérêts politiques, industriels ou militaires. Le thème mertonien de la science désintéressée est certes toujours présent et vivant dans l'imaginaire scientifique, mais on a vu combien dans la réalité l'évolution du rôle des scientifiques, de plus en plus définis comme des techniciens ou des professionnels parmi d'autres, les montre éloignés ou s'éloignant des valeurs que l'idéologie de la science leur a spécifiquement données à honorer. En témoignent non seulement les dérives sous forme de fraudes, falsifications ou plagiats, mais encore les controverses dans les batailles portant sur les brevets, à plus forte raison les débats sur les relations de plus en plus ambiguës entre la recherche universitaire et l'industrie ou l'armée.

Il est clair que l'évolution de la profession, les pressions de la concurrence, les liaisons douteuses avec l'industrie et l'armée, la dépendance croissante des chercheurs à l'égard d'intérêts qui n'ont plus rien à voir avec l'idéologie de la poursuite du savoir « pour lui-même » entraînent à tourner le dos aux normes que la cité scientifique a invoquées dans les débuts de sa fondation moderne. Le produit du savoir étant tenu pour une marchandise parmi d'autres, rien d'étonnant s'il renvoie à une valeur d'échange plutôt qu'à une valeur en soi. Mais tous les appels à des efforts visant à réconcilier l'éthique et la créativité au sein du système de la recherche demeurent autant de sermons et de rappels à l'ordre qui n'emportent pas raison de ce que Yehuda Elkana a désigné comme une véritable angoisse *(Angst)* : celle de la contamination de la démarche, du discours, de la pratique des scientifiques, mais aussi de l'image qu'ils offrent d'eux-mêmes auprès de leurs collègues, par des influences d'ordre social ou politique, comme si toute l'histoire de la profession avait jamais été extérieure au contexte social et politique dans lequel elle a évolué jusqu'à nos jours[1].

Cette angoisse est assurément à la mesure du risque que courent l'institution et ses chercheurs de perdre leur identité, mais elle n'évacue d'aucune manière la réalité de leur intégrité en fait déjà compromise par trop d'exemples de la communauté du déni. C'est bien pourquoi le long

---

1. Yehuda ELKANA, « Unmasking Uncertainties and Embracing Contradictions : Graduate Education in the Sciences », rapport au programme « Carnegie Essays on the Doctorate », Stanford, Carnegie Foundation for the Advancement of Teaching, 2004. L'auteur est professeur de philosophie, recteur de l'Université d'Europe centrale à Budapest.

discours prononcé devant la Royal Society, à la fin de son mandat de président, par sir Michael Atiyah, mériterait d'être cité en entier tant il met le doigt, «sans trop peser ses mots, comme il dit, à l'aune de la diplomatie», sur la responsabilité sociale des scientifiques, en particulier depuis l'avènement de l'armement atomique (son discours a été prononcé l'année du cinquantenaire d'Hiroshima) : «Nous autres scientifiques, nous nous trouvons désormais confrontés à une question cruciale : comment nous comporter vis-à-vis du gouvernement et de l'industrie, de façon à retrouver la confiance du public ? Il va nous falloir un peu d'humilité. Rien ne sert de se plaindre que le public est mal informé et qu'il aurait besoin d'être rééduqué. Il nous faut examiner notre propre rôle, et voir si les critiques faites à notre encontre n'ont pas quelque fondement. Avons-nous tout vendu au complexe militaro-industriel ? Surveillons-nous d'assez près la façon dont la science est appliquée ? Avons-nous sacrifié l'idéalisme international de la science sur l'autel du chauvinisme ? »

L'exemple qu'il donne, entre beaucoup d'autres, est celui qui illustre le mieux la responsabilité directe des scientifiques dans la mise au point d'une arme et la façon dont, créateurs et réparateurs, instruments de mort et champions de vie, ils sont appelés à remédier au mal dont ils sont eux-mêmes les auteurs : «Les mines classiques contenaient assez de métal pour être facilement repérées par les détecteurs de métaux. Les mines nouvelles contiennent peu de métal, et sont difficilement repérables. On les a sans doute développées dans ce but précis. Ce qui était un avantage pendant les opérations militaires devient un désastre pour l'environnement lorsque la paix est revenue. Quelle ironie : les scientifiques doivent maintenant résoudre un problème qu'ils ont eux-mêmes créé [1]. »

Cette ironie à propos des mines antipersonnel pourrait s'appliquer à beaucoup d'autres développements scientifiques et techniques contemporains (pas seulement issus des programmes de recherche menées pour la défense). C'est que le décor, les instruments et les prototypes de la grande majorité des changements techniques que nous voyons à l'œuvre dans les sociétés contemporaines – quels qu'ils soient, civils ou militaires – ont *tous* été pleinement conçus, réalisés et développés dans le cadre des activités de

---

1. Sir Michael ATIYAH, Allocution du président sortant de la Royal Society, 30 novembre 1999, *Royal Society News*, n° 8, 30 novembre 1995, reproduite in G. TOULOUSE, *Regards sur l'éthique des sciences, op. cit.*, p. 189 et 193.

recherche-développement. Et il n'y a plus beaucoup d'exemples parmi ces innovations qui n'aient pas trouvé naissance dans des laboratoires associés aux recherches militaires.

Face à l'épistémologie civique dont témoigne la société civile, l'institution scientifique se présente trop souvent dans les débats éthiques et sociaux avec le conformisme de ses prétentions à l'objectivité et à la neutralité. Et l'arrogance même de certains scientifiques, qui rejettent dans les poubelles de l'histoire, de l'inculture et de la superstition tous ceux qui s'interrogent, posent des questions, doutent au sens même où la critique et l'inquiétude à l'égard des idées reçues font partie de toute démarche rationnelle, ressemble effectivement au discours des prêtres de toute Église – ou parti – condamnant comme hérétiques ceux qui ne prennent pas le dogme à la lettre. Ainsi, quand les experts interviennent dans les débats portant sur des développements scientifiques et techniques, leur rôle n'est-il pas de les arbitrer en dégageant des valeurs de non-conflictualité, mais au contraire d'en exposer les données, les conséquences et les enjeux en mettant à plat ce qui précisément donne lieu à controverses et à oppositions. On n'en conclura pas qu'ils soient eux-mêmes « en dehors de la mêlée » : une chose est la production de connaissances scientifiques, une autre la formulation de ces connaissances dans le contexte des décisions. Comme l'a bien montré Philippe Roqueplo à propos des problèmes que soulèvent l'effet de serre et, plus généralement, tout ce qui touche à l'environnement, c'est en confondant les différentes démarches que l'on compromet en fait la crédibilité de la science autant que celle des experts [1].

Ce qui transforme l'énoncé scientifique en expertise, c'est son insertion dans un processus décisionnel, et le scientifique, dès lors, n'échappe pas à tout ce qui l'implique lui-même dans ce processus : son histoire personnelle et professionnelle, son réseau de solidarités, les valeurs auxquelles il adhère, etc. La « magistrature d'objectivation » qu'il est tenu d'exercer doit tenir tête non seulement aux pressions du public, des gestionnaires et des *lobbies*, mais aussi – quelle que soit son honnêteté – à ses propres biais et engagements. Bref, il faut clairement distinguer trois fonctions ou niveaux de savoir : la production de connaissances, l'expertise, la décision. Aux scientifiques de faire avancer le savoir, quitte à reconnaître que celui-ci

---

1. Philippe ROQUEPLO, *Climats sous surveillance : limites et conditions de l'expertise scientifique*, Paris, Economica, 1993.

n'est jamais clos, mais sous bénéfice d'inventaire ; aux experts de dire les problèmes en en exposant les données, quitte à affronter un terrain conflictuel où le dossier du savoir rencontre les passions et les intérêts des parties prenantes ; aux politiques d'arbitrer et de trancher en s'exposant, au moins dans un régime démocratique, au contrôle et à la contestation du peuple, quitte à se faire désavouer et rejeter. C'est à ce dernier niveau que le principe même de la démocratie postule que scientifiques, experts et profanes sont tous placés sur le même plan de connaissances, et qu'à ce titre aucun ne peut se prévaloir d'un savoir plus qualifié que celui des autres.

Ce que Sheila Jasanoff appelle l'« épistémologie civique » s'oppose en somme au front scientiste de ceux qui ne voient pas, et refusent en fait de voir, que toute production de savoir est aujourd'hui un objet politique englué dans des débats et des enjeux qui débordent les frontières traditionnelles (ou supposées) de l'institution : le contexte d'un problème scientifique est essentiellement social, au croisement de références, d'intérêts et de valeurs qui ne tiennent pas à sa technicité ni d'ailleurs à la méthode qui a permis de définir ce problème en termes formalisés et quantitatifs. Il n'y a pas d'exemple plus éclairant à cet égard que les difficiles négociations qui ont eu lieu, au sommet des États, pour déterminer les droits revenant aux découvreurs du virus du sida. Jusqu'alors, la question de savoir qui a été le premier à avoir fait telle ou telle découverte était tranchée par la communauté des spécialistes et ne relevait plus ensuite que de l'histoire des sciences. Dans le cas de l'identification du virus du sida, l'équipe française du professeur Montagnier et de Françoise Barré-Senoussi avait manifestement précédé celle de Robert Gallo aux États-Unis qui, de plus, était soupçonné d'avoir – plus ou moins honnêtement – tiré parti des souches que l'Institut Pasteur lui avait transmises en prétendant les avoir lui-même mises au point.

Il n'a pas fallu moins qu'une rencontre à la Maison Blanche entre le président Reagan et Jacques Chirac, alors Premier ministre, pour trouver une solution équitable à ce problème du pionnier et donc du partage des brevets : problème tranché au sommet de l'exécutif et relevant désormais, tout autant que de l'histoire des sciences, de la science politique, des relations internationales, de l'économie et de l'histoire tout court. Bien plus que la reconnaissance de la découverte et l'identification de ses auteurs, l'affaire a mis en lumière combien l'enjeu, au-delà de l'orgueil national, était financier : la mise au point du test de dépistage représentait un immense marché. On n'était plus sur le plan ni des démonstrations du savoir rationnel ni de l'étalage du dossier de l'expertise, mais sur celui des ombres et des lumières de la décision liée à d'importants enjeux mercantiles – théâtre éventuel du bon sens comme des passions, de la surenchère comme du compromis, auquel le scientifique se doit d'échapper sous peine de manquer au code de la vocation.

Toute l'histoire de la professionnalisation des scientifiques montre comment, en dépit de leurs revendications de neutralité et de l'idéologie du savoir épargné par la contamination du social et du politique, ils ont été de plus en plus projetés et le plus souvent piégés au cœur de ce théâtre tout en prétendant, comme le voulait Oppenheimer, que l'acteur ne peut pas y être confondu avec l'instrument. Le même homme qui a été le maître d'œuvre du programme Manhattan et qui n'a pas envisagé que la bombe atomique, une fois disponible, pût ne pas être jetée sur le Japon, est celui qui a parlé du péché commis par la physique tout en excluant que ses collègues, comme je l'ai déjà cité, se compromettent – se soient en fait irréversiblement compromis – dans les marécages douteux de la politique : « Ce serait, a-t-il dit, justifier l'intrusion la plus hasardeuse des scientifiques, la moins savante, la plus corrompue, dans des domaines dont ils n'ont ni l'expérience ni le savoir ni la patience pour y accéder. »

Pourtant, *nolens volens*, tout comme lui-même a eu simultanément conscience de s'être exposé aux aléas, à la subjectivité, à la pollution du monde politique, ils sont aujourd'hui plongés jusqu'au cou dans ces domaines, et nombre d'entre eux y pataugent avec la bonne conscience et même le savoir-faire qui définissent la communauté du déni suivant Michel Fain : il y a effectivement en eux du « rouleur de mécanique qui ne craint pas la crise : son comportement la contient. [...] On n'est plus dans le domaine d'une action particulière à mener, mais dans celui du maintien à tout prix d'une apparence. Or, le maintien ne peut s'obtenir par le *statu quo, il faut chaque fois en rajouter un peu plus*. Il s'installe une obligation à renvoyer aux collègues du groupe non seulement une image identique à la sienne, mais aussi d'en rajouter un peu plus[1]. » Je ne sais – encore

---

1. M. FAIN, « Virilité et antihystérie, « Les rouleurs de mécanique », *Revue française de psychanalyse*, XLIV, n°5, et *Le Désir de l'interprète*, chap. VII, Aubier/Montaigne, Paris, 1982 (italiques de l'auteur).

une fois, je ne suis pas psychanalyste – s'il faut alors parler de « blessure narcissique » pour rendre compte de ces comportements, mais il est sûr qu'il convient désormais d'ajouter à tous les principes que les sociologues et les historiens de la science ont définis comme régissant l'activité des scientifiques cette dimension supplémentaire du « travail du déni », qui les inscrit dans une communauté d'identification, où tout progrès du savoir se dissocie apparemment et comme par définition de ses conséquences.

Conclusion

Éloge de la dissidence

Face à cette épistémologie civique qui signale le capital de connaissances et la capacité d'évaluation dont dispose tout citoyen profane sur le terrain du débat et de la décision politiques, y a-t-il encore place pour une science citoyenne, c'est-à-dire consciente de ses responsabilités sociales et préparée à les assumer [1] ? L'idéologie de la science véhicule le thème de « l'acteur séparé de l'instrument » comme le seul moyen de préserver l'intégrité de la poursuite du savoir, alors que dans les faits la contamination de l'instrument – la corruption, aurait dit Oppenheimer – n'a pas cessé d'illustrer les liens de dépendance croissante des chercheurs à l'égard d'intérêts et de valeurs qui n'ont plus rien à voir avec les normes proclamées de l'institution.

Parler de science citoyenne avec un point d'interrogation, c'est bien se demander si l'institution et ses acteurs se prêtent à assumer une telle fonction. Car l'idée d'une science citoyenne ne va pas de soi pour beaucoup de scientifiques : ce serait compromettre le code de la profession sur le terrain des combats douteux de la politique. Tout le thème, consubstantiel à la Charte de la Royal Society, revient à exclure des pratiques de la recherche les liens et donc les contraintes de la citoyenneté : l'institution « ne doit pas se mêler *[not meddling through]* de politique, de religion, de morale ». Ainsi vivons-nous sur l'idée d'une institution scientifique, de chercheurs, de « savants » dont les travaux seraient neutres et échapperaient aux passions et aux conflits du monde et de l'histoire. Il suffit, bien sûr, de se reporter aux réalités historiques pour voir combien cette conception est

---

1. Ce fut le titre – avec le point d'interrogation – d'une conférence organisée par l'Université du Québec à Montréal en octobre 2005.

idéologique, car dès l'origine l'aventure intellectuelle de la poursuite du savoir a été liée aux intérêts de la guerre, de la compétition et des objectifs nationaux. Sans doute, jusqu'au deuxième tiers du XIXᵉ siècle, l'image du savant le décrit-elle comme extérieur aux enjeux de la cité : il peut être patriote, mais son activité de chercheur n'est pas de l'ordre de « la servitude et de la grandeur » du militaire. Il résout des problèmes d'ordre technique, et si la science par le biais de la technique contribue à la guerre, c'est au même titre que Vauban c'est-à-dire en tant qu'ingénieur, architecte des fortifications et des armements, non pas en tant que savant directement orienté sur la production de guerre et membre, fût-il honoraire, adopté par l'Académie royale des sciences. Ses contributions sur le champ de bataille demeurent mineures, et il lui arrive de s'y exposer en personne, comme Vauban qui, à vingt-six ans, s'était déjà engagé dans quatorze sièges et avait été blessé plus de douze fois[1].

Tout change à partir de la révolution industrielle, et c'est bien la figure de Pasteur, dont on fait non sans raison un modèle de désintéressement, qui signale un premier changement : ses travaux premiers sur la cristallographie, pure recherche fondamentale, le conduisent de la fermentation aux microbes, et, dans ce parcours, il répond chaque fois à une demande précise de la société : le ver à soie, le lait, la bière, les vaccins, la rage. En d'autres termes, c'est déjà l'image du savant citoyen qui rend service à la cité. Ce modèle pastorien s'étend de la chimie à l'électricité, la science tenant de plus en plus ses promesses d'application et du même coup contribuant de plus en plus étroitement aux efforts de guerre. Avec les gaz asphyxiants d'abord, puis la bombe atomique, le modèle du savant citoyen se prolonge en celui du scientifique militarisé, avec ou sans uniforme, et l'institution apparaît décidément et irréversiblement non pas seulement immergée dans les affaires du monde, mais à la source même des problèmes et des enjeux les plus dramatiques que celui-ci doit affronter.

Le scientifique contribue désormais à l'effort de guerre à partir de son laboratoire, serait-ce au sein de l'université, et s'il s'expose personnellement, c'est au cours d'expérimentations et de manœuvres, non pas dans la tragédie et la gloire éventuelle du champ de bataille. Alors que Louis XIV se gardait d'empêcher Vauban d'aller lui-même espionner les

---

1. Voir B. Pujo, *Vauban*, Paris, Albin Michel, 1991 et N. Faucherre et P. Prost, *Le Triomphe de la méthode*, Paris, Gallimard/Découvertes, 1992.

forteresses ennemies, le scientifique associé au complexe militaro-industriel est aujourd'hui sous constante surveillance : il n'est pas libre de voyager à l'étranger ni de publier quoi que ce soit qui a trait à ses recherches sous « secret défense », et s'il soutient une thèse liée à ces recherches, c'est dans la clandestinité. Une des leçons que tous les gouvernements ont tirées de la Deuxième Guerre mondiale est que le scientifique est devenu un « capital stratégique » bien plus précieux qu'un parc de divisions blindées, et par suite une des voies les plus communes de la stratégie est de s'emparer des scientifiques ennemis, et si possible de les convertir, comme les États-unis avec Braun, à leur propre cause et surtout de les empêcher de servir de mercenaires au profit d'adversaires potentiels.

C'est bien un paradoxe – ou une ironie – que plus les activités scientifiques influent directement sur le destin de l'humanité, plus les spécialistes de la recherche fondamentale se proclament extérieurs aux contraintes communes de la citoyenneté. Si leurs découvertes contribuent effectivement « à changer le monde », pour le bien comme pour le mal, le modèle du déni leur permet d'affirmer qu'ils « n'y sont pour rien ».

L'idée d'une science citoyenne, c'est au contraire l'idée d'une responsabilité sociale *particulière* que les scientifiques assument – ou devraient assumer. Il y a au moins trois raisons à cette métamorphose du rôle des scientifiques dans la cité :

1) Ils ont l'initiative non seulement dans la création des nouveaux systèmes d'armes, mais de plus en plus dans celle des produits et processus qui multiplient les formes et les conditions du changement technique. Il n'existe certes pas de ligne droite qui aille de la recherche fondamentale aux innovations techniques, mais il est clair que celles-ci sont en grande majorité de plus en plus tributaires des découvertes et des activités scientifiques.

2) Ils contribuent directement aux problèmes nouveaux que nos sociétés doivent affronter, des enjeux de l'armement nucléaire aux OGM et au clonage humain, demain aux nanotechnologies. Les raisons de s'inquiéter des répercussions de ces développements scientifiques font que, à la différence de l'optimisme lié au positivisme du XIXe siècle ou plus profondément encore aux thèmes d'émancipation sociale et morale du siècle des Lumières, l'idée de progrès est sous bénéfice d'inventaire, en fait objet de suspicion.

3) Il est exclu désormais de dissocier la recherche fondamentale des recherches appliquées et du développement : la « fertilisation » croisée entre

toutes les formes, pratiques et institutions de la recherche « fait système », qui garantit aussi le passage rapide aux innovations et à l'exploitation industrielle. Et du même coup l'institution est en fait de plus en plus tributaire à la fois des militaires et de l'industrie, de sorte que les valeurs propres dont se réclamait la science – objectivité, désintéressement, universalisme, communalisme – telles que Robert Merton les avait retenues, sont de plus en plus brouillées par la dépendance de l'institution et de ses chercheurs à l'égard des états-majors et des conseils d'administration.

Or, la grande majorité des scientifiques universitaires continuent d'invoquer l'idéologie de la neutralité et de la « pureté » de la recherche, alors que la vision économique du monde et la pression du complexe militaro-industriel exercent un quasi-monopole sur l'orientation des recherches scientifiques et techniques. C'est oublier que la grande majorité des chercheurs scientifiques ne se trouvent pas aujourd'hui dans un environnement universitaire, mais dans les laboratoires industriels et ceux des arsenaux.

La métamorphose du précepte baconien revient à un gigantesque accroissement de pouvoir qui n'est d'aucune façon accompagné ou compensé par un accroissement équivalent de savoir. Au contraire, dans de nombreux domaines de recherche, on va de l'avant sans trop savoir où l'on va et surtout sans se préoccuper des répercussions sur le cours du monde et le destin de l'humanité. Du clonage thérapeutique au clonage reproductif, de l'utérus artificiel aux robots vivants, il n'y a qu'un pas glissant, comme dit Habermas – rupture de digue – qui mène irrésistiblement du fantasme à la transgression et à la catastrophe : tous les bienfaits que l'humanité doit au progrès des connaissances suffisent-ils à effacer les menaces qui dérivent de ces fantasmes ? « La tentation est grande, dit Habermas, de nous aligner avec les John Wayne de l'intelligentsia pour savoir qui dégainera le premier. » Propos de philosophe, certes, donc d'une science fort molle, qui se sent coincée entre, d'un côté, « la crainte de l'obscurantisme et d'un scepticisme à l'égard de la science qui s'enferme dans la rémanence de sentiments archaïques ; de l'autre, une hostilité à la foi scientifique dans le progrès professée par un naturalisme cru, minant la morale [1] ». La « rupture de la digue » fait déjà, en effet, parler de « posthumanité », et beaucoup n'y voient rien d'autre que la poursuite du processus d'autofabrication

---

1. Jürgen HABERMAS, *L'Avenir de la nature humaine : vers un eugénisme libéral ?*, *op. cit.*, p. 139 et 147.

de l'espèce, en somme des cas parmi d'autres d'artefacts auxquels il n'y aura plus qu'à s'adapter une fois de plus. Et le fantasme démiurgique de créer la vie et de remédier à tout ce qui définit les hommes comme des mortels revient à doter la science des pouvoirs mythiques dont disposaient les dieux de l'Olympe.

Pourtant, il faut bien poser une question qui se décline en deux volets : est-il si indispensable, c'est-à-dire raisonnable, de s'orienter dans ces directions ? et n'y a-t-il pas d'autres priorités de recherche concevables et surtout indispensables face aux problèmes les plus urgents que l'humanité affronte ? On n'a pas cessé de remarquer que, s'agissant de la poliomyélite, les pays industrialisés ont contribué de près à l'éradication de la maladie par l'assèchement des marais, les bombardements systématiques en DDT auxquels les armées alliées se sont livrées pendant la Seconde Guerre mondiale avant d'envahir et de libérer en Europe comme en Asie les pays occupés, et après la guerre, l'identification virale de la maladie enfin démontrée, par la mise au point rapide des vaccins et leur application généralisée même dans la plupart des pays en développement. Cette victoire planétaire n'a d'aucune façon était poursuivie avec les mêmes moyens ni la même résolution dans le cas de la maladie de Chargas ou du paludisme qui certes n'affectent pas de nos jours les pays au climat tempéré, alors que le nombre de leurs victimes atteint chaque année plusieurs millions dans les pays tropicaux, au point qu'il faut bien conclure que seuls les défis rencontrés par les pays les plus avancés, c'est-à-dire les plus riches, sont pris en compte et relevés par les programmes de recherche prioritaires des États et des grandes entreprises pharmaceutiques. Non pas que ces maladies ne fassent pas l'objet de recherches ni de publications, mais celles-ci sont pour l'essentiel circonscrites dans les laboratoires des pays en développement, et même quand elles apparaissent dans des revues internationales incontestées, elles n'exercent pas la même attraction sur le marché que celles des laboratoires occidentaux. Le poids des réalisations – des découvertes aux applications, y compris les réseaux de vulgarisation – dues aux progrès de la science n'est assurément pas le même quand on passe des pays du « centre » à ceux de la « périphérie ».

Certes, l'idée d'une science citoyenne est d'autant plus provocante que la grande majorité des scientifiques se défend d'avoir un rôle politique à jouer autre que celui de citoyens parmi d'autres, et c'est pour cela qu'on peut parler d'une *communauté du déni* à voir la nature même des répercussions que certaines recherches scientifiques ont eues et promettent d'avoir, à plus forte raison les domaines de recherche qui obtiennent l'attention et donc le soutien prioritaire des États comme des entreprises. Le refus de voir mises en jeu dans la pratique de la recherche des valeurs autres que celles de la poursuite du savoir ne renvoie pas seulement à l'idéologie, il correspond à une étape dans l'histoire de l'éducation et des formations professionnelles qui exclut de plus en plus tout lien entre l'activité scientifique et les préoccupations sociales. S'il doit y avoir une science citoyenne, l'enjeu n'est plus seulement une science sans conscience au sens de Rabelais ou de Montaigne, mais une science sans contrôle. La grande nouveauté est effectivement la nécessité d'une régulation s'imposant à l'institution et aux chercheurs non pas pour brider la liberté et l'autonomie de la poursuite du savoir, mais pour orienter les efforts de recherche sur d'autres priorités que celles que la concurrence des nations les plus industrialisées et leur emphase sur les programmes de recherche militaires ont définies dans une surenchère qui interdit de voir que « cela pourrait être et se passer autrement ». Il me semble donc qu'il y a au moins quatre conditions à remplir pour rendre possible une science citoyenne, et les quatre reviennent, pour le chercheur, à sortir et à se désolidariser de la communauté du déni :

1) Participer à des dispositifs institutionnels dont la fonction critique permette d'évaluer les répercussions possibles des découvertes et des applications, notamment en allant au-devant des acteurs de « l'épistémologie civique » pour prendre en compte leurs attentes et leurs revendications. En d'autres termes, définition négative, ne pas récuser *a priori* comme illégitimes ou oiseuses les questions que soulève la société civile ; et, définition plus nettement positive, admettre que toute production de savoir est « contextualisée » dans un ensemble où l'institution scientifique n'est pas la seule partie prenante.

2) Reconnaître et assumer le fait que la pratique de la recherche scientifique même fondamentale n'est pas – n'est plus – une activité neutre dont les valeurs sont extérieures à celles de la cité, et s'interroger précisément sur les conditions dans lesquelles le système de la recherche, ses acteurs et ses institutions, peuvent mieux, c'est-à-dire effectivement, contribuer à relever les défis sociaux, économiques, environnementaux qu'affronte la planète.

3) Prendre acte de tous les changements qui affectent le rôle du scientifique dans nos sociétés, et tout au contraire de ce que Max Weber a pu dire

dans ses fameuses conférences sur *Le Savant et le Politique*, admettre que le scientifique ne peut plus « se mettre des œillères » sur les conséquences de ce qu'il fait : l'instrument n'est pas séparable de l'acteur.

4) Et, par conséquent, agir sur les institutions représentatives de la communauté scientifique, académies et associations, pour qu'elles se mettent à évaluer en toute indépendance les priorités et les politiques de recherche telles que la politique des États et la stratégie des entreprises les ont jusqu'à présent conçues et mises en œuvre, en faire l'objet d'un débat critique et public en présence et si possible avec le concours de représentants de la société civile, en tirer des leçons pour redéfinir les grandes orientations.

Encore faut-il que l'on se préoccupe sérieusement de repenser les conditions dans lesquelles les scientifiques sont formés. Les plaidoyers d'une réforme en ce sens se sont multipliés depuis plusieurs années, ils se fondent tous sur la nécessité d'un apprentissage et d'une expérience qui débordent les frontières d'une spécialisation strictement technique, c'est-à-dire simultanément, avec cette spécialisation dans les sciences de la nature, une formation à une ou plusieurs disciplines des sciences de l'homme et de la société (humanités et sciences sociales). Paul Langevin s'en était préoccupé à plusieurs reprises, en insistant sur la nécessité d'un lien entre la formation à la physique et les sources historiques de la discipline. Certes, il en appelait à l'histoire par rapport aux controverses internes à la communauté des physiciens : prenant parti en faveur de l'atomisme contre le mécanisme, il convoquait l'histoire pour se trouver des alliés ou des précurseurs dans ce débat. Mais c'était aussi qu'à ses yeux l'histoire en général doit protéger contre tout dogmatisme, thème sur lequel il est revenu dans sa dernière conférence au lendemain de la Seconde Guerre mondiale. C'est l'époque où l'on célébrait les succès des physiciens atomistes dont certains, triomphe et prestige aidant, n'hésitaient pas à imaginer « un gouvernement mondial de savants » pour résoudre une bonne fois pour toutes n'importe quelle tension entre les nations et garantir ainsi une paix éternelle. Langevin songeait sans doute à cet autre fantasme de pouvoir dans l'imaginaire des scientifiques, d'où sa mise en garde sur l'absence d'une dimension historique donnée à l'enseignement de la physique qui peut aller jusqu'à menacer la raison de basculer dans la déraison : « L'expérience nous montre qu'un homme disposant d'une puissance excessive, politique ou financière, se déséquilibre : les savants ne feraient pas exception et deviendraient quasi des fous[1]. »

Mais il ne s'agit pas seulement d'intégrer sa propre histoire à toute discipline des sciences de la nature : il importe bien plus encore d'exposer tout scientifique, au-delà de la mise en perspective et des controverses auxquelles a pu donner lieu sa discipline, à une autre culture que celle où il se spécialise, et cela dans tout son parcours universitaire. C'est le point essentiel du rapport déjà cité que Yehuda Elkana a remis dans le cadre du programme de la Fondation Carnegie sur les doctorats : la formation du futur scientifique doit certes lui apprendre à affronter l'histoire des controverses scientifiques et donc à se familiariser avec la mise en question critique du domaine même où il entend se spécialiser, mais encore il doit se familiariser avec des références et des préoccupations intellectuelles différentes, au point de se donner une réelle compétence dans les humanités ou les sciences sociales.

Cela est plus vite dit que réalisé ou réalisable, car il y a peu de place aujourd'hui dans la formation doctorale du scientifique pour une activité réflexive, à plus forte raison pour un temps de contemplation ou de méditation en dehors de sa discipline qui aborde les grands problèmes de l'histoire et de l'existence et contribue à une prise de conscience de la responsabilité sociale du chercheur. C'est qu'après les années d'initiation (licence, maîtrise), la préparation du doctorat se fait dans la hâte et sous une intense pression : l'ampleur du contenu d'une discipline à absorber et à maîtriser, l'angoisse de n'être pas en mesure d'y innover avec éclat, le regard même des patrons qui interdit toute contamination venant d'un autre horizon que celui de la spécialité et le climat de compétition souvent sauvage qui préside à la conquête des crédits et des postes ne s'y prêtent d'aucune façon. C'est au contraire, dit Elkana, « une course où toute pause est un danger pour la carrière[2]. »

Mais de là résulte aussi, ajoute-t-il, le conformisme qui fait de nombreux doctorants des spécialistes habiles à trouver des solutions plutôt qu'à « penser les problèmes » et à aller au-delà de la seule technicité d'une

---

1. Paul LANGEVIN, « La pensée et l'action », conférence prononcée le 10 mai 1946, citée par B. BENSAUDE-VINCENT, « Paul Langevin : l'histoire des sciences comme remède à tout dogmatisme », *Revue d'histoire des sciences*, t. 58-2, juillet-décembre 2005, p. 327.

2. Y. ELKANA, « Unmasking Uncertainties and Embracing Contradictions... », rapport cité, p. 12.

démonstration. Il faudrait au contraire, suivant sa formule, aller « au-delà » *(meta)* pour les engager à éviter l'excès de simplification dont souffrent à force de spécialisation de nombreuses thèses. Et de rappeler que les docteurs ès sciences ne se destinent pas tous après la thèse à une carrière de chercheurs pour s'attaquer aux frontières extrêmes de la science, qu'au contraire la plupart d'entre eux se retrouveront soit dans des fonctions d'enseignement, soit dans des carrières de gestion dans l'industrie ou l'administration publique, et donc qu'il importe d'autant plus de fonder leur carrière sur un socle de connaissances autres et sur une culture plus générale. L'ensemble du système économique sur lequel se bâtit et par lequel tourne aujourd'hui le capitalisme industriel de la mondialisation a certainement plus besoin de généralistes que de scientifiques.

Cette exigence d'une formation « *meta-* » (au-delà) est assurément ce qui doit permettre de fonctionner dans un univers récusant les tentations du positivisme. Dans sa lettre à Wilhelm de Sitter, Einstein expliquait que ce qui oriente sa démarche, « c'est le besoin de généraliser », ce qui suppose l'accès à autre chose qu'une formation et qu'une culture strictement techniques[1]. Étudiant à l'Institut polytechnique de Zurich pour obtenir son diplôme de professeur de lycée en sciences, il s'inscrivit à deux cours optionnels sur Kant et sur Goethe. À tout le moins une telle formation plus équilibrée mettrait-elle sur la voie de combler l'écart entre savoir scientifique (à plus forte raison s'il s'agit de connaissances de pointe) et culture générale, sinon savoir commun. Car ce serait aussi le moyen de redonner sens et pouvoir au langage, pour reprendre la formule d'Hannah Arendt, de se retrouver dans un univers d'où les repères les plus communs de l'humanité ne seraient pas éliminés. Faute de quoi, insistait-elle, « il se pourrait, nous autres créatures terrestres qui avons commencé d'agir en habitants de l'univers, que nous ne soyons plus jamais capables de comprendre, c'est-à-dire de penser et d'exprimer, les choses que nous sommes cependant capables de faire. [...] S'il s'avérait que le savoir (au sens moderne de savoir-faire), et la pensée se sont séparés pour de bon, nous serions bien alors les jouets et les esclaves non pas tant de nos machines que de nos connaissances pratiques, créatures écervelées à la merci de tous les engins techniquement possibles, si meurtriers soient-ils[2] ».

C'est ce rapport à un langage détourné de son sens qu'un des plus

---

1. 4 novembre 1916.
2. H. ARENDT, *Condition de l'homme moderne, op. cit.*, p. 10.

grands scientifiques du xxᵉ siècle a dénoncé comme le mal même qui a fait de la science le théâtre de l'empire des transgressions et donc à ses yeux celui des plus grands dangers : « Les étudiants n'étudient plus la nature, ils vérifient des modèles », et cette science vouée à détruire le langage se présente comme « la cuisine du diable ». Aucun témoignage venu du sein même de la communauté scientifique n'est plus acharné dans la critique des dérives de l'institution et des menaces qu'elle fait peser : « De même que la nature semble à présent n'avoir d'autre but que de faire vivre des chercheurs, la vie est devenue une machine à rester en vie. » Erwin Chargaff est celui qui, menant des recherches sur les acides nucléiques, a découvert en 1950 la composition en quatre bases de l'ADN et en a formulé les règles qui portent son nom : avancée capitale, qui a mis sur la voie du décryptage de la substance héréditaire des êtres vivants et simultanément assuré l'essor foudroyant de la biologie moléculaire vers l'ingénierie génétique [1]. « Ma vie a été marquée par deux découvertes scientifiques inquiétantes : la fission de l'atome et l'élucidation de la chimie de l'hérédité. Dans un cas comme dans l'autre, c'est un noyau qui a été maltraité, celui de l'atome et celui de la cellule. Dans un cas comme dans l'autre, j'ai le sentiment que la science a franchi une limite devant laquelle elle aurait dû reculer. »

Il s'agit encore d'un « savant viennois » émigré aux États-Unis, féru comme ses anciens compatriotes d'une culture où celle de la science

---

1. Erwin Chargaff, *Le Feu d'Héraclite*, préface d'Henri Atlan, Paris, Viviane Hamy, 2006. Traduit de l'allemand, le livre a d'abord été publié à New York, par Rockefeller University Press, en 1978. Les « règles de Chargaff » : à l'intérieur de l'ADN, l'adénine et la thymine existent en quantités égales, et il en est de même de la guanine et de la cytosine, d'où l'équation A=T, G=T, les quatre bases de la vie formant deux couples indissolubles. C'est à Oswald T. Avery (alors âgé de soixante-sept ans) et à ses collaborateurs C. MacLeod et M. McCarthy qu'on doit la découverte en 1944 de l'acide nucléique des gènes (ADN et ARN), qui introduit à la chimie de l'hérédité. La découverte de Chargaff, en 1950, a incontestablement conduit à celle de Watson et Crick, la structure du gène en double hélice, qui se sont gardés de rendre hommage à son travail pionnier. Il est vrai que, de son propre aveu, Chargaff était considéré par ses collègues comme un « non conformiste » et même comme un « taon » (p. 189). Il faut ajouter la puissante source d'inspiration que furent pour toute cette génération de biologistes les trois conférences données à Dublin par le physicien théoricien Schrödinger, père fondateur de la mécanique ondulatoire, sous le titre de *Qu'est-ce que la vie ?* Dans ce texte étonnamment prémonitoire, il identifiait dès 1944 la mémoire responsable de la transmission des caractères héréditaires à un code – à la fois « code loi et pouvoir exécutif » – porté par les gènes dans les chromosomes (traduction publiée en 1986 chez Christian Bourgois).

voisine avec celle des humanités : il a lu Pascal et Kierkegaard à quinze ans, il ne se lasse pas de parcourir les œuvres complètes de Goethe que sa mère lui a offertes. On ne dira jamais assez combien le groupe de scientifiques austro-hongrois émigrés aux États-Unis à cause du nazisme a compté dans l'histoire politique, économique et stratégique de ce siècle : entre autres, Karman, Neumann, Szilard, Teller, Wigner, Weiskopf. Et c'est celui-là même qui ouvre la voie aux développements de la biologie moléculaire qui met solennellement en garde contre le prix que l'humanité devra payer pour ses transgressions : « La technologie de la biopoïèse – création de la vie – fera des siècles futurs un cauchemar dont personne n'a idée[1]. »

En fait, Chargaff est né en 1905 à Czernovits, dans cette partie de l'Ukraine qui appartenait alors à l'Autriche-Hongrie, et il parcourra tout le siècle, « celui des génocides » dit-il, pour mourir à quatre-vingt-dix-sept ans aux États-Unis, professeur émérite à l'Université Columbia de New York. S'il fait ses études de chimie à Vienne, c'est aussi pour suivre, fasciné, les conférences publiques en littérature et en philosophie de Karl Kraus, « mon seul professeur. C'est lui qui m'a appris à me garder des platitudes, à veiller sur les mots comme s'ils étaient des enfants sans défense, à mesurer les conséquences de mes paroles comme si la vie de tous en dépendait ». En 1928, il part pour les États-Unis, où il est accueilli par l'Université de Yale ; de retour en Europe en 1930, il est chercheur en bactériologie au département de santé publique de l'Université de Berlin. Après l'incendie du Reichstag (« Hitler a fait de moi un Juif »), il accepte un poste à l'Institut Pasteur, puis il retourne aux États-Unis où, de 1935 à sa retraite en 1974, il sera chercheur-professeur à l'Université de Columbia. De tous les scientifiques hongrois émigrés aux États-Unis, il est le seul qui n'ait jamais visé à une situation de pouvoir. Tout au contraire, quand il publie en 1978 son autobiographie, *Le Feu d'Héraclite*, c'est pour s'en prendre avec une fureur biblique à ses collègues corrompus dans la course au Nobel et les allées du pouvoir : la science est devenue à ses yeux trop puissante, trop soumise aux exigences de la technologie, aux contrats du complexe militaro-industriel et à ceux de l'industrie pharmaceutique, et surtout, de plus en plus complexe et impénétrable, elle a perdu tout contact avec le langage commun.

---

1. *Ibid.*, p. 152.

Assurément, il est l'enfant terrible – ou la brebis galeuse – de l'institution : certains ont expliqué tant d'acharnement à dénoncer la science comme une machine devenue folle par l'amertume de n'avoir pas été nobélisé, mais c'est méconnaître le fait que, bien avant la publication de son autobiographie, il n'a cessé de déplorer l'inculture et l'irresponsabilité de ses collègues, qu'il estimait incapables de faire une recherche vraiment désintéressée et qu'il tenait directement responsables aussi bien de la prolifération nucléaire que des diverses formes de pollution. On comprend que ceux-ci se soient retenus de le recommander à la Fondation Nobel, tant il était devenu suspect, indigne et même insupportable auprès des biologistes et des chimistes, dont les percées et la carrière auraient pourtant été impossibles sans ses découvertes fondamentales [1]. Bien avant la montée en puissance des scientifiques écologistes, il n'hésita pas à dire que « nous avons dépassé la limite de ce que la nature peut supporter », comparant la dégradation de notre environnement et de nos sociétés à celle des macromolécules : « La dégradation d'une macromolécule ayant une structure spécifique et complexe se fait habituellement en un certain nombre d'étapes successives ; les changements, presque imperceptibles au début, se multiplient de façon cumulative, jusqu'à l'effondrement, qui devient manifeste avec une soudaineté presque explosive. »

Son autobiographie et le récit de ses découvertes sont aux antipodes de ce que Watson a raconté pour sa découverte de la double hélice : autant celui-ci offre le récit de l'accession sauvage au prix Nobel d'un jeune scientifique qui n'a aucune culture et qui est tellement professionnel et professionnalisé qu'il n'a pas d'autre repère que celui de sa spécialité, autant celui-là témoigne d'un rapport profond à une vaste culture, qui s'interdit de penser la science dans les termes réductionnistes d'une technique parmi d'autres. *La Double Hélice* est le récit unidimensionnel d'une ambition balzacienne que rien n'arrêtait et dont on ne voit pas en quoi, plutôt que d'être liée à l'histoire de la science, elle ne ferait pas partie de l'histoire des banques, du commerce ou des compagnies d'assurance. *Le Feu d'Héraclite*

---

1. Il se définit lui-même comme « un marginal dans le rang », sans grande indulgence pour ses collègues assoiffés de prestige et de pouvoir : « Si j'ai malgré tout un jour ou l'autre caressé certains de mes collègues dans le mauvais sens du poil, qu'ils veuillent bien me pardonner : je n'avais pas vu qu'ils étaient couverts de fourrures », *ibid., op. cit.*, p. 18-20.

est au contraire celui d'un parcours qui hésite entre le travail de la recherche en biochimie et la réflexion philosophique ou même la création littéraire, témoignage d'une double culture dont l'auteur reconnaît lui-même qu'elle conduit à une sorte de schizophrénie, car il a vécu son travail de scientifique dans une telle ambiguïté que « c'est son inconfortable schizophrénie qui lui a permis de conserver [son] bon sens ».

Dans un curieux dialogue imaginaire avec « la voix muette » qui clôt son livre, Chargaff avoue que son plus grand péché a été l'indolence, source de son écartèlement entre l'aspiration à une carrière littéraire et la facilité de sa vocation scientifique. Au fond, si géniaux qu'aient été ses dons pour la recherche en biochimie, Chargaff n'a pas cessé de se comporter comme un amateur, c'est-à-dire comme un retardataire généraliste au cœur d'une institution désormais vouée exclusivement à la professionnalisation – un modèle d'ethos scientifique humaniste, sensible aux arts, conscient des dérives de la rationalité au point de s'en désolidariser publiquement : crime impardonnable de lèse-majesté aux yeux des professionnels « purs et durs », c'est-à-dire passer en « vieil Européen » comme la récusation même de leur spécialisation et de leur réductionnisme « à l'américaine », d'où le peu d'appuis dont il a pu bénéficier pour se voir recommander à la légitimité d'un prix Nobel, alors qu'il méritait incontestablement une telle reconnaissance. Il est impossible pourtant de traiter à la légère son témoignage sur ce qu'il a appelé le « dilemme » auquel est d'emblée confronté tout chercheur : « d'un côté, l'admirable harmonie de la science, sa régularité, le puissant attrait qu'elle exerce sur un esprit vif et curieux ; d'un autre, les abus cruels et inhumains qu'on peut en faire, la brutalité de la pensée et de l'imagination qu'elle suscite, l'arrogance croissante de ceux qui la pratiquent. » Tout se joue à ses yeux autour de la question du pouvoir : « Si des oratorios pouvaient tuer, le Pentagone aurait depuis longtemps soutenu la recherche musicale [1]. »

Il va de soi que la science contemporaine avance sans que les spécialistes aient à se référer à autre chose que la culture de leur spécialité, mais plus elle avance et plus s'approfondit l'écart entre l'expérience du scientifique et celle du monde quotidien, même si celui-ci est de part en part imprégné et conditionné par les travaux de celui-là. Puisque toute production de la science est aujourd'hui un objet politique, source de

---

1. *Ibid.*, *op. cit.*, p. 192.

questionnements notamment éthiques auxquels la science n'a et ne peut prétendre apporter de réponse, il n'est pas d'autre recours que de s'évader hors de sa spécialité en s'appuyant sur les repères qu'offrent la littérature, les humanités, les sciences sociales. C'est la seule chance d'échapper au mal de la spécialisation dont Robert Musil – autre Viennois produit de l'agonie de l'Empire austro-hongrois – a fort bien illustré, avec le parcours et les angoisses de *L'Homme sans qualités*, l'écart qu'elle creuse entre la poursuite du savoir et la quête de sens : Ulrich, en effet, officier de cavalerie, puis ingénieur, puis mathématicien, poursuit le sens impossible de la vie comme un homme franchit une montagne après l'autre sans jamais avoir en vue le but. L'homme sans qualités se compose de qualités sans homme, dit Musil. Si le savoir rationnel n'est qu'une technique parmi d'autres et si la poursuite de ce savoir n'accroît en rien les chances d'accéder au sens de la vie, la réussite d'une carrière peut aussi bien se traduire par le vide de la vie.

Il existe deux conceptions, dit encore Musil, qui non seulement se combattent, mais subsistent ordinairement côte à côte, ce qui est pis, sans échanger un mot : l'une se contente d'être exacte et s'en tient aux faits, et l'autre ne s'en contente pas, qui déduit ses connaissances des prétendues grandes vérités éternelles : « Il est clair qu'un pessimiste pourrait dire aussi bien que les résultats de l'une n'ont aucune valeur, et que ceux de l'autre sont faux. Que pourrait-on bien faire, en effet, au jour du Jugement dernier, quand seront pesées les œuvres humaines, de trois traités sur l'acide formique, ou même de trente, s'il le fallait ? D'autre part, que peut-on savoir du Jugement dernier si l'on ne sait même pas tout ce qui peut sortir d'ici là de l'acide formique [1] ? »

Cependant, si la formation des scientifiques doit passer par d'autres repères que ceux de leur spécialité, on peut douter, et c'est mon cas, que cette condition nécessaire soit suffisante. Le conformisme de l'institution scientifique – le consensus, dit Elkana, autour de ses prétentions à la neutralité et à l'objectivité – est tel que le refus de reconnaître ce qu'a d'irréversiblement politique toute production nouvelle de savoir entraîne à dénoncer comme traîtres au code de leur vocation ceux qui, précisément, s'interrogent, prennent parti, parlent haut et fort pour signaler les dérives et les menaces que la poursuite même du savoir peut comporter. Maurice Merleau-Ponty s'étonnait qu'on ait « fait honneur à Descartes de n'avoir

---

1. Robert MUSIL, *L'Homme sans qualités*, Paris, Le Seuil, 1957, t. I, p. 326-327.

pas pris parti entre Galilée et le Saint-Office », il n'était pas loin d'y voir lâcheté plutôt que prudence : « Pour qu'un jour il y eût un état du monde où fût possible une pensée libre du scientisme comme de l'imagination, il ne suffisait pas de les dépasser en silence, il fallait parler contre[1]. »

L'esprit de résistance ne sauve pas seulement l'honneur, il exclut toute adhésion au mal – injustice ou déraison dans les affaires de la cité (ce qui finalement est la même chose). Tout le monde, certes, n'est pas fait pour assumer le rôle d'Antigone ou de Socrate, il y faut un minimum de courage, et le courage ne s'hérite pas plus qu'il ne s'apprend ni ne se décrète. Il s'agit de se risquer soi-même dans une décision : la qualité – ou la vertu – n'est pas commune, elle ne dépend d'ailleurs pas de la connaissance. On a vu des cas d'hommes et de femmes dont rien n'aurait dit qu'ils prendraient le parti de « parler contre » : tout dépend des circonstances, de la situation, du lieu et du moment, et de l'impossibilité de se taire même sous le coup de la peur – de l'épuisement des raisons qu'on s'est inventées pour se taire. Les raisons, futiles ou graves, anecdotiques ou raisonnées qui conduisent certains scientifiques à dépasser le point de vue du technicien pour s'élever publiquement contre la déraison ou l'injustice ne sont pas différentes de celles qui ont poussé Luther devant la Diète de Worms à proclamer qu'il ne pouvait aller plus loin dans les concessions : « Je m'arrête là ; je ne peux pas faire autrement, Dieu veuille m'aider ! »

Ce moment du scrupule – le petit caillou au sens latin sur lequel bute soudain toute une conscience – a d'autant plus de quoi surprendre de la part de personnalités reconnues, couvertes d'honneurs et de prestige, dont l'*establishment* n'attend à travers elle que de se voir lui-même applaudir et célébrer. J'ai montré ailleurs les voies nombreuses que ce scrupule peut rencontrer, la plus spectaculaire et la plus inattendue étant celle où l'on a vu l'amiral Rickover, l'architecte des moteurs nucléaires et du sous-marin *Nautilus*, dresser le procès des applications de l'énergie nucléaire non pas seulement militaires, mais encore civiles[2]. Cela se passait devant le Congrès

---

1. M. Merleau-Ponty, *Éloge de la philosophie, op. cit.*, p. 83-84.

2. J.-J. Salomon (dir.), « La terreur et le scrupule », introduction à *Science, guerre et paix, op. cit.*, p. 39. Citations extraites du témoignage de l'amiral Rickover devant le Joint Economic Committee, US Senate, *Stenographic Transcripts, AGE-Federal Reporters*, Washington, 28 janvier 1982. Voir sa biographie : N. Polmar et T. B. Allen, *Rickover : Controversy and Genius*, New York, Simon & Schuster, 1982.

des États-Unis, les deux Chambres réunies pour l'honorer au moment de sa mise à la retraite. Plusieurs présidents avaient essayé, toujours vainement, de lui faire quitter le service, le Congrès l'y avait maintenu vingt ans de plus, le considérant comme un « monument national » puisqu'il avait, par sa clairvoyance et son acharnement, doté la stratégie de la dissuasion de sa base indétectable : la flotte de sous-marins nucléaires.

Jusqu'alors, avec son équipe d'officiers, les *nukes*, spécialistes du nucléaire en uniformes choisis exclusivement en fonction de leurs compétences scientifiques, il avait été le modèle du technicien capable de décortiquer et de résoudre tous les éléments des problèmes que soulevait le programme de recherche-développement qu'il s'était fixé et dans les délais qu'il avait annoncés. Et de plus, d'une honnêteté exemplaire, il n'avait pas cessé de dénoncer les bénéfices excessifs que les entreprises du complexe militaro-industriel tirent de leurs contrats avec le Pentagone. En un mot, enfant chéri du Congrès, ce « père de la patrie » était la conjonction d'Edison l'entrepreneur, de Fermi le savant et de Caton l'incorruptible. Mais quand on lui demanda ce qu'il pensait de l'avenir de l'énergie nucléaire, il provoqua la stupéfaction de l'assistance en introduisant son exposé par cette formule : « Je vais être philosophique » et poursuivit en désignant l'énergie nucléaire comme un mal à combattre et à extirper : « En utilisant l'énergie nucléaire, nous créons une chose que la nature s'est efforcée de détruire pour rendre la vie possible. » Étonnant moment, en ce jour de son triomphe à la romaine, où le modèle d'officier scientifique et grand serviteur de l'État qu'il a été continue sur sa lancée en déclarant, entre autres propos très peu orthodoxes : « Je ne suis pas fier du rôle que j'ai joué là-dedans. Je l'ai fait parce que c'était nécessaire pour la sécurité de mon pays. C'est pourquoi je suis à ce point convaincu qu'il faut arrêter tout ce non-sens d'une guerre nucléaire. »

En somme, il n'est pas commun pour un scientifique – à plus forte raison s'il porte l'uniforme – d'entrer en dissidence : c'est déroger au code de la profession pour prendre position sur le plan politique au nom même des valeurs de la science, et pis, pour dénoncer comme un mal ce qui passe pour le bien aux yeux des pairs, de l'*establishment*, de la technostructure et du pouvoir politique. Le prix à payer pour qu'un scientifique devienne pleinement citoyen est précisément qu'il dit récuser le modèle idéologique du chercheur enfermé dans sa tour d'ivoire qui n'a rien à voir avec les conséquences de ses découvertes et de ses innovations. En somme, de ne pas se mettre dans le cas d'avoir à reprendre à leur façon le mot du Christ sur la croix : « Ô Pères fondateurs, pardonnez-nous, nous ne savons pas ce que nous faisons ! » Einstein, on le verra, ne se sentait pas et n'a pas été extérieur au monde dans lequel il a vécu et où il a mené, en constant état de dissidence, des combats à la fois politiques et éthiques, et il ne s'interdisait pas de savoir ce qu'il faisait : c'est qu'il n'imaginait pas de réduire sa conception et sa pratique de la science à une aventure purement technique, sans liens avec le langage commun, les valeurs, les repères sociaux ou politiques, le cours des événements – sans engagement dans la cité intrinsèquement lié à sa vocation même de scientifique.

Par définition, les exemples de dissidence ne sont pas abondants, mais ils ne sont pas rares – par exemple Linus Pauling, Joseph Rotblat, Bertrand Russell, Norbert Wiener – qui ont tous ceci de réconfortant qu'ils ont pris à rebours le conformisme idéologique de l'institution et les pressions du complexe militaro-industriel en assumant pleinement, au nom même de la science, leur responsabilité sociale. Ceux que je retiens pour conclure relèvent chacun de postures et de contextes historiques différents, donc de scrupules et d'engagements originaux affrontant des enjeux eux-mêmes divers. Pourtant, face aux pôles de tensions extrêmes qu'ils ont eu à combattre – dans le premier cas vérité et injustice, dans le deuxième savoir et déraison, dans le troisième science et barbarie –, chacun s'est senti conduit, sinon contraint, à la même prise de risque pour se dresser « en parlant contre. » Ils sont d'autant plus exemplaires à mes yeux que leur intervention dans les affaires de la cité s'est faite précisément sur la base et dans la revendication des valeurs dont ils se sont inspirés pour devenir incontestablement ce qu'on appelle de grands scientifiques. Et c'est en ce sens que, au-delà de leur stature et de leur statut de scientifiques, ils me semblent offrir un exemple de citoyenneté qui vaut aussi pour toute l'humanité.

Vérité et justice

Le premier exemple, la vérité et la justice, le moins connu, se situe dans le contexte de l'affaire Dreyfus, où l'on a vu certes plusieurs scientifiques, en particulier les normaliens, s'engager en faveur de l'innocence du capitaine. C'est l'injustice qui porte les savants à sortir « de leurs laboratoires, de leurs cabinets de travail, de leurs ateliers, pour faire entendre leur voix ». Mais la plupart d'entre eux s'engageaient en tant qu'intellectuels parmi d'autres, que l'affaire mobilise précisément aux côtés des écrivains, des artistes et d'autres représentants des professions libérales. Un petit nombre prend néanmoins parti au nom même de la science, par exemple Émile Duclaux, successeur de Pasteur à la tête de l'Institut Pasteur, qui dénonce le jugement de 1894 en invoquant le principe de savoir : « Je pense tout simplement que si, dans les questions scientifiques que nous avons à résoudre, nous dirigions notre instruction comme elle semble l'avoir été dans cette affaire, ce serait bien par hasard que nous arriverions à la vérité. » De même le vieux chimiste Édouard Grimaux, professeur à l'École polytechnique, membre de l'Académie des sciences, dénonce dans sa déposition au procès Zola le fondement même de la procédure judiciaire qui n'a tenu aucun compte des principes méthodologiques propres à la démarche scientifique : « Nous autres, hommes de science, nous avons une autre manière de raisonner. La vraie méthode scientifique a manqué aux actes de l'accusation [1]. »

L'engagement de Paul Painlevé a été différent à la fois parce qu'il a été personnellement impliqué dans l'affaire, à la suite d'un faux témoignage détournant de son sens (l'inversant même) une conversation qu'il avait eue, et surtout parce qu'il a mis tout son poids de mathématicien, au procès de Rennes comme devant la Cour de cassation, pour démolir les pseudo-pièces scientifiques du dossier de l'accusation. Il appartient à la nouvelle génération de mathématiciens qui choisissent d'entrer à l'École normale supérieure plutôt qu'à l'École polytechnique, et il est déjà renommé quand il signe l'une des pétitions en faveur du colonel Picquart menacé par l'état-major et le ministère de la Guerre pour son rôle dans la révélation de l'innocence du capitaine Dreyfus : une thèse importante en 1887 sur la théorie des fonctions et les équations différentielles, plus d'une centaine d'articles dans des revues de haut niveau, la réputation de travaux dont l'abstraction théorique vise néanmoins les applications en physique [2] ; il est parfaitement armé par sa réputation et l'originalité de

---

1. Ces citations viennent de V. DUCLERT, « Les savants », in *L'Affaire Dreyfus de A à Z*, Paris, Flammarion, 1994, p. 490-495.

2. Ce qui n'est pas évident à l'époque : en 1895, dans sa leçon d'ouverture au cours qu'il donne à Stockholm (en remplacement de Poincaré) – cours créé par le roi Oscar II – il dénonce d'entrée de jeu l'idée suivant laquelle « les mathématiques seraient devenues

ses contributions pour contrer un dossier dont les pièces sont des calculs statistiques aberrants, des faux ou des montages scientifiques erronés. Et donc non seulement pour tenir tête publiquement à ses anciens amis de l'état-major, mais surtout pour s'attaquer aux impostures du «système Bertillon», du nom du chef du service d'anthropométrie à la préfecture de police, qui s'est prêté fort complaisamment à la machination.

En fait, son engagement est plutôt tardif : proche des milieux militaires et conservateurs, enseignant à l'X, il est longtemps réticent, sinon hostile, à l'idée d'une révision du procès, car il ne croit pas alors à la thèse de l'innocence. C'est même ce qui va l'impliquer dans le procès : il rencontre son collègue Jacques Hadamard pour lui expliquer qu'un Hadamard, lointain cousin du capitaine Dreyfus, n'a aucune chance de devenir répétiteur à l'École polytechnique, et celui-ci plaide si fortement l'innocence du capitaine Painlevé, exaspéré, finit par interrompre l'entretien. Il parlera de cette conversation à un collègue de l'X, qui en transmettra à l'état-major et au ministre de la Guerre une version exactement inversée : « la famille du capitaine le croirait coupable », et c'est ce qui constituera la pièce 96 du dossier tenu secret. Il n'a pas fallu moins qu'une décision de la Chambre des députés pour que cette pièce fût communiquée à la Cour de cassation qui instruit le jugement de condamnation de 1894. Du coup, converti à l'innocence de Dreyfus depuis les révélations du colonel Picquart, Painlevé obtient de déposer successivement devant la Cour et au procès de Rennes. C'est en savant qu'il intervient, affichant tous ses titres et appartenances aux plus prestigieuses institutions : « M. Painlevé (Paul), 35 ans, répétiteur et examinateur de passage à l'École polytechnique, maître de conférences à l'École normale supérieure[1]. » Il est en outre professeur adjoint à la faculté des sciences de Paris (depuis 1895) et il a été suppléant

---

une science de curiosité dépourvue de tout objet réel, un jeu d'esprit dont le seul intérêt serait la difficulté. » C'est d'ailleurs sur une chaire de mécanique et non de mathématique qu'il enseigne à l'École polytechnique, et toute la suite de sa carrière – de professeur et d'homme politique – en fera un champion des recherches appliquées et des innovations techniques, notamment comme défenseur acharné de l'aviation. Voir C. FONTANON, « Paul Painlevé et l'aviation : aux origines de l'étatisation de la recherche scientifique », in C. FONTANON et R. FRANK (dir.), *Paul Painlevé (1863-1933) : un savant en politique*, Presses universitaires de Rennes, 2005, p. 41-56.

1. Voir V. DUCLERT, « Paul Painlevé et l'affaire Dreyfus : l'engagement singulier d'un savant », in C. FONTANON et R. FRANK (dir.), *op. cit.*, p. 25-40.

en 1896 et 1897 de Maurice Lévy au Collège de France. De plus il se présente devant le tribunal avec une lettre de son maître Henri Poincaré qui s'applique à démontrer l'incapacité mathématique et scientifique du « système Bertillon », où les calculs inexacts de probabilités voisinent avec des graphiques, photographies et autres documents trafiqués.

Sa déposition solennelle devant le Conseil de guerre de Rennes est déterminante sur les deux plans où il entendait intervenir : il met à mal le dossier échafaudé par Bertillon et son équipe, réfutant toutes leurs incompétences et impostures ; et, s'adressant à deux généraux qui prétendent défendre l'authenticité de la pièce 96, il les place si rigoureusement devant leurs contradictions et leurs insuffisances qu'ils finissent par admettre la manipulation dont cette pièce a été l'objet. C'est le coup le plus sévère porté à toute l'accusation dont Dreyfus a été la victime : la scientificité des pièces publiquement utilisées s'effondre, et les documents gardés secrets révèlent le trucage. La Cour de cassation décidera de faire expertiser la totalité des études préparées par Bertillon : en 1904, les trois experts désignés, Paul Appel, Gaston Darboux et Henri Poincaré, remettront un rapport qui ne laissera aucun doute sur le caractère peu scientifique, en fait parfaitement frauduleux, de l'expertise menée par Bertillon. Il va de soi que la presse d'extrême droite, L'Action française de Charles Maurras en tête, tentera de contester ces conclusions en dénonçant les « juges-parties ». Mais c'est effectivement la déposition de Painlevé qui a déclenché les efforts menés enfin sur le plan scientifique par les tribunaux pour assurer la révision du procès, puis la réhabilitation de Dreyfus : la science en tant que telle est entrée dans le combat contre la machination du faux et le mensonge d'État.

L'engagement personnel de Paul Painlevé en tant que scientifique n'allait pas de soi aux yeux de nombre d'universitaires, même parmi les dreyfusards : signer des pétitions est une chose, mais entrer dans la mêlée pour contrer simultanément les manipulations de la raison d'État, l'honneur mal placé de l'armée et le conformisme de l'institution scientifique en est une autre, qui signale une véritable transgression. La preuve en est que l'académicien Ferdinand Brunetière, à la suite des polémiques provoquées par le procès de Zola pour son « J'accuse ! », a publié un article où il refusait fermement aux « savants » le droit de demeurer « savants » dans l'arène politique : la pratique de la science n'autorise pas ce type d'intervention, qui n'est pas autre chose qu'une trahison de l'ethos idéal de l'institution. Lors du dixième anniversaire de la mort de Zola célébré à Médan, Painlevé aurait pu s'appliquer à lui-même l'hommage qu'il lui a rendu : « En ces jours présents où les consciences se montrent si flexibles, où c'est presque une élégance cynique de se renier trois fois avant que le coq n'ait chanté, nous suivons, nous tous qui sommes ici, l'exemple du maître que nous évoquons aujourd'hui : nous sommes obstinément fidèles à la vérité inséparable de la justice. »

SAVOIR ET DÉRAISON

Sakharov, père de la bombe H soviétique, a raconté l'irruption de la tragédie dans sa carrière de chercheur : « En novembre 1955, j'ai participé à de très importantes expériences atomiques de caractère militaire. Leur déroulement a été endeuillé par des événements tragiques : un jeune soldat fut enseveli dans sa tranchée, et une petite fille de deux ans, l'enfant d'une femme seule d'origine allemande, mourut écrasée par une poutre qui se détacha du plafond d'un abri antiaérien. Le soir de l'expérience, lors du banquet organisé pour le cercle étroit des organisateurs de cet essai et des scientifiques associés, je levai mon verre en souhaitant que nos fabrications ne viennent jamais à exploser au-dessus d'une ville. » Le maréchal Nédéline, qui dirigeait l'expérience, le remit à sa place par une plaisanterie : « Pour prendre ce genre de décisions, les dirigeants se passeront de conseillers ! » Tel est le point de départ – le *scrupulum*, le petit caillou – de la prise de conscience par Sakharov des dangers mortels que l'armement atomique fait courir à l'humanité et de sa conversion progressive en champion des droits de l'homme.

Enfant chéri du régime, couvert d'honneurs tout autant que Rickover l'était aux États-Unis, il reconnaît dans ses *Mémoires* avoir été sensible « à la force hypnotique de l'idéologie de masse » et, lors de la mort de Staline, « à l'humanité de ce grand homme *(sic)* ». Élu en 1953 à l'Académie des sciences à l'âge de trente-deux ans, il est le plus jeune de tous les scientifiques soviétiques qui aient eu cet honneur, et la même année il est décoré de l'Ordre de Lénine, reçoit le premier des deux prix Staline dont il bénéficiera, tout comme le premier de ses trois titres successifs de « Héros du travail socialiste ». On voit combien les services rendus au régime dans sa confrontation stratégique avec les États-Unis le désignaient comme l'un de ses plus prestigieux et indispensables soutiens.

De plus, profondément patriote, il n'a jamais désavoué la part qu'il a prise dans la mise en œuvre de l'arsenal nucléaire soviétique, considérant que la parité dans ce domaine garantirait la paix mondiale (rappelons que, parce qu'il a été l'auteur d'armes de destruction parmi les plus massives, Karl Popper n'a pas hésité à le traiter de criminel de guerre, malgré ses engagements pacifistes par la suite). L'excès même et l'escalade des capacités de destruction dans le cas d'un conflit nucléaire exigeaient à ses yeux – comme à ceux de ses homologues américains – une stratégie constante de jeu à somme nulle. Comme il le souligne dans ses Mémoires, sa position dans les années 1950 était « le reflet » de celle d'Edward Teller, pour lequel il ne cessa pas de montrer un respect au reste partagé – encore que celui-ci ait souffert de voir son homologue soviétique honoré par ses collègues américains, alors que lui-même était méprisé par la plupart d'entre eux pour le rôle qu'il avait joué dans la révocation d'Oppenheimer[1]. Mais c'est dire que tout devait faire de lui un représentant parmi les plus éminents de la nomenclature soviétique, fanatiquement fidèle au régime et une fois pour toutes aveugle et sourd à ses dérives et à ses exactions.

C'est précisément son patriotisme qui le conduisait à récuser l'appellation de « dissident » : non pas seulement parce qu'il jugeait le mot trop révolutionnaire, mais surtout parce que, aspirant à voir son pays se conformer à sa propre vision de ce qu'il devait être – une démocratie conforme au modèle des démocraties occidentales –, il aurait eu plutôt tendance à considérer ses ennemis et ses détracteurs comme les « vrais » dissidents. Le mot désigne celui ou celle qui se sépare de sa communauté, qui professe une autre religion ou conception politique que celle, officielle, pratiquée par la majorité. Mais, tout comme le juif selon Jean-Paul Sartre ne se découvre tel que dans les yeux de l'antisémite, Sakharov ne reconnaissait sa dissidence que dans les yeux de ceux qu'il accusait de trahir son propre idéal et d'y résister : ce sont donc eux qu'il voyait se séparant de la « société ouverte » dont il se fit le champion. En fait, c'est très progressivement qu'il est entré

---

1. Voir C. RHÉAUME, *Sakharov : science, morale et politique*, Préface d'Elena Bonner, avec une remarquable bibliographie, Montréal, Presses de l'Université Laval, 2004, p. 23-30. Ce qui ne les empêcha pas de s'opposer publiquement lors de la visite de Sakharov en 1988 aux États-Unis à propos de l'Initiative de défense stratégique dont Teller était le promoteur : Sakharov y voyait une menace pour la parité entre les deux blocs bipolaires, et Teller n'entendait d'aucune façon baisser la garde dans sa méfiance à l'égard de l'Union soviétique.

dans une réelle dissidence, au sens d'une opposition radicale à l'idéologie et au régime politiques de son pays, suivant un parcours dont les premières étapes lui laissaient encore espérer une conversion du système communiste telle qu'il a longtemps encore imaginé – à la manière de Gorbatchev – son rapprochement, sinon sa convergence, avec le système capitaliste.

Dans la société soumise à une stricte censure qui était la leur, le propre des scientifiques – un de leurs nombreux privilèges – est qu'ils sont informés des débats qui ont lieu à l'extérieur, en particulier aux États-Unis, et ont accès aux livres et aux revues qui les alimentent[1]. La lecture des livres et des textes d'Albert Schweitzer, de Linus Pauling et de Leo Szilard s'attaquant aux dangers d'une guerre nucléaire, à plus forte raison les réactions et témoignages d'Albert Einstein engagé dans l'arène publique sur des enjeux politiques et sociaux, ont eu sur Sakharov une influence déterminante. Issu d'une famille bourgeoise libérale (son grand-père a cosigné avec Tolstoï une brochure contre la peine de mort), il trouva auprès de son maître en physique Igor Tamm un interlocuteur qui ne se défendait pas de discuter de questions sociales et politiques. Et c'est en scientifique « pur et dur » au départ qu'il s'est penché sur ces questions au sens où, comme l'a écrit son disciple Boris Altschuler, « pour lui toute construction doit marcher, qu'il s'agisse d'une bombe, d'un modèle concernant l'évolution de l'univers, ou d'une série de propositions sur le désarmement et les droits de l'homme[2] ».

Sakharov l'affirme lui-même dans son manifeste de 1968, c'est « par la méthode scientifique » et son analyse en profondeur des faits, des théories et des concepts qu'il entend aborder « la complexité et la diversité de tout ce qui a trait à la vie moderne ». Si sa culture littéraire et philosophique l'empêche de se montrer scientiste, la pratique et les lumières de la science sont néanmoins au cœur de la légitimité de sa critique sociale et politique, ce qui fait de lui l'opposé de l'autre grande figure de la dissidence, Soljenitsyne. Autant Sakharov se dit résolument à l'écoute et partisan de l'Occident, confiant dans les progrès du savoir, rationaliste

---

1. Voir G. RIPKA, *Vivre savant sous le communisme*, préface de J.-J. Salomon, Paris, Belin, « Débats », 2002.

2. Boris ALTSCHULER, « Scientific Method of A. D. Sakharov (Scientific Method of Creating Miracle) », in L. V. KELDYCH et V. Y. FEINBERG (éd.), *Sakharov Memorial Lectures in Physics*, New York, Nova Science Publishers, 1992, p. 12.

rêvant d'une démocratie à l'américaine, autant Soljenitsyne, mystique et slavophile, insiste sur le caractère unique de la sainte Russie, et ne cesse de se référer à sa singularité spirituelle et culturelle en dénonçant tous les travers impies de l'Occident. Tout les oppose, en effet, sauf l'adversaire commun auquel ils s'en prennent, de sorte qu'ils sont ensemble deux versants complémentaires du même combat : leurs présupposés et leurs arguments sont si opposés qu'ils entraînent des tensions et des anathèmes au sein du mouvement de la dissidence en Russie et des préférences en Occident au sein des mouvements de solidarité. Comme l'a écrit Alain Besançon au moment de l'exil à Gorki, « Soljenitsyne s'est dressé contre le régime soviétique parce que celui-ci était l'ennemi de Dieu et de la nation russe. [...] Sakharov a tout sacrifié, honneurs, tranquillité, santé, aujourd'hui liberté, afin de faire savoir que le régime soviétique était l'ennemi du genre humain[1]. »

Mais Sakharov s'est longtemps comporté en réformiste, convaincu que le régime pouvait s'orienter vers plus d'ouverture, avant de prendre le parti de la rupture et du sacrifice. Dès 1957, il s'inquiète du retard scientifique et industriel de l'Union soviétique par rapport aux États-Unis, s'oppose directement à Lyssenko en l'empêchant d'être élu au conseil de l'Académie des sciences, et surtout commence son combat contre les expérimentations des bombes nucléaires en calculant que « chaque mégatonne d'une explosion nucléaire signifie, en raison des produits radioactifs alors projetés dans l'atmosphère, des milliers de victimes inconnues[2] ». Mais c'est la fin du règne de Brejnev, avec sa parodie de l'ère stalinienne, son immobilisme, ses remugles de dogmatisme et de terreur, qui l'entraîne sur la voie d'une dissidence de plus en plus radicale et le conduit à publier aux États-Unis ses *Réflexions sur le progrès, la coexistence pacifique et la liberté intellectuelle.* L'invasion de la Tchécoslovaquie et la démonstration qu'elle apporte de l'échec du « socialisme réel » à ceux qui, dans les pays satellites de l'Union soviétique, croyaient encore possibles les réformes, le confirme dans une opposition qui joindra désormais l'enjeu des droits de l'homme à celui de la paix dans le monde.

Ce petit livre suscite d'abord la méfiance dans les pays occidentaux, les

---

1. Alain Besançon, « Le grand mépris », *Le Figaro*, 25 janvier 1980, p. 2, cité par C. Rhéaume, *Sakharov...*, *op. cit.*, p. 39.

2. Andreï Sakharov, *Sakharov Speaks*, New York, Knopf, 1974, p. 32.

scientifiques (et les services de contre-espionnage) y voyant une manipulation éventuelle de la CIA ou du KGB. La circonspection est d'autant
plus grande que l'auteur s'y montre encore « attaché au socialisme » et en
relève à plusieurs reprises « les hautes idées morales », notamment en ce
qui concerne le travail et, cela, conformément « à l'idéal léniniste ». C'est
en tout cas sur ce terrain de la moralité qu'il envisage la convergence des
deux systèmes comme garantie de la paix. Mais sa critique des défauts du
régime communiste est telle qu'il met le doigt à la fois sur ses faiblesses
structurelles, sa vulnérabilité et ses fondements totalitaires. Les contacts
directs que scientifiques et journalistes occidentaux prennent avec lui
démontrent qu'il ne s'agit pas d'une manipulation, le livre obtient un
succès mondial qui n'est égalé que par la Bible, Lénine et Mao Tsé-toung,
il annonce, des années à l'avance, ce qui sera le destin de la *perestroïka*
sous Gorbatchev, l'essai sans avenir des réformes du système destinées
précisément à le sauver. Dans ses Mémoires, Gorbatchev reconnaîtra que
l'influence de la dissidence, celle en particulier de Sakharov, a démontré la
nécessité de « pousser l'engin du changement à un point de non-retour »
– un engin qu'il ne parviendra plus à maîtriser ni à arrêter[1].

En 1970, il fonde avec deux collègues scientifiques l'un des deux
premiers comités de défense des droits de l'homme en Union soviétique
(c'est le moment où il rencontre Elena Bonner, elle-même active dissi-
dente, qui deviendra son épouse et son plus constant appui). En 1971, il
adresse à Brejnev un mémorandum (resté sans réponse bien entendu) où il
l'admoneste sur les problèmes urgents de politique intérieure et extérieure.
Le document est publié l'année suivante à l'étranger, avec une postface où
Sakharov plaide pour une amnistie en faveur de tous les détenus politiques
et pour l'abolition de la peine de mort. Suit une série d'interviews par la
presse étrangère, dont la plus retentissante est celle qu'il donne en 1973 à
un journaliste de la radiotélévision suédoise ; les propos y sont très durs,
sans concession, et surtout sans illusion quant à l'aptitude du régime à se
réformer : « Je ne crois pas que le socialisme ait apporté quoi que ce soit
de neuf sur le plan théorique ni un ordre social amélioré. [...] Nous avons
le même genre de problèmes que le capitalisme, c'est-à-dire la criminalité
et l'aliénation. La différence réside dans le fait que notre société s'avère un
cas extrême, avec un manque de liberté maximal, la plus grande rigidité

---

1. Mikhaïl GORBATCHEV, *Memoirs*, New York, Doubleday, 1995, p. 349.

idéologique et – ce qui est le plus typique – la plus grande prétention d'être la société la meilleure, même si bien sûr tel n'est pas le cas[1]. »

Cette fois, la dissidence apparaît au régime dans toute l'audace de sa provocation : le procureur le convoque pour le menacer de poursuites, la presse soviétique se déchaîne, quarante académiciens entraînés par leur président M. V. Keldych publient un texte où ils lui reprochent de faire le jeu des ennemis de l'URSS. Le philosophe tchèque Jan Patočka, évoqué dans mon introduction, savait de quoi il parlait, lorsqu'il évoquait le « revirement » de Sakharov comme un sacrifice suprême. « Ce sont des hommes qui agissent sur la base d'une plateforme jusqu'au-boutiste, c'est-à-dire jusqu'à la fin...qui peut arriver à tout moment. [...] Vous le voyez dans le cas de Sakharov : il ne reculera pas, quoi que lui dise le procureur. Au contraire, plus on le menace, plus il est au haut de la roue, c'est pour lui une incitation[2]. »

Pour la nomenclature, la coupe est pleine, mais comment se débarrasser de cet « empêcheur de danser en rond » ? Soljenitsyne a été expulsé en 1974, ce n'est après tout qu'un « écrivain », et le bas peuple n'a pas accès à ses publications clandestines, alors que le scientifique Sakharov en sait trop sur les dessous du régime et de son arsenal nucléaire, et ne cesse de manifester sa contestation sur la place publique. Du temps de Staline, il aurait été lestement exécuté ou expédié en Sibérie, mais la vulnérabilité du système et la notoriété de Sakharov sont devenues telles qu'on ne peut même pas lui infliger comme à son collègue physicien Youri Orlov sept ans de camp et cinq ans d'exil, ou à l'informaticien Anatoli Chtcharanski treize ans de détention. De fait, les institutions scientifiques occidentales, en particulier l'Académie des sciences des États-Unis et celle de la France, se mobilisent de plus en plus pour le protéger et le soutenir dans ses nombreuses protestations publiques et grèves de la faim. Le prix Nobel de la paix, en 1975, n'arrange pas sa réputation auprès de ses collègues et des dirigeants soviétiques : pas question de le laisser le recevoir à Oslo, c'est Elena Bonner qui l'y représentera. Reste la solution de l'exil intérieur en l'empêchant de s'exprimer publiquement : en 1979, après l'invasion de l'Afghanistan par l'Union soviétique, ses critiques sont si virulentes que les

1. Interview radiophonique d'Olle Stenholm, 2 juillet 1973.
2. J. Patočka, « L'époque technique et le sacrifice », *Études phénoménologiques*, t. II, n° 3, 1986, p. 117 et 124.

autorités l'arrêtent et l'exilent à Gorki, à 400 kilomètres de Moscou, où il est quasi totalement isolé sous une surveillance policière constante. Le 23 décembre 1986, dans l'enthousiasme de la perestroïka et avec la caution de Gorbatchev, il est autorisé à revenir à Moscou. Il meurt en 1989 avant de voir l'effondrement de l'URSS et de la plupart des ses satellites.

Sakharov n'a pas été le seul des scientifiques soviétiques dissidents à payer de sa personne, mais il est assurément celui dont les écrits publiés à l'étranger, les manifestations contre les abus du régime, en particulier les arrestations de ses collègues, et les grèves de la faim successives, ont eu le plus de retentissement international, le rendant tout à la fois insupportable au régime et impossible à éliminer. Le combat qu'il a mené a associé étroitement la cause de la paix et du désarmement nucléaire à la défense des droits de l'homme – la lutte contre l'arbitraire, l'injustice et la déraison [1]. Dans une société condamnée au silence par le dogme et la terreur, où chacun n'a pour aspiration quotidienne que tout simplement de n'avoir pas peur, entrer publiquement en dissidence suppose le sursaut d'un courage exceptionnel. L'académicien Lev Pitaevski a résumé toute la nature kafkaïenne du régime totalitaire, les menaces qu'il imposait d'affronter, l'angoisse et le courage auquel il pouvait donner lieu, par cette formule : « en Russie, chacun avait quelque chose qui pouvait lui être reproché [2] ». Sakharov est celui qui a choisi de parler haut et fort face à l'appareil le plus répressif au monde. En brisant le silence qui est le tabou absolu de tout régime totalitaire, le rationaliste qu'il était, héritier des Lumières, mais aussi de Tolstoï et de Gandhi apôtres de la non-violence, apparaît au total comme un saint laïc dont l'entêtement n'avait pas seulement une valeur pédagogique : il annonçait et même préparait la fin du régime.

SCIENCE ET BARBARIE

En 2005, le monde entier a célébré l'année de la physique et le centième anniversaire des cinq découvertes fondamentales d'Einstein, dont trois ont

---

1. Le volume d'hommages de ses compatriotes montre la variété et la multiplicité des combats qu'il a menés et des sanctions qu'il a subies : *Sakharov*, Paris, Seuil, 1982, Préface de Louis Michel et de Jean-Claude Pecker.

2. G. RIPKA, *op. cit.*, p. 198-210.

changé notre conception de l'espace et du temps. Ce fut aussi l'occasion pour certains d'évoquer la figure exceptionnelle du savant qu'il a incarnée, celle d'un homme voué tout à la fois à la spéculation la plus abstraite, à « l'obsession religieuse de la vérité » (sa formule) et en même temps à l'exigence éthique la plus élevée, tout autant qu'au caractère supranational de la langue, de la formation et de la pratique scientifiques. Et nul en même temps ne symbolise mieux les contradictions de l'institution scientifique engagée dans les affaires du monde, les ambiguïtés mêmes du rôle ou des rôles que les scientifiques exercent et donc des responsabilités qu'ils ont, consciemment ou inconsciemment, à assumer. Réfugié aux États-Unis, c'est lui qui signa en 1939 les deux lettres rédigées par Leo Szilard pour alerter le président Roosevelt sur la menace nazie d'un armement atomique – point de départ, un an plus tard, du *Manhattan District Project*. Des lettres dont il aurait préféré ne pas avoir à assumer la responsabilité : « En vérité, j'ai servi de boîte aux lettres. On m'a apporté une lettre toute faite, et je l'ai simplement signée », a-t-il dit à son amie et biographe Antonina Vallentin. Autre paradoxe ou ironie de cette histoire, c'est le savant le plus pacifiste au monde qui déclencha le signal de la réalisation du système d'armes le plus effroyable jamais mis au point.

Assurément, il a été et s'est manifesté très tôt comme un pacifiste déterminé *(entschiedener)*, jusqu'à recommander avant la Seconde Guerre mondiale l'interdiction du service militaire et l'option de désertions collectives, mais il n'a pas été un pacifiste *absolu* au sens où, comme il l'a lui-même écrit, il s'opposait certes à l'usage de la force en toute circonstance, sauf – tout comme Gandhi – s'il était confronté à un ennemi poursuivant la destruction de la vie comme une *« fin en elle-même »*. Dans ce « siècle des extrêmes » où il a vécu, siècle des totalitarismes, des guerres mondiales et des génocides, il a constamment milité pour la paix, considérant dès le départ de la Première Guerre mondiale que les peuples tant empressés de s'y lancer ne faisaient que retourner à la barbarie. Et de même en 1939, la barbarie était du côté de ceux dont on pouvait craindre qu'ils ne précèdent les Alliés dans la mise au point des armes nucléaires. C'est effectivement le même homme, tout pacifiste qu'il fut, dont la théorie a joué un rôle pionnier dans l'histoire de l'armement nucléaire et qui a prêté son nom aux deux célèbres lettres adressées à Roosevelt : pouvait-il fermer les yeux sur la menace de mort qu'incarnait le nazisme ? On peut discuter à loisir des raisons douteuses qui ont conduit les États-Unis à lancer les bombes sur Hiroshima et Nagasaki, on ne peut pas mettre en question, dans l'état de ce que l'on savait ou ignorait sur les recherches menées en Allemagne par Heisenberg, la décision de se lancer alors dans le programme de recherche visant ce type d'armement. L'équipe de Frédéric Joliot-Curie en France n'avait-elle pas précédé les États-unis dans cette voie ?

Einstein incarne toutes les contradictions d'une science désormais irréversiblement prise aux pièges de l'histoire, de plus en plus tributaire des pouvoirs politiques et engluée dans les fantasmes de puissance toujours renouvelée et augmentée du complexe militaro-industriel : une science elle-même occasion et source de la barbarie. Et pourtant, c'est le même homme qui est demeuré toute sa vie un citoyen du monde, suivant ses propres mots « un bohémien sans racine aucune où que ce soit », mais passionnément soucieux de faire entendre la voix de la raison dans les tumultes de la planète[1]. Citoyen du monde sans patrie et récusant même toute contamination passionnelle résultant du fanatisme patriotique, il n'avait aucune illusion sur le courage des académiciens qui ne brillent, a-t-il écrit dès 1916, « ni par leur indépendance de caractère, ni par leur liberté d'esprit à l'égard des préjugés de caste, ni encore par leur esprit d'abnégation. » L'arrivée au pouvoir de Hitler signifie aussitôt pour lui la menace d'être expulsé de l'Académie, il prend les devants en en démissionnant de manière retentissante depuis les États-Unis où il donnait des conférences. La réaction ne tarde pas, l'orientaliste Ernst Heymann, secrétaire de l'académie, publie un communiqué de presse qui révèle le degré d'asservissement déjà atteint en 1933 par l'institution : « L'académie prussienne des sciences est d'autant plus sensible au travail d'agitation entrepris par Einstein à l'étranger qu'elle-même et les membres qui la composent se sont sentis liés intimement à l'État prussien depuis les temps les plus reculés, et tout en gardant une stricte retenue sur le plan politique *(sic)*, ont fermement soutenu le dessein national. Pour cette raison, l'académie n'a pas lieu de regretter la démission d'Einstein. »

Son ami Max Planck, alors président de la Kaiser Wilhelm Gesellschaft, tentera de résister à la mainmise nazie sur tout le système de recherche

1. Albert EINSTEIN, Lettre à Toni et Ernst Cassirer, 1er août 1951, in A. EINSTEIN, *Œuvres choisies*, vol. 5, *Science, éthique, philosophie*, éd. Fr. Balibar (dir.), Paris, Seuil-CNRS, 1991, p. 55..

avec l'espoir de negocier des compromis « dans l'intérêt de la science » ;
ses concessions aux mesures, sinon à l'esprit, du régime seront d'autant
plus avilissantes : naufrage d'un homme et d'une institution, qui porteront
sans trop de mauvaise conscience la croix gammée, feront le salut hitlérien
et admettront le principe du *Führer* même dans les débats scientifiques[1].
Les campagnes inouïes de dénigrement dont Einstein a été l'objet ont fait
de lui un symbole d'autant plus spectaculaire de résistance intellectuelle
au totalitarisme : comme dans toute cabale et procès dont un esprit libre
peut faire l'objet depuis Socrate, c'est son esprit de dissidence qui récuse
le conformisme et l'alignement des autres sur l'injustice et la déraison.
Renversant les rôles – en quoi précisément il devient insupportable aux
autorités – le dissident désigne toujours ceux qui le jugent comme ceux
qui sont au tribunal de l'histoire les vrais coupables d'offense au droit.

Dans ses combats pour la paix, il n'a jamais pris l'effet pour la cause : la
science et la technologie ne sont pas des forces autonomes qui agiraient
de l'extérieur sur les sociétés, comme les dieux de l'Olympe, en les
condamnant à affronter sans recours leur destin ; elles déterminent certes
l'évolution des systèmes d'armes et les conditions de leur emploi, mais
elles ne sont pas à elles seules la clé des raisons pour lesquelles les nations
ou les ethnies entrent dans une lutte à mort : « Celui qui entend lutter
contre la racine du mal, et non contre ses effets, qu'importe qu'on le taxe
d'asocial ou d'utopique[2]... » La racine du mal est dans l'homme et la
société, ce qu'il a souligné dans son échange de lettres avec Freud en 1932 :
« Comment est-il possible que la masse se laisse enflammer jusqu'à la folie
et au sacrifice ? Je ne vois pas d'autre réponse que celle-ci : l'homme a en
lui un besoin de haine et de destruction[3]. »

De cette correspondance célèbre, ce qui ressort évidemment le plus,

---

1. Sur cette période et les liens entre Einstein et Planck, voir en particulier John
L. HEILBRON, « Max Planck, la révolution quantique », *Pour la science, Les génies de
la science*, n° 27, mai-juillet 2006, p. 30-120. En 1933, Planck écrivit à Einstein : « Vos
initiatives n'apporteront aucune amélioration de la situation déjà suffisamment difficile
où se trouvent vos frères de race et de religion. Au contraire, ils ne s'en trouveront que
plus opprimés. » Cette insistance sur l'idée que la valeur d'un acte réside non pas dans ses
motivations, mais dans ses effets en dit long sur la perversion des concessions auxquelles
Planck s'était déjà résigné.
2. ID., *Comment je vois le monde, op. cit.*, p. 52.
3. A. EINSTEIN et S. FREUD, *Pourquoi la guerre ?*, Genève, Institut international de

c'est son échec pathétique, et à un double titre. Il y a d'abord l'échec des deux hommes, le physicien et le psychanalyste, à trouver une réponse satisfaisante à la question dont Einstein avait eu l'initiative : «Existe-t-il un moyen d'affranchir les hommes de la menace de la guerre?» Et il y a l'échec de l'institution qui a commandité et hébergé ce dialogue, l'Institut international de coopération intellectuelle, ancêtre de l'Unesco, filiale de la Société des nations, qui s'est montrée incapable d'empêcher les batailles idéologiques et les violences menant aux guerres et à l'énormité des destructions et des horreurs du XXᵉ siècle. «En ce qui me concerne, la direction habituelle de ma pensée n'est pas de celles qui ouvrent des aperçus dans les profondeurs de la volonté et du sentiment humains.» Le physicien s'est tourné vers le psychanalyste «pour [lui] donner l'occasion d'éclairer la question sous l'angle de [sa] profonde connaissance de la vie instinctive de l'homme». Mais celui-ci a beau répondre que «tout ce qui travaille au développement de la culture travaille aussi contre la guerre», le dialogue a tourné court, et Freud évoquera même dans une lettre «l'ennuyeuse et stérile prétendue discussion avec Einstein[1]».

L'un et l'autre étaient de toute évidence conscients du fait que si la civilisation a pour fonction de réduire l'agressivité et la violence, c'est bien la production scientifique, où s'incarne apparemment le plus notre civilisation, qui peut désormais faire le jeu de la barbarie. En fait, dès 1929, Freud prenait acte de nos pathologies collectives : «La plupart des civilisations ou des époques culturelles ne sont-elles pas devenues névrosées sous l'influence des efforts de la civilisation même?» Le rationalisme de Freud, héritage des Lumières, va jusqu'au scientisme, qui lui interdit de s'engager en dehors du territoire privilégié de sa compétence, mais qui ne voit pas de limites aux pouvoirs de la science. Einstein était moins enclin à cette neutralité politique, comme à ce crédit somme toute aveugle accordé aux applications du savoir : en ce sens, l'esprit de dissidence en lui allait jusqu'à le pousser à mettre en question les pouvoirs de la raison dans les affaires humaines. La formule célèbre par laquelle il a

---

coopération intellectuelle, Société des nations, 1933 ; édition française : 2 rue Montpensier, Palais-Royal, Paris, p. 11-20.

1. Citée par Ernest JONES, *La Vie et l'œuvre de Sigmund Freud*, Paris, PUF, vol. III, 1969, rééd. 1975, p. 200.

résumé sa foi dans la possibilité de rendre compte des lois de l'univers renvoie à une forme nuancée de déterminisme : « Dieu est subtil, mais il n'est pas malintentionné. » Le physicien qui se réclame ainsi d'un Dieu garant de l'ordre du monde physique ne se résignait tout simplement pas aux désordres du monde social. Il ne cessera pas de plaider pour un gouvernement mondial, persuadé que l'absence de ruse caractéristique à ses yeux du système de la nature peut servir de modèle pour réduire la ruse dans le système humain des relations collectives. Dans ce dialogue « ennuyeux et stérile », peut-être Freud a-t-il occulté ou trop vite écarté le passage de la lettre d'Einstein où celui-ci rappelle, comme en passant, que « la proie la plus facile des funestes suggestions collectives, c'est la prétendue intelligence et non pas seulement les êtres dits incultes ». Par là ne pressentait-il pas, mieux que le psychologue des profondeurs auquel il s'adressait, que même l'*épistémê* n'est pas à l'abri de la déraison ?

Il n'est pas oiseux d'ajouter qu'aux yeux d'un Edgar Hoover, patron du FBI, ces contestataires asociaux ou utopiques qu'étaient Albert Einstein, Bertrand Russell, Linus Pauling ou Joseph Rotblat, passèrent pendant la guerre froide pour de dangereux agents communistes – Einstein en particulier, dont le dossier exhumé des archives du FBI montre qu'on le traitait à la fois de communiste et d'anarchiste qu'il fallait suivre et surveiller, sait-on jamais ? Tout comme Sakharov, et ceux des scientifiques qui n'adhèrent pas à ce qui passe pour la rationalité dans les folies du monde, y compris celles que l'institution scientifique peut produire et propager, il ne se reconnaît dissident que dans le regard de ceux qui le prennent pour tel. Dans sa conférence inaugurale de l'année Einstein à Berlin, Yehuda Elkana insiste sur l'importance qu'a revêtu le détachement qu'il a montré toute sa vie – sauf à l'égard des enjeux scientifiques : ce qu'il a compris de lui-même, comme il l'a écrit dans sa courte autobiographie, c'est qu'il a aspiré et réussi à se libérer de ce qu'il appelait « le simplement personnel [1] ». Il contemplait le monde physique en général, tout comme le monde social, comme n'étant sous l'influence d'aucune théorie antérieure, d'aucun dogme et d'aucun intérêt égoïste. Mais sur la même lancée, « fort de cette liberté intérieure et de cette sécurité où sa réflexion trouvait son

---

1. Yehuda ELKANA, « Einstein's Legacy – Einstein Erbe », conférence au Deutsche Historisches Museum de Berlin le 19 janvier 2005 (sous le patronage du chancelier Schroeder).

plus fervent commerce », il pouvait d'autant plus s'engager dans la défense de multiples causes sociales ou politiques, toutes en fait orientées contre la guerre, pour la coopération internationale et l'usage du savoir humain à des fins pacifiques. Et où il montrait dans toutes, suivant ses propres mots, « sa suspicion à l'égard de n'importe quelle forme d'autorité, [...] une attitude sceptique à l'égard des convictions en vie dans n'importe quel environnement social. »

Il a soutenu le mouvement sioniste, mais il n'a jamais envisagé de s'installer en Israël, et quand de tous côtés on lui proposa d'en devenir le premier président, il refusa sur-le-champ. Il ne s'est jamais privé de défendre les droits des Arabes spoliés par la création d'Israël (dès 1935, il avait exprimé le vœu que le sionisme entretînt une « coopération pacifique et amicale avec le peuple arabe »). Citoyen du monde autant que bohémien sans patrie, il s'est constamment montré aussi démocrate et laïque que le philosophe Spinoza dont il a fait sa lecture et sa référence principales. Comme Spinoza, il s'indignait des crimes commis au nom des passions politiques ou religieuses, ceux que le philosophe hollandais dénonça comme l'œuvre des « derniers parmi les plus barbares ». Ni frontières, ni barrières, aucune même dans sa vie, puisqu'il n'y en a pas dans la nature, mais une soif d'unité pour la science comme pour la vie entre les hommes : « Je suis, a-t-il dit, un incroyant profondément religieux », et c'est bien une relation étroite qu'il a entretenue toute sa vie avec Spinoza, lui-même figure de la dissidence dans des temps tout autant troublés. Il empruntait à *L'Éthique* « démontrée géométriquement » son idée d'un Dieu absolument impersonnel, sans aucune trace d'anthropomorphisme, affranchi de toute passion et qui se confond avec la nature dans une fusion en quelque sorte cosmique. De ce point de vue aussi, tout comme Spinoza excommunié par la synagogue, Einstein n'appartenait à aucune chapelle, la seule religion qu'il ait constamment revendiquée étant celle de la science entendue comme l'accès à l'harmonie, à la compréhension du monde et à l'esprit de tolérance.

Autant dire qu'il était au sein même de la communauté scientifique un dissident opposé à l'idée d'une science exclusivement subordonnée à la seule réalisation de fins pratiques – à des fins autres que l'extension du savoir –, et c'est en pensant à l'ensemble des forces historiques qui détournèrent l'institution vers des objectifs de plus en plus proches et de plus en plus tributaires des intérêts du pouvoir et de l'industrie, à plus forte raison des intérêts militaires, qu'il a dénoncé l'«avilissement» des chercheurs soumis à l'«esclavage des États-nations» et en appela, sans trop y croire, à une organisation mondiale supra-étatique dont le modèle serait néanmoins à ses yeux la communauté scientifique internationale. Ainsi a-t-il pu évoquer «le destin réellement tragique du savant qui, porté par sa recherche de la clarté et de l'indépendance intérieure, a mis en place, au terme d'efforts quasi surhumains, les instruments matériels de son esclavage extérieur et de son anéantissement de l'intérieur : il en est déjà arrivé à accepter comme un destin inéluctable l'esclavage auquel le condamnent les États-nations. Plus encore, il s'avilit jusqu'à apporter, quand on lui en fait la commande, des perfectionnements aux instruments de la destruction générale de l'humanité[1]».

---

1. Adresse à la société italienne pour le progrès de la science, in Albert EINSTEIN, *Œuvres choisies*, vol. 5, *Science, éthique, philosophie*, Paris, Le Seuil/Éditions du CNRS, 1991, p. 175.

Index

Table

Éditions Albin Michel
22, rue Huyghens, 75014 Paris

www.albin-michel.fr

Impression Firmin Didot en octobre 2006
ISBN : 2-226-17108-8
N° d'édition : 24669
N° d'impression : 81720
Dépôt légal : novembre 2006
Imprimé en France.